重点大学计算机专业系列教材

数据库原理与应用
——基于SQL Server

李春葆 曾慧 曾平 喻丹丹 编著

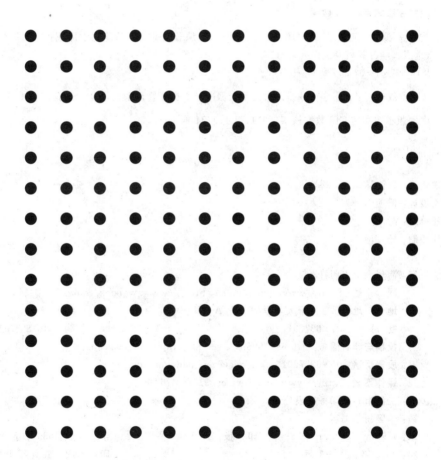

清华大学出版社

北京

内 容 简 介

本书讲授数据库基本原理，并以 SQL Server 2005 为平台介绍数据库管理系统的应用。全书分为 3 部分：第 1 章～第 5 章介绍数据库的一般原理，第 6 章～第 17 章介绍 SQL Server 的数据管理功能，第 18 章～第 19 章介绍以 VB. NET 作为前端设计工具、SQL Server 作为数据库平台开发数据库应用系统的技术。

本书由浅入深、循序渐进地介绍各个知识点，书中提供了大量例题，有助于读者理解概念和巩固知识，各章还提供了一定数量的练习题和上机实验题，便于学生训练和上机实习。

本书可以作为各类院校相关专业及培训班的"数据库原理与应用"课程的教学用书，也可作为计算机应用人员和计算机爱好者的自学参考书。

图书在版编目(CIP)数据

数据库原理与应用：基于 SQL Server/李春葆等编著. --北京：清华大学出版社，2012.4(2021.1重印)
(重点大学计算机专业系列教材)
ISBN 978-7-302-25928-2

Ⅰ. ①数… Ⅱ. ①李… Ⅲ. ①关系数据库－数据库管理系统，SQL Server Ⅳ. ①TP311.138

中国版本图书馆 CIP 数据核字(2011)第 115724 号

责任编辑：魏江江　李　晔
封面设计：傅瑞学
责任校对：时翠兰
责任印制：杨　艳

出版发行：清华大学出版社
　　　　　网　　址：http://www.tup.com.cn，http://www.wqbook.com
　　　　　地　　址：北京清华大学学研大厦 A 座　　　　邮　　编：100084
　　　　　社 总 机：010-62770175　　　　　　　　　　邮　　购：010-83470235
　　　　　投稿与读者服务：010-62776969，c-service@tup.tsinghua.edu.cn
　　　　　质量反馈：010-62772015，zhiliang@tup.tsinghua.edu.cn
　　　　　课件下载：http://www.tup.com.cn，010-83470236
印 装 者：三河市君旺印务有限公司
经　　销：全国新华书店
开　　本：185mm×260mm　　　印　　张：26.5　　　　字　　数：639 千字
版　　次：2012 年 4 月第 1 版　　　　　　　　　　　印　　次：2021 年 1 月第 8 次印刷
印　　数：8901～9400
定　　价：39.80 元

产品编号：041576-01

出版说明

　　随着国家信息化步伐的加快和高等教育规模的扩大,社会对计算机专业人才的需求不仅体现在数量的增加上,而且体现在质量要求的提高上,培养具有研究和实践能力的高层次的计算机专业人才已成为许多重点大学计算机专业教育的主要目标。目前,我国共有16个国家重点学科、20个博士点一级学科、28个博士点二级学科集中在教育部部属重点大学,这些高校在计算机教学和科研方面具有一定优势,并且大多以国际著名大学计算机教育为参照系,具有系统完善的教学课程体系、教学实验体系、教学质量保证体系和人才培养评估体系等综合体系,形成了培养一流人才的教学和科研环境。

　　重点大学计算机学科的教学与科研氛围是培养一流计算机人才的基础,其中专业教材的使用和建设则是这种氛围的重要组成部分,一批具有学科方向特色优势的计算机专业教材作为各重点大学的重点建设项目成果得到肯定。为了展示和发扬各重点大学在计算机专业教育上的优势,特别是专业教材建设上的优势,同时配合各重点大学的计算机学科建设和专业课程教学需要,在教育部相关教学指导委员会专家的建议和各重点大学的大力支持下,清华大学出版社规划并出版本系列教材。本系列教材的建设旨在"汇聚学科精英、引领学科建设、培育专业英才",同时以教材示范各重点大学的优秀教学理念、教学方法、教学手段和教学内容等。

　　本系列教材在规划过程中体现了如下一些基本组织原则和特点。

　　1. 面向学科发展的前沿,适应当前社会对计算机专业高级人才的培养需求。教材内容以基本理论为基础,反映基本理论和原理的综合应用,重视实践和应用环节。

　　2. 反映教学需要,促进教学发展。教材要能适应多样化的教学需要,正确把握教学内容和课程体系的改革方向。在选择教材内容和编写体系时注意体现素质教育、创新能力与实践能力的培养,为学生知识、能力、素质协调发展创造条件。

　　3. 实施精品战略,突出重点,保证质量。规划教材建设的重点依然是专业基础课和专业主干课;特别注意选择并安排了一部分原来基础比较好的优秀教材或讲义修订再版,逐步形成精品教材;提倡并鼓励编写体现重点大学计算机专业教学内容和课程体系改革成果的教材。

4. 主张一纲多本,合理配套。专业基础课和专业主干课教材要配套,同一门课程可以有多本具有不同内容特点的教材。处理好教材统一性与多样化的关系;基本教材与辅助教材以及教学参考书的关系;文字教材与软件教材的关系,实现教材系列资源配套。

5. 依靠专家,择优落实。在制订教材规划时要依靠各课程专家在调查研究本课程教材建设现状的基础上提出规划选题。在落实主编人选时,要引入竞争机制,通过申报、评审确定主编。书稿完成后要认真实行审稿程序,确保出书质量。

繁荣教材出版事业,提高教材质量的关键是教师。建立一支高水平的以老带新的教材编写队伍才能保证教材的编写质量,希望有志于教材建设的教师能够加入到我们的编写队伍中来。

教材编委会

前言

　　数据库技术是目前 IT 行业中发展最快的领域之一,已经广泛应用于各种类型的数据处理系统之中。了解并掌握数据库知识已经成为各类科技人员和管理人员的基本要求。"数据库原理与应用"课程已逐渐成为普通高校各个专业本、专科学生的一门重要的专业课程,本课程既有较强的理论性,又有较强的实践性。

　　本书基于 SQL Server 2005 讨论数据库的原理和应用方法。全书分为 3 部分。

　　第 1 章~第 5 章为数据库基础部分,介绍数据库的一般性原理。第 1 章为数据库系统概述,第 2 章为数据模型,第 3 章为关系数据库,第 4 章为关系数据库规范化理论,第 5 章为数据库设计。

　　第 6 章~第 17 章为 SQL Server 数据库管理系统部分,介绍 SQL Server 2005 的数据管理功能。第 6 章为 SQL Server 系统概述,第 7 章为创建和使用数据库,第 8 章为创建和使用表,第 9 章为 T-SQL 基础,第 10 章为 T-SQL 高级应用,第 11 章为索引,第 12 章为视图,第 13 章为数据库完整性,第 14 章为存储过程,第 15 章为触发器,第 16 章为 SQL Server 的安全管理,第 17 章为数据库备份/恢复和分离/附加。

　　第 18 章~第 19 章为 VB.NET 数据库应用系统开发部分,介绍以 VB.NET 作为前端设计工具、SQL Server 作为数据库平台开发数据库应用系统的技术。第 18 章为 ADO.NET 数据访问技术,第 19 章为数据库系统开发实例——SCMIS 设计。

　　每一章后面都给出相应的练习题,大部分章后给出了一定数量的上机实验题,供读者选做。

　　本书由浅入深,循序渐进,通俗易懂,适合自学,既讲授一般性的数据库原理,又突出实际性的数据库应用系统开发。书中提供了大量例题,有助于读者理解概念、巩固知识、掌握要点、攻克难点。本书可以作为各类院校相关专业及培训班的"数据库原理与应用"课程的教学用书,也可作为计算机应用人员和计算机爱好者的自学参考书。

　　为了便于教师使用,本书提供了 PPT 课件和第 18 章以及第 19 章的程序;为了便于学生学习,本书提供了部分习题和上机实验题参考答案以及示例数据库文件。这些资源均可从清华大学出版社网站下载。

　　由于编者水平所限,书中难免存在不足之处,敬请广大读者指正。编者的 E-mail 为 licb1964@126.com。

编　者

2012 年 3 月

CONTENTS

目录

第一部分　数据库基础

第 1 章　数据库系统概述 ·· 3

1.1　数据和信息 ·· 3

1.2　数据管理技术的发展 ···································· 4

1.2.1　人工管理阶段 ···································· 4

1.2.2　文件系统阶段 ···································· 4

1.2.3　数据库系统阶段 ································ 5

1.3　数据库系统的组成与结构 ························· 6

1.3.1　数据库系统的组成 ······················· 6

1.3.2　数据库系统体系结构 ··················· 8

1.4　数据库管理系统 ··· 10

1.4.1　DBMS 的主要功能 ····················· 10

1.4.2　DBMS 的组成 ······························ 11

1.4.3　常用的 DBMS ······························ 12

习题 1 ·· 13

第 2 章　数据模型 ··· 14

2.1　什么是数据模型 ··· 14

2.1.1　数据的描述 ·································· 15

2.1.2　数据间联系的描述 ····················· 15

2.2　概念模型 ··· 15

2.2.1　信息世界中的基本概念 ··············· 16

2.2.2　实体间的联系方式 ····················· 17

2.2.3　实体联系表示法 ························· 17

2.2.4　怎样设计 E-R 图 ······················· 19

2.3　DBMS 支持的数据模型 ······························ 20

2.3.1 层次模型 ··· 20

2.3.2 网状模型 ··· 22

2.3.3 关系模型 ··· 23

2.4 各种数据模型的总结 ··· 24

习题 2 ··· 25

第 3 章 关系数据库 ··· 26

3.1 关系模型的基本概念 ··· 26

3.2 关系的数学定义 ··· 27

3.3 关系代数 ··· 29

3.3.1 传统的集合运算 ··· 29

3.3.2 专门的关系运算 ··· 30

习题 3 ··· 32

第 4 章 关系数据库规范化理论 ··· 33

4.1 问题的提出 ··· 33

4.2 函数依赖 ··· 34

4.2.1 函数依赖的定义 ··· 34

4.2.2 函数依赖与属性关系 ··· 35

4.2.3 Armstrong 公理 ··· 36

4.2.4 闭包及其计算 ··· 37

4.2.5 最小函数依赖集 ··· 38

4.2.6 确定候选码 ··· 41

4.3 范式和规范化 ··· 42

4.3.1 什么叫范式 ··· 42

4.3.2 范式的判定条件与规范化 ··· 42

4.4 关系模式的分解 ··· 45

4.4.1 模式分解的定义 ··· 45

4.4.2 无损分解的定义和性质 ··· 46

4.4.3 无损分解的检验算法 ··· 46

4.4.4 保持函数依赖的分解 ··· 47

4.4.5 模式分解算法 ··· 49

习题 4 ··· 50

第 5 章 数据库设计 ··· 52

5.1 数据库设计概述 ··· 52

5.2 需求分析 ··· 53

5.2.1 需求分析的步骤 ··· 53

5.2.2 需求分析的方法 ··· 54

5.3 概念结构设计 ……………………………………………………………… 57
　5.3.1 局部 E-R 模型设计 ……………………………………………… 58
　5.3.2 总体 E-R 模型设计 ……………………………………………… 59
5.4 逻辑结构设计 ……………………………………………………………… 61
5.5 物理结构设计 ……………………………………………………………… 63
5.6 数据库的实施和维护 ……………………………………………………… 63
习题 5 ……………………………………………………………………………… 64

第二部分　SQL Server 数据库管理系统

第 6 章　SQL Server 系统概述 ……………………………………………………… 67
6.1 SQL Server 2005 系统简介 ……………………………………………… 67
　6.1.1 SQL Server 2005 的发展历史 ………………………………… 67
　6.1.2 SQL Server 2005 的各种版本 ………………………………… 68
　6.1.3 SQL Server 2005 的组成部分 ………………………………… 68
　6.1.4 SQL Server 2005 组件的分类 ………………………………… 69
　6.1.5 SQL Server 2005 数据库引擎结构 …………………………… 71
6.2 系统需求 …………………………………………………………………… 72
　6.2.1 硬件需求 ………………………………………………………… 72
　6.2.2 软件需求 ………………………………………………………… 72
　6.2.3 SQL Server 2005 的网络环境需求 …………………………… 73
　6.2.4 SQL Server 2005 的其他需求 ………………………………… 74
　6.2.5 SQL Server 2005 安装的注意事项 …………………………… 74
6.3 SQL Server 2005 的安装 ………………………………………………… 74
6.4 SQL Server 2005 的工具和实用程序 …………………………………… 82
　6.4.1 SQL Server Management Studio ……………………………… 83
　6.4.2 Business Intelligence Development Studio …………………… 85
　6.4.3 数据库引擎优化顾问 …………………………………………… 87
　6.4.4 Analysis Services ………………………………………………… 87
　6.4.5 SQL Server Configuration Manager …………………………… 88
　6.4.6 SQL Server 文档和教程 ………………………………………… 88
习题 6 ……………………………………………………………………………… 90
上机实验题 1 ……………………………………………………………………… 90

第 7 章　创建和使用数据库 ………………………………………………………… 91
7.1 数据库对象 ………………………………………………………………… 91
7.2 系统数据库 ………………………………………………………………… 92
7.3 SQL Server 数据库的存储结构 ………………………………………… 92
　7.3.1 文件和文件组 …………………………………………………… 92

　　　7.3.2　数据库的存储结构 ··· 94

　　　7.3.3　事务日志 ··· 95

　7.4　创建和修改数据库 ··· 95

　　　7.4.1　创建数据库 ·· 95

　　　7.4.2　修改数据库 ·· 98

　7.5　数据库更名和删除 ··· 101

　　　7.5.1　数据库重命名 ·· 101

　　　7.5.2　删除数据库 ·· 102

习题 7 ·· 103

上机实验题 2 ·· 103

第 8 章　创建和使用表 ·· 104

　8.1　表的概念 ··· 104

　　　8.1.1　什么是表 ·· 104

　　　8.1.2　表中数据的完整性 ·· 105

　8.2　创建表 ··· 105

　8.3　修改表的结构 ·· 108

　8.4　数据库关系图 ·· 109

　　　8.4.1　建立数据库关系图 ·· 109

　　　8.4.2　删除关系和数据库关系图 ··· 112

　8.5　更改表名 ·· 113

　8.6　删除表 ··· 113

　8.7　记录的新增和修改 ··· 114

习题 8 ·· 116

上机实验题 3 ·· 117

第 9 章　T-SQL 基础 ·· 119

　9.1　SQL 语言 ··· 119

　　　9.1.1　SQL 语言概述 ·· 119

　　　9.1.2　SQL 语言的分类 ·· 120

　9.2　T-SQL 语句的执行 ·· 120

　9.3　数据定义语言 ·· 121

　　　9.3.1　数据库的操作语句 ·· 121

　　　9.3.2　表的操作语句 ··· 126

　9.4　数据操纵语言 ·· 129

　　　9.4.1　INSERT 语句 ··· 129

　　　9.4.2　UPDATE 语句 ··· 130

　　　9.4.3　DELETE 语句 ··· 130

　9.5　数据查询语言 ·· 130

9.5.1 投影查询 ··· 131

9.5.2 选择查询 ··· 132

9.5.3 排序查询 ··· 132

9.5.4 使用聚合函数 ··· 133

9.5.5 简单连接查询 ··· 135

9.5.6 简单子查询 ··· 138

9.5.7 相关子查询 ··· 138

9.5.8 查询结果的并 ··· 139

9.5.9 空值及其处理 ··· 140

9.6 T-SQL 程序设计基础 ·· 141

9.6.1 标识符 ··· 141

9.6.2 数据类型 ··· 142

9.6.3 变量 ··· 151

9.6.4 运算符 ··· 155

9.6.5 批处理 ··· 158

9.6.6 注释 ··· 159

9.6.7 控制流语句 ··· 160

9.6.8 函数 ··· 165

习题 9 ·· 172

上机实验题 4 ·· 173

第 10 章 T-SQL 高级应用 ·· 174

10.1 SELECT 高级查询 ·· 174

10.1.1 数据汇总 ··· 174

10.1.2 复杂连接查询 ··· 177

10.1.3 复杂子查询 ··· 180

10.1.4 数据来源是一个查询的结果 ·· 184

10.2 事务处理 ··· 185

10.2.1 事务分类 ··· 186

10.2.2 显式事务 ··· 186

10.2.3 自动提交事务 ··· 189

10.2.4 隐式事务 ··· 190

10.3 数据的锁定 ··· 191

10.3.1 SQL Server 中的锁定 ·· 191

10.3.2 自定义锁 ··· 194

10.4 使用游标 ··· 199

10.4.1 游标的概念 ··· 199

10.4.2 游标的基本操作 ··· 200

10.4.3 使用游标 ··· 202

习题 10 ………………………………………………………………………… 205

上机实验题 5 ………………………………………………………………… 207

第 11 章 索引 ……………………………………………………………… 208

11.1 什么是索引 ………………………………………………………… 208

11.2 索引类型 …………………………………………………………… 209

    11.2.1 聚集索引 ……………………………………………………… 209

    11.2.2 非聚集索引 …………………………………………………… 210

11.3 创建索引 …………………………………………………………… 210

    11.3.1 使用 SQL Server 控制管理器创建索引 ……………………… 211

    11.3.2 使用 CREATE INDEX 语句创建索引 ………………………… 215

    11.3.3 使用 CREATE TABLE 语句创建索引 ………………………… 218

11.4 查看和修改索引属性 ……………………………………………… 218

    11.4.1 使用 SQL Server 控制管理器查看和修改索引属性 ………… 218

    11.4.2 使用 T-SQL 语句查看和修改索引属性 ……………………… 220

11.5 删除索引 …………………………………………………………… 220

    11.5.1 使用 SQL Server 控制管理器删除索引 ……………………… 221

    11.5.2 使用 T-SQL 语言删除索引 …………………………………… 221

习题 11 ………………………………………………………………………… 221

上机实验题 6 ………………………………………………………………… 221

第 12 章 视图 ……………………………………………………………… 222

12.1 视图概述 …………………………………………………………… 222

12.2 创建视图 …………………………………………………………… 223

    12.2.1 使用 SQL Server 管理控制器创建视图 ……………………… 223

    12.2.2 使用 SQL 语句创建视图 ……………………………………… 227

12.3 使用视图 …………………………………………………………… 228

    12.3.1 使用视图进行数据查询 ……………………………………… 228

    12.3.2 通过视图向基表中插入数据 ………………………………… 229

    12.3.3 通过视图修改基表中的数据 ………………………………… 230

    12.3.4 通过视图删除基表中的数据 ………………………………… 231

12.4 视图定义的修改 …………………………………………………… 232

    12.4.1 使用 SQL Server 管理控制器修改视图定义 ………………… 232

    12.4.2 重命名视图 …………………………………………………… 234

12.5 查看视图的信息 …………………………………………………… 235

    12.5.1 使用 SQL Server 管理控制器查看视图信息 ………………… 235

    12.5.2 使用 sp_helptext 存储过程查看视图的信息 ………………… 236

12.6 视图的删除 ………………………………………………………… 237

    12.6.1 使用 SQL Server 管理控制器删除视图 ……………………… 237

12.6.2　使用 T-SQL 删除视图 ························ 237

习题 12 ······················ 237

上机实验题 7 ······················ 238

第 13 章　数据库完整性 ························ 239

13.1　约束 ······················ 239

13.1.1　PRIMARY KEY 约束 ····················· 239

13.1.2　FOREIGN KEY 约束 ····················· 240

13.1.3　UNIQUE 约束 ······················ 241

13.1.4　CHECK 约束 ······················ 242

13.1.5　列约束和表约束 ······················ 243

13.2　默认值 ······················ 244

13.2.1　在创建表时指定默认值 ·················· 244

13.2.2　使用默认对象 ······················ 245

13.3　规则 ······················ 248

13.3.1　创建规则 ······················ 249

13.3.2　绑定规则 ······················ 250

13.3.3　解除和删除规则 ······················ 250

习题 13 ······················ 251

上机实验题 8 ······················ 251

第 14 章　存储过程 ························ 252

14.1　概述 ······················ 252

14.2　创建存储过程 ······················ 253

14.2.1　使用 SQL Server 管理控制器创建存储过程 ········ 253

14.2.2　使用 CREATE PROCEDURE 语句创建存储过程 ······ 254

14.3　执行存储过程 ······················ 255

14.4　存储过程的参数 ······················ 257

14.4.1　在存储过程中使用参数 ·················· 257

14.4.2　在存储过程中使用默认参数 ··············· 258

14.4.3　在存储过程中使用返回参数 ··············· 258

14.4.4　存储过程的返回值 ····················· 260

14.5　存储过程的管理 ······················ 261

14.5.1　查看存储过程 ······················ 261

14.5.2　修改存储过程 ······················ 262

14.5.3　重命名存储过程 ······················ 264

14.5.4　删除存储过程 ······················ 265

习题 14 ······················ 266

上机实验题 9 ······················ 266

第 15 章 触发器 ……………………………………………………………… 267

15.1 概述 ……………………………………………………………… 267

15.1.1 触发器的概念 ……………………………………………… 267

15.1.2 触发器的种类 ……………………………………………… 268

15.2 创建 DML 触发器 ……………………………………………… 268

15.2.1 使用 SQL Server 管理控制器创建 DML 触发器 ………… 268

15.2.2 使用 T-SQL 语句创建 DML 触发器 ……………………… 269

15.2.3 创建 DML 触发器的注意事项 ……………………………… 271

15.3 inserted 表和 deleted 表 ……………………………………… 272

15.4 使用 DML 触发器 ……………………………………………… 273

15.4.1 使用 INSERT 触发器 ……………………………………… 273

15.4.2 使用 UPDATE 触发器 …………………………………… 275

15.4.3 使用 DELETE 触发器 …………………………………… 277

15.4.4 使用 INSTEAD OF 触发器 ……………………………… 278

15.5 创建和使用 DDL 触发器 ……………………………………… 279

15.5.1 创建 DDL 触发器 ………………………………………… 280

15.5.2 DDL 触发器的应用 ……………………………………… 280

15.6 触发器的管理 …………………………………………………… 281

15.6.1 查看触发器 ……………………………………………… 281

15.6.2 修改触发器 ……………………………………………… 283

15.6.3 删除触发器 ……………………………………………… 285

15.6.4 启用或禁用触发器 ……………………………………… 285

习题 15 …………………………………………………………………… 286

上机实验题 10 …………………………………………………………… 286

第 16 章 SQL Server 的安全管理 ………………………………………… 287

16.1 SQL Server 安全体系结构 …………………………………… 287

16.1.1 操作系统的安全性 ……………………………………… 288

16.1.2 SQL Server 的安全性 …………………………………… 288

16.1.3 数据库的安全性 ………………………………………… 288

16.1.4 SQL Server 数据库对象的安全性 ……………………… 288

16.2 SQL Server 的身份验证模式 ………………………………… 289

16.2.1 Windows 身份验证模式 ………………………………… 289

16.2.2 混合身份验证模式 ……………………………………… 290

16.2.3 设置身份验证模式 ……………………………………… 290

16.3 SQL Server 账号管理 ………………………………………… 291

16.3.1 SQL Server 服务器登录账号管理 ……………………… 292

16.3.2 SQL Server 数据库用户账号管理 ……………………… 296

16.4 权限和角色 ································ 300
    16.4.1 权限 ································ 300
    16.4.2 角色 ································ 303
16.5 架构 ································ 313
习题 16 ································ 314
上机实验题 11 ································ 314

第 17 章 数据库备份/恢复和分离/附加 ································ 315

17.1 数据备份和恢复 ································ 315
    17.1.1 数据备份类型 ································ 315
    17.1.2 数据恢复类型 ································ 316
    17.1.3 备份设备 ································ 316
    17.1.4 选择数据库恢复类型 ································ 318
    17.1.5 数据库备份和恢复过程 ································ 319
17.2 分离和附加用户数据库 ································ 324
    17.2.1 分离用户数据库 ································ 324
    17.2.2 附加用户数据库 ································ 325
习题 17 ································ 327
上机实验题 12 ································ 327

第三部分 VB. NET 数据库应用系统开发

第 18 章 ADO. NET 数据访问技术 ································ 331

18.1 ADO. NET 模型 ································ 331
    18.1.1 ADO. NET 简介 ································ 331
    18.1.2 ADO. NET 体系结构 ································ 332
    18.1.3 ADO. NET 数据库的访问流程 ································ 334
18.2 ADO. NET 的数据访问对象 ································ 334
    18.2.1 SqlConnection 对象 ································ 334
    18.2.2 SqlCommand 对象 ································ 337
    18.2.3 DataReader 对象 ································ 342
    18.2.4 SqlDataAdapter 对象 ································ 346
18.3 DataSet 对象 ································ 351
    18.3.1 DataSet 对象概述 ································ 351
    18.3.2 DataSet 对象的属性和方法 ································ 352
    18.3.3 Tables 集合和 DataTable 对象 ································ 353
    18.3.4 Columns 集合和 DataColumn 对象 ································ 355
    18.3.5 Rows 集合和 DataRow 对象 ································ 356
18.4 数据绑定 ································ 358

18.4.1　数据绑定概述 ·· 359
18.4.2　数据绑定方法 ·· 359
18.5　DataView 对象 ··· 366
18.5.1　DataView 对象概述 ··· 366
18.5.2　DataView 对象的列排序设置 ································· 367
18.5.3　DataView 对象的过滤条件设置 ······························ 368
18.6　DataGridView 控件 ·· 369
18.6.1　创建 DataGridView 对象 ······································ 369
18.6.2　DataGridView 的属性、方法和事件 ························· 371
18.6.3　DataGridView 与 DataView 对象结合 ······················ 374
18.6.4　通过 DataGridView 对象更新数据源 ························ 377
习题 18 ··· 379
上机实验题 13 ·· 379

第 19 章　数据库系统开发实例——SCMIS 设计 ··························· 380

19.1　SCMIS 系统概述 ··· 380
19.1.1　SCMIS 系统功能 ·· 380
19.1.2　SCMIS 设计技巧 ·· 380
19.1.3　SCMIS 系统安装 ·· 381
19.2　SCMIS 系统结构 ··· 381
19.3　SCMIS 系统实现 ··· 382
19.3.1　公共类 ··· 382
19.3.2　公共模块 ·· 382
19.3.3　pass 窗体 ··· 383
19.3.4　main 窗体 ·· 384
19.3.5　editstudent 窗体 ·· 387
19.3.6　editstudent1 窗体 ··· 392
19.3.7　querystudent 窗体 ·· 394
19.3.8　editteacher 窗体 ·· 397
19.3.9　editteacher1 窗体 ··· 397
19.3.10　queryteacher 窗体 ··· 397
19.3.11　editcourse 窗体 ·· 397
19.3.12　editcourse1 窗体 ··· 397
19.3.13　querycourse 窗体 ·· 398
19.3.14　allocateCourse 窗体 ·· 398
19.3.15　allocateCourse1 窗体 ··· 398
19.3.16　queryallocate 窗体 ··· 398
19.3.17　editscore 窗体 ··· 398
19.3.18　queryscore1 窗体 ·· 402

19.3.19　queryscore2 窗体 ……………………………………… 402

19.3.20　queryscore3 窗体 ……………………………………… 402

19.3.21　setuser 窗体 ………………………………………………… 402

19.3.22　setuser1 窗体 ……………………………………………… 402

19.4　SCMIS 系统运行 …………………………………………………… 402

习题 19 ……………………………………………………………………… 404

上机实验题 14 …………………………………………………………… 404

参考文献 ……………………………………………………………………… 405

PART 1

数据库基础　　第一部分

第 1 章　数据库系统概述

第 2 章　数据模型

第 3 章　关系数据库

第 4 章　关系数据库规范化理论

第 5 章　数据库设计

数据库系统概述

第1章

数据库是一门研究数据管理的技术,始于 20 世纪 60 年代末,经过 40 多年的发展,已形成理论体系,成为计算机软件的一个重要分支。数据库技术主要研究如何存储、使用和管理数据,是计算机数据管理技术发展的最新阶段。本章主要介绍数据管理技术的发展、数据模型和数据库系统的基本概念等,为后面各章的学习奠定基础。

1.1　数据和信息

为了理解数据库设计的过程,必须弄清数据和信息之间的关系。数据是原始事实,所谓"原始"是指它还没有被处理以反映其意义。例如,为了统计每个班的男生和女生的人数,首先要获取所有学生的基本数据,如图 1.1(a)所示,通过数据处理,产生如图 1.1(b)的汇总信息,从中看到,1031 和 1033两个班的男生人数均为 2 人,女生人数均为 1 人。

(a)原始数据　　　　　　　　　　　　　(b)汇总信息

图 1.1　将原始数据转换成信息

信息是原始数据处理的结果,它反映其意义,用作决策。归纳起来,数据和信息的关系如下:

- 数据是信息的基础。
- 信息是通过数据处理产生的。
- 信息用于反映数据的意义。

- 准确的、相关的和及时的信息是良好决策的关键。

在数据处理的一系列活动中,数据收集、存储、分类、传输等操作为基本操作,这些基本操作环节称为数据管理,而加工、计算、输出等操作是千变万化的,不同业务有不同的处理。数据管理技术是解决上述基本环节的,而其他环节是由应用程序实现的。

1.2 数据管理技术的发展

随着计算机软硬件技术的发展,数据管理技术的发展大致经历了人工管理、文件系统和数据库系统 3 个阶段。

1.2.1 人工管理阶段

这一时期(20 世纪 50 年代),没有磁盘,没有专门的数据管理软件。计算机主要用于科学计算,数据量不大。人工管理方式的特点如下:

- 数据不保存。
- 程序与数据合在一起,因而数据没有独立性,要修改数据必须修改程序。
- 编写程序时要安排数据的物理存储。一旦数据的物理存储改变,必须要重新编程,程序员的工作量大、烦琐,程序难以维护。
- 数据面向应用,这意味着即使多个不同程序用到相同数据,也得各自定义,数据不仅高度冗余,而且不能共享。

1.2.2 文件系统阶段

这一时期(20 世纪 60 年代),计算机外存已有了磁盘等存储设备,软件有了操作系统。人们在操作系统的支持下,设计开发了一种专门管理数据的计算机软件,称之为文件系统。这时,计算机不仅用于科学计算,也已大量用于数据处理,其主要特点如下:

- 数据以文件的形式长期保存。由于计算机大量用于数据处理,数据需要长期保留在外存上反复处置,即经常对其进行查询、修改、插入和删除等操作。因此,在文件系统中,按一定的规则将数据组织为一个文件,放在外存储器中长期保存。
- 数据的物理结构与逻辑结构有了区别,但比较简单。程序员只需用文件名与数据打交道,不必关心数据的物理位置,可由文件系统提供的读写方法去读/写数据。
- 文件形式多样化。为了方便数据的存储和查找,人们研究了许多文件类型,如索引文件、链接文件、顺序文件和倒排文件等。数据的存取基本上是以记录为单位的。
- 程序与数据之间有一定的独立性。应用程序通过文件系统对数据文件中的数据进行存取和加工,因此,处理数据时程序不必过多地考虑数据的物理存储的细节,文件系统充当应用程序和数据之间的一种接口,使应用程序和数据都具有一定的独立性。这样,程序员可以集中精力于算法,而不必过多地考虑物理细节。并且,数据在存储上的改变不一定反映在程序上,这可以大大节省维护程序的工作量。

尽管文件系统有上述优点,但是,这些数据在数据文件中只是简单地存放,文件中的数据没有结构,文件之间并没有有机的联系,仍不能表示复杂的数据结构;数据的存放仍依赖于应用程序的使用方法,基本上是一个数据文件对应于一个或几个应用程序;数据面向应用,独立性较差,仍然出现数据重复存储、冗余度大、一致性差(同一数据在不同文件中的值不一样)等问题。

1.2.3　数据库系统阶段

随着计算机软硬件的发展、数据处理规模的扩大,20 世纪 60 年代后期出现了数据库技术。其主要特点如下:

- 数据结构化。数据库是存储在磁盘等外部直接存取设备上的数据集合,按一定的数据结构组织起来。与文件系统相比,文件系统中的文件之间不存在联系,因而从总体上看数据是没有结构的;而数据库中的文件是相互联系着的,并在总体上遵从一定的结构形式。这是文件系统与数据库系统的最大区别。数据库正是通过文件之间的联系反映现实世界事物间的自然联系。

- 数据共享。数据库中的数据是考虑所有用户的数据需求、面向整个系统组织的。因此数据库中包含了所有用户的数据成分,但每个用户通常只用到其中一部分数据。不同用户所使用的数据可以重叠,同一部分数据也可为多个用户共享。

- 减少了数据冗余。在数据库方式下,用户不是自建文件,而是取自数据库中的某个子集,它并非独立存在,而是靠数据库管理系统(DataBase Management System, DBMS)从数据库中映像出来的,所以叫做逻辑文件。如图 1.2 所示,用户使用的是逻辑文件,因此尽管一个数据可能出现在不同的逻辑文件中,但实际上的物理存储只可能出现一次,这就减少了数据冗余。

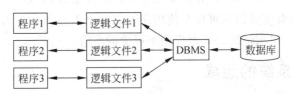

图 1.2　应用程序使用从数据库中导出的逻辑文件

- 有较高的数据独立性。数据独立的好处是数据存储方式的改变不会影响到应用程序。数据独立又有两个含义,即物理数据独立性和逻辑数据独立性。所谓物理数据独立性是指数据库物理结构(包括数据的组织和存储、存取方法以及外部存储设备等)发生改变时,不会影响到逻辑结构,而用户使用的是逻辑数据,所以不必改动程序;所谓逻辑数据独立性是指数据库全局逻辑发生改变时,用户也不需改动程序,就像数据库并没发生变化一样。这是因为用户仅使用数据库的一个子集,全局变化与否与具体用户无关,只要能从数据库中导出所用到的数据就行。

- 用户接口。在数据库系统中,数据库管理系统作为用户与数据库的接口,提供了数据库定义、数据库运行、数据库维护和数据安全性、完整性等控制功能。此外,还支持某种程序设计语言,并设有专门的数据操纵语言,为用户编程提供了方便。

图 1.3 说明了数据库系统和文件系统的区别,图 1.3(a)是一个数据库系统,各种用户的数据操作都是通过 DBMS 实现的,而不是直接对数据库文件进行存取。图 1.3(b)是一个文件系统,各种用户直接对自己的数据文件进行存取。

从文件系统管理发展到数据库系统管理是信息处理领域的重大变化,人们由传统的关注系统功能设计(因为程序设计处于主导地位,数据服从于程序)转向关注数据的结构设计,数据的结构设计成为信息系统首要关心的中心问题。

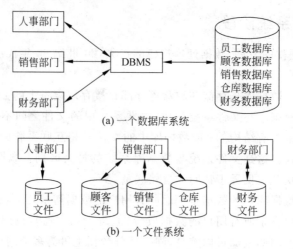

(a) 一个数据库系统

(b) 一个文件系统

图 1.3　数据库系统和文件系统的区别

1.3　数据库系统的组成与结构

通常把引进了数据库技术的计算机系统称为数据库系统,它的目的是存储和产生所需要的有用信息。这些有用的信息可以是使用该系统的个人或组织的有意义的任何事情,换句话说,是对某个人或组织辅助决策过程中不可少的事情。

1.3.1　数据库系统的组成

数据库系统(Database System,DBS)是数据库应用系统的简称。数据库系统是指计算机系统中引入数据库之后组成的系统,是用来组织和存取大量数据的管理系统。数据库系统是由计算机系统、数据库、DBMS、应用程序和用户组成的。数据库系统的组成及其各组件之间的关系如图 1.4 所示。

1. 计算机系统

计算机系统由硬件和必需的软件组成。

- 硬件。指存储数据库和运行数据库管理系统 DBMS(包括操作系统)的硬件资源。它包括物理存储数据库的磁盘、磁鼓、磁带或其他外存储器及其附属设备、控制器、I/O 通道、内存、CPU 及其他外部设备等。
- 必需的软件。指计算机正常运行所需要的操作系统和各种驱动程序等。

2. 数据库

数据库是指数据库系统中集中存储的一批数据的集合。它是数据库系统的工作对象。

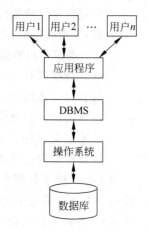

图 1.4　数据库系统组成

　　为了把输入输出或中间数据加以区别,通常把数据库数据称为"存储数据"、"工作数据"或"操作数据"。它们是某特定应用环境中进行管理和决策所必需的信息。

　　特定的应用环境,可以指一个公司、一个银行、一所医院或一所学校等各种各样的应用环境。在这些各种各样的应用环境中,各种不同的应用可通过访问其数据库获得必要的信息,以辅助进行决策,决策完成后,再将决策结果存储在数据库中。

　　特别需要指出的是,数据库中存储的数据是"集成的"和"共享的"。

　　所谓"集成",是指把某特定应用环境中的各种应用相关的数据及其数据之间的联系(联系也是一种数据)全部地集中并按照一定的结构形式进行存储,或者说,把数据库看成为若干单个性质不同的数据文件的联合和统一的数据整体,并且在文件之间局部或全部消除了冗余。这使数据库系统具有整体数据结构化和数据冗余小的特点。

　　所谓"共享",是指数据库中的一块块数据可为多个不同的用户所共享,即多个不同的用户,使用多种不同的语言,为了不同的应用目的,而同时存取数据库,甚至同时存取同一块数据。共享实际上是基于数据库是"集成的"这一事实的结果。

3. DBMS

　　DBMS用于负责数据库存取、维护和管理。数据库系统各类用户对数据库的各种操作请求,都是由DBMS来完成的,它是数据库系统的核心软件。DBMS提供一种超出硬件层之上的对数据库的观察的功能,并支持用较高的观点来表达用户的操作,使数据库用户不受硬件层细节的影响。DBMS是在操作系统支持下工作的。

4. 应用程序

　　应用程序界于用户和数据库管理系统之间,是指完成用户操作的程序,该程序将用户的操作转换成一系列的命令执行,例如,实现学生平均分统计、打印学生学籍表等。在这些命令中,需要对数据库中的数据进行查询、插入、删除和统计等,应用程序将这些复杂的数据库操作交由数据库管理系统来完成。

5. 用户

　　用户是指存储、维护和检索数据库中数据的使用人员。数据库系统中主要有3类用户:终端用户、应用程序员和数据库管理员。

- 终端用户:是指从计算机联机终端存取数据库的人员,也可称为联机用户。这类用户使用数据库系统提供的终端命令语言、表格语言或菜单驱动等交互式对话方式来存取数据库中的数据。终端用户一般是不精通计算机和程序设计的各级管理人员、工程技术人员或各类科研人员。终端用户有时也称最终用户。
- 应用程序员:是指负责设计和编制应用程序的人员。这类用户通过设计和编写"使用及维护"数据库的应用程序来存取和维护数据库。这类用户通常使用VB、PB或Oracle等数据库语言来设计和编写应用程序,以对数据库进行存取操作。应用程序员也称为系统开发员。
- 数据库管理员(DBA):是指全面负责数据库系统的"管理、维护和正常使用的"人员。它可以是一个人或一组人。特别对于大型数据库系统,DBA极为重要,常设置有DBA办公室,应用程序员是DBA手下的工作人员。担任数据库管理员,不仅要具有较高的技术专长,而且还要具备较深的资历,并具有了解和阐明管理要求的能力。DBA 的主要职责有：参与数据库设计的全过程，与用户、应用程序员、系统分析员紧密结合，设计数据库的结构和内容；决定数据库的存储与存取策略，使数据的存储空间利用率和存取效率均较优；定义数据的安全性和完整性；监督控制数据库的使用和运行，及时处理运行程序中出现的问题；改进和重新构造数据库系统等。

1.3.2　数据库系统体系结构

数据库系统有着严谨的体系结构。目前世界上有大量的数据库在运行中，其类型和规模可能相差很大，但是就其体系结构而言却是大体相同的。

1. 数据库系统的三级模式结构

美国国家标准学会（ANSI）所属标准计划和要求委员会在 1975 年公布了一个关于数据库标准的报告，提出了数据库的三级模式结构，这就是有名的 SPARC 分级结构。

所谓模式（Schema）是数据库中全体数据的逻辑结构和特征的描述，模式只是对实体的描述，而与具体的值无关。例如，学生记录定义为（学号，姓名，性别，班号），这称为记录型（即记录类型的简称），而（101，张三，男，99051）则是该记录型的一个记录值。于是，（学号，姓名，性别，班号）就是模式。模式的具体值称为实例（Instance），同一模式可以有很多实例。

从数据库管理系统的角度看，各数据库的体系结构都具有相同的特征。三级模式结构是从逻辑上对数据库的组织从内到外的三个层次进行描述，分别称为内模式、概念模式和外模式，如图 1.5 所示。

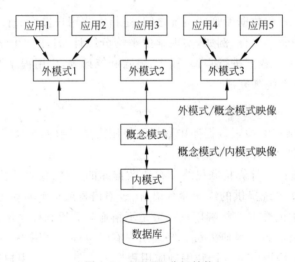

图 1.5　SPARC 分级结构

- 概念模式。简称模式、概念视图或 DBA 视图，是对数据库的整体逻辑结构和特征的描述，并不涉及数据的物理存储细节和硬件环境，与具体的应用程序和使用的应用开发工具无关，由多个概念记录型组成，还包括记录间的联系、数据的完整性和其他数据控制方面的要求。
- 内模式。又称存储模式，具体描述了数据如何组织存储在存储介质上。内模式是系统程序员用一定的文件形式组织起来的一个个存储文件和联系手段；也是由他们编制存取程序,实现数据存取的。一个数据库只有一个内模式。

- 外模式。外模式通常是模式的一个子集,故又称外模式为子模式。外模式面向用户,它是数据库用户能够看到和使用的局部数据的逻辑结构和特征的描述,是与某一应用有关的数据的逻辑表示。

综上所述,概念模式是内模式的逻辑表示,内模式是概念模式的物理实现,外模式则是概念模式的部分抽取。三种模式反映了对数据库的三种不同观点:概念模式表示了概念级数据库,体现了数据库设计者的总体观;内模式表示了物理级数据库,体现了 DBMS 的存储观;外模式表示了用户级数据库,体现了用户对数据库的用户观。总体观和存储观只有一个,而用户观可能有多个,有一个应用,就有一个用户观。

2. 三种模式之间的映像

前面谈到的三级模式,只有内模式才是真正存储数据的,而概念模式和外模式仅是一种逻辑表示数据的方法,但却可以放心大胆地使用它们,这是靠 DBMS 的映像功能实现的。

数据库系统的三级模式是对数据的三个抽象级别,外模式抽象级别最高(独立于硬件和软件,可用 E-R 图表示),概念模式次之(独立于硬件,但与软件相关,可用关系模型表示),内模式最低(与硬件和软件都相关)。把数据的具体组织留给 DBMS 管理,使用户能逻辑地、抽象地处理数据,而不必关心数据在计算机中的具体表示方式与存储方式。为了能够在内部实现这三种抽象层次的联系和转换,数据库管理系统在这三级模式之间提供了两层映像:

- 外模式/概念模式映像;
- 概念模式/内模式映像。

正是这两层映像保证了数据库系统中的数据能够具有较高的逻辑独立性和物理独立性。

1) 外模式/概念模式映像

概念模式描述的是数据的全局逻辑结构,外模式描述的是数据的局部逻辑结构。对应于同一个概念模式可以有任意多个外模式。对于每一个外模式,数据库系统都有一个外模式/概念模式映像,它定义了该外模式与概念模式之间的对应关系。这些映像定义通常包含在各自外模式的描述中。

当概念模式改变时(例如增加新的关系、新的属性、改变属性的数据类型等),由数据库管理员对各个外模式/概念模式的映像作相应改变,可以使外模式保持不变。应用程序是依据数据的外模式编写的,从而应用程序不必修改,保证了数据与程序的逻辑独立性,简称数据的逻辑独立性。

2) 概念模式/内模式映像

数据库中只有一个概念模式,也只有一个内模式,所以概念模式/内模式映像是唯一的,它定义了数据库全局逻辑结构与存储结构之间的对应关系。例如,说明逻辑记录和字段在内部是如何表示的。该映像定义通常包含在概念模式描述中。当数据库的存储结构改变了(例如选用了另一种存储结构),由数据库管理员对概念模式/内模式映像作相应改变,可以使概念模式保持不变,从而应用程序也不必改变。保证了数据与程序的物理独立性,简称数据的物理独立性。

在数据库的三级模式结构中,数据库概念模式即全局逻辑结构是数据库的中心与关键,它独立于数据库的其他层次。因此设计数据库模式结构时应首先确定数据库的逻辑模式。

数据库的内模式依赖于它的全局逻辑结构,但独立于数据库的用户视图(即外模式),也独立于具体的存储设备。它是将全局逻辑结构中所定义的数据结构及其联系按照一定的物理存储策略进行组织,以达到较好的时间与空间效率。

数据库的外模式面向具体的应用程序,它定义在逻辑模式之上,但独立于存储模式和存储设备。当应用需求发生较大变化,相应外模式不能满足其视图要求时,该外模式就得做相应改动,所以设计外模式时应充分考虑到应用的扩充性。

特定的应用程序是在外模式描述的数据结构上编制的,它依赖于特定的外模式,与数据库的概念模式和存储结构独立。不同的应用程序有时可以共用同一个外模式。数据库的二级映像保证了数据库外模式的稳定性,从而从底层保证了应用程序的稳定性,除非应用需求本身发生变化,否则应用程序一般不需要修改。

数据与程序之间的独立性,使得数据的定义和描述可以从应用程序中分离出去。另外,由于数据的存取由 DBMS 管理,用户不必考虑存取路径等细节,从而简化了应用程序的编制,大大减少了应用程序的维护和修改。

三级模式之间的比较如表 1.1 所示。

表 1.1　三级模式之间的比较

	外　模　式	概　念　模　式	内　模　式
其他名称	子模式、用户模式、外视图	模式、概念视图、DBA 视图	存储模式、内视图
描述	数据库用户能够看见和使用的局部数据的逻辑结构	数据库中全体数据的逻辑结构	数据物理结构和存储方式的描述
特点	用户与数据库的接口	所有用户的公共数据视图	数据在数据库内部的表示方式
	可以有多个外模式	只有一个概念模式	只有一个内模式
	面向应用程序或最终用户	由 DBA 定义	基本由 DBMS 定义

1.4　数据库管理系统

数据库管理系统(DBMS)是数据库系统的关键组成部分。任何数据操作,包括数据库定义、数据查询、数据维护、数据库运行控制等都是在 DBMS 管理下进行的。DBMS 是用户与数据库的接口,应用程序只有通过 DBMS 才能和数据库打交道。Oracle、SQL Server 等都是目前流行的数据库管理系统。

1.4.1　DBMS 的主要功能

1. 数据库定义功能

DBMS 提供数据定义语言(Data Definition Language,DDL)来定义数据库的三级模式,用概念 DDL 编写的概念模式称为源概念模式,用外 DDL 编写的外模式称为源外模式;用内 DDL 编写的内模式称为源内模式。各种源模式通过相应的模式翻译程序转换为机器内部代码表示形式,分别称为目标概念模式、目标外模式和目标内模式。这些目标模式是对数据库结构信息的描述,而不是数据本身,它们是刻画数据库的框架(结构),并被保存在数据词典中(亦称系统目录)。数据词典是 DBMS 存取和管理数据的基本依据。例如,DBMS 根据数据词典中的定义,从存储记录导出全局逻辑记录,又从全局逻辑记录导出用户所要存取的记录。

2．数据存取功能

DBMS 提供数据操纵语言(Data Manipulation Language,DML)实现对数据库数据的基本存取操作:检索、插入、修改和删除。检索就是查询,是最重要和最经常使用的一类操作,所以有些系统把 DML 称为查询语言。插入、修改和删除有时也称为更新操作。

DML 有两类:一类是交互式命令语言,语法简单,可独立使用,所以称为自主型或自含型的。另一类是把数据库存取语句嵌入在主语言(Host Language)中,如嵌入在 Fortran、Pascal 或 C 等高级语言中使用,这类 DML 语言本身不能独立使用,因此称为宿主型的。

3．数据库运行管理功能

DBMS 提供数据控制功能,即数据的安全性、完整性和并发控制等对数据库运行进行有效的控制和管理,以确保数据库数据正确有效和数据库系统的有效运行。

* 数据的安全性(Security)控制。它是指采取一定安全保密措施确保数据库数据不被非法用户存取。DBMS 提供口令检查或其他手段来检查用户身份,合格用户才能进入数据库系统;提供用户密级和数据存取权限的定义机制,系统自动检查用户能否执行这些操作,只有检查通过后才能执行允许的操作。
* 数据的完整性(Integrity)控制。它是指 DBMS 提供必要的功能确保数据库数据的正确性、有效性与相容性。
* 数据的并发(Concurrency)控制。它是指 DBMS 必须对多用户并发进程同时存取、修改数据操作进行控制和协调,以防止互相干扰导致错误结果。

4．数据库的建立和维护功能

该功能包括数据库初始数据的装入,数据库的转储、恢复、重组织,系统性能监视、分析等功能。这些功能大都由 DBMS 的实用程序来完成。

1.4.2　DBMS 的组成

DBMS 大多是由许多"系统程序"所组成的一个集合。每个程序都有自己的功能,一个或几个程序一起完成 DBMS 的一项或多项工作。各种 DBMS 的组成因系统而异,一般说来,它由以下几个部分组成。

1．语言编译处理程序

语言编译处理程序主要包括以下程序:

* 数据定义语言(外 DDL、概念 DDL、内 DDL)翻译程序,把各级源模式翻译成各级目标模式。
* 数据操纵语言处理程序,将应用程序中的 DML 语句转换成可执行程序。
* 终端命令解释程序,解释执行每一个终端命令。例如,用户在命令窗口中输入的命令,通过终端命令解释程序来执行,并将执行结果输出到主窗口中。
* 数据库控制命令解释程序,解释执行每一个控制命令。

2. 系统运行控制程序

系统运行控制程序主要包括以下程序：

- 系统总控程序。它是 DBMS 运行程序的核心,控制和协调各程序的活动。
- 存取控制程序。它用于检查用户(或应用程序)是否合法。
- 并发控制程序。它协调各应用程序对数据库的操作,保证数据的一致性。
- 完整性控制程序。它检查完整性约束条件,决定是否执行对数据库的操作。
- 保密性控制程序。它实现对数据库数据安全的保密控制。
- 数据存取和更新程序。它实施对数据库数据的检索,执行插入、修改、删除等操作。

3. 系统建立、维护程序

系统建立、维护程序主要包括以下程序：

- 数据装入程序。此程序用于完成初始数据库的数据装入。
- 数据库重组织程序。当数据库性能变坏时(如查询速度减慢、时间超过规定值),需要重新组织数据库,使用此程序可按原组织方法重新装入数据(或采用新方法新结构)。一般说来,重组织是数据库系统的一项周期性活动。
- 数据库系统恢复程序。当数据库系统受到破坏时,此程序用于将数据库系统恢复到可用状态。
- 性能监督程序。此程序用于监督用户操作执行时间与数据存储空间占用情况,作出系统性能估算,以决定数据库是否需要重组织。
- 工作日志程序。此程序用于记载进入数据库的所有存取,包括用户名、进入时间、操作方式、数据对象、修改前数据、修改后数据等,使每个存取都留下踪迹。

4. 数据词典

数据词典也称为数据目录或系统目录,它通常是一系列表(对于关系数据库来讲,是一系列二维表),它存储着数据库中有关信息的当前描述,包括数据库三级模式、数据类型、用户名表、用户权限、程序与其用户联系等有关数据库系统的信息,数据库结构的任何改变都要保存在数据词典中。因此 DBMS 的数据词典起着系统状态的目录表的作用,它能帮助用户、数据库管理员和数据库管理系统本身使用和管理数据库。图 1.6 所示为 SQL Server 中对 student 表的定义信息,它属于数据词典的一部分。

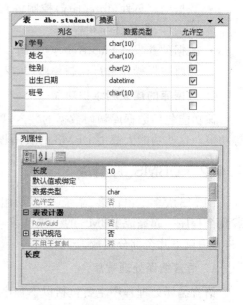

图 1.6　SQL Server 中的原数据

1.4.3　常用的 DBMS

一个 DBMS 可以支持多种不同类型的数据库,数据库可以根据用户数和数据库的位置进行分类。

按照用户数可将数据库分为单用户和多用户。一个单用户数据库在同一时刻只能被一个用户存取,换句话说,如果用户 A 使用一个数据库,用户 B 和 C 必须等待直到用户 A 使用完毕才能使用该数据库,运行在个人计算机上的单用数据库称之为桌面数据库。而多用户数据库支持多个用户同时使用,当支持同时使用的用户数少于一定数量(通常为 50)时,称之为工作组数据库,当支持同时使用的用户数更多(通常大于 50 到数百个数用户)时,称之为企业数据库。

按照数据库位置可将数据库分为集中式和分布式。仅支持存放在单个位置的数据库称为集中式数据库,支持多个不同位置存放的数据库称为分布式数据库。

表 1.2 给出了常用的 DBMS 及其支持的用户数和数据库位置的特点。

表 1.2　常用 DBMS 的特点

DBMS	用　户　数			数据库位置	
	单用户	工作组	多用户	集中式	分布式
MS Access	√	√		√	
MS SQL Server	√	√	√	√	√
IBM DB2	√	√	√	√	√
MySQL	√	√	√	√	√
Oracle	√	√	√	√	√

习题 1

1. 文件系统中的文件与数据库系统中的文件有何本质上的不同?
2. 对数据库的 3 种不同数据观是如何划分的?
3. 什么是数据独立性? 数据库系统是如何实现数据独立性的?

CHAPTER 2

第 2 章　　　　　　　数 据 模 型

　　数据模型是某个数据库的框架,这个框架形式化地描述了数据库的数据组织形式。数据模型是定义数据库的依据。现有的数据库系统均是基于某种数据模型的。因此,了解数据模型的基本概念是学习数据库的基础。本章介绍数据模型的基本概念和在数据库系统中常用的几种数据模型。

2.1　什么是数据模型

　　数据模型是客观事物及其联系的数据描述,它应具有描述数据和数据联系两方面的功能。组成数据模型的三要素是数据结构、数据操作和数据的完整性约束条件。其中,数据结构是所研究的记录型的集合,是对数据静态特性的描述,如数据包含哪些属性,每个属性的类型等;数据操作是指对数据库中各种对象(型)的实例(值)允许执行的操作的集合;数据的完整性约束条件是一组完整性规则的集合。所谓完整性规则是指数据模型中数据及其联系所具有的制约和依存规则,用以限定符合数据模型的数据库状态和状态的变化,以保证数据的正确、有效和相容。

　　数据模型可以形式化地表示为:

$$DM = (R, L)$$

其中,DM(Data Model)是数据模型的英文简称;R 代表记录型集合;L 代表不同记录型联系的集合。

　　例如,在学生选课问题中,R 是学生和课程两个记录型的集合,L 是它们之间的联系,即为"选修"联系。

　　不同的数据模型实际上是提供模型化数据和信息的不同工具。根据模型应用的不同目的,可以将这些模型划分为两类,它们分属于两个不同的层次。

　　第一类模型是概念模型,也称信息模型,它是按用户的观点来对数据和信息建模,主要用于数据库设计。另一类模型是数据模型,主要包括网状模型、层次模型、关系模型等,它是按计算机系统的观点对数据建模,主要用于

DBMS 的实现。

　　数据模型是数据库系统的核心和基础。各种机器上实现的 DBMS 软件都是基于某种数据模型的。

2.1.1　数据的描述

　　对数据的描述应指出在模型中包含哪些记录型，并对记录型进行命名；指明各个记录型由哪些数据项构成，并对数据项进行命名，每个数据项均需指明其数据类型和取值范围，这是数据完整性约束所必需的。

　　例如，在前面的学生选课问题中，学生记录型 S 为(学号，姓名，性别，班号)，课程记录型 C 为(课程号，课程名，任课教师)。如学号由长度为 10 的字符型数据构成，性别只能取"男"或"女"。

2.1.2　数据间联系的描述

　　对数据间联系的描述要指明各个不同记录型间所存在的联系和联系方式。数据模型中的"联系"是一种特殊类型记录，通常还要对这种"联系"进行命名。数据库系统与文件系统本质不同就表现在数据库中各个记录是互相联系的，正是通过这种联系，数据库才能支持访问不同类型记录的数据，并提高数据访问的效率。

　　例如，在前面的学生选课问题中，"选修"联系将多个学生记录与多个课程记录关联起来，即多个学生可以选修同一门课程，一个学生也可以选修多门课程。

　　数据模型仅是一种形式化描述记录型及其联系的方法，与具体 DBMS 无关。当选定某种 DBMS 时，根据数据模型，用它的数据定义语言(DDL)加以描述，就定义了数据库，即确定了三级模式。

2.2　概念模型

　　计算机只能处理数据，所以首先要解决的问题是按用户的观点对数据和信息建模，然后按计算机系统的观点对数据建模。换句话说，就是要解决现实世界的问题如何表达为信息世界的问题，以及信息世界的问题如何在具体的机器世界表达的问题。图 2.1 显示了现实世界客观对象的抽象过程。

图 2.1　现实世界客观对象的抽象过程

　　概念模型实际上是现实世界到机器世界的一个中间层次。概念模型用于信息世界的建模，是现实世界的第一层抽象，是数据库设计人员进行数据库设计的有力工具。它一方面应该具有较强的语义表达能力，能够方便、直接地表达应用中的各种语义知识，另一方面还应该简单、清晰、易于用户理解。

2.2.1 信息世界中的基本概念

信息世界涉及的主要概念如下。

1. 实体（Entity）

客观存在并可相互区别的事物称为实体。实体可以是具体的人、事、物，也可以是抽象的概念或联系，例如，一个职工、一个学生、一个部门、一门课、学生的一次选课、教师与系的工作关系（即某位教师在某系工作）等都是实体。

2. 属性（Attribute）

实体所具有的某一特性称为属性。一个实体可以由若干个属性来刻画。例如学生实体可以由学号、姓名、性别、出生日期、系、入学时间等属性组成。（200131500180，刘凯，男，05/02/1980，计算机系，2001）这些属性组合起来表征了一个学生。

3. 码（Key）

码有时也称关键字。所谓码，是指在实体属性中，可用于区别实体中不同个体的一个属性或几个属性的组合，称为该实体集的"码"。例如，在"学生"实体中，能作为码的属性可以是"学号"，因为一旦码有一取值，便唯一地标识了实体中的某一个体；当然"姓名"也可作为码，但如果有重名现象，"姓名"这个属性就不能作为码了。当有多个属性可作为码而选定其中一个时，则称它为该实体的"主码"。若在实体诸属性中，某属性虽非该实体主码，却是另一实体的主码，则称此属性为"外部码"或简称为"外码"。

4. 域（Domain）

属性的取值范围称为该属性的域。例如，学号的域为 12 位整数，姓名的域为长度小于等于 10 个字符的字符串集合，性别的域为（男，女）。

5. 实体型（Entity Type）

具有相同属性的实体必然具有共同的特征和性质。用实体名及其属性名集合来抽象和刻画同类实体，称为实体型。

实体型是概念的内涵，而实体值是概念的实例。例如，学生（学号，姓名，性别，出生日期，系，入学时间）就是一个实体型，它通过学号、姓名、性别、出生日期、系和入学时间等属性表明学生状况。而每个学生的具体情况，则称实体值。可见，实体型表达的是个体的共性，而实体值是个体的具体内容。通常属性型是个变量，属性值是该变量的取值。

6. 实体集（Entity Set）

同型实体的集合称为实体集。例如，全体学生就是一个实体集。

实体和属性是信息世界术语，而计算机中有着传统的习惯用语，为了避免发生混乱，表 2.1 给出了信息世界与机器世界的术语对应关系。

表 2.1　术语的对应关系

信 息 世 界	机 器 世 界	信 息 世 界	机 器 世 界
实体	记录	实体集	文件
属性	字段（数据项）	实体码	记录码

2.2.2　实体间的联系方式

在现实世界中,事物内部以及事物之间是有联系的,这些联系在信息世界中反映为实体(型)内部的联系和实体(型)之间的联系。实体内部的联系通常是指组成实体的各属性之间的联系。实体之间的联系通常是指不同实体集之间的联系。

两个实体集之间的联系可以分为以下 3 类:

- 一对一联系(简记为 1∶1)
- 一对多联系(简记为 1∶n)
- 多对多联系(简记为 m∶n)

1. 1∶1 联系

如果对于实体集 A 中的每一个实体,实体集 B 中至多有一个(也可以没有)实体与之联系,反之亦然,则称实体集 A 与实体集 B 具有 1∶1 联系。

例如,学校里面,一个班只有一个正班长,而一个班长只在一个班中任职,则班与班长之间具有一对一联系。

2. 1∶n 联系

如果对于实体集 A 中的每一个实体,实体集 B 中有 n 个实体($n \geq 0$)与之联系,反之,对于实体集 B 中的每一个实体,实体集 A 中至多只有一个实体与之联系,则称实体集 A 与实体集 B 有 1∶n 联系。

例如,一个班有若干名学生,而每个学生只在一个班中学习,则班与学生之间具有一对多联系。

3. m∶n 联系

如果实体集 A 中的每一个实体,实体集 B 中有 n 个实体($n \geq 0$)与之联系,反之,对于实体集 B 中的每一个实体,实体集 A 中也有 m 个实体($m \geq 0$)与之联系,则称实体集 A 与实体集 B 具有多对多联系,记为 m∶n。

例如,一门课程同时有若干个学生选修,而一个学生可以同时选修多门课程,则课程与学生之间具有多对多联系。

2.2.3　实体联系表示法

建立概念模型最常用的方法是实体-联系方法,简称 E-R 方法。该方法直接从现实世界中抽象出实体和实体间的联系,然后用 E-R 图来表示数据模型。在 E-R 图中实体用方框表示;联系用菱形表示,并且用边将其与有关的实体连接起来,并在边上标上联系的类型;属性用椭圆表示,并且用边将其与相应的实体连接起来。对于有些联系,其自身也会有某些属性,同实体与属性的连接类似,将联系与其属性连接起来。

需要说明的是,E-R 方法是软件设计中的一个重要方法,因为它接近于人的思维方式,容易理解并且与计算机无关,所以用户容易接受。但是,E-R 方法只能说明实体间的语义联系,还不能进一步地说明详细的数据结构。一般遇到实际问题时,应先设计一个 E-R 图,然后再把它转换成计算机能接受的数据模型。

1. 两个不同实体集之间联系的画法

两个不同实体集之间存在 $1:1$、$1:n$ 和 $m:n$ 联系,可以用图形来表示两个实体集之间的这三类联系,如图 2.2 所示。

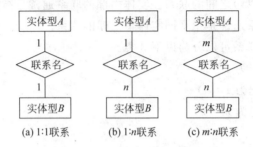

(a) 1:1联系　　(b) 1:n联系　　(c) m:n联系

图 2.2　两个实体型之间的三类联系

2. 两个以上不同实体集之间联系的画法

两个以上不同实体集之间可能存在各种关系,以 3 个不同实体集 A、B 和 C 为例,它们之间的典型关系有 $1:n:m$ 和 $r:n:m$ 联系。对于 $1:n:m$ 联系,表示 A 和 B 之间是 $1:n$(一对多)联系,B 和 C 之间是 $n:m$(多对多)联系,A 和 C 之间是 $1:m$(一对多)联系。这两个典型关系的表示方法如图 2.3 所示。

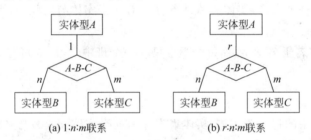

(a) 1:n:m联系　　　　　　(b) r:n:m联系

图 2.3　3 个不同实体集之间的 $1:n:m$ 和 $r:n:m$ 联系

3. 同一实体集内的二元联系的画法

同一实体集内的二元联系表示其中实体之间相互联系,同样有 $1:1$、$1:n$ 和 $n:m$ 联系。例如,职工实体集中的领导与被领导的联系是 $1:n$ 的,而职工实体集中的婚姻联系是 $1:1$ 的。同一实体集内的 $1:1$、$1:n$ 和 $n:m$ 联系如图 2.4 所示。

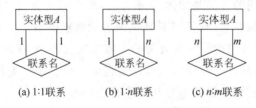

(a) 1:1联系　　(b) 1:n联系　　(c) n:m联系

图 2.4　同一实体集内的 $1:1$、$1:n$ 和 $n:m$ 联系

【例 2.1】 试画出 3 个 E-R 图,要求实体型之间具有一对一、一对多和多对多各种不同的联系。

解：部门和部门主任之间的"领导"联系是一个一对一的联系，其 E-R 图如图 2.5 所示。部门和职工之间的"所属"联系是一个一对多的联系，其 E-R 图如图 2.6 所示。维修人员和设备之间的"维修"联系是一个多对多的联系，其 E-R 图如图 2.7 所示。

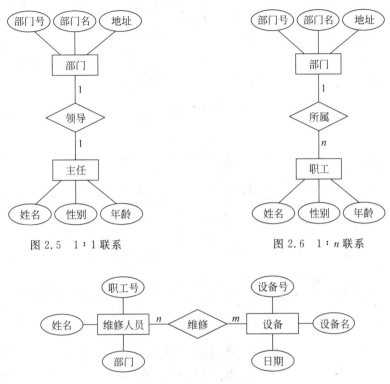

图 2.5　1∶1 联系　　　　　　　　图 2.6　1∶n 联系

图 2.7　n∶m 联系

2.2.4　怎样设计 E-R 图

设计 E-R 图的基本步骤如下：

(1) 用方框表示实体。

(2) 用椭圆表示各实体的属性。

(3) 用菱形表示实体之间的联系。

注意：一个系统的 E-R 图不是唯一的，从不同的侧面出发画出的 E-R 图可能很不同。总体 E-R 图所表示的实体联系模型，只能说明实体间的联系关系，还需要把它转换成数据模型才能被实际的 DBMS 所接受。

【例 2.2】 某大学选课管理中，学生可根据自己的情况选修课程。每名学生可同时选修多门课程，每门课程可由多位教师讲授，每位教师可讲授多门课程。画出对应的 E-R 图。

解：在该大学选课管理中，共有 3 个实体，学生实体的属性有学号、姓名、性别和年龄，教师实体的属性有教师号、姓名、性别和职称，课程实体的属性有课程号和课程名。如图 2.8(a)所示。其中，学生实体和课程实体之间有"选修"联系，这是 n∶m 联系，教师实体和课程实体之间有"开课"联系，这是 n∶m 联系，如图 2.8(b)所示。将它们合并在一起，给"选修"联系添加"分数"属性，给"开课"联系添加"上课地点"属性，得到最终的 E-R 图，如图 2.8(c)所示。

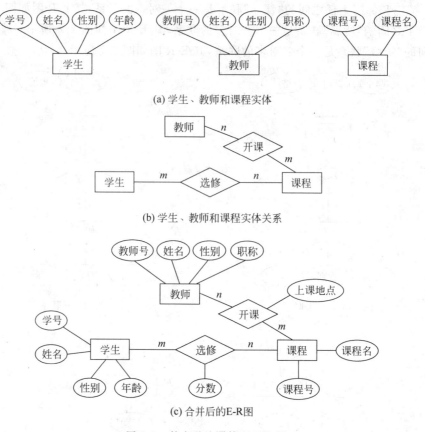

(a) 学生、教师和课程实体

(b) 学生、教师和课程实体关系

(c) 合并后的E-R图

图 2.8   某大学选课管理 E-R 图

2.3   DBMS 支持的数据模型

E-R 方法是抽象和描述现实世界的有力工具,用 E-R 图表示的概念模型独立于具体的 DBMS 所支持的数据模型,它是各种数据模型的共同基础。还需将概念模型转换为 DBMS 支持的数据模型,也就是说必须把数据库组织成符合 DBMS 规定的数据模型。

目前成熟地应用在 DBMS 中的数据模型有层次模型、网状模型和关系模型。它们之间的根本区别在于数据之间联系的表示方式不同(即记录型之间的联系方式不同)。层次模型是用"树结构"来表示数据之间的联系。网状模型是用"图结构"来表示数据之间的联系。关系模型是用"二维表"(或称为关系)来表示数据之间的联系。

前面介绍的概念模型(也称信息模型)是按用户的观点来对数据和信息建模,主要用于数据库设计。DBMS 支持的数据模型也称逻辑数据模型,它是按计算机系统的观点对数据建模,主要用于 DBMS 的实现。

2.3.1   层次模型

层次数据模型是数据库系统最早使用的一种模型,它的数据结构是一棵"有向树"。层次模型的特征是:

- 有且仅有一个节点(即根节点)没有父节点。
- 其他节点有且仅有一个父节点。

在层次模型中,每个节点描述一个实体型,称为记录型。一个记录型可有许多记录值,简称为记录。节点之间的有向边表示记录之间的联系。如果要存取某一记录型的记录,可以从根节点开始,按照有向树层次逐层向下查找,查找路径就是存取路径。

例如,图 2.9 所示为一个系教务管理层次数据模型,图 2.9(a)是实体之间的联系,图 2.9(b)是实体型之间的联系。图 2.10 是一个实例。

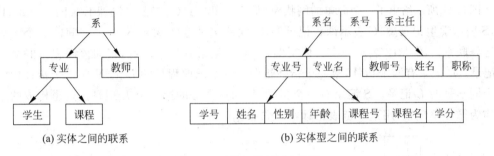

图 2.9　系教务管理层次模型

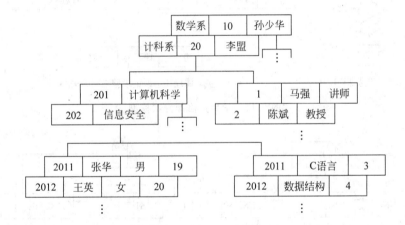

图 2.10　系教务管理的实例

层次模型的主要优点如下:
- 比较简单,仅用很少的几条命令就能操纵数据库。
- 结构清晰,节点间联系简单,只要知道每个节点的双亲节点,就可以知道整个模型结构。
- 可以提供良好的数据完整性支持。

层次模型的缺点如下:
- 不能直接表示两个以上实体间的复杂联系和实体间多对多联系。
- 对数据的插入和删除的操作限制太多。
- 查询孩子节点必须通过双亲节点。

数据库原理与应用——基于 SQL Server

2.3.2　网状模型

用网状结构表示实体及其之间联系的模型称为网状模型。网中的每一个节点代表一个记录型,联系用链接指针来实现。广义地讲,任何一个连通的基本层次联系的集合都是网状模型。它取消了层次模型的两点限制,网状模型的特征如下:

- 允许节点有多于一个的父节点。
- 可以有一个以上的节点没有父节点。

图 2.11 所示给出了一个简单的网状模型,其中图 2.11(a)是学生选课 E-R 图。图 2.11(b)中,S 表示学生记录型,C 表示课程记录型,用联系记录型 L 表示 S 和 C 之间的一个多对多的选修联系。图 2.12 表示一个具体实例,其中 C 记录有一个指针,指向该课程号的第一个 L 记录。L 记录有两个指针,第一个指针指向下一个同课程号的 L 记录,第二个指针指向下一个同学号的 L 记录。S 记录有一个指针,指向该学号的第一个 L 记录。这里构成的单链表均为循环单链接,用这些链表指针实现联系。

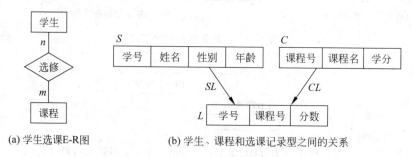

(a) 学生选课E-R图　　　　(b) 学生、课程和选课记录型之间的关系

图 2.11　学生选修课网状模型

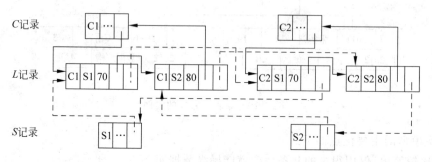

图 2.12　学生选修课网状模型的一个实例

网状模型和层次模型在本质上是一样的。从逻辑上看,它们都是基本层次联系的集合,用节点表示实体,用有向边(箭头)表示实体间的联系。从物理上看,它们每一个节点都是一个存储记录,用链接指针来实现记录之间的联系。当存储数据时这些指针就固定下来了,数据检索时必须考虑存取路径问题;数据更新时,涉及链接指针的调整,缺乏灵活性;系统扩充相当麻烦。网状模型中的指针更多,纵横交错,从而使数据结构更加复杂。

网状模型的主要优点如下:

- 更为直接地描述客观世界,可表示实体间的多种复杂联系。
- 具有良好的性能和存储效率。

网状模型的缺点如下：

- 数据结构复杂，导致其 DDL 语言也极其复杂。
- 数据独立性差，由于实体间的联系本质上是通过存取路径表示的，因此应用程序在访问数据时要指定存取路径。

2.3.3 关系模型

关系模型是用二维表格结构来表示实体和实体之间联系的数据模型。关系模型的数据结构(型)是一个"二维表框架"组成的集合，每个二维表又称为关系，因此可以说，关系模型是"关系框架"组成的集合。目前大多数数据库管理系统都是关系型的，例如，SQL Server 就是一种关系数据库管理系统，它支持关系数据模型。

图 2.13 给出了一个简单的关系模型，其中图 2.13(a)给出了关系模式：

教师(教师编号,姓名,性别,所在系名)
课程(课程号,课程名,教师编号,上课教室)

图 2.13(b)给出了这两个关系模式的关系，关系名称分别为教师关系和课程关系，均包含两个元组，教师关系的编号为主码，课程关系的课程号为主码。

教师关系框架：

教师编号	姓名	性别	所在系名

课程关系框架：

课程号	课程名	教师编号	上课教室

（a）关系框架

教师关系

教师编号	姓名	性别	所在系名
001	王丽华	女	计算机系
008	孙军	男	电子工程系

课程关系

课程号	课程名	教师编号	上课教室
99-1	软件工程	001	5-301
99-3	电子技术	008	2-205

（b）关系

图 2.13 关系模型

关系模型的主要优点如下：

- 与非关系模型不同，关系模型具有较强的数学理论根据。
- 数据结构简单、清晰，用户易懂易用，不仅用关系描述实体，而且可用关系描述实体间的联系。
- 关系模型的存取路径对用户透明，从而具有更高的数据独立性和更好的安全保密性，也简化了程序员的工作以及数据库建立与开发工作。

关系模型的缺点如下：

- 由于存取路径对用户透明,查询效率往往不如非关系模型,因此为了提高性能,必须对用户的查询表示进行优化,这样又将增加开发数据库管理系统的负担。
- 关系必须是规范化的关系,即每个属性是不可分的数据项,不允许表中有表。

在关系模型中基本数据结构就是二维表,不用像层次或网状那样的链接指针。记录之间的联系是通过不同关系中的同名属性来体现的。例如,要查找"王丽华"老师所上课程,首先要在教师关系中根据姓名找到编号 001,然后在课程关系中找到 001 任课教师编号对应的课程名即可。在上述查询过程中,同名属性教师编号起到了连接两个关系的纽带作用。由此可见,关系模型中的各个关系模式不应当孤立起来,不是随意拼凑的一堆二维表,它必须满足相应的要求。

关系是一张二维表,即元组的集合。关系框架是一个关系的属性名表。形式化表示为:

$$R(A_1, A_2, \cdots, A_n)$$

其中,R 为关系名,$A_i(i=1,2,\cdots,n)$ 为关系的属性名。

关系之间通过公共属性实现联系。例如,图 2.13 给出了两个关系,通常情况下,需要增加如下任课关系:

任课(教师编号,姓名,课程号,上课教室)

该关系与前两个关系都有公共属性,从而实现关系之间的联系。

关系数据库是指对应于一个关系模型的所有关系的集合。例如,在一个学生课程管理关系数据库中,包含教师关系、课程关系、学生关系和任课关系等。

2.4 各种数据模型的总结

各种数据模型按不同的应用层次分成三种类型,分别是概念数据模型、逻辑数据模型、物理数据模型。

(1) 概念数据模型,简称概念模型,是面向数据库用户的实现世界的模型,主要用来描述世界的概念化结构,它使数据库的设计人员在设计的初始阶段,摆脱计算机系统及 DBMS 的具体技术问题,集中精力分析数据以及数据之间的联系等,与具体的 DBMS 无关。概念数据模型必须换成逻辑数据模型,才能在 DBMS 中实现。在概念数据模型中最常用的是 E-R 模型、扩充的 E-R 模型、面向对象模型及谓词模型等。

(2) 逻辑数据模型,简称数据模型,这是用户从数据库所看到的模型,是具体的 DBMS 所支持的数据模型,主要有层次数据模型、网状数据模型和关系数据模型等。此模型既要面向用户,又要面向系统,主要用于 DBMS 的实现。

(3) 物理数据模型,简称物理模型,是面向计算机物理表示的模型,描述了数据在储存介质上的组织结构,它不但与具体的 DBMS 有关,而且还与操作系统和硬件有关。每一种逻辑数据模型在实现时都有其对应的物理数据模型。DBMS 为了保证其独立性与可移植性,大部分物理数据模型的实现工作由系统自动完成,而设计者只设计索引、聚集等特殊结构。

数据模型是数据库系统的核心,这一领域也随着计算机科学的发展而发展,表 2.2 给出了主要数据模型及其比较。

表 2.2　主要数据模型的比较

划分	时间	数据模型	支持的 DBMS	说明
第 1 代	20 世纪 60 年代至 20 世纪 70 年代	文件系统	VMS/VSAM	主要用于 IBM 主机系统,可以管理记录,没有关系
第 2 代	20 世纪 70 年代	层次数据模型 网状数据模型	IMS ADABAS IDS-Ⅱ	早期的数据库系统 导航存取
第 3 代	20 世纪 70 年代中期至今	关系数据模型	DB2 Oracle MS SQL Server MySQL	E-R 建模和支持关系数据建模
第 4 代	20 世纪 80 年代中期至今	面向对象的数据模型 扩展的关系数据模型	DB2 UDB Oracle 10g	支持复杂的数据 支持对象和数据仓库
第 5 代	至今到未来	XML	dbXML DB2 UDB Oracle 10g MS SQL Server	非结构化的数据组织和管理 增加支持 XML 文档的关系和对象模型

习题 2

1. 什么是关系? 什么是关系框架? 关系之间实现联系的手段是什么? 什么是关系数据库?

2. 某医院病房计算机管理中需如下信息:

科室:科名、科地址、科电话、医生姓名

病房:病房号、床位数、所属科室名

医生:姓名、职称、所属科室名、年龄、工作证号

病人:病历号、姓名、性别、诊断医生、病房号

其中,一个科室有多个病房、多个医生;一个病房只能属于一个科室;一个医生只属于一个科室,但可负责多个病人的诊治;一个病人的主治医生只有一个。设计该计算机管理系统的 E-R 图。

3. 学校有若干个系,每个系有若干名教师和学生;每个教师可以教授若干门课程,并参加多个项目;每个学生可以同时选修多门课程。请设计某学校的教学管理的 E-R 模型,要求给出每个实体、联系的属性。

CHAPTER 3

第 3 章　　　　　　　　关系数据库

关系模型建立在数学理论基础上,关系数据操纵语言基于关系运算。关系数据库理论是 IBM 公司的 E. F. Code 首先提出的。了解关系数据库理论,才能设计出合理的数据库,并能更好地掌握关系数据库语言并付诸应用。本章介绍关系模型的基本概念、关系的数学定义和关系代数等。

3.1　关系模型的基本概念

在关系模型中,无论是实体还是实体之间的联系均由单一的结构类型即关系(表)来表示。下面讨论关系模型的一些基本术语。

- **关系**。一个关系就是一张二维表,每个关系有一个关系名。
- **元组**。表中的一行即为一个元组,对应存储文件中的一个记录值。
- **属性**。表中的列称为属性,每一列有一个属性名。属性值相当于记录中的数据项或者字段值。
- **域**。属性的取值范围,即不同元组对同一个属性的值所限定的范围。例如,逻辑型属性只能从逻辑真(如 TRUE)或逻辑假(如 FALSE)两个值中取值。
- **关系模式**。对关系的描述称为关系模式,格式为:

关系名(属性名 1,属性名 2,…,属性名 n)

一个关系模式对应一个关系文件的结构。例如:

R(S♯,SNAME,SEX,BIRTHDAY,CLASS)

- **候选码(或候选关键字)**。它是属性或属性组合,其值能够唯一地标识一个元组。在最简单的情况下,候选码只包含一个属性。候选码满足唯一性(关系 R 的任意两个不同的元组,其候选码的值不同)和最小性(组成候选码的属性集中,任一属性都不能从中删除,否则将破坏关系的唯一性)。

- **主码**（或主关键字）。在一个关系中可能有多个候选码,从中选择一个作为主码。
- **主属性**。包含在主码中各个属性称为主属性。
- **外码**（或外关键字）。如果关系 R_2 的一个或一组属性 X 是另一关系 R_1 的主码,则 X 称为关系 R_2 的外码,并称关系 R_2 为参照关系,关系 R_1 为被参照关系。
- **全码**。关系模型的所有属性都是这个关系模式的候选码,称为全码。

了解上述术语之后,又可以将关系定义为元组的集合。关系模式是命名的属性集合。元组是属性值的集合。一个具体的关系模型是若干个关系模式的集合。例如,在学生选课管理中,有学生表、课程表和成绩表等,每个表就是一个关系模式,而关系模型就是这些关系表的集合。

【例 3.1】　如图 3.1 所示是两个关系 R 和 T。指出其关系模式和码。

解：对应的关系模式为：

R(编号, 姓名, 性别, 部门号)

T(部门号, 名称, 地址, 电话)

在关系 R 中,主码为"编号",关系 T 的主码为"部门号",所以部门号也是关系 R 的外码。

关系 R

编号	姓名	性别	部门号
2011	王萍	女	011
2012	李明	男	011
⋮	⋮	⋮	⋮
2040	陈强	男	012
⋮	⋮	⋮	⋮

关系 T

部门号	名称	地址	电话
011	市场部	公司办 201	871
012	人事部	公司办 202	781
014	财务部	公司办 203	520
015	公司办	公司办 204	356
⋮	⋮	⋮	⋮

图 3.1　关系 R 和 T

3.2　关系的数学定义

本节用集合代数给出二维表的关系定义。

1. 域

域是一组具有相同数据类型的值的集合。例如,整数、正整数、实数、$\{0,1,2\}$等都可以是域。

2. 笛卡儿积

设定一组域 $D_1, D_2, \cdots, D_n$,这些域中可以存在相同的域。定义 $D_1, D_2, \cdots, D_n$ 的笛卡儿积为：

$$D_1 \times D_2 \times \cdots \times D_n = \{(d_1, d_2, \cdots, d_n) \mid d_i \in D_i, i = 1, \cdots, n\}$$

其中每一个元素 $(d_1, d_2, \cdots, d_n)$ 叫做一个 n 元组或简称元组。元素中的每个值 $d_i (i=1, \cdots, n)$ 叫做一个分量。

例如,$D_1 = \{0,1\}$,$D_2 = \{a, b, c\}$,则,$D_1 \times D_2 = \{(0,a), (0,b), (0,c), (1,a), (1,b),$

$(1,c)\}$。

3. 关系

笛卡儿积 $D_1 \times D_2 \times \cdots \times D_n$ 的任一个子集称为 $D_1,D_2,\cdots,D_n$ 上的一个 n 元关系。表示为：

$$R(D_1,D_2,\cdots,D_n)$$

这里的 R 表示关系的名称，n 是关系的目或度。

关系中的每个元素是关系中的元组。

当 $n=1$ 时，称该关系为单元关系。当 $n=2$ 时，称该关系为二元关系。

关系是笛卡儿积的有限子集，所以关系也是一个二维表，表的每行对应一个元组，表的每列对应一个域。由于域可以相同，为了加以区分，必须对每列起一个名称，称为属性，n 元关系有 n 个属性，属性的名称要唯一。

例如，$R_1=\{(0,a),(0,b),(0,c)\}$ 和 $R_2=\{(1,a),(1,b),(1,c)\}$ 都是上例 D_1,D_2 上的一个关系。

4. 关系的性质

关系是用集合代数的笛卡儿积定义的，关系是元组的集合，因此，关系具有如下性质：

- 列是同质的，即每一列中的分量是同一类型的数据，来自同一个域。
- 不同的列可出自同一个域，其中的每一列称为一个属性，要给予不同的属性名。
- 列的顺序无所谓，即列的次序可以任意交换。
- 任意两个元组不能完全相同。
- 行的顺序无关紧要，即行的次序可以任意交换。
- 所有属性值都是原子，不允许某个属性又是一个二维关系。

5. 关系的完整性规则

关系的 3 个完整性规则如下。

1）实体完整性规则

关系中主码的值不能为空或部分为空。也就是说，主码中属性（即主属性）不能取空值。

因为关系中的元组一定是可区分的，如果主码的值取空值（空值就是"不知道"或"无意义"的值），就说明存在某个不可标识的元组，即存在不可区分的元组，这是不允许的。例如，在图 3.1 中，关系 R 的"编号"和关系 T 中的"部门号"不能取空值。

2）参照完整性规则

如果关系 R_2 的外码 X 与关系 R_1 的主码相对应（基本关系 R_1 和 R_2 不一定是不同的关系，即它们可以是同一个关系），则外码 X 的每个值必须在关系 R_1 中主码的值中找到，或者为空值。

参照完整性规则就是定义外码与主码之间的引用规则。例如，在图 3.1 中，关系 R 中的每个"部门号"属性只能取下面两类值：

- 空值。表示尚未给该职工分配部门。
- 非空值。这时该值必须是关系 T 中某个元组的"部门号"值，表示该职工不可能分配到一个不存在的部门中。即被参照的 T 中一定存在一个元组，它的主码值等于该参照关系 R 中的外码值。

3）用户定义的完整性

指用户对某一具体数据指定的约束条件进行检验。例如，在图 3.1 中关系 R 的性别只能取值"男"或"女"。

3.3　关系代数

关系代数是施加于关系上的一组集合代数运算，每个运算都以一个或多个关系作为运算对象，并生成另外一个关系作为该关系运算的结果。关系代数包含传统的集合运算和专门的关系运算两类。

注意：关系代数运算的基本的运算是并、差、笛卡儿积、选择和投影等。

3.3.1　传统的集合运算

传统的集合运算有并、差、交和笛卡儿积运算。

1）关系的并

关系 R 和关系 S 的所有元组合并，再删去重复的元组，组成一个新关系，称为 R 和 S 的并，记为 $R \cup S$。即 $R \cup S = \{t \mid t \in R \lor t \in S\}$。

2）关系的差

关系 R 和关系 S 的差是由属于 R 而不属于 S 的所有元组组成的集合，即关系 R 中删去与 S 关系中相同的元组，组成一个新关系，记为 $R - S$。即 $R - S = \{t \mid t \in R \land t \notin S\}$。

3）关系的交

关系 R 和关系 S 的交是由既属于 R 又属于 S 的元组组成的集合，即在两个关系 R 与 S 中取相同的元组，组成一个新关系，记为 $R \cap S$。即 $R \cap S = \{t \mid t \in R \land t \in S\}$。

4）笛卡儿积

参见 3.2 节中关于笛卡儿积的定义。两个关系 R 和 S 的笛卡儿积记为 $R \times S$。即 $R \times S = \{t_r t_s \mid t_r \in R \land t_s \in S\}$。

【例 3.2】　有 3 个关系 R、S 和 T，如图 3.2 所示，求以下各种运算结果：

(1) $R \cup S$

(2) $R - S$

(3) $R \cap S$

(4) $R \times T$

解：这 4 个运算的结果如图 3.3 所示。

R	
A	B
a	d
b	a
c	c

S	
A	B
d	a
b	a
d	c

T	
B	C
b	b
c	d

图 3.2　3 个关系

R∪S	
A	B
a	d
b	a
c	c
d	a
d	c

R∩S	
A	B
b	a

R−S	
A	B
a	d
c	c

R×T			
A	B	B	C
a	d	b	b
a	d	c	d
b	a	b	b
b	a	c	d
c	c	b	b
c	c	b	d

图 3.3 关系运算结果

3.3.2 专门的关系运算

专门的关系运算有选择、投影、连接和除等运算。

1. 选择

从关系中找出满足给定条件的所有元组称为选择。其中的条件是以逻辑表达式给出的,该逻辑表达式的值为真的元组被选取。这是从行的角度进行的运算,即水平方向抽取元组。经过选择运算得到的结果元组可以形成新的关系,其关系模式不变,但其中元组的数目小于等于原来的关系中元组的个数,它是原关系的一个子集。

选择运算记为 $\sigma_F(R)$,其中 R 为一个关系,F 为布尔函数,该函数中可以包含算术比较符($<$、$=$、$>$、$\leqslant$、$\geqslant$、$\neq$)和逻辑运算符($\wedge$、$\vee$、$\neg$)。

2. 投影

从关系中挑选若干属性组成新的关系称为投影。这是从列的角度进行的运算,相当于对关系进行垂直分解。经过投影运算可以得到一个新关系,其关系所包含的属性个数往往比原关系少,或者属性的排列顺序不同。如果新关系中包含重复元组,则要删除重复元组。

投影运算记为 $\pi_x(R)$,其中 R 为一个关系,x 为一组属性名或属性序号组,属性序号是对应属性在关系中的顺序编号。

3. 连接

连接是将两个关系的属性名拼接成一个更宽的关系,生成的新关系中包含满足连接条件的元组。运算过程是通过连接条件来控制的,连接是对关系的结合。

1) θ 连接

θ 连接操作是从关系 R 和 S 的笛卡儿积中选取属性值满足某一个条件运算符 θ 的元组,记为 $R \underset{i\theta j}{\bowtie} S$,这里 i 和 j 分别是关系 R 和 S 中第 i 和第 j 个属性的序号。

如果 θ 是等号 $=$,该连接操作称为"等值连接"。

2) F 连接

F 连接操作是从关系 R 和 S 的笛卡儿积中选取属性值满足某一个条件公式 F 的元组,记为 $R \underset{F}{\bowtie} S$。这里 F 是形为 $F_1 \wedge F_2 \wedge \cdots \wedge F_n$ 的公式,每个 $F_i (1 \leqslant i \leqslant n)$ 是形为 $i\theta j$ 的式子,

其中 i 和 j 应分别为 R 和 S 的第 i、第 j 个分量的序号。

3）自然连接

自然连接是除去重复属性的等值连接，它是连接运算的一个特例，是最常用的连接运算。

自然连接记为 $R \bowtie S$，其中 R 和 S 是两个关系，并且具有一个或多个同名属性。在连接运算中，同名属性一般都是外码，否则会出现重复数据。

4. 除

设有关系 $R(X,Y)$ 与关系 $S(Z)$，其中，X、Y、Z 为属性集合。假设 Y 和 Z 具有相同的属性个数，且对应属性出自相同域。关系 $R(X,Y)$ 除以 $S(Z)$ 所得的商关系是关系 R 在属性 X 上投影的一个子集，该子集和 $S(Z)$ 的笛卡儿积必须包含在 $R(X,Y)$ 中，记为 $R \div S$。

【例 3.3】 有 4 个关系 R、S、U 和 V，如图 3.4 所示，求以下各种运算结果：

(1) $\sigma_{B=5}(S)$

(2) $\pi_{A,C}(R)$

(3) $R \underset{[3]=[2]}{\bowtie} S$

(4) $R \bowtie S$

(5) $U \div V$

R				S				U				V	
A	B	C		B	C	D		A	B	C	D	C	D
1	2	3		2	3	2		a	b	c	d	c	d
4	5	6		5	6	3		a	b	e	f	e	f
7	8	9		9	8	5		c	a	c	d		

图 3.4 4 个关系

解：这 5 个运算的结果如图 3.5 所示。

$\sigma_{B=5}(S)$		
B	C	D
5	6	3

$\pi_{A,C}(R)$	
A	C
1	3
4	6
7	9

$R \underset{[3]=[2]}{\bowtie} S$					
A	B	C	B	C	D
1	2	3	2	3	2
4	5	6	5	6	3

$R \bowtie S$			
A	B	C	D
1	2	3	2
4	5	6	3

$U \div V$	
A	B
a	b

图 3.5 关系运算结果

【例 3.4】 有一个职工关系 Customer，如图 3.6 所示，求以下各种运算结果：

(1) $\pi_{\text{name,sex,age}}(\text{Customer})$

(2) $\pi_{\text{name}}(\sigma_{\text{age}<35}(\text{Customer}))$

no	name	sex	age
1	王华	女	25
2	陈进	男	48
3	曾权	男	36
4	李明	男	32
5	张丽	女	52

图 3.6 Customer 关系

解：这两个运算的结果如图 3.7 所示。

$\pi_{name,sex,age}(Customer)$

name	sex	age
王华	女	25
陈进	男	48
曾权	男	36
李明	男	32
张丽	女	52

$\pi_{name}(\sigma_{age<35}(Customer))$

name
王华
李明

图 3.7 关系运算结果

习题 3

1. 简述等值连接与自然连接的区别。

2. 设有图 3.8 所示的两个关系 R 和 S，计算 $R \underset{[2]<[2]}{\bowtie} S$、$R \bowtie S$ 和 $\sigma_{A=C}(R \times S)$。

R

A	B
a	b
c	b
d	e

S

B	C
b	c
e	a
b	d

图 3.8 两个关系

3. 设有图 3.9 所示的两个关系 R、S，计算 $R_1 = R - S$、$R_2 = R \cup S$、$R_3 = R \cap S$ 和 $R_4 = R \times S$。

R

A	B	C
a	b	c
b	a	f
c	b	d

S

A	B	C
b	a	f
d	a	f

图 3.9 两个关系

关系数据库规范化理论 第4章

数据库设计的问题可以简单地描述为：如果要把一组数据存储到数据库中，如何为这些数据设计一个合适的逻辑结构呢？在关系数据库系统中，就是如何设计一些关系表以及这些关系表中的属性。这就是本章主要介绍的关系模式的规范化设计问题。

4.1 问题的提出

假定有如下学生关系 S：

S(学号,姓名,性别,课程号,课程名,分数)

其中，S 表示关系名，包含有学号、姓名、性别、课程号、课程名和成绩等属性。主码为(学号,课程号)。

1. 问题

这个关系模式存在如下问题。

1) 数据冗余

当一个学生选修多门课程就会出现数据冗余。例如，可能存在这样的记录：(S0102,"王华","男",C108,"C 语言",84)、(S0102,"王华","男",C206,"数据库原理与应用",92)和(S0108,"李丽","女",C206,"数据库原理与应用",86)，这样导致姓名、性别和课程名属性多次重复存储。

2) 不一致性

由于数据存储冗余，当更新某些数据项时，就有可能一部分字段修改了，而另一部分字段未修改，造成存储数据的不一致性。例如，可以存在这样的记录：(S0102,"王华","男",C108,"C 语言",84)和(S0102,"李丽","女",C206,"数据库原理与应用",92)，这就是数据不一致性(同一个学号对应不同的姓名)。

3) 插入异常

如果某个学生未选修课程，则其学号、姓名和性别属性值无法插入，因为

数据库原理与应用——基于 SQL Server

课程号为空,关系数据模式规定主码不能为空或部分为空,这便是插入异常。例如,有一个学号为 S0110 的新生"陈强",由于尚未选课,不能插入到关系 S 中,无法存放该学生的基本信息。

4)删除异常

当要删除所有学生成绩时,所有学号、姓名和性别属性值也都删除了,这便是删除异常。例如,关系 S 中只有一条学号为 S0105 的学生记录:(S0105,"王华","男",C108,"C 语言",84),现在需要将其删除,在该记录删除后,学号为 S0105 的学生"王华"的基本信息也被删除了,而没有其他地方存放该学生的基本信息。

2. 解决方法

为了克服这些异常,将 S 关系分解为如下 3 个关系:

S_1(学号,姓名,性别)　　　　主码为(学号)
S_2(学号,课程号,分数)　　　主码为(学号,课程号)
S_3(课程号,课程名)　　　　主码为(课程号)

这样分解后,上述异常都得到了解决。首先是数据冗余问题,对于选修多门课程的学生,在关系 S_1 中只有一条该学生的记录,只需在关系 S_2 中存放对应的成绩记录,同一学生的姓名和性别不会重复出现。由于在关系 S_3 中存放课程号和课程名,所以关系 S_2 中不再存放课程名,从而避免出现课程名的数据冗余。

数据不一致性的问题主要是由于数据冗余引起的,解决了数据冗余,数据不一致性的问题自然就解决了。

由于关系 S_1 和关系 S_2 是分开存储的,如果某个学生未选修课程,可将其学号、姓名和性别属性值插入到关系 S_1 中,只是关系 S_2 中没有该学生的记录,因此不存在插入异常问题。

同样,当要删除所有学生成绩时,只从关系 S_2 中删除对应的成绩记录,而关系 S_1 的基本信息仍保留,从而解决了删除异常问题。

为什么将关系 S 分解为关系 S_1、S_2 和 S_3 后,所有异常问题就解决了呢?这是因为 S 关系中的某些属性之间存在数据依赖。数据依赖是现实世界事物之间的相互关联性的一种表达,是属性的固有语义的体现。人们只有对一个数据库所要表达的现实世界进行认真的调查与分析,才能归纳与客观事实相符合的数据依赖。现在人们已经提出了许多类型的数据依赖,其中最重要的是函数依赖(Functional Dependency,FD)。

4.2　函数依赖

4.2.1　函数依赖的定义

定义 1　设 $R(U)$ 是属性集 U 上的关系模式,X,Y 是 U 的子集。若对于 $R(U)$ 的任意一个可能的关系 r,r 中不可能存在两个元组在 X 上的属性值相等,而在 Y 上的属性值不等,则称 X 函数确定 Y 或 Y 函数依赖于 X,记作 $X \rightarrow Y$。

例如,在一个职工关系表中,通常职工号是唯一的,也就是说,不存在职工号相同、而姓名不同的职工记录,因此有:职工号→姓名。

在前面的学生关系 S 中,显然有:(学号,课程号)→分数,即不存在一个学生选修某门课程,有一个以上的成绩分数。同时有:学号→姓名,学号→性别,课程号→课程名,其函数依赖关系如图 4.1 所示,其函数依赖集 F 如下:

$$F=\{ 学号→姓名,学号→性别,课程号→课程名,(学号,课程号)→分数 \}$$

定义 2　设 $R(U)$ 是属性集 U 上的关系模式,X,Y 是 U 的子集。若 $X→Y$ 是一个函数依赖,且 $Y\subseteq X$,则称 $X→Y$ 是一个平凡函数依赖。

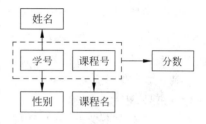

图 4.1　函数依赖

例如,在前面的学生关系 S 中,显然有:(学号,课程号)→学号,(学号,课程号)→课程号,这些都是平凡函数依赖关系。

定义 3　设 $R(U)$ 是属性集 U 上的关系模式,X,Y 是 U 的子集。设 $X→Y$ 是一个函数依赖,并且对于任何 $X'\subset X$,$X'→Y$ 都不成立,则称 $X→Y$ 是一个完全函数依赖。即 Y 函数依赖于整个 X,记作 $X \xrightarrow{f} Y$。

在前面的学生关系 S 中,(学号,课程号)→分数,但学号→分数和课程号→分数均不成立,即学号不能唯一确定一个学生的分数,课程名也不能唯一确定一个学生的分数。所以(学号,课程号)→分数是完全函数依赖关系,记为:(学号,课程号)$\xrightarrow{f}$分数。

定义 4　设 $R(U)$ 是属性集 U 上的关系模式,X,Y 是 U 的子集。设 $X→Y$ 是一个函数依赖,但不是完全函数依赖,则称 $X→Y$ 是一个部分函数依赖,或称 Y 函数依赖于 X 的某个真子集,记作 $X \xrightarrow{p} Y$。

例如,在前面的学生关系 S 中,(学号,课程号)→姓名,而对于每个学生都有唯一的学号,所以有学号→姓名。因此,(学号,课程号)→姓名是部分函数依赖。记为:(学号,课程号)$\xrightarrow{p}$姓名。

定义 5　设 $R(U)$ 是一个关系模式,$X,Y,Z\subseteq U$,如果 $X→Y(Y\subseteq X,Y\nrightarrow X)$,$Y→Z$ 成立,则称 Z 传递函数依赖于 X,记为 $X \xrightarrow{t} Z$。

例如,有以下班级关系:

班级(班号,专业名,系名,人数,入学年份)

其中,主码是班号。经分析有:班号→专业名,班号→人数,班号→入学年份,专业名→系名。又因为:班号→专业名,专业名↛班号,专业名→系名,所以有:班号$\xrightarrow{t}$系名。

4.2.2　函数依赖与属性关系

属性之间有三种关系,但并不是每一种关系中都存在函数依赖。设 $R(U)$ 是属性集 U 上的关系模式,X、Y 是 U 的子集:

- 如果 X 和 Y 之间是 1:1 关系(一对一关系),如学校和校长之间就是 1:1 关系,则存在函数依赖 $X→Y$ 和 $Y→X$。
- 如果 X 和 Y 之间是 1:n 关系(一对多关系),如学号和姓名之间就是 1:n 关系,则

存在函数依赖 $X \rightarrow Y$。

- 如果 X 和 Y 之间是 $m:n$ 关系(多对多关系),如学生和课程之间就是 $m:n$ 关系,则 X 和 Y 之间不存在函数依赖。

【例 4.1】 有以下学生关系:

学生(学号,姓名,出生年月,系编号,班号,宿舍区)

其中,主码为"学号",假设班号是唯一的,所有同系的学生住在同一宿舍区,一个宿舍区可以住多个系的学生。试分析其中的各种函数依赖关系。

解:学生学号是唯一的,一个系有唯一一系编号,因此有:学号→姓名,学号→出生年月,学号→班号,班号→系编号,系编号→宿舍区。

一个系有多个学生,系编号与学号是 $1:n$ 的关系,宿舍区与系编号是 $1:n$ 的关系,因此有:学号→系编号,系编号↛学号,系编号→宿舍区,所以有:学号$\xrightarrow{t}$宿舍区。

一个系有多个班,系编号与班号之间是 $1:n$ 的关系,因此有:班号→系编号,系编号↛班号,系编号→宿舍区,所以有:班号$\xrightarrow{t}$宿舍区。

班号与学号是 $1:n$ 关系,因此有:学号→班号,班号↛学号,班号→系编号,所以有:学号$\xrightarrow{t}$系编号。

4.2.3 Armstrong 公理

为了从一组函数依赖中求得逻辑蕴涵的函数依赖,例如已知函数依赖集 F,要问是否逻辑蕴涵 $X \rightarrow Y$,就需要一套推理规则,这组推理规则是 1974 年首先由 Armstrong 提出来的,常被称为 Armstrong 公理。

Armstrong 公理 设 A、B、C、D 是给定关系模式 R 的属性集的任意子集,并把 A 和 B 的并集 $A \cup B$ 记为 AB,则其推理规则可归结为 3 条。

- 自反律:如果 $B \subseteq A$,则 $A \rightarrow B$。这是一个平凡的函数依赖。
- 增广律:如果 $A \rightarrow B$,则 $AC \rightarrow BC$。
- 传递律:如果 $A \rightarrow B$ 且 $B \rightarrow C$,则 $A \rightarrow C$。

由 Armstrong 公理可以得到以下推论。

- 自合规则:$A \rightarrow A$。
- 分解规则:如果 $A \rightarrow BC$,则 $A \rightarrow B$ 且 $A \rightarrow C$。
- 合并规则:如果 $A \rightarrow B$,$A \rightarrow C$,则 $A \rightarrow BC$。
- 复合规则:如果 $A \rightarrow B$,$C \rightarrow D$ 成立,则 $AC \rightarrow BD$。

【例 4.2】 设有关系模式 R,A、B、C、D、E、F 是它的属性集的子集,R 满足的函数依赖为 $\{A \rightarrow BC, CD \rightarrow EF\}$,证明函数依赖 $AD \rightarrow F$ 成立。

证明:(1) $A \rightarrow BC$ 题中给定

(2) $A \rightarrow C$ 分解规则

(3) $AD \rightarrow CD$ 增广律

(4) $CD \rightarrow EF$ 题中给定

(5) $AD \rightarrow EF$ 传递律

(6) $AD \rightarrow F$ 分解规则

4.2.4　闭包及其计算

1. 什么是闭包

定义 6　设 F 是关系模式 R 的一个函数依赖集，X,Y 是 R 的属性子集，如果从 F 中的函数依赖能够推出 $X{\to}Y$，则称 F 逻辑蕴涵 $X{\to}Y$。

定义 7　被 F 逻辑蕴涵的函数依赖的全体构成的集合，称为 F 的闭包，记为 F^+。

求 F^+ 是一个 NP 完全问题，例如关系模式 $R(A,B,C)$，$F=\{A{\to}B,B{\to}C\}$，则 F^+ 包括 $A{\to}A$、$AB{\to}A$、$AC{\to}A$、$ABC{\to}A$、$AB{\to}B$、$ABC{\to}B$、$ABC{\to}AB$、$ABC{\to}AC$、$ABC{\to}ABC$ 等等。比如从 $F=\{X{\to}A_1,X{\to}A_2,\cdots,X{\to}A_n\}$ 出发，至少可以推导出 2^n 个不同的函数依赖。为此引入了以下概念。

定义 8　设 F 是属性集 U 上的一组函数依赖，$X\subseteq U$，则属性集 X 关于 F 的闭包 X_F^+（或 X^+）定义为 $X_F^+=\{A\,|\,A\in U$ 且 $X{\to}A$ 可由 F 经 Armstrong 公理导出$\}$，即 $X_F^+=\{A\,|\,X{\to}A\in F^+\}$。

定理 1　设关系模式 $R(U)$，F 为其函数依赖集，$X,Y\subseteq U$，则从 F 推出 $X{\to}Y$ 的充要条件是 $Y\subseteq X_F^+$。

2. 求闭包的算法

以下是一个求闭包 X_F^+ 的算法。

算法 1　求属性集 X 关于函数依赖 F 的属性闭包 X_F^+。

输入：关系模式 $R(U)$ 属性集 X 和函数依赖集 F。

输出：X_F^+。

方法：按下列步骤计算属性集序列 $X^{(i)}(i=0,1,\cdots)$。

(1) 令 $X^{(0)}=X$，$i=0$。

(2) 求属性集 $B=\{A\,|\,(\exists V)(\exists W)(V{\to}W\in F\wedge V\subseteq X^{(i)}\wedge A\in W)\}$。即在 F 中寻找尚未用过的左边是 $X^{(i)}$ 的子集的函数依赖：$Y_j{\to}Z_j(j=0,1,\cdots,k)$，其中 $Y_j\subseteq X^{(i)}$。再在 Z_j 中寻找 $X^{(i)}$ 中未出现过的属性构成属性集 B。若集合 B 为空，则转(4)。

(3) $X^{(i+1)}=B\cup X^{(i)}$，也可以直接表示为 $X^{(i+1)}=BX^{(i)}$ 或 $X^{(i+1)}=X^{(i)}B$。

(4) 判断 $X^{(i+1)}=X^{(i)}$ 是否成立，若不成立则转(2)。

(5) 输出 $X^{(i)}$，即为 X_F^+。

对于(2)的计算停止条件，以下 4 种方法是等价的：

- $X^{(i+1)}=X^{(i)}$。
- 当发现 $X^{(i)}$ 包含了全部属性时。
- 在 F 中的函数依赖的右边属性中再也找不到 $X^{(i)}$ 中未出现过的属性。
- 在 F 中未用过的函数依赖的左边属性已没有 $X^{(i)}$ 的子集。

【例 4.3】　设有关系模式 $R(U)$，其中 $U=\{A,B,C,D,E,G\}$，函数依赖集 $F=\{A{\to}D,AB{\to}E,BG{\to}E,CD{\to}G,E{\to}C\}$，$X=AE$，计算 X_F^+。

解：首先有 $X^{(0)}=AE$。

在 F 中找出左边是 AE 子集的函数依赖，其结果是 $A{\to}D$，$E{\to}C$，则 $X^{(1)}=X^{(0)}DC=ACDE$，显然 $X^{(1)}\neq X^{(0)}$。

在 F 中找出左边是 $ACDE$ 子集的函数依赖,其结果是 $CD \to G$,则 $X^{(2)} = X^{(1)}G = ACDEG$。

虽然 $X^{(2)} \neq X^{(1)}$,但 F 中未用过的函数依赖的左边属性已没有 $X^{(2)}$ 的子集,所以不必再计算下去,即 $X_F^+ = ACDEG$。

【例 4.4】 设有关系模式 $R(U)$,其中 $U = \{A, B, C, D, E, G\}$;函数依赖集 $F = \{A \to BC, E \to CG, B \to E, CD \to EG\}$,$X = AB$,计算 X_F^+。

解: 首先有 $X^{(0)} = AB$。

在 F 中找左边是 AB 的子集的函数依赖,其结果是 $A \to BC, B \to E$,则 $X^{(1)} = X^{(0)}BCE = ABCE$。

在 F 中找左边是 $ABCE$ 的子集的函数依赖,其结果是 $A \to BC, B \to E$ 和 $E \to CG$,则 $X^{(2)} = X^{(1)}BCECG = ABCEG$。

在 F 中找左边是 $ABCEG$ 的子集的函数依赖,其结果是 $A \to BC$、$B \to E$ 和 $E \to CG$,则 $X^{(3)} = X^{(2)}BCECG = ABCEG$。

$X^{(3)} = X^{(2)}$,则算法结束,$X_F^+ = ABCEG$。

4.2.5 最小函数依赖集

1. 等价和覆盖

定义 9 一个关系模式 $R(U)$ 上的两个函数依赖集 F 和 G,如果 $F^+ = G^+$,则称 F 和 G 是等价的,记作 $F \equiv G$。

如果函数依赖集 $F \equiv G$,则称 G 是 F 的一个覆盖,反之亦然。两个等价的依赖集在表示能力上是完全相同的。

2. 最小函数依赖集

定义 10 如果函数依赖集 F 满足以下条件,则称 F 为最小函数依赖集或最小覆盖。

(1) F 中的任何一个函数依赖的右部仅含有一个属性;

(2) F 中不存在这样一个函数依赖 $X \to A$,使得 F 与 $F - \{X \to A\}$ 等价;

(3) F 中不存在这样一个函数依赖 $X \to A$,X 有真子集 Z,使得 $F - \{X \to A\} \bigcup \{Z \to A\}$ 与 F 等价。

3. 求最小函数依赖集的算法

以下是一个求最小函数依赖集 F_{min} 的算法。

算法 2 求最小函数依赖集。

输入:一个函数依赖集 F。

输出:最小函数依赖集 F_{min}。

方法:

(1) 应用分解规则,使 F 中每一个依赖的右部属性单一化。

(2) 去掉各函数依赖左部多余的属性。具体做法是:一个一个地检查 F 中左边是非单属性的函数依赖,例如 $XY \to A$,则以 $X \to A$ 代替 $XY \to A$,判断它们是否等价,只需在 F 中求 X_F^+,若 X_F^+ 包含 A,则 Y 是多余的属性,否则 Y 不是多余的属性。依次判断其他属性即可消除各函数依赖左边的多余属性。

（3）去掉多余的函数依赖。具体做法是：从第一个函数依赖开始，从 F 中去掉它（假设该函数依赖为 $X{\rightarrow}Y$），然后在剩下的函数依赖中求 X_F^+，看 X_F^+ 是否包含 Y，若是，则去掉 $X{\rightarrow}Y$；若不包含 Y，则不能去掉 $X{\rightarrow}Y$。这样依次做下去。

最后得到剩下的函数依赖集即为 $F_{\min}$，它与原来的 F 等价。

说明：F 的最小函数依赖集 $F_{\min}$ 不一定是唯一的，它与各函数依赖及 $X{\rightarrow}A$ 中 X 各属性的处理顺序有关。

【例 4.5】 设有函数依赖集 $F=\{AB{\rightarrow}C,C{\rightarrow}A,BC{\rightarrow}D,ACD{\rightarrow}B,D{\rightarrow}EG,BE{\rightarrow}C,CG{\rightarrow}BD,CE{\rightarrow}AG\}$，求其等价的最小函数依赖集 $F_{\min}$。

解：（1）利用分解规则，将函数依赖右边的属性单一化，结果为 F_1：

$$F_1 = \begin{bmatrix} AB \rightarrow C & BE \rightarrow C \\ C \rightarrow A & CG \rightarrow B \\ BC \rightarrow D & CG \rightarrow D \\ ACD \rightarrow B & CE \rightarrow A \\ D \rightarrow E & CE \rightarrow G \\ D \rightarrow G & \end{bmatrix}$$

（2）在 F_1 中去掉函数依赖左部多余的属性。

对于 $CE{\rightarrow}A$，由于有 $C{\rightarrow}A$，则 E 是多余的。

对于 $ACD{\rightarrow}B$，由于有 $(CD)_F^+=ABCDEG$，则 A 是多余的。删除左部多余的属性后得到 F_2：

$$F_2 = \begin{bmatrix} AB \rightarrow C & D \rightarrow G \\ C \rightarrow A & BE \rightarrow C \\ BC \rightarrow D & CG \rightarrow B \\ CD \rightarrow B & CG \rightarrow D \\ D \rightarrow E & CE \rightarrow G \end{bmatrix}$$

（3）在 F_2 中去掉多余的函数依赖。

对于 $CG{\rightarrow}B$，由于有 $(CG)_F^+=ABCDEG$，则 $CG{\rightarrow}B$ 是多余的，删除后得到 F_3：

$$F_3 = \begin{bmatrix} AB \rightarrow C & D \rightarrow G \\ C \rightarrow A & BE \rightarrow C \\ BC \rightarrow D & CG \rightarrow D \\ CD \rightarrow B & CE \rightarrow G \\ D \rightarrow E & \end{bmatrix}$$

F_3 即为与 F 等价的最小函数依赖集 $F_{\min}$。

【例 4.6】 假设有一个如表 4.1 所示的学生数据表，给出函数依赖集 F 并求出最小函数依赖集 $F_{\min}$。

解：从该表数据中找函数依赖关系如下。

每个学生的学号是唯一的，所以有：学号→姓名，性别，出生日期，班号。

通常一个班中不存在同姓名的学生，所以有：（姓名，班号）→学号。

每门课程有唯一编号，所以有：课程号→课程名。

表 4.1 一个学生数据表

学号	姓名	性别	出生日期	班号	课程号	课程名	教师编号	教师姓名	教师性别	教师出生日期	教师职称	教师单位	分数
101	李军	男	1992-02-20	1033	3-105	计算机导论	825	王萍	女	1972-05-05	讲师	计算机系	64
101	李军	男	1992-02-20	1033	6-166	数字电路	856	张旭	男	1969-03-12	教授	电子工程系	85
103	陆君	男	1991-06-03	1031	3-245	程序设计	804	李诚	男	1958-12-02	教授	计算机系	86
103	陆君	男	1991-06-03	1031	3-105	计算机导论	825	王萍	女	1972-05-05	讲师	计算机系	92
105	匡明	男	1990-10-02	1031	3-105	计算机导论	825	王萍	女	1972-05-05	讲师	计算机系	88
105	匡明	男	1990-10-02	1031	3-245	程序设计	804	李诚	男	1958-12-02	教授	计算机系	75
107	王丽	女	1992-01-23	1033	6-166	数字电路	856	张旭	男	1969-03-12	教授	电子工程系	79
107	王丽	女	1992-01-23	1033	3-105	计算机导论	825	王萍	女	1972-05-05	讲师	计算机系	91
108	曾华	男	1991-09-01	1033	3-105	计算机导论	825	王萍	女	1972-05-05	讲师	计算机系	78
108	曾华	男	1991-09-01	1033	6-166	数字电路	856	张旭	男	1969-03-12	教授	电子工程系	—
109	王芳	女	1992-02-10	1031	3-245	程序设计	804	李诚	男	1958-12-02	教授	计算机系	68
109	王芳	女	1992-02-10	1031	3-105	计算机导论	825	王萍	女	1972-05-05	讲师	计算机系	76

每个教师的编号是唯一的,所以有:教师编号→教师姓名,教师性别,教师出生日期,教师职称,教师单位。

通常某个班的某门课程由唯一的教师授课,所以有:(班号,课程号)→教师编号。

通常某学生的一门课程的上课教师是唯一的,所以有:(学号,课程号)→教师编号。

每个学生(由学号描述)的每一门课程的分数是唯一的,所以有:(学号,课程号)→分数。

每个学生(由学号和姓名描述)的每一门课程的分数是唯一的,所以有:(学号,姓名,课程号)→分数。

为了简便,将表 4.1 中的属性从左到右分别用 $A \sim N$ 表示,这样的函数依赖集为:
$\{A \rightarrow BCDE, BE \rightarrow A, F \rightarrow G, H \rightarrow IJKLM, EF \rightarrow H, AF \rightarrow H, AF \rightarrow N, ABF \rightarrow N\}$

求其最小函数依赖集 $F_{\min}$ 的过程如下:

(1) 利用分解规则,将函数依赖右边的属性单一化,结果为 F_1:

$$F_1 = \begin{bmatrix} A \rightarrow B & F \rightarrow G & H \rightarrow M \\ A \rightarrow C & H \rightarrow I & EF \rightarrow H \\ A \rightarrow D & H \rightarrow J & AF \rightarrow H \\ A \rightarrow E & H \rightarrow K & AF \rightarrow N \\ BE \rightarrow A & H \rightarrow L & ABF \rightarrow N \end{bmatrix}$$

(2) 在 F_1 中去掉函数依赖左部多余的属性。

对于 $ABF \rightarrow N$,由于有 $AF \rightarrow N$,则 B 是多余的。删除左部多余的属性后得到 F_2:

$$F_2 = \begin{bmatrix} A \rightarrow B & F \rightarrow G & H \rightarrow M \\ A \rightarrow C & H \rightarrow I & EF \rightarrow H \\ A \rightarrow D & H \rightarrow J & AF \rightarrow H \\ A \rightarrow E & H \rightarrow K & AF \rightarrow N \\ BE \rightarrow A & H \rightarrow L & \end{bmatrix}$$

(3) 在 F_2 中去掉多余的函数依赖。

对于 $BE \rightarrow A$,由于有 $(BE)_F^+ = ABCDE$,则 $BE \rightarrow A$ 是多余的。对于 $AF \rightarrow H$,有: $(AF)_F^+ = ABCDEF = ABCDEFH$,则 $AF \rightarrow H$ 是多余的。删除后得到 F_3:

$$F_3 = \begin{bmatrix} A \rightarrow B & F \rightarrow G & H \rightarrow M \\ A \rightarrow C & H \rightarrow I & EF \rightarrow H \\ A \rightarrow D & H \rightarrow J & \\ A \rightarrow E & H \rightarrow K & AF \rightarrow N \\ & H \rightarrow L & \end{bmatrix}$$

F_3 即为最小函数依赖集。所以,$F_{\min} = \{A \rightarrow BCDE, F \rightarrow G, H \rightarrow IJKLM, EF \rightarrow H, AF \rightarrow N\}$。

4.2.6　确定候选码

设关系模式为 $R(U, F)$,F 是最小函数依赖集,确定其候选码的准则如下:

准则 1:如果属性 A 只在 F 中各个函数依赖的左部出现,则 A 必是码中的属性。

准则 2:如果属性 A 不在 F 的各个函数依赖中出现,则 A 必是码中的属性。

准则 3:如果属性 A 只在 F 中各个函数依赖的右部出现,则 A 必不是码中的属性。

根据这些准则,确定候选码的步骤如下:

(1) 先根据准则 2,把不在 F 中各个函数依赖中出现的属性去掉,因为这些属性一般对关系模型没有什么意义。

(2) 根据准则 1,将只在 F 中各个函数依赖的左部出现的属性作为码中必有的属性集,设为 M。

(3) 根据准则 3,去掉码中肯定没有的属性集,设为 N,求余下的属性集 $W=U-M-N$。

(4) 从属性集 M 开始,令 $K=M$,如果 $K_F^+=U$,K 就是候选码。否则从 W 中选择属性加入到 K 中,直至 $K_F^+=U$,为止,K 就是候选码。

注意:一个关系模式可能有多个候选码。

【例 4.7】 假设关系模式 $R(U,F)$,$U=\{A,B,C,D,E,G\}$,函数依赖集 $F=\{BE \rightarrow G,BD \rightarrow G,CDE \rightarrow AB,CD \rightarrow A,CE \rightarrow G,BC \rightarrow A,B \rightarrow D,C \rightarrow D\}$,求其候选码。

解:由 F 求得最小函数依赖集为 $F_{min}=\{B \rightarrow G,CE \rightarrow B,C \rightarrow A,CE \rightarrow G,B \rightarrow D,C \rightarrow D\}$。

求出只在左部出现的属性集 $M=\{C,E\}$,只在右端出现的属性集 $N=\{A,D,G\}$,则 $W=U-W-N=\{B\}$。R 的候选码只可能是 CE、CEB。

而 $(CE)_F^+=ABCDEG=U$,所以 R 的候选码是 CE。

【例 4.8】 对于例 4.6 产生的最小函数依赖集 F_{min},求其候选码。

解:$F_{min}=\{A \rightarrow BCDE,F \rightarrow G,H \rightarrow IJKLM,EF \rightarrow H,AF \rightarrow N\}$。

求出只在左部出现的属性集 $M=\{A,F\}$,只在右端出现的属性集 $N=\{B,C,D,G,I,J,K,L,M,N\}$,则 $W=U-W-N=\{E,H\}$。R 的候选码只可能是 AF、AFE、AFH、$AFEH$。

$(AF)_F^+=ABCDEFGHIJKLMN=U$,所以其候选码是 AF。

4.3 范式和规范化

4.3.1 什么叫范式

范式来自英文 Normal Form,简称 NF。要想设计一个好的关系,必须使关系满足一定的约束条件,此约束已经形成了规范,分成几个等级,一级比一级要求得严格。满足最低要求的关系称它属于第一范式的,在此基础上又满足了某种条件,达到第二范式标准,则称它属于第二范式的关系,如此等等,直到第五范式。显然满足较高条件者必满足较低范式条件。一个较低范式的关系,可以通过关系的无损分解转换为若干较高级范式关系的集合,这一过程就叫做关系规范化。一般情况下,第一范式和第二范式的关系存在许多缺点,实际的关系数据库一般使用第三范式以上的关系。

4.3.2 范式的判定条件与规范化

1. 第一范式(1NF)

定义 11 设 R 是一个关系模式,R 属于第一范式当且仅当 R 中每一个属性 A 的值域只包含原子项,即不可分割的数据项。

1NF 的关系是从关系的基本性质而来的,任何关系必须遵守。然而 1NF 的关系存在许多缺点。

例如，本章前面给出的学生关系 S 就是 1NF 的关系，因为关系 S 的每一个属性的值域只包含原子项。在前面分析过，它存在数据冗余大、数据不一致、插入异常和删除异常等严重的毛病。所以 1NF 的关系不是一个好的关系。

那么是什么原因造成的呢？从规范化角度讲，说它不够规范化，即对学生关系 S 的限制太少，造成其中存放的信息太杂，即学生关系 S 的属性之间存在着完全、部分、传递 3 种不同依赖情况，正是这种原因造成 S 关系信息太杂乱。

改进的方法是消除同时存在于一个关系中属性间的不同依赖情况，通俗地说就是使一个关系表示的信息单纯一些。正如前面分析的，将 S 关系分解为 S_1、S_2 和 S_3 三个关系后，问题就得到了解决。

2. 第二范式(2NF)

定义 12　设 R 是一个关系模式，R 属于第二范式当且仅当 R 是 1NF，且每个非主属性都完全函数依赖于主码。

例如，本章前面给出的学生关系 S，主码为(学号，课程号)，虽然有(学号，课程号)$\xrightarrow{f}$分数，但有(学号，课程号)$\xrightarrow{p}$性别，(学号，课程号)$\xrightarrow{p}$课程名。由于性别和课程名等非属性都不是完全依赖于主码，因此它不满足 2NF 的条件，所以不属于 2NF。

一个不属于 2NF 的关系模式会产生插入异常、删除异常和修改异常，并伴有大量的数据冗余。可以通过消除关系中非主属性对主码的部分依赖成分，使之满足 2NF。一个直观的解决办法就是投影分解。

如何进行投影分解呢？分解后不应丢失原来的信息，这意味着经连接运算后仍能恢复原关系的所有信息，这种操作称为关系的无损分解。

假设给定关系模式 $R(A,B,C,D)$，主码为(A,B)，若 R 满足函数依赖 $A \rightarrow D$，则 R 不属于 2NF。可对此关系 R 模式进行投影分解为两个关系 R_1 和 R_2：

$R_1(A,D)$　　　　主码为(A)

$R_2(A,B,C)$　　　主码为(A,B)，A 是 R_2 关于 R_1 的外码

则 R_1、R_2 都属于 2NF，利用外码 A 连接 R_1 和 R_2 可重新得到 R，即 $R = R_1 \bowtie R_2$。

3. 第三范式(3NF)

定义 13　设 R 是一个关系模式，R 属于第三范式当且仅当 R 是 2NF，且每个非主属性都非传递函数依赖于主码。

R 属于 3NF 可理解为 R 中的每一个非主属性既不部分依赖于主码，也不传递依赖于主码。这里，不传递依赖蕴涵着不互相依赖。显然本章前面给出的学生关系 S 不属于 3NF。

只属于 2NF 而非 3NF 的关系模式也会产生数据冗余及操作异常的问题。一个属于 2NF 但不属于 3NF 的关系模式总可以分解为一个由一些属于 3NF 的关系模式的集合。也利用投影消除非主属性间的传递函数依赖。

假设有关系模式 $R(A,B,C)$，主码为(A)，满足函数依赖 $B \rightarrow C$，且 $B \nrightarrow A$。由于 $B \rightarrow C$，而 $A \rightarrow B$，所以 $A \xrightarrow{t} C$，因为存在传递依赖，所以 R 不属于 3NF。可将 R 分解为如下的关

系 R_1 和 R_2：

$R_1(B,C)$ 　　　主码为 (B)，则 R_1 属于 3NF

$R_2(A,B)$ 　　　主码为 (A)，则 R_2 属于 3NF

且关系 R_1 和 R_2 连接可以重新得到关系 R，即 $R=R_1 \bowtie R_2$。

如上所述，3NF 的关系已排除了非主属性对于主码的部分依赖和传递依赖，从而使关系表达的信息相当单一，因此满足 3NF 的关系数据库一般情况下能达到满意的效果。但是 3NF 仅对非主属性与候选码之间的依赖作了限制，而对主属性与候选码的依赖关系没有任何约束。这样，当关系具有几个组合候选码，而候选码内属性又有一部分互相覆盖时，仅满足 3NF 的关系仍可能发生异常，这时就需要用更高的范式去限制它。

4. BC 范式（BCNF）

定义 14　对于关系模式 R，若 R 中的所有非平凡的、完全的函数依赖的决定因素是码，则 R 属于 BCNF。

由 BCNF 的定义可以得到如下结论，若 R 属于 BCNF，则 R 有：

- R 中所有非主属性对每一个码都是完全函数依赖。
- R 中所有主属性对每一个不包含它的码也是完全函数依赖。
- R 中没有任何属性完全函数依赖于非码的任何一组属性。

若关系模式 R 属于 BCNF，则 R 中不存在任何属性对码的传递依赖和部分依赖，所以 R 也属于 3NF。因此任何属于 BCNF 的关系模式一定属于 3NF，反之则不然。

例如，本章前面给出的学生关系 S，分解成关系 S_1、S_2 和 S_3，由于关系 S_1、S_2 和 S_3 均属于 BCNF，所以解决了数据冗余等问题。

BCNF 消除了一些原来在 3NF 定义中仍可能存在的问题，而且 BCNF 的定义没有涉及 1NF、2NF、主码及传递依赖等概念，更加简洁。3NF 和 BCNF 是在函数依赖的条件下对关系模式分解所能达到的分离程度的度量。一个关系模式若属于 BCNF，则在函数依赖的范畴内，它已实现了彻底的分离，已消除了插入和删除异常。

对一个关系模式进行规范化的步骤如图 4.2 所示。

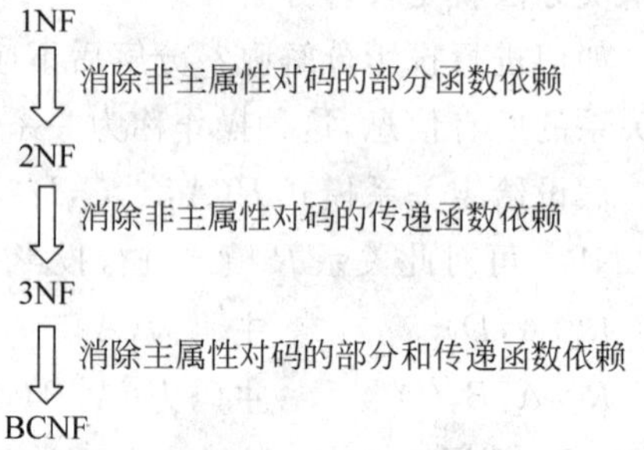

图 4.2　规范化步骤

【例 4.9】　对于例 4.6 的学生数据表和产生的最小函数依赖集 $F_{\min}=\{A \rightarrow BCDE, F \rightarrow G, H \rightarrow IJKLM, EF \rightarrow H, AF \rightarrow N\}$，采用投影消除方法得到合理的数据关系。

解：采用投影消除方法将其分解为如下关系：

student(学号 A，姓名 B，性别 C，出生日期 D，班号 E)

teacher(教师编号 H，教师姓名 I，教师性别 J，教师出生日期 K，教师职称 L，教师单位 M)

course(课程号 F，课程名 G)

allocate(班号 E，课程号 F，教师编号 H)

score(学号 A，课程号 F，分数 N)

其中 student 对应学生基本关系，teacher 对应教师基本关系，course 对应课程基本关系,allocate 对应课程分配教师关系,score 对应学生考试成绩关系,带下划线的属性为主码。通过分析可知,这 5 个关系均满足 BCNF 的要求,它们对应的数据分别如表 4.2～表 4.6 所示。

表 4.2　student 表

学号	姓名	性别	出生日期	班号
101	李军	男	1992-02-20	1033
103	陆君	男	1991-06-03	1031
105	匡明	男	1990-10-02	1031
107	王丽	女	1992-01-23	1033
108	曾华	男	1991-09-01	1033
109	王芳	女	1992-02-10	1031

表 4.3　teacher 表

编号	姓名	性别	出生日期	职称	单位
804	李诚	男	1958-12-02	教授	计算机系
825	王萍	女	1972-05-05	讲师	计算机系
831	刘冰	男	1977-08-14	助教	电子工程系
856	张旭	男	1969-03-12	教授	电子工程系

表 4.4　course 表

课程号	课程名	任课教师
3-105	计算机导论	825
3-245	程序设计	804
6-166	数字电路	856

表 4.5　allocate 表

班号	课程号	教师编号
1031	3-105	825
1033	3-105	825
1031	3-245	804
1033	6-166	856

表 4.6　score 表

学号	课程号	分数	学号	课程号	分数
101	3-105	64	107	6-166	79
101	6-166	85	107	3-105	91
103	3-245	86	108	3-105	78
103	3-105	92	108	6-166	
105	3-105	88	109	3-245	68
105	3-245	75	109	3-105	76

4.4　关系模式的分解

4.4.1　模式分解的定义

对于存在数据冗余、插入异常、删除异常问题的关系模式,应采取将一个关系模式分解为多个关系模式的方法进行处理。一个低一级范式的关系模式,通过模式分解可以转换为若干个高一级范式的关系模式,这就是所谓的规范化过程。

定义 15 设有关系模式 $R(U,F)$,它的一个分解是指 $\rho=\{R_1(U_1,F_1),R_2(U_2,F_2),\cdots,R_k(U_k,F_k)\}$,其中:

$$U=\bigcup_{i=1}^{k}U_i$$

并且没有 $U_i \subseteq U_j (1 \leqslant i,j \leqslant k)$,$F_i$ 是为 F 在 U_i 上的投影,其中:

$$F_i = \pi_{R_i}(F) = \{X \to Y \mid X \to Y \in F^+ \wedge XY \subseteq U_i\}$$

这种分解过程应该是"可逆"的,即模式分解的结果能重新映象到分解前的关系模式。可逆性是很重要的,它意味着在规范化过程中没有信息丢失,且数据间语义联系必须依然存在。总之,为使分解后的模式保持原模式所满足的特性,要求分解处理具有无损分解和保持函数依赖性。

4.4.2 无损分解的定义和性质

1. 无损分解的概念

无损分解指的是对关系模式分解时,原关系模式下任一合法的关系值在分解之后应能通过自然联接运算恢复起来。

定义 16 设 $\rho=\{R_1(U_1,F_1),R_2(U_2,F_2),\cdots,R_k(U_k,F_k)\}$ 是关系模式 $R(U,F)$ 的一个分解,如果对于 R 的任一满足 F 的关系 r 都有:

$$r = \pi_{R_1}(r) \bowtie \pi_{R_2}(r) \bowtie \cdots \bowtie \pi_{R_k}(r)$$

则称这个分解 ρ 是函数依赖集 F 的无损分解。

2. 验证无损分解的充要条件

如果 R 的分解为 $\rho=\{R_1,R_2\}$,F 为 R 所满足的函数依赖集,则分解 ρ 具有无损分解的充分必要条件为:

$$R_1 \bigcap R_2 \to (R_1-R_2) \quad \text{或} \quad R_1 \bigcap R_2 \to (R_2-R_1)$$

4.4.3 无损分解的检验算法

直接由定义判断一个分解是否为无损分解是不可能的,下面给出了一个算法,判断一个分解是否为无损分解。

算法 3 检验无损分解的算法。

输入:关系模式 $R(A_1,A_2,\cdots,A_n)$,它的函数依赖集 F 以及分解 $\rho=\{R_1,R_2,\cdots,R_k\}$。

输出:确定 ρ 是否具有无损分解。

方法:

(1) 构造一个 k 行 n 列的表,第 i 行对应于关系模式 R_i,第 j 列对应于属性 A_j。如果 $A_j \in R_i$,则在第 i 行第 j 列上放符号 a_i,否则放符号 b_{ij}。

(2) 逐个检查 F 中的每一个函数依赖,并修改表中的元素。其方法如下:取 F 中一个函数依赖 $X \to Y$,在 X 的分量中寻找相同的行,然后将这些行中 Y 的分量改为相同的符号,如果其中有 a_j,则将 b_{ij} 改为 a_j;若其中无 a_j,则改为 b_{ij}。

(3) 这样反复进行,如果发现某一行变成了 $a_1,a_2,\cdots,a_n$,则分解 ρ 具有无损分解;如果 F 中所有函数依赖都不能再修改表中的内容,且没有发现这样的行,则分解 ρ 不具有无损分解。

【例 4.10】　设有关系模式 $R(U,F)$，其中 $U=\{A,B,C,D,E\}$，$F=\{AB{\to}C,C{\to}D,D{\to}E\}$。判断一个分解 $\rho=\{ABC,CD,DE\}$ 是否具有无损分解。

解：判断是否为无损分解的过程如下：

(1) 这里分解的三个关系模式为：$R_1(A,B,C)$，$R_2(C,D)$，$R_3(D,E)$。首先构造初始表，对于 R_1，包括 A、B、C 三个属性，所以该行中 A、B、C 列的值分别为 a_1、a_2、a_3；R_1 中没有 D、E 属性，所以该行中 D、E 列的值分别为 b_{14} 和 b_{15}，依此类推，初始表如图 4.3(a) 所示。

(2) 考虑各函数依赖关系，修改各单元中的 b 值。对于 $AB{\to}C$，表中找不到 A、B 为相同的行，表值不修改；对于 $C{\to}D$，表中找到有 C 相同的行，则将 b_{14} 改为 a_4，如图 4.3(b) 所示（修改部分用阴影表示）；对于 $D{\to}E$，表中找到有 D 相同的行，则将 b_{15} 和 b_{25} 均改为 a_5，如图 4.3(c) 所示，其中第一行全为 a，所以说明 ρ 是无损分解。

R_i	A	B	C	D	E
ABC	a_1	a_2	a_3	b_{14}	b_{15}
CD	b_{21}	b_{22}	a_3	a_4	b_{25}
DE	b_{31}	b_{32}	b_{33}	a_4	a_5

(a) 初始表

R_i	A	B	C	D	E
ABC	a_1	a_2	a_3	a_4	b_{15}
CD	b_{21}	b_{22}	a_3	a_4	b_{25}
DE	b_{31}	b_{32}	b_{33}	a_4	a_5

(b) 考虑 $AB{\to}C$ 和 $C{\to}D$ 修改的结果

R_i	A	B	C	D	E
ABC	a_1	a_2	a_3	a_4	a_5
CD	b_{21}	b_{22}	a_3	a_4	a_5
DE	b_{31}	b_{32}	b_{33}	a_4	a_5

(c) 考虑 $D{\to}E$ 修改的结果

图 4.3　判断是否为无损分解的过程

【例 4.11】　判断例 4.9 产生的分解是否为无损分解。

解：判断是否为无损分解的过程如下：

(1) 这里分解为 5 个关系模式。首先构造初始表，如图 4.4(a) 所示。

(2) 考虑各函数依赖关系，修改各单元中的 b 值。

对于 $A{\to}BCDE$，修改结果如图 4.4(b) 所示（修改部分用阴影表示）；对于 $F{\to}G$，修改结果如图 4.4(c) 所示；对于 $EF{\to}H$，修改结果如图 4.4(d) 所示；对于 $H{\to}IJKLM$，修改结果如图 4.4(e) 所示，其中第 5 行全为 a，所以说明 ρ 是无损分解。

4.4.4　保持函数依赖的分解

定义 17　设关系模式 R 的一个分解 $\rho=\{R_1(U_1,F_1),R_2(U_2,F_2),\cdots,R_k(U_k,F_k)\}$，$F$ 是 R 的函数依赖集，如果 F 等价于 $F_1\cup F_2\cup\cdots\cup F_k$，则称分解 ρ 具有依赖保持性。

数据库原理与应用——基于 SQL Server

R_i	A	B	C	D	E	F	G	H	I	J	K	L	M	N
ABCDE	a_1	a_2	a_3	a_4	a_5	$b_{1,6}$	$b_{1,7}$	$b_{1,8}$	$b_{1,9}$	$b_{1,10}$	$b_{1,11}$	$b_{1,12}$	$b_{1,13}$	$b_{1,14}$
HIJKLM	$b_{2,1}$	$b_{2,2}$	$b_{2,3}$	$b_{2,4}$	$b_{2,5}$	$b_{2,6}$	$b_{2,7}$	a_8	a_9	a_{10}	a_{11}	a_{12}	a_{13}	$b_{2,14}$
FG	$b_{3,1}$	$b_{3,2}$	$b_{3,3}$	$b_{3,4}$	$b_{3,5}$	a_6	a_7	$b_{3,8}$	$b_{3,9}$	$b_{3,10}$	$b_{3,11}$	$b_{3,12}$	$b_{3,13}$	$b_{3,14}$
EFH	$b_{4,1}$	$b_{4,2}$	$b_{4,3}$	$b_{4,4}$	a_5	a_6	$b_{4,7}$	a_8	$b_{4,9}$	$b_{4,10}$	$b_{4,11}$	$b_{4,12}$	$b_{4,13}$	$b_{4,14}$
AFN	a_1	$b_{5,2}$	$b_{5,3}$	$b_{5,4}$	$b_{5,5}$	a_6	$b_{5,7}$	$b_{5,8}$	$b_{5,9}$	$b_{5,10}$	$b_{5,11}$	$b_{5,12}$	$b_{5,13}$	a_{14}

（a）初始表

R_i	A	B	C	D	E	F	G	H	I	J	K	L	M	N
ABCDE	a_1	a_2	a_3	a_4	a_5	$b_{1,6}$	$b_{1,7}$	$b_{1,8}$	$b_{1,9}$	$b_{1,10}$	$b_{1,11}$	$b_{1,12}$	$b_{1,13}$	$b_{1,14}$
HIJKLM	$b_{2,1}$	$b_{2,2}$	$b_{2,3}$	$b_{2,4}$	$b_{2,5}$	$b_{2,6}$	$b_{2,7}$	a_8	a_9	a_{10}	a_{11}	a_{12}	a_{13}	$b_{2,14}$
FG	$b_{3,1}$	$b_{3,2}$	$b_{3,3}$	$b_{3,4}$	$b_{3,5}$	a_6	a_7	$b_{3,8}$	$b_{3,9}$	$b_{3,10}$	$b_{3,11}$	$b_{3,12}$	$b_{3,13}$	$b_{3,14}$
EFH	$b_{4,1}$	$b_{4,2}$	$b_{4,3}$	$b_{4,4}$	a_5	a_6	$b_{4,7}$	a_8	$b_{4,9}$	$b_{4,10}$	$b_{4,11}$	$b_{4,12}$	$b_{4,13}$	$b_{4,14}$
AFN	a_1	a_2	a_3	a_4	a_5	a_6	$b_{5,7}$	$b_{5,8}$	$b_{5,9}$	$b_{5,10}$	$b_{5,11}$	$b_{5,12}$	$b_{5,13}$	a_{14}

（b）考虑 $A \to BCDE$ 修改的结果

R_i	A	B	C	D	E	F	G	H	I	J	K	L	M	N
ABCDE	a_1	a_2	a_3	a_4	a_5	$b_{1,6}$	$b_{1,7}$	$b_{1,8}$	$b_{1,9}$	$b_{1,10}$	$b_{1,11}$	$b_{1,12}$	$b_{1,13}$	$b_{1,14}$
HIJKLM	$b_{2,1}$	$b_{2,2}$	$b_{2,3}$	$b_{2,4}$	$b_{2,5}$	$b_{2,6}$	$b_{2,7}$	a_8	a_9	a_{10}	a_{11}	a_{12}	a_{13}	$b_{2,14}$
FG	$b_{3,1}$	$b_{3,2}$	$b_{3,3}$	$b_{3,4}$	$b_{3,5}$	a_6	a_7	$b_{3,8}$	$b_{3,9}$	$b_{3,10}$	$b_{3,11}$	$b_{3,12}$	$b_{3,13}$	$b_{3,14}$
EFH	$b_{4,1}$	$b_{4,2}$	$b_{4,3}$	$b_{4,4}$	a_5	a_6	a_7	a_8	$b_{4,9}$	$b_{4,10}$	$b_{4,11}$	$b_{4,12}$	$b_{4,13}$	$b_{4,14}$
AFN	a_1	a_2	a_3	a_4	a_5	a_6	a_7	$b_{5,8}$	$b_{5,9}$	$b_{5,10}$	$b_{5,11}$	$b_{5,12}$	$b_{5,13}$	a_{14}

（c）考虑 $F \to G$ 修改的结果

R_i	A	B	C	D	E	F	G	H	I	J	K	L	M	N
ABCDE	a_1	a_2	a_3	a_4	a_5	$b_{1,6}$	$b_{1,7}$	$b_{1,8}$	$b_{1,9}$	$b_{1,10}$	$b_{1,11}$	$b_{1,12}$	$b_{1,13}$	$b_{1,14}$
HIJKLM	$b_{2,1}$	$b_{2,2}$	$b_{2,3}$	$b_{2,4}$	$b_{2,5}$	$b_{2,6}$	$b_{2,7}$	a_8	a_9	a_{10}	a_{11}	a_{12}	a_{13}	$b_{2,14}$
FG	$b_{3,1}$	$b_{3,2}$	$b_{3,3}$	$b_{3,4}$	$b_{3,5}$	a_6	a_7	$b_{3,8}$	$b_{3,9}$	$b_{3,10}$	$b_{3,11}$	$b_{3,12}$	$b_{3,13}$	$b_{3,14}$
EFH	$b_{4,1}$	$b_{4,2}$	$b_{4,3}$	$b_{4,4}$	a_5	a_6	a_7	a_8	$b_{4,9}$	$b_{4,10}$	$b_{4,11}$	$b_{4,12}$	$b_{4,13}$	$b_{4,14}$
AFN	a_1	a_2	a_3	a_4	a_5	a_6	a_7	a_8	$b_{5,9}$	$b_{5,10}$	$b_{5,11}$	$b_{5,12}$	$b_{5,13}$	a_{14}

（d）考虑 $EF \to H$ 修改的结果

R_i	A	B	C	D	E	F	G	H	I	J	K	L	M	N
ABCDE	a_1	a_2	a_3	a_4	a_5	$b_{1,6}$	$b_{1,7}$	$b_{1,8}$	$b_{1,9}$	$b_{1,10}$	$b_{1,11}$	$b_{1,12}$	$b_{1,13}$	$b_{1,14}$
HIJKLM	$b_{2,1}$	$b_{2,2}$	$b_{2,3}$	$b_{2,4}$	$b_{2,5}$	$b_{2,6}$	$b_{2,7}$	a_8	a_9	a_{10}	a_{11}	a_{12}	a_{13}	$b_{2,14}$
FG	$b_{3,1}$	$b_{3,2}$	$b_{3,3}$	$b_{3,4}$	$b_{3,5}$	a_6	a_7	$b_{3,8}$	$b_{3,9}$	$b_{3,10}$	$b_{3,11}$	$b_{3,12}$	$b_{3,13}$	$b_{3,14}$
EFH	$b_{4,1}$	$b_{4,2}$	$b_{4,3}$	$b_{4,4}$	a_5	a_6	a_7	a_8	a_9	a_{10}	a_{11}	a_{12}	a_{13}	$b_{4,14}$
AFN	a_1	a_2	a_3	a_4	a_5	a_6	a_7	a_8	a_9	a_{10}	a_{11}	a_{12}	a_{13}	a_{14}

（e）考虑 $H \to IJKLM$ 修改的结果

图 4.4 判断是否为无损分解的过程

$$F_i = \pi_{R_i}(F) = \{X \to Y \mid X \to Y \in F^+ \wedge XY \subseteq U_i\}$$

一个无损分解不一定具有依赖保持性；同样，一个依赖保持性分解不一定具有无损分解。

【例 4.12】 给定关系模式 $R(U,F)$，其中 $U = \{A,B,C,D\}$，$F = \{A \to B, B \to C, C \to D, D \to A\}$。判断关系模式 R 的分解 $\rho = \{AB, BC, CD\}$ 是否具有依赖保持性。

解：因为

$$\pi_{AB}(F) = \{A \to B, B \to A\},$$

$$\pi_{BC}(F) = \{B \to C, C \to B\},$$

$$\pi_{CD}(F) = \{C \to D, D \to C\},$$

$$\pi_{AB}(F) \bigcup \pi_{BC}(F) \bigcup \pi_{CD}(F) = \{A \to B, B \to A, B \to C, C \to B, C \to D, D \to C\}.$$

从中可以看到，$A \to B, B \to C, C \to D$ 均得以保持，又因为 $D_F^+ = ABCD, A \subseteq D_F^+$，所以 $D \to A$ 也得到保持，因此该分解具有依赖保持性。

【例 4.13】 判断例 4.9 的分解 ρ 是否具有依赖保持性。

解：这里有 $F_{\min} = \{A \to BCDE, F \to G, EF \to H, H \to IJKLM, AF \to N\}, \rho = \{ABCDE, HIJKLM, FG, EFH, AFN\}$。

因为：

$$\pi_{ABCDE}(F) = \{A \to BCDE\},$$

$$\pi_{HIJKLM}(F) = \{H \to IJKLM\},$$

$$\pi_{FG}(F) = \{F \to G\},$$

$$\pi_{EFH}(F) = \{EF \to H\},$$

$$\pi_{AFN}(F) = \{AF \to N\},$$

$\pi_{ABCDE}(F) \bigcup \pi_{HIJKLM}(F) \bigcup \pi_{FG}(F) \bigcup \pi_{EFH}(F) \bigcup \pi_{AFN}(F) = \{A \to BCDE, H \to IJKLM, F \to G, EF \to H, AF \to N\}$，$F_{\min}$ 中所有函数依赖均保持，所以分解 ρ 是否具有依赖保持性。

4.4.5　模式分解算法

本小节主要讨论将关系模式分解成 3NF。可以将关系模式可以分解成保持函数依赖的 3NF，也可以分解成既保持函数依赖、又具有无损连接性的 3NF。

算法 4 转换成 3NF 的保持函数依赖的分解。

输入：关系模式 $R(U, F)$。

输出：分解 $\rho = \{R_1(U_1, F_1), R_2(U_2, F_2), \cdots, R_k(U_k, F_k)\}, R_i (1 \leqslant i \leqslant k)$ 为 3NF，且 ρ 是具有无损连接又保持函数依赖的分解。

方法：

(1) 求出 $R(U, F)$ 中函数依赖集 F 的最小函数依赖集 $F_{\min}$。

(2) 找出 $F_{\min}$ 中不出现的属性，把这样的属性构成一个关系模式。把这些属性从 U 中去掉，剩余的属性仍记为 U。

(3) 若有 $X \to A$，且 $XA = R$，则 $\rho = \{R\}$，算法终止。

(4) 否则，对 $F_{\min}$ 按具有相同左部的原则分组（假设分为 k 组），每一组函数依赖 F_i 所涉及的全部属性形成一个属性集 U_i。若 $U_i \subseteq U_j (i \neq j)$ 就去掉 U_i。于是 $\rho = \{R_1(U_1, F_1), R_2(U_2, F_2), \cdots, R_k(U_k, F_k)\}$ 构成 $R(U, F)$ 的一个保持函数依赖的分解，R_i 均为 3NF。

【例 4.14】 设有关系模式 $R(U, F), U = \{A, B, C, D, E, G\}$，最小函数依赖集为 $F_{\min} = \{B \to G, CE \to B, C \to A, CE \to G, B \to D, C \to D\}$。求其转换成 3NF 的保持函数依赖的分解。

解：利用算法 4，$F_{\min}$ 中没有不出现在 U 中的属性。按左部相同分为 3 组：$B \to G$，$B \to D; CE \to B, CE \to G; C \to A, C \to D$。每组构成一个关系模式。得到转换成 3NF 的保持函数依赖的分解如下：

$$R_1 : U_1 = \{B,D,G\}, \qquad F_1 = \{B \to G, B \to D\}$$
$$R_2 : U_2 = \{B,C,E,G\}, \quad F_2 = \{CE \to B, CE \to G\}$$
$$R_3 : U_3 = \{A,C,D\}, \qquad F_3 = \{C \to A, C \to D\}$$

【例 4.15】 对例 4.6 产生的最小函数依赖集 $F_{\min}$,求其转换成 3NF 的保持函数依赖的分解。

解：利用算法 4，$F_{\min} = \{A \to BCDE, F \to G, H \to IJKLM, EF \to H, AF \to N\}$，其中没有不出现在 U 中的属性。按左部相同分为 5 组，每组只有一个函数依赖，这样每组构成一个关系模式。得到转换成 3NF 的保持函数依赖的分解如下：

$$R_1 : U_1 = \{A,B,C,D,E\}, \qquad F_1 = \{A \to BCDE\}$$
$$R_2 : U_2 = \{F,G\}, \qquad\qquad F_2 = \{F \to G\}$$
$$R_3 : U_3 = \{H,I,J,K,L,M\}, \quad F_3 = \{H \to IJKLM\}$$
$$R_4 : U_4 = \{H,E,F\}, \qquad\quad F_4 = \{EF \to H\}$$
$$R_5 : U_5 = \{A,F,N\}, \qquad\quad F_5 = \{AF \to N\}$$

其结果与例 4.9 的分解相同。

算法 5 将一个关系模式转换成 3NF，使它是既具有无损连接又保持函数依赖的分解。

输入：关系模式 $R(U,F)$。

输出：分解 $\rho = \{R_1(U_1,F_1), R_2(U_2,F_2), \cdots, R_k(U_k,F_k)\}, R_i (1 \leqslant i \leqslant k)$ 属 3NF，且 ρ 是具有无损连接又保持函数依赖的分解。

方法：

(1) 根据算法 4 求出保持函数依赖的分解 $\rho = \{R_1(U_1,F_1), R_2(U_2,F_2), \cdots, R_k(U_k,F_k)\}$。

(2) 选取 R 的主码 X，将主码与函数依赖相关的属性组成一个关系模式 R_{k+1}。

(3) 如果 $X \subseteq U_i$，则输出 ρ，否则输出 $\rho \cup \{R_{k+1}\}$。

【例 4.16】 对于例 4.6 产生的最小函数依赖集 $F_{\min}$，其候选码为 AF，将它转换成 3NF，使其既具有无损连接又保持函数依赖的分解。

解：利用算法 5，例 4.15 得到的分解为 $\rho = \{R_1(U_1,F_1), R_2(U_2,F_2), R_3(U_3,F_3), R_4(U_4,F_4), R_5(U_5,F_5)\}$，候选码 X 为 AF，而 $X \subseteq U_5$，所以分解 ρ 满足题目要求。

习题 4

1. 什么是数据规范化？简述数据规范化的作用。

2. 对于如图 4.5 所示的数据集，请判断它是否可直接作为关系数据库中的关系，若不行，则改造成为尽可能好的并能作为关系数据库中关系的形式，同时说明进行这种改造的理由。

系名	课程名	教师名
计算机系	DB	李军,刘强
机械系	CAD	金山,宋海
造船系	CAM	王华
自控系	CTY	张红,曾键

图 4.5 一个数据集

3. 给出如图 4.6 所示的关系 R 为第几范式？是否存在操作异常？若存在,则将其分解为高一级范式。分解完成的高级范式中是否可以避免分解前关系中存在的操作异常？

工程号	材料号	数量	开工日期	完工日期	价格
P_1	I_1	4	9805	9902	250
P_1	I_2	6	9805	9902	300
P_1	I_3	15	9805	9902	180
P_2	I_1	6	9811	9912	250
P_2	I_4	18	9811	9912	350

图 4.6　一个关系 R

4. 对于如图 4.7 所示的关系 R,回答以下问题:

(1) 它为第几范式？为什么？

(2) 是否存在删除操作异常？若存在,则说明是在什么情况下发生的？

(3) 将它分解为高一级范式,分解后的关系是如何解决分解前可能存在的删除操作的异常问题的？

课程名	教师名	教师地址
C_1	马千里	D_1
C_2	于得水	D_1
C_3	余快	D_2
C_4	于得水	D_1

图 4.7　一个关系 R

5. 对于如图 4.8 所示的关系 R,回答以下问题:

(1) 求出 R 所有的候选关键字。

(2) 列出 R 中的函数依赖。

(3) R 属于第几范式？

A	D	E
a_1	d_1	e_2
a_2	d_6	e_2
a_3	d_4	e_3

图 4.8　一个关系 R

6. 设有函数依赖集 $F = \{AB \rightarrow CE, A \rightarrow C, GP \rightarrow B, EP \rightarrow A, CDE \rightarrow P, HB \rightarrow P, D \rightarrow HG, ABC \rightarrow PG\}$,计算属性集 D 关于 F 的闭包 D_F^+。

7. 设有关系 $R(A, B, C, D, E)$ 及其上的函数依赖集 $F = \{A \rightarrow C, B \rightarrow D, C \rightarrow D, DE \rightarrow C, CE \rightarrow A\}$,试问分解 $\rho = \{AD, AB, BE, CDE, AE\}$ 是否为 R 的无损联接分解？

第 5 章 数据库设计

数据库应用系统的设计是指创建一个性能良好的、能满足不同用户使用要求的、又能被选定的 DBMS 所接受的数据库以及基于该数据库上的应用程序，而其中的核心问题是数据库的设计。本章主要介绍数据库设计的基本步骤和方法。

5.1 数据库设计概述

数据库设计是建立数据库及其应用系统的技术，是信息系统开发和建议中的核心技术。由于数据库应用系统的复杂性，为了支持相关应用程序的运行，数据库设计就变得异常复杂，因此最佳设计不可能一蹴而就，而只能是一种"反复探寻，逐步求精"的过程。

数据库设计内容包括结构特性设计和行为特性设计。前者是指数据库总体概念的设计，它应该是具有最小数据冗余的、能反映不同用户数据需求的、能实现数据共享的系统。后者是指实现数据库用户业务活动的应用程序的设计，用户通过应用程序来访问和操作数据库。

按照规范设计的方法，考虑数据库及其应用系统开发全过程，将数据库设计分为以下 6 个阶段（如图 5.1 所示）：

- 需要分析阶段；
- 概念结构设计阶段；
- 逻辑结构设计阶段；
- 物理结构设计阶段；
- 数据库实施阶段；
- 数据库运行和维护阶段。

需要指出的是，这个设计步骤既是数据库设计的过程，也包括了数据库应用系统的设计过程。在设计过程中把数据库的设计和对数据库中数据处理的设计紧密结合起来，将这两个方面的需求分析、抽象、设计、实现在各个阶段同时进行，相互参照，相互补充，以完善两方面的设计。

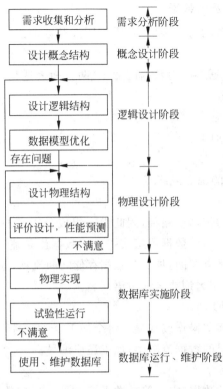

图 5.1　数据库设计步骤

5.2　需求分析

需求分析的任务是通过详细调查现实世界要处理的对象(组织、部门、企业等),充分了解原系统(手工系统或计算机系统)工作概况,明确用户的各种需求,然后在此基础上确定新系统的功能。

5.2.1　需求分析的步骤

进行需求分析首先是调查清楚用户的实际要求,与用户达成共识,然后分析与表达这些需求。其基本方法是收集和分析用户要求,从分析各个用户需求中提炼出反映用户活动的数据流图,通过确定系统边界归纳出系统数据,这是数据库设计的关键。收集和分析用户要求一般可按以下 4 步进行。

1. 分析用户活动

分析从要求的处理着手,搞清处理流程。如果一个处理比较复杂,就把处理分解成若干子处理,使每个处理功能明确,界面清楚。分析之后画出用户活动图。

2. 确定系统范围

不是所有的业务活动内容都适合计算机处理,有些工作即使在计算机环境下仍需人工完成。因此画出用户活动图后,还要确定属于系统的处理范围,可以在图上标明系统边界。

3．分析用户活动所涉及的数据

按照用户活动图所包含的每一种应用，弄清所涉及数据的性质、流向和所需的处理，并用"数据流图"表示出来。

数据流图是一种从"数据"和"对数据的加工"两方面表达系统工作过程的图形表示法。数据流图中有 4 种基本成分：

- →（箭头）表示数据流。
- ○（圆或椭圆）表示加工。
- —（单杠）表示数据文件。
- □（方框）表示数据的源点或终点。

1）数据流

数据流是数据在系统内传播的路径，因此由一组成分固定的数据项组成。如学生由学号、姓名、性别、出生日期、班号等数据项组成。由于数据流是流动中的数据，所以必须有流向，在加工之间，加工与源终点之间，加工与数据存储之间流动，除了与数据存储之间的数据流不用命名外，数据流应该用名词或名词短语命名。

2）加工（又称为数据处理）

加工指对数据流进行某些操作或变换。每个加工也要有名称，通常是动词短语，简明地描述完成什么加工。在分层的数据流图中，加工还应编号。

3）数据文件（又称数据存储）

数据文件指系统保存的数据，它一般是数据库文件。流向数据文件的数据流可理解为写入文件或查询文件，从数据文件流出的数据可理解为从文件读数据或得到查询结果。

4）数据的源点或终点

本系统外部环境中的实体（包括人员、组织或其他软件系统）统称外部实体。它们是为了帮助理解系统接口界面而引入的，一般只出现在数据流图的顶层图中。

4．分析系统数据

所谓分析系统数据就是对数据流图中的每个数据流名、文件名、加工名都要给出具体定义，都需要用一个条目进行描述。描述后的产物就是"数据词典"。DBMS 有自己的数据词典，其中保存了逻辑设计阶段定义的模式、子模式的有关信息；保存了物理设计阶段定义的存储模式、文件存储位置、有关索引及存取方法的信息；还保存了用户名、文件存取权限、完整性约束、安全性要求的信息，所以 DBMS 数据词典是一个关于数据库信息的特殊数据库。

5.2.2　需求分析的方法

在众多的需求分析方法中，结构化分析（Structured Analysis，SA）方法是一种简单实用的方法。SA 方法是面向数据流进行需求分析的方法。它采用自顶向下逐层分解的分析策略，画出应用系统的数据流图。

面对一个复杂的问题，分析人员不可能一开始就考虑到问题的所有方面以及全部细节，采取的策略往往是分解，把一个复杂的处理功能划分成若干子功能，每个子功能还可以继续分解，直到把系统工作过程表示清楚为止。在处理功能逐步分解的同时，它们所用的数据也逐级分解，形成若干层次的数据流图。

数据流图表达了数据和处理过程的关系。在 SA 方法中,处理过程的处理逻辑常常借助判定表或判定树来描述。系统中的数据则借助数据词典(Data Dictionary,DD)来描述。

1. 数据流图

画数据流图的一般步骤如下:

(1)首先画系统的输入输出,即先画顶层数据流图。顶层流图只包含一个加工,用以表示被设计的应用系统。然后考虑该系统有哪些输入数据,这些输入数据从哪里来;有哪些输出数据,输出到哪里去。这样就定义了系统的输入、输出数据流。顶层图的作用在于表明被设计的应用系统的范围以及它和周围环境的数据交换关系。顶层图只有一张。如图 5.2 所示是一个图书借还系统的顶层图。

图 5.2　图书借还系统顶层数据流图

(2)画系统内部,即画下层数据流图。一般将层号从 0 开始编号,采用自顶向下,由外向内的原则。画 0 层数据流图时,一般根据当前系统工作分组情况,并按新系统应有的外部功能,分解顶层流图的系统为若干子系统,决定每个子系统间的数据接口和活动关系。

例如,图书借还系统按功能可分成两部分,一部分为读者借书管理,另一部分为读者还书管理,0 层数据流图如图 5.3 所示,由于在任一时刻只能使用读者借书管理功能和读者还书管理功能中的一种,所以这两个加工之间采用[符号表示。

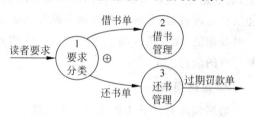

图 5.3　图书借还系统 0 层数据流图

一般地,画更下层数据流图时,则分解上层图中的加工,一般沿着输入流的方向,凡数据流的组成或值发生变化的地方则设置一个加工,这样一直进行到输出数据流(也可从输出流到输入流方向画)。如果加工的内部还有数据流,则对此加工在下层图中继续分解,直到每一个加工足够简单,不能再分解为止,不再分解的加工称为基本加工。

例如,图 5.4 是对 0 层中的加工进一步分解,得到了基本加工。

在画数据流图时应注意以下几点:

- 命名。不论数据流、数据文件还是加工,合适的命名使人们易于理解其含义。数据流的名称代表整个数据流的内容,而不仅仅是它的某些成分,不使用缺乏具体含义的名称,如"数据"、"信息"等,加工名也应反映整个处理的功能,不使用"处理"、"操作"这些笼统的词。

- 每个加工至少有一个输入数据流和一个输出数据流,反映出此加工数据的来源与加工的结果。

- 加工编号。如果一张数据流图中的某个加工分解成另一张数据流图,则上层图为父图,直接下层图为子图。子图应编号,子图上的所有加工也应编号,子图的编号就是父图中相应加工的编号,加工的编号由子图号、小数点及局部号组成。如图 5.3 和

图 5.4 所示。
- 父图与子图的平衡。子图的输入、输出数据流同父图相应加工的输入、输出数据流必须一致,即父图与子图的平衡。

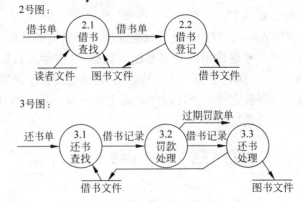

图 5.4　图书借还系统 1 层数据流图

对用户需求进行分析与表达后,必须提交给用户,征得用户的认可。

数据流图表达了数据和处理的关系,并没有对各个数据流、加工、数据文件进行详细说明,如数据流、数据文件的名称并不能反映其中的数据成分、数据项和数据特性,在加工中不能反映处理过程,等等。数据词典就是用来定义数据流图中的各个成分的具体含义的,它以一种准确的、无二义性的说明方式为系统的分析、设计及维护提供了有关元素的一致的定义和详细的描述。

2. 数据词典

数据词典有以下 4 类条目:数据流、数据文件、数据项、基本加工。数据项是组成数据流和数据文件的最小元素。源点、终点不在系统之内,故一般不在字典中说明。

1) 数据流条目

数据流条目给出了数据流图中数据流的定义,通常列出该数据流的各组成数据项。在定义数据流或数据存储组成时,使用表 5.1 给出的符号。

表 5.1　在数据词典的定义式中出现的符号

符　　号	含　　义	实例及说明
=	被定义为	
+	与	x=a+b 表示 x 由 a 和 b 组成
[…│…]	或	x=[a│b]表示 x 由 a 或 b 组成
{…}	重复	x={a}表示 x 由 0 个或多个 a 组成
(…)	可选	x=(a)表示 a 可在 x 中出现,也可不出现
..	连接符	x=1..9,表示 x 可取 1~9 中任意一个值

例如,在图书借还管理系统数据流图中的数据流条目说明如下:

读者要求=[借书单│还书单]

借书单=读者编号+图书编号

还书单=图书编号

借书记录＝读者编号＋图书编号＋借书日期

过期罚款单＝读者编号＋姓名＋罚款数

2）数据文件条目

数据文件条目是对数据文件的定义,每个数据文件包括文件名、数据组成和数据组织等。例如,在图书借还管理系统数据流图中的数据文件条目说明如下。

文件名:读者文件

数据组成:〔读者编号＋姓名＋班号〕

数据组织:按读者编号递增排列

文件名:图书文件

数据组成:〔图书编号＋书名＋作者＋…＋借否〕

数据组织:按图书编号递增排列

文件名:借书文件

数据组成:〔图书编号＋读者编号＋借书日期〕

数据组织:按图书编号递增排列

3）数据项条目

数据项条目是不可再分解的数据单位,其定义包括数据项的名称、数据类型和长度等。例如,在图书借还管理系统数据流图中的数据项条目说明如下:

读者编号＝C(13)　　　　表示长度为 13 的字符串

图书编号＝C(13)　　　　表示长度为 13 的字符串

借书日期＝D(8)　　　　表示长度为 8 的日期类型

借否＝[true|false]　　　true 表示已借,false 表示未借

姓名＝C(12)　　　　　表示长度为 12 的字符串

罚款数＝N(5,1)　　　　表示长度为 5、小数位为 1 位的实数

4）加工条目

加工条目主要说明加工的功能及处理要求。功能是指该处理过程用来做什么(而不是怎么做),处理要求包括处理频度要求,如单位时间处理多少事务、多少数据量、响应时间要求等。这些处理要求是后面物理设计的输入及性能评价的标准。

例如,在图书借还管理系统数据流图中,编号为 2.1 的加工条目说明如下。

加工编号:2.1

加工名称:借书查找

加工功能:根据借书单中读者编号,确定是否为有效的读者(所谓有效读者,是指在读者文件中能够找到该编号的读者记录);然后根据借书单中的图书编号,在图书文件中查找该编号且尚未借出(即借否＝false)的图书记录。

5.3　概念结构设计

概念结构设计阶段的目标是产生整体数据库概念结构,即概念模式。概念模式是整个组织各个用户关心的信息结构。描述概念结构的有力工具是 E-R 模型。

设计概念结构的 E-R 模型可采用 4 种策略。

- 自顶向下。首先定义全局概念结构 E-R 模型的框架,然后逐步细化。
- 自底向上。首先定义各局部应用的概念结构 E-R 模型,然后将它们集成,得到全局概念结构 E-R 模型。
- 由里向外。首先定义最重要的核心概念 E-R 模型,然后向外扩充,生成其他概念结构 E-R 模型。
- 混合策略。自顶向下和自底向上相结合的方法,用自顶向下的策略设计一个全局结构概念架,以它为骨架集成自底向上策略中设计的各局部概念结构 E-R 图。

这里主要介绍自底向上设计策略,即先建立各局部应用的概念结构 E-R 模型,然后再集成为全局概念结构的 E-R 模型。

5.3.1 局部 E-R 模型设计

利用系统需求分析阶段得到的数据流程图和数据词典、系统分析报告,建立对应于每一部门(或应用)的局部 E-R 模型。这里最关键的问题是如何确定实体(集)和实体属性,换句话说,首先要确定系统中的每一个子系统包含哪些实体,这些实体又包含哪些属性。

在设计局部 E-R 模型时,最大的困难莫过于实体和属性的正确划分。实体和属性的划分并无绝对的标准,在划分时,首先按现实世界中事物的自然划分来定义实体和属性,然后再进行必要的调整。调整的原则是:

(1) 实体和描述它的属性间保持为 $1:1$ 或 $n:1$ 的联系。例如学生实体和其属性年龄、性别、民族等就符合这个原则,一个学生只能有一个年龄值,一种性别,属于一种民族。可以有许多学生具有同一年龄值,同一种性别,同属一个民族。

按自然划分可能出现实体和属性间的 $1:n$ 联系。例如学生实体和成绩属性之间就属于这种情况,一个学生可能选修多门课程,对应有多个成绩。因而完全按自然划分就不符合这里的原则。因而可以将成绩调整为一个实体,而不再作为学生实体的一个属性,从而建立学生实体和成绩实体之间的 $1:n$ 的实体联系。

(2) 描述实体的属性本身不能再有需要描述的性质。在上面的例子中学生的属性成绩不但违反了原则 1 而且违反了原则 2,因为成绩作为属性虽然可以描述学生,但是它本身又是需要进行描述的,如需要指出课程号等,所以把这个属性分离出来自成为一个实体就比较合理。

此外,还会遇到这样的情况,同一数据项,可能由于环境和要求的不同,有时应作为属性,有时则作为实体,此时就必须依实际情况确定。一般情况,能作为属性对待的尽量作为属性对待,以简化 E-R 图的处理。

【例 5.1】 设有如下实体:

学生:学号、单位、姓名、性别、年龄、选修课程号

课程:课程号、课程名、开课单位、任课教师号

教师:教师号、姓名、性别、职称、单位、讲授课程编号

单位:单位名、电话、教师号、教师名

上述实体中存在如下联系:

- 一个学生可选修多门课程,一门课程可为多个学生选修。
- 一个教师可讲授多门课程,一门课程可为多个教师讲授。
- 一个单位可有多个教师,一个教师只能属于一个单位。

• 一个单位可拥有多个学生,一个学生只属于一个单位。

假设学生只能选修本单位的课程,教师只能为本单位的学生授课。要求分别设计学生选课和教师任课两个局部信息的结构 E-R 图。

解:从各实体属性看到,学生实体与单位实体和课程实体关联,不直接与教师实体关联,一个单位可以开设多门课程,单位实体与课程实体之间是 $1:m$ 关系,学生选课局部 E-R 图如图 5.5 所示。

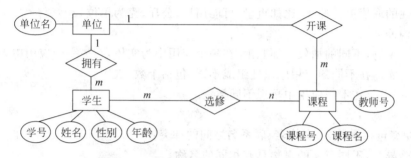

图 5.5　学生选课局部 E-R 图

教师实体与单位实体和课程实体关联,不直接与学生实体关联,教师任课局部 E-R 图如图 5.6 所示。

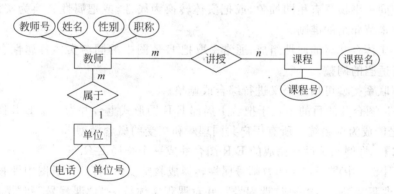

图 5.6　教师任课局部 E-R 图

5.3.2　总体 E-R 模型设计

综合各部门(或应用)的局部 E-R 模型,就可以得到系统的总体 E-R 模型。综合局部 E-R 模型的方法有两种:

• 多个局部 E-R 图一次综合。

• 多个局部 E-R 图逐步综合,用累加的方式一次综合两个 E-R 图。

第 1 种方法比较复杂,第 2 种方法每次只综合两个 E-R 图,可降低难度。无论哪一种方法,每次综合可分两步。

(1) 合并,解决各局部 E-R 图之间的冲突问题,生成初步的 E-R 图。

(2) 修改和重构,消除不必要的冗余,生成基本的 E-R 图。

以下分步介绍。

数据库原理与应用——基于 SQL Server

1. 消除冲突,合并局部 E-R 图

各类局部应用不同,通常由不同的设计人员去设计局部 E-R 图,因此,各局部 E-R 图不可避免地会有很多不一致,这称之为冲突。冲突的类型有:

1) 属性冲突

- 属性域冲突,即属性值的类型、取值范围或取值集合不同。比如年龄,可能用出生年月或用整数表示;又如零件号,不同部门可能用不同编码方式。
- 属性的取值单位冲突,比如重量,可能用斤、公斤、克为单位。

2) 结构冲突

- 同一事物,不同的抽象。如职工,在一个应用中为实体,在另一个应用中为属性。
- 同一实体在不同的应用中属性组成不同,包括个数、次序。
- 同一联系,在不同应用中呈现不同类型。

3) 命名冲突

命名冲突包括属性名、实体名、联系名之间的冲突:

- 同名异义,不同意义的事物具有相同的名称。
- 异名同义(一义多名),同一意义的事物具有不同的名称。

属性冲突和命名冲突可以通过协商来解决,结构冲突则要认真分析后通过技术手段解决。例如:

- 要使同一事物具有相同抽象,或把实体转换为属性,或把属性转换为实体。但都要符合本节介绍的准则。
- 同一实体合并时的属性组成,通常采取把 E-R 图中的同名实体各属性合并起来,再进行适当的调整。
- 实体联系类型可根据语义进行综合或调整。

局部 E-R 图合并的目的不在于把若干局部 E-R 图形式上合并为一个 E-R 图,而在于消除冲突,使之能成为全系统中所有用户共同理解和接受的概念模型。

【例 5.2】 将例 5.1 设计完成的 E-R 图合并成一个全局 E-R 图。

解:将图 5.5 中课程实体的教师号属性转换成教师实体,将两个子图中课程实体的“课程编号”和“课程号”属性统一成“课程号”,并对课程实体统一为“课程号”和“课程名”属性。合并后的全局 E-R 图如图 5.7 所示。

2. 消除不必要的冗余

在初步的 E-R 图中,可能存在冗余的数据或冗余的联系。冗余的数据是指可由基本的数据导出的数据,冗余的联系是由其他的联系导出的。冗余的存在容易破坏数据库的完整性,给数据库的维护增加困难,应该消除。把消除了冗余的初步 E-R 图称为基本的 E-R 图。通常用分析方法消除冗余。

图 5.7 的初步 E-R 图消除冗余联系后(“属于”和“开课”是冗余联系,它们可以通过其他联系导出)可获得基本的 E-R 图,如图 5.8 所示。

概念模型设计是成功地建立数据库的关键,决定数据库的总体逻辑结构,是未来建成的管理信息系统的基石。如果设计不好,就不能充分发挥数据库的效能,无法满足用户的处理要求。因此,设计人员必须和用户一起,对这一模型进行反复认真的讨论,只有在用户确认模型已完整无误地反映了他们的要求之后,才能进入下一阶段的设计工作。

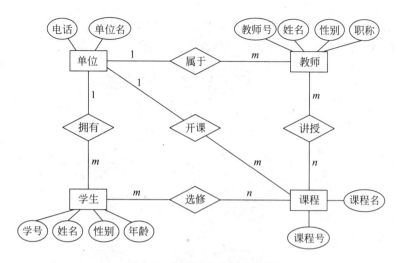

图 5.7　合并后的全局 E-R 图

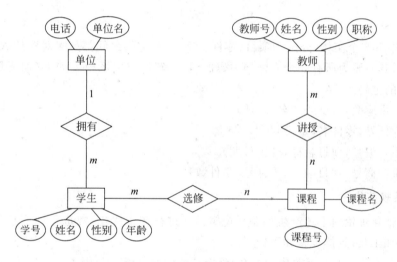

图 5.8　改进后的总体 E-R 图

5.4　逻辑结构设计

E-R 模型表示的概念模型是用户的模型。它独立于任何一种数据模型,独立于任何一个具体的数据库管理系统,因此,需要把上述概念模型转换为某个具体的数据库管理系统所支持的数据模型。然后建立用户需要的数据库。由于国内目前使用的数据库系统基本上都是关系型的,因此本书讨论将 E-R 模型转换为关系模型的方法。

1. E-R 模型向关系模型的转换

(1) 若实体间的联系是 1:1 联系,可以在两个实体类型转换成的两个关系模式中的任意一个关系模式的属性中,加入另一个关系模式的主码和联系类型的属性。

(2) 若实体间的联系是 1:n 联系,则在 n 端实体类型转换成的关系模式中,加入 1 端实体类型转换成的关系模式的主码和联系类型的属性。

(3) 若实体间的联系是 m:n 联系,则将联系类型也转换成关系模式,其属性为两端实体类型的主码加上联系类型的属性,而该主码为两端实体主码的组合。

【例 5.3】 将如图 5.9 所示的 E-R 图转换为关系模型。

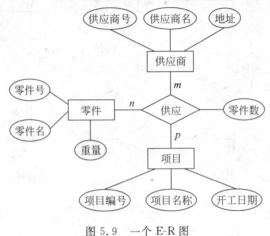

图 5.9 一个 E-R 图

解:图中有 3 个实体,分别为项目、零件和供应商,它们之间都是多对多的联系,联系类型为"供应",其主码为所有 3 个实体的主码的组合,转换成关系模型如下(加下划线部分为该关系模式的主码):

供应商(<u>供应商号</u>,供应商名,地址)

零件(<u>零件号</u>,零件名,重量)

项目(<u>项目编号</u>,项目名称,开工日期)

供应(<u>供应商号,项目编号,零件号</u>,零件数)

2.关系规范化

应用规范化理论对上述产生的关系逻辑模式进行初步优化,规范化理论是数据库逻辑设计的指南和工具,具体步骤如下:

(1)考查关系模式的函数依赖关系,确定范式等级。逐一分析各关系模式,考查是否存在部分函数依赖、传递函数依赖等,确定它们分别属于第几范式。

(2)对关系模式进行合并或分解。根据应用要求,考查这些关系模式是否合乎要求,从而确定是否要对这些模式进行合并或分解,例如,对于具有相同主码的关系模式一般可以合并(需要以主码进行连接操作的除外);对于非 BCNF 的关系模式,要考察"异常弊病"是否在实际应用中产生影响,对于那些只是查询,不执行更新操作,则不必对模式进行规范化(分解),实际应用中并不是规范化程度越高越好,有时分解带来的消除更新异常的好处与经常查询需要频繁进行自然连接所带来的效率低相比会得不偿失。对于那些需要分解的关系模式,可用第 4 章介绍过的规范化方法和理论进行模式分解。最后,对产生的各关系模式进行评价、调整,确定出较合适的一组关系模式。

规范化理论提供了判断关系逻辑模式优劣的理论标准,帮助预测模式可能出现的问题,是产生各种模式的算法工具,因此是设计人员的有力工具。

3.关系模式的优化

为了提高数据库应用系统的性能,特别是为了提高对数据的存取和存储效率,还必须对上述产生的关系模式进行优化,即修改、调整和重构模式,经过反复多次的尝试和比较,最后得到优化的关系模式。

5.5　物理结构设计

逻辑设计完成后,下一步的任务就是进行系统的物理设计。物理设计是在计算机的物理设备上确定应采取的数据存储结构和存取方法,以及如何分配存储空间等问题。当确定之后,应用系统所选用的 DBMS 提供的数据定义语言把逻辑设计的结果(数据库结构)描述出来,并将源模式变成目标模式。由于目前使用的 DBMS 基本上是关系型的,物理设计的主要工作是由系统自动完成的,用户只要关心索引文件的创建即可。尤其是对微机关系数据库用户来说,用户可做的事情很少,用户只需用 DBMS 提供的数据定义语句建立数据库结构。

5.6　数据库的实施和维护

该阶段的主要工作有以下几个方面。

1. 应用程序设计与编写

数据库应用系统的程序设计属于一般的程序设计范畴,但数据库应用程序有自己的一些特点,例如大量使用屏幕显示控制语句、复杂的输入输出屏幕、形式多样的输出报表、重视数据的有效性和完整性检查以及灵活的交互功能等。

此阶段要进行人机过程设计、建表、输入和输出设计、代码设计、对话设计、网络和安全保护等程序模块设计及编写调试。

为了加快应用系统的开发速度,应选择良好的第 4 代语言开发环境,利用自动生成技术和复用已有的模块技术。在程序设计编写中往往采用工具(CASE)软件来帮助编写程序和文档,如目前使用的 VB、C♯、和 Java 等。

2. 组织数据入库

定义好数据库之后,就可使用命令向数据库文件中输入数据。由于数据库的数据量非常大,用户对屏幕的输入格式要求多样化,为提高输入效率,满足用户的要求,通常是设计一个数据录入子系统(录入程序模块)来完成数据入库工作。该子系统不仅包括数据录入,还包括录入过程中的数据校验、代码转换、数据的完整性及安全性控制。

3. 应用程序的调试与试运行

程序编写完成后,应按照系统支持的各种应用分别试验它们在数据库上的操作情况,弄清它们在实际运行中能否完成预定的功能。在试运行中要尽可能多地发现和解决程序中存在的问题,把试运行的过程当作进一步调试程序的过程。

试运行中应实际测量系统的性能指标。如果测试的结果不符合设计目标,应返回到设计阶段,重新调整设计和编写程序。

4. 数据库的运行和维护

数据库系统投入正式运行,标志着开发任务的基本完成和维护工作的开始,但并不意味着设计过程已经结束。在运行和维护数据库的过程中,调整与修改数据库及其应用程序的事是常有的。当应用环境发生变化时,数据库结构及应用程序的修改、扩充等维护工作也是必需的。因为用户对信息的要求和处理方法是发展的。事实上只要数据库存在一天,对系统的调整和修改就会继续一天。

在运行过程中要继续做好运行记录,并按规定做好数据库的转储和重新组织工作。

习题 5

1. 什么是数据库设计?
2. 试述采用 E-R 方法进行数据库概念设计的过程。
3. 假定一个部门的数据库包括以下信息。

职工的信息:职工号、姓名、地址和所在部门。

部门的信息:部门所有职工、部门名、经理和销售的产品。

产品的信息:产品名、制造商、价格、型号及产品内部编号。

制造商的信息:制造商名称、地址、生产的产品名和价格。

试画出这个数据库的 E-R 图。

4. 图 5.10 给出了(a)、(b)和(c)3 个不同的局部模型,将其合并成一个全局信息结构,并设置联系实体中的属性(允许增加认为必要的属性,也可将有关基本实体的属性选作联系实体的属性)。

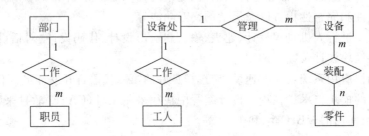

(a) 部门和职员实体之间的关系   (b) 设备、设备处、工人和零件实体之间的关系

(c) 零件和厂商实体之间的关系

图 5.10   局部 E-R 图

各实体构成如下:

部门:部门号、部门名、电话、地址

职员:职员号、职员名、职务(干部/工人)、年龄、性别

设备处:单位号、电话、地址

工人:工人编号、姓名、年龄、性别

设备:设备号、名称、规格、价格

零件:零件号、名称、规格、价格

厂商:单位号、名称、电话、地址

SQL Server 数据库管理系统 第二部分

第 6 章   SQL Server 系统概述

第 7 章   创建和使用数据库

第 8 章   创建和使用表

第 9 章   T-SQL 基础

第 10 章   T-SQL 高级应用

第 11 章   索引

第 12 章   视图

第 13 章   数据库完整性

第 14 章   存储过程

第 15 章   触发器

第 16 章   SQL Server 的安全管理

第 17 章   数据库备份/恢复和分离/附加

SQL Server 系统概述　第 6 章

本章首先简要介绍 SQL Server 2005 系统,然后给出 SQL Server 2005 各版本的软硬件需求,再以工作组版本为例介绍 SQL Server 2005 的安装过程,最后讨论服务器/客户机体系结构以及 SQL Server 2005 提供的工具和实用程序。

6.1　SQL Server 2005 系统简介

SQL Server 2005 的全名是 Microsoft SQL Server 2005,是微软公司的产品,其中 2005 是其版本号,Server 是网络和数据库中常见的一个术语,译为服务器,说明 SQL Server 2005 是一种用于提供服务的软件产品。

6.1.1　SQL Server 2005 的发展历史

1988 年,微软、Sybase 和 Ashton-Tate 公司联合,开发出运行于 OS/2 操作系统上的 SQL Server 1.0。

1989 年,Ashton-Tate 公司退出 SQL Server 的开发。

1990 年,SQL Server 1.1 产品面世。

1991 年,SQL Server 1.11 产品面世。

1992 年,SQL Server 4.2 产品面世。

1994 年,微软和 Sybase 公司分道扬镳。

1995 年,微软发布了 SQL Server 6.0 产品,随后的 SQL Server 6.5 产品取得了巨大的成功。

1998 年,微软发布了 SQL Server 7.0 产品,开始进入企业级数据库市场。

2000 年,微软发布了 SQL Server 2000 产品(8.0)。

2000 年,微软发布了 SQL Server 2005 产品(9.0)。

6.1.2 SQL Server 2005 的各种版本

SQL Server 2005 是一个产品系列,共有 5 个不同的版本,用户可以根据自己的需要和软、硬件环境选择不同的版本。

- SQL Server 2005 学习版。也称为精简版,仅适用于 32 位计算机,可以从微软的网站免费下载,没有使用时间的限制,而且可以自由地反复安装,但只支持 4GB 数据容量,限制系统运行于 1 个 CPU 和最高 1GB 内存。因此该版本只适合于简单应用系统开发。

- SQL Server 2005 工作组版。仅适用于 32 位计算机,能够作为一个前端 Web 服务器。它包含 SQL Server 产品系列的核心数据库特点,但缺少分析服务,可以方便升级到标准版或企业版。该版本适合用户数量没有限制的小型企业。

- SQL Server 2005 开发版。支持 32 位和 64 位计算机,可以用于开发任何类型的应用系统。它包括企业版所有功能,但只能用于开发和测试系统,不能作于生产服务器。它可以很方便地升级到 SQL Server 企业版。该版本适合于生成和测试应用程序的企业开发人员。

- SQL Server 2005 标准版。支持 32 位和 64 位计算机,它包括电子商务、数据仓库和解决方案所需的基本功能,其集成商务智能(BI)和高可用性特性为企业提供了支持其操作所需的基本能力。该版本是为中小企业提供的数据管理和分析平台。

- SQL Server 2005 企业版。支持 32 位和 64 位计算机,包括全套企业数据管理和商务智能特性,它提供 SQL Server 2005 所有版本中最高级别的可伸缩性和可用性。该版本是超大型企业的理想选择,能够满足最复杂的要求。

6.1.3 SQL Server 2005 的组成部分

SQL Server 2005 版本的在功能组成上被划分为如下几个部分。

1. 数据库引擎

数据库引擎用于存储、处理和保护数据的核心服务。利用数据库引擎可控制访问权限并快速处理事务,从而满足企业内要求极高而且需要处理大量数据的应用需要。

2. Analysis Services

Analysis Services(分析服务)为商业智能(BI)应用程序提供了联机分析处理(OLAP)和数据挖掘功能。它允许用户设计、创建以及管理其中包含从其他数据源(例如关系数据库)聚合而来的数据的多维结构,从而提供 OLAP 支持。对于数据挖掘应用程序,Analysis Services 允许使用多种行业标准的数据挖掘算法来设计、创建和可视化从其他数据源构造的数据挖掘模型。

3. Integration Services

Integration Services(集成服务)是一种企业数据转换和数据集成解决方案,可以使用它从不同的源提取、转换以及合并数据,并将其移至单个或多个目标。

4. 复制

复制是在数据库之间对数据和数据库对象进行复制和分发,然后在数据库之间进行同步以保持一致性的一组技术。使用复制可以将数据通过局域网、广域网、拨号连接、无线连接和 Internet 分发到不同位置以及分发给远程用户或移动用户。

5. Reporting Services

Reporting Services(报表服务)是一种基于服务器的新型报表平台,可用于创建和管理包含来自关系数据源和多维数据源的数据的表报表、矩阵报表、图形报表和自由格式报表。可以通过基于 Web 的连接来查看和管理用户创建的报表。

6. Notification Services

Notification Services(通知服务)用于开发和部署可生成并发送通知的应用程序。它可以生成并向大量订阅方及时发送个性化的消息,还可以向各种各样的设备传递消息。

7. Service Broker

Service Broker(服务代理)是一种用于生成可靠、可伸缩且安全的数据库应用程序的技术。它提供了一个基于消息的通信平台,可用于将不同的应用程序组件链接成一个操作整体,还提供了许多生成分布式应用程序所必需的基础结构,可显著减少应用程序开发时间。

8. 全文搜索

SQL Server 包含对 SQL Server 表中基于纯字符的数据进行全文查询所需的功能。全文查询可以包括单词和短语,或者一个单词或短语的多种形式。

所有这些组成部分之间的关系并不是平行的,而是具有嵌套关系,如图 6.1 所示,居中的是 Integration Services,它被看做是 SQL Server 2005 各大部件之间的胶合剂,同时也是 SQL Server 2005 作为商务智能平台的重要组成部分。整个体系以更主动地方式向用户提供各种信息服务,无论是来自数据引擎的关系数据、XML 数据,还是来自分析服

图 6.1 SQL Server 2005 的组成部分

务的多维数据,或者是经过集成服务从其他同构或异构平台获得的数据,都可以通过报表服务、通知服务的方式按照开发人员指定的方式呈递到用户的手中。这个过程可以是用户主动查询发起的,也可以是用户根据自己的预定要求按需获得的。

6.1.4 SQL Server 2005 组件的分类

SQL Server 2005 系统的全部组件安装在计算机上的分布如图 6.2 所示。从图 6.2 中看到 SQL Server 2005 组件分为服务器组件、客户端组件和连接组件等 3 大类,如图 6.3 所示。

图 6.2 SQL Server 2005 系统安装后组件分布图

数据库原理与应用——基于 SQL Server

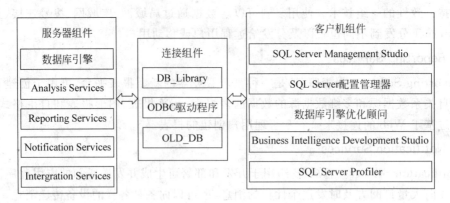

图 6.3　SQL Server 2005 组件

1. 服务器组件

SQL Server 服务器组件主要如下：

- SQL Server(MSSQLSERVER)(数据库引擎)；
- SQL Server Analysis Services(分析工具)；
- SQL Server Reporting Services(报表工具)；
- SQL Server Notification Services(通知工具)；
- SQL Server Integration Services(集成工具)；
- SQL Server Agent(监视工具)；
- SQL Server Browser(连接工具)；
- SQL Server FullText Search(全文搜索工具)；
- SQL Server VSS Writer(VSS 接口工具)；
- SQL Server Active Directory(活动目录)。

选择"开始"|"控制面板"|"管理工具"|"组件服务"命令，在出现的对话框中选择"服务(本地)"选项，可以看到这些 SQL Server 服务器组件，如图 6.4 所示，其中启动类型有"自动"(服务在操作系统启动之后自动启动)、"手动"(人工方式启动)和"禁用"(无法自动启动也无法手动启动服务，采用改变启动类型后才能启动服务)。

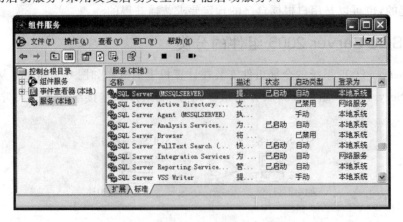

图 6.4　SQL Server 服务器组件

2．客户端组件

SQL Server 提供的主要客户端组件如下：

- SQL Server Management Studio(SSMA)：是 Microsoft SQL Server 2005 中的新组件，这是一个用于访问、配置、管理和开发 SQL Server 的所有组件的集成环境。SSMS 将 SQL Server 早期版本中包含的企业管理器、查询分析器和分析管理器的功能组合到单一环境中，为不同层次的开发人员和管理员提供 SQL Server 访问能力。
- SQL Server 配置管理器：为 SQL Server 服务、服务器协议、客户端协议和客户端别名提供基本配置管理。
- SQL Server Profiler：提供了图形用户界面，用于监视数据库引擎实例或 Analysis Services 实例。
- 数据库引擎优化顾问：用于协助创建索引、索引视图和分区的最佳组合。
- Business Intelligence Development Studio：用于 Analysis Services、Reporting Services 和 Integration Services 解决方案的集成开发环境。

3．连接组件

SQL Server 连接组件用于客户端和服务器之间通信的组件，统称为网络库。

- OLE DB：这些应用程序使用 SQL Native Client OLE DB 访问接口连接到 SQL Server 实例。OLE DB 访问接口在 SQL Server 以及将 SQL Server 数据作为 OLE DB 行集使用的客户端应用程序之间担当中介。sqlcmd 命令提示实用工具和 SQL Server Management Studio 都是 OLE DB 应用程序的例子。
- ODBC 驱动程序：这些应用程序包括安装 SQL Server 早期版本时附带的客户端实用工具以及其他使用 SQL Native Client ODBC 驱动程序连接到 SQL Server 实例的应用程序。
- DB-Library：这些应用程序包括 SQL Server isql 命令提示实用工具和写入 DB-Library 的客户端。SQL Server 2005 支持客户端应用程序使用 DB-Library，但仅限于 Microsoft SQL Server 7.0 功能。

注意：安装有 SQL Server 2005 服务器组件的计算机称为 SQL Server 服务器，安装有 SQL Server 2005 客户机组件的计算机称为 SQL Server 客户机，若一台物理计算机上既安装有 SQL Server 2005 服务器组件，又安装有 SQL Server 2005 客户机组件，可以将它看成是服务器，也可以看成是客户机。

6.1.5　SQL Server 2005 数据库引擎结构

SQL Server 2005 数据库引擎结构如图 6.5 所示，用户界面处理与创建和维护部分属客户机软件，其中几个主要部分说明如下：

- 查询处理：将用户的 SQL 命令转换成 SQL Server 能够识别和执行的关系代数操作，同时进行各种优化以提高 SQL 的执行效率。
- 事务处理：负责为执行计划生成具体的事务标识，记录事务的信息。
- 事务调度：将用户的事务加锁以确保对数据库的操作不会导致错误的结果。

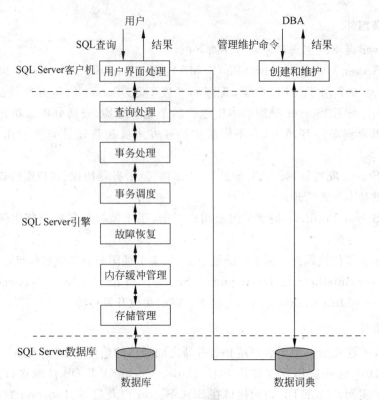

图 6.5　SQL Server 2005 数据库引擎结构

- 故障恢复：保证在发生突然断电等情况时数据库能够通过日常正常恢复。
- 内存缓冲管理：根据相关策略对内存进行管理。
- 存储管理：完成对硬盘上的数据的管理操作，根据"内存缓冲管理"部分的要求完成数据的读写操作。

6.2　系统需求

在安装 SQL Server 2005 以前，必须配置适当的硬件和软件，并保证它们正常运转。应该在安装 SQL Server 2005 之前，检查硬件和软件的安装情况，这可以避免很多安装过程中发生的问题。

6.2.1　硬件需求

SQL Server 2005 的硬件需求如表 6.1 所示。

关于内存的大小，会由于操作系统的不同，可能需要额外的内存。实际的硬盘空间要求也会因系统配置和选择安装的应用程序和功能的不同而异。

6.2.2　软件需求

SQL Server 2005 包括 5 个版本，每个版本对操作系统的要求都有所不同，每个版本安装所需要的操作系统如表 6.2 所示。

表 6.1 SQL Server 2005 的硬件要求

硬件	最 低 要 求
CPU	企业版、标准版和开发版需要 Pentium Ⅲ 及兼容处理器,建议主频为 600MHz 或更高
内存(RAM)	企业版:至少 512MB
	标准版:至少 512MB
	开发版:至少 512MB
	工作组版:至少 512MB
	学习版:至少 192MB
硬盘空间	SQL Server 2005 数据库引擎、数据文件、复制及全文搜索:150MB
	Analysis Services 及数据文件:35MB
	报表服务及报表管理器:40MB
	通知服务:5MB
	集成服务:9MB
	客户机组件:12MB
	管理工具:70MB
	开发工具:20MB
	联机丛书:15MB
	示例及示例数据库:390MB
监视器	VGA 或更高,图形工具要求 1024×768 像素或更高分辨率
网卡	10M/100M 兼容卡
CD-ROM 驱动器	CD 或 DVD 光驱

表 6.2 SQL Server 2005 各种版本或组件所必须安装的操作系统

版本	操作系统最低要求
企业版	Windows 2000 Server SP4、Windows 2000 Advanced Server Sp4、Windows 2000 Data Center SP4、Windows Server 2003 SP1、Windows 2003 企业版 SP1、Windows 2003 Data Center SP1
开发版	Windows 2000 Professional SP4、Windows 2000 Server SP4、Windows 2000 Advanced Server SP4、Windows 2000 Data Center SP4、Windows XP 家庭版 SP2、Windows XP 专业版 SP2、Windows Server 2003 SP1、Windows 2003 企业版 SP1、Windows 2003 Data Center SP1
标准版	Windows 2000 Professional SP4、Windows 2000 Server SP4、Windows 2000 Advanced Server SP4、Windows 2000 Data Center SP4、Windows XP 专业版 SP2、Windows Server 2003 SP1、Windows 2003 企业版 SP1、Windows 2003 Data Center SP1
工作组版	Windows 2000 Professional SP4、Windows 2000 Server SP4、Windows 2000 Advanced Server SP4、Windows 2000 Data Center SP4、Windows XP 专业版 SP2、Windows Server 2003 SP1、Windows 2003 企业版 SP1、Windows 2003 Data Center SP1
学习版	Windows 2000 Professional SP4、Windows 2000 Server SP4、Windows 2000 Advanced Server SP4、Windows 2000 Data Center SP4、Windows Server 2003 P1、Windows 2003 企业版 SP1、Windows 2003 Data Center SP1、Windows 2003 Web SP1

6.2.3 SQL Server 2005 的网络环境需求

SQL Server 2005 安装的网络环境需求如表 6.3 所示。

表 6.3　SQL Server 2005 安装的网络环境要求

网络组件	最 低 要 求
IE 浏览器	IE 6.0 SP1 及以上版本,如果只安装客户机组件且不需要连接到要求加密的服务器,则 IE 4.01 SP2 即可
IIS	安装报表服务需要 IIS 5.0 以上版本
ASP.NET	报表服务需要 ASP.NET 6.0 版本

6.2.4　SQL Server 2005 的其他需求

SQL Server 2005 安装还需满足表 6.4 中的几个条件。

表 6.4　安装 SQL Server 2005 的其他要求

项　　目	最 低 要 求
IE 浏览器	IE 6.0 SP1 及以上版本
IIS	安装报表服务需要 IIS 5.0 以上版本
ASP.NET	报表服务需要 ASP.NET 6.0 以上版本
Windows Installer	3.1 或更高版本
MDAC	Microsoft 数据访问组件 6.8 SP1 或更高版本

6.2.5　SQL Server 2005 安装的注意事项

在准备安装 SQL Server 2005 之前,用户还需要注意以下几点:
* 用户需要使用具有 Windows 管理员权限的账户来安装 SQL Server 2005。
* 要安装 SQL Server 2005 的硬件分区必须是未压缩的硬盘分区。
* 安装时不要运行任何杀毒软件。
* 有关其他注意事项需要参考 SQL Server 2005 所带的联机丛书文档。

6.3　SQL Server 2005 的安装

在使用 SQL Server 2005 以前,首先要进行系统安装。本节介绍 SQL Server 2005 系统的安装过程和安装中所涉及的一些相关内容。

本节介绍安装 SQL Server 2005 系统(以开发版为例)的过程,整个安装过程都是在安装向导提示下完成的。具体安装步骤如下:

(1) 将 SQL Server 2005 的安装光盘放入光驱中,光盘自动运行,出现如图 6.6 所示的安装启动界面。

(2) 在启动界面中选择"服务器组件、工具、联机丛书和示例"选项,执行安装程序,进入"最终用户许可协议"界面,如图 6.7 所示。

注意:如果是安装客户机版本,可选择"运行 SQL Native Client 安装向导"选项。

(3) 选中"我接受许可条款和条件"复选框,单击"下一步"按钮,出现"安装必备组件"对话框,单击"安装"按钮,系统开始进行安装。在必备组件安装完成后,出现如图 6.8 所示的对话框。

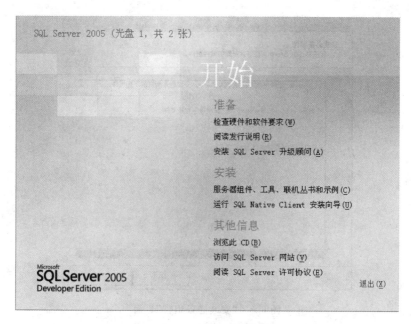

图 6.6　启动界面

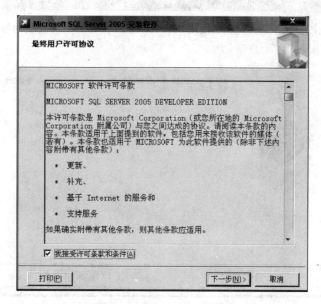

图 6.7　"最终用户许可协议"界面

注意：如果检测到用户的计算机上已安装的一些必备组件，这里不再安装这些已有的组件。

（4）单击"下一步"按钮，出现如图 6.9 所示的"欢迎使用 Microsoft SQL Server 安装向导"界面。

（5）单击"下一步"按钮，安装程序打开"系统配置检查"界面，通过该界面检查系统中是否存在潜在的安装问题，如图 6.10 所示。

图 6.8　"安装必备组件"界面

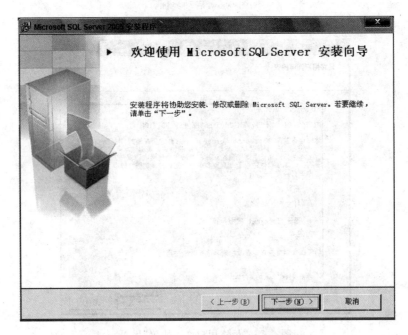

图 6.9　SQL Server 安装向导欢迎界面

　　(6) 单击"下一步"按钮,进入"注册信息"界面,如图 6.11 所示,在"姓名"、"公司"和"产品密钥"文本框中输入相应的信息。

　　(7) 单击"下一步"按钮,进入"要安装的组件"界面,在该界面中选中需要升级或安装的组件,如图 6.12 所示。

　　(8) 在选中相应的组件后,单击"下一步"按钮,进入"实例名"界面。通过该界面选择实例的命名方式(这里选择"默认实例"单选按钮),如图 6.13 所示。

图 6.10　系统配置检查完成后

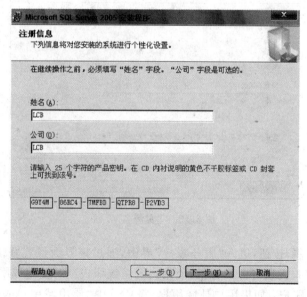

图 6.11　"注册信息"窗口

说明：所谓实例就是虚拟的 SQL Server 2005 服务器，在同一台计算机上可以安装一个或多个单独的 SQL Server 2005 实例，每个实例就好比是一个单独的 SQL Server 2005 服务器，实例之间互不干扰。例如，如果有学生管理系统和教师管理系统两个应用程序，需要分别使用不同的 SQL Server 2005，可以在一台计算机上实装两个 SQL Server 2005 实例，各自管理学生数据和教师，两者不会相互影响。

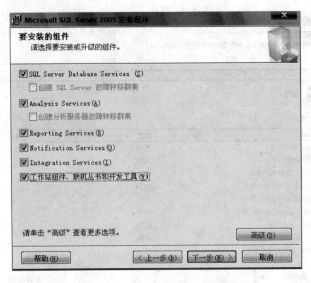

图 6.12 "要安装的组件"界面

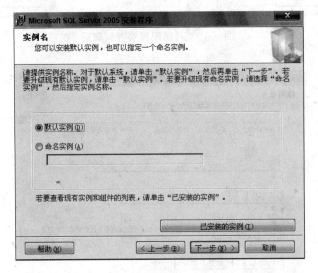

图 6.13 "实例名"界面

(9) 单击"下一步"按钮,进入"服务账户"界面,通过该界面设置登录时使用的账户,如图 6.14 所示。该窗口的服务账户包括"使用内置系统账户"和"使用域用户账户"。

- 使用域用户账户:如果用户是域用户,需要选中"使用域用户账户"单选按钮,并且需要输入用户名、密码和域名。
- 使用内置系统账户:如果不是域用户账户,就需要选中"使用内置系统账户"单选按钮,然后选择默认的本地系统账户即可。

这里选中"使用内置系统账户"及"本地系统"。

(10) 单击"下一步"按钮,进入"身份验证模式"界面,通过该界面选择连接到 SQL Server 时所使用的身份验证模式。SQL Server 2005 支持两种身份验证模式:

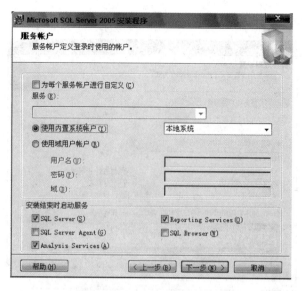

图 6.14　"服务账户"界面

- Windows 身份验证模式：该身份验证模式是在 SQL Server 中建立与 Windows 用户账户对应的登录账号，在登录了 Windows 后，再登录 SQL Server 就不用再一次输入用户名和密码了。
- 混合模式（Windows 身份验证和 SQL Server 身份模式）：该身份验证模式就是在 SQL Server 中建立专门的账户和密码，这些账户和密码与 Windows 登录无关。在登录了 Windows 后，再登录 SQL Server 还需要输入用户名和密码。

这里选择"混合模式（Windows 身份验证和 SQL Server 身份模式）"选项，sa 是 SQL Server 内建的一个管理员级的登录账号，尚需输入对应的密码，如图 6.15 所示。在 SQL Server 安装好后，可以通过登录账户 sa 和这里设置的密码连接 SQL Server。

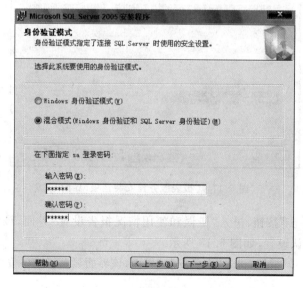

图 6.15　"身份验证模式"界面

数据库原理与应用——基于 SQL Server

（11）单击"下一步"按钮，进入"排序规则设置"界面，保持默认设置，如图 6.16 所示。

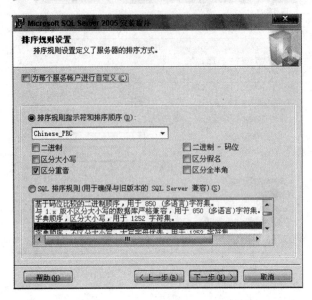

图 6.16 "排序规则设置"界面

（12）单击"下一步"按钮，进入"报表服务器安装选项"界面，通过该界面选择报表服务器安装选项，这里选择"安装默认配置"单选按钮，如图 6.17 所示。

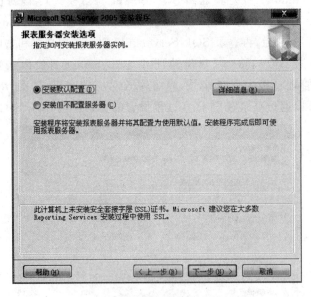

图 6.17 "报表服务器安装选项"界面

（13）单击"下一步"按钮，进入"错误和使用情况报告设置"界面，该界面用于选择传输报告的内容，保持默认设置，如图 6.18 所示。

（14）单击"下一步"按钮，进入"准备安装"界面，该界面显示了准备安装的组件，如图 6.19 所示。

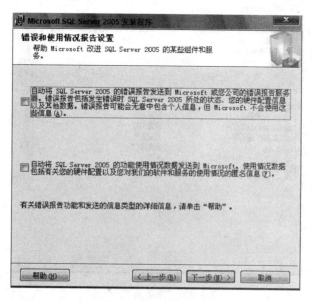

图 6.18　"错误和使用情况报告设置"界面

图 6.19　"准备安装"界面

（15）单击"安装"按钮开始安装，这一过程可能需要较长时间的等待，完成后出现如图 6.20 所示的"安装进度"界面。

（16）单击"下一步"按钮，进入"完成 Microsoft SQL Server 2005 安装"界面，如图 6.21 所示，单击"完成"按钮即可完成 SQL Server 2005 的安装。

注意：在安装时出现提示放入光盘 2 时，需将光盘 1 从光驱中取出并放入光盘 2，继续安装。

本次安装 SQL Server 2005 的服务器端后，其客户机端也被自动安装到计算机中了，也

数据库原理与应用——基于 SQL Server

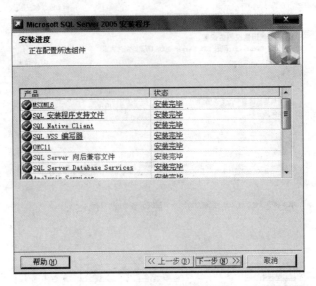

图 6.20 "安装进度"界面

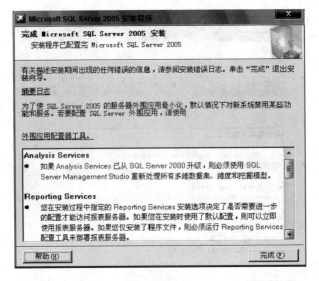

图 6.21 "完成 Microsoft SQL Server 2005 安装"界面

就是说此时用户的计算机既可以看成是一台 SQL Server 服务器,也可以看成是一台客户机。

6.4 SQL Server 2005 的工具和实用程序

SQL Server 2005 提供了一整套管理工具和实用程序,使用这些工具和程序,可以设置和管理 SQL Server 进行数据库管理和备份,并保证数据库的安全和一致。

在安装完成后,在"开始"|"所有程序"菜单中,将鼠标指针移到 Microsoft SQL Server 2005 上,即可看到 SQL Server 2005 的安装工具和实用程序,如图 6.22 所示。

图 6.22　SQL Server 2005 的工具和实用程序

6.4.1　SQL Server Management Studio

SQL Server Management Studio(SQL Server 管理控制器)是为 SQL Server 数据库的管理员和开发人员提供的图形化、集成了丰富开发环境的管理工具,也是 SQL Server 2005 中最重要的管理工具。

SQL Server 管理控制器是一个集成的管理平台,它包括了 SQL Server 2000 企业管理器、分析管理器和查询分析器的所有功能。下面介绍它的启动及主要的窗口功能。

1. 启动 SQL Server Management Studio

启动 SQL Server Management Studio 的具体操作步骤如下:

(1) 在 Windows 中选择"开始"|"所有程序"|Microsoft SQL Server 2005| SQL Server Management Studio 命令,出现"连接到服务器"对话框,如图 6.23 所示。

图 6.23　"连接到服务器"对话框

(2) 系统提示建立与服务器的连接,这里使用本地服务器,服务器名称为 LCB-PC,并使用"混合模式(Windows 身份验证和 SQL Server 身份模式)",因此,在服务器名称组合框中选择 LCB-PC 选项,在身份验证组合框中选择"SQL Server 身份验证"选项,登录名自动选择 sa,在密码文本框中输入在安装时设置的密码,单击"连接"按钮进入 SQL Server Management Studio 界面,说明 SQL Server Management Studio 启动成功,如图 6.24 所示。

2. SQL Server Management Studio 窗口部件

在默认的情况下,SQL Server Management Studio 有 3 个窗口,即"已注册的服务器"、

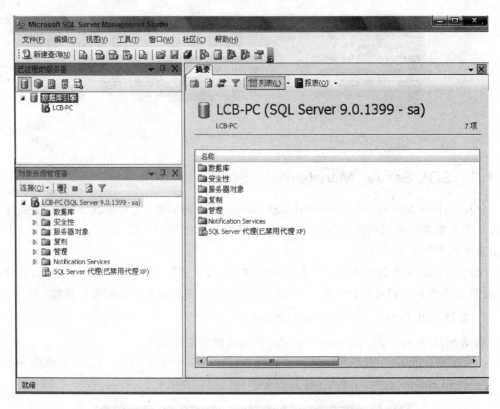

图 6.24　SQL Server Management Studio 界面

"对象资源管理器"和"文档"窗口。

1)"已注册的服务器"窗口

该窗口主要显示数据库服务器的列表,用户可以根据需要从列表中增加或删除数据库服务器,例如图 6.24 中自动注册了本地服务器 LCB-PC。

SQL Server Management Studio 的已注册服务器主要有数据库引擎、分析服务、报表服务、SQL Server Mobile 和集成服务等 5 种类型,单击"已注册的服务器"窗口工具栏中的各按钮可以切换不同类型的服务,如图 6.25 所示。

2)"对象资源管理器"窗口

该窗口与 SQL Server 2000 的企业管理器的界面和功能类似,以树型视图的形式显示数据库服务器的直接子对象(每个子对象作为一个节点)是数据库、安全性、服务器对象、复制、管理、SQL Server 代理等。仅当单击其前一级的加号(＋)时,子对象才出现。在对象上右击,则显示该对象的属性。减号(一)表示对象目前被展开,要压缩一个对象的所有子对象,则单击减号(或双击该文件夹,或者在文件夹被选定时单击左箭头键)。如图 6.25 所示。

"对象资源管理器"窗口(见图 6.26)的工具栏中从左到右各按钮的功能如下:

- 连接:单击此按钮,在出现的下拉菜单中选择"数据库引擎"或 Analysis Services 等,出现连接对话框,用户可以连接到所选择的服务。
- 断开连接:单击此按钮,则断开当前的连接。

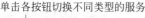

单击各按钮切换不同类型的服务

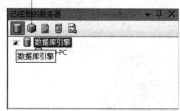

图 6.25 "已注册的服务器"窗口

图 6.26 "对象资源管理器"窗口

- 停止：单击此按钮，则停止当前对象资源管理器动作。
- 刷新：单击此按钮，则刷新树节点。
- 筛选：单击此按钮，则出现筛选对话框，用户输入筛选条件，SQL Server 仅列出满足条件的对象。

3）"文档"窗口

该窗口是 SQL Server Management Studio 中最大的一个窗口，它包括了查询编辑器和浏览窗口。在默认情况下，"文档"窗口显示当前连接到的数据库实例的"摘要"页，如图 6.27 所示。

图 6.27 "文档"窗口

6.4.2 Business Intelligence Development Studio

SQL Server Business Intelligence Development Studio（商业智能开发平台）是一个集成的环境，用于开发商业智能构造（如多维数据集、数据源、报告和 Integration Services 软件包）。

在 Windows 中选择"开始"|"所有程序"|Microsoft SQL Server 2005|SQL Server Business Intelligence Development Studio 命令，打开 SQL Server Business Intelligence Development Studio 窗口，选择"文件"|"新建|项目"命令，打开"新建项目"窗口。在"项目

数据库原理与应用——基于 SQL Server

类型"列表中选择"商业智能项目"选项,在右侧的"模板"列表框内选择任意一种 Visual Studio 已安装的模板,单击"确定"按钮,创建相应的项目,如图 6.28 所示。

图 6.28　商业智能开发平台

SQL Server 商业智能开发平台包含一些项目模板,这些模板可以提供开发特定项目的环境。例如,如果创建一个包含多维数据集、维数或挖掘模型的 Analysis Services 数据库,则可以选择一个 Analysis Services 项目。

在商业智能开发平台中开发项目时,可以将其作为某个解决方案的一部分进行开发,而该解决方案独立于具体的服务器。例如,可以在同一解决方案中包括 Analysis Services 项目、Integration Services 项目和 Reporting Services 项目。在开发过程中,可以将对象部署到测试服务器中进行测试,然后,可以将项目的输出结果部署到一个或多个临时服务器或生产服务器。

SQL Server 管理控制器可用于开发和管理数据库对象,以及用于管理和配置现有的 Analysis Services 对象,而商业智能开发平台可用于开发商业智能应用程序。如果要实现使用 SQL Server 数据库服务的解决方案，或者要管理使用 SQL Server、Analysis Services、Integration Services 或 Reporting Services 的现有解决方案，则应当使用 SQL Server 管理控制器，如果要开发使用 Analysis Services、Integration Services 或者 Reporting Services 的方案，则应当使用商业智能开发平台。

6.4.3　数据库引擎优化顾问

SQL Server 2005 的数据库引擎优化顾问是一个性能优化工具，所有的优化操作都可以由该顾问来完成。用户在指定了要优化的数据库后，优化顾问将对该数据库数据访问情况进行评估，以找出可能导致性能低下的原因，并给出优化性能的建议。

在 Windows 中选择"开始"|"所有程序"|Microsoft SQL Server 2005|"性能工具"|"数据库引擎优化顾问"命令，打开"数据库引擎优化顾问"窗口，如图 6.29 所示。

图 6.29　"数据库引擎优化顾问"窗口

在"数据库引擎优化顾问"窗口中设置会话名称、工作负荷所用的文件或表、选择要优化的数据库和表，然后单击"开始优化"按钮即可进行优化。

6.4.4　Analysis Services

Microsoft SQL Server 2005 Analysis Services(SSAS)为商业智能应用程序提供联机分析处理(OLAP)和数据挖掘功能。Analysis Services 允许设计、创建和管理包含从其他数据源(如关系数据库)聚合的数据的多维结构，以实现对 OLAP 的支持。对于数据挖掘应用程序，Analysis Services 允许设计、创建和可视化处理那些通过使用各种行业标准数据挖掘算法，并根据其他数据源构造出来的数据挖掘模型。

　　Analysis Services 部署向导使用从 Microsoft SQL Server 2005 Analysis Services 项目生成的 XML 输出文件作为输入文件。可以轻松地修改这些输入文件，以自定义 Analysis Services 项目的部署。随后，可以立即运行生成的部署脚本，也可以保留此脚本供以后部署。

　　使用 Analysis Services 部署向导的步骤如下：选择"开始"|"所有程序"|Microsoft SQL Server 2005|Analysis Services|"部署向导"命令，出现如图 6.30 所示的对话框，然后按照其中的提示进行操作即可。

图 6.30　"Analysis Services 部署向导"对话框

6.4.5　SQL Server Configuration Manager

　　SQL Server Configuration Manager(SQL Server 配置管理器)是一种工具，用于管理与 SQL Server 相关联的服务、配置 SQL Server 使用的网络协议，以及从 SQL Server 客户端计算机管理网络连接配置。SQL Server 配置管理器可以从"SQL Server 程序组"菜单进行访问。

　　SQL Server2005 配置管理器集成了以下 SQL Server 2000 工具的功能：服务器网络实用工具、客户端网络实用工具和服务管理器。

　　在 Windows 中选择"开始"|"所有程序"|Microsoft SQL Server 2005|"配置工具"| SQL Server Configuration Manager 命令，打开 SQL Server Configuration Manager 窗口，如图 6.31 所示。

6.4.6　SQL Server 文档和教程

　　SQL Server 2005 提供了大量的联机帮助文档，它具有索引和全文搜索能力，可根据关键词来快速查找用户所需信息。SQL Server 2005 中提供的教程可以帮助了解 SQL Server 技术和开始项目，如图 6.32 所示。

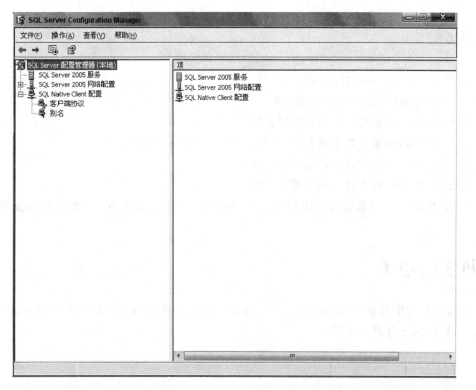

图 6.31　SQL Server Configuration Manager 窗口

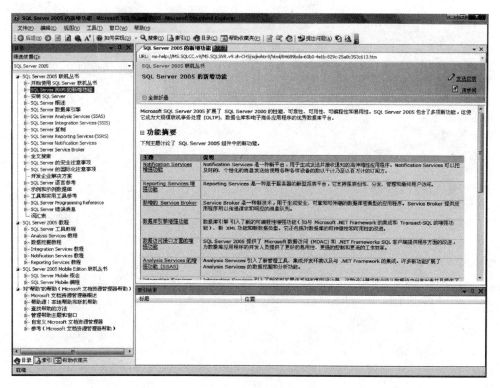

图 6.32　SQL Server 联机丛书与教程界面

习题 6

1. SQL Server 2005 有哪些版本？
2. 什么是 SQL Server 2005 实例？
3. SQL Server 有哪两种身份验证模式？
4. SQL Server 服务器是指什么？ SQL Server 客户机是指什么？
5. SQL Server 管理控制器有哪些功能？
6. SQL Server 配置管理器有哪些功能？
7. 在 Windows 资源管理器中打开 SQL Server 2005 安装文件夹，查看其位置和相关内容。

上机实验题 1

在实习环境中安装 SQL Server 2005 版本。在安装成功后，登录 SQL Server 服务器，运行 SQL Server 管理控制器。

创建和使用数据库　第7章

在 SQL Server 2005 中,数据库是存放数据的容器,在设计一个应用程序时,必须先设计好数据库。SQL Server 能够支持许多数据库,每个数据库可以存储来自其他数据库的相关或不相关数据。例如,服务器可以有一个数据库存储职工数据,另一个数据库存储与产品相关的数据。

SQL Server 管理控制器是创建和删除数据库的主要工具。本章主要介绍使用 SQL Server 管理控制器创建和删除数据库等内容。

7.1　数据库对象

在 SQL Server 2005 中,数据库中的表、视图、存储过程和索引等具体存储数据或对数据进行操作的实体都被称为数据库对象。几种常用的数据库对象如下:

* 表。也称为数据表,是包含数据库中所有数据的数据库对象,它由行和列组成,用于组织和存储数据,每一行称为一个记录。
* 字段。也称为列,字段具有自己的属性,如字段类型、字段大小等,其中字段类型是字段最重要的属性,它决定了字段能够存储哪种数据,例如,文本型的字段只能存放文本数据。
* 索引。它是一个单独的数据结构,是依赖于表而建立的,不能脱离关联表而单独存在。在数据库中索引使数据库应用程序无须对整个表进行扫描,就可以在其中找到所需的数据,而且可以大大加快查找数据的速度。
* 视图。它是从一个或多个表中导出的表(也称虚拟表),是用户查看数据表中数据的一种方式。视图的结构和数据建立在对表的查询基础之上。
* 存储过程。它是一组为了完成特定功能的 T-SQL 语句(包含查询、插入、删除和更新等操作),经编译后以名称的形式存储在 SQL Server 服务器端的数据库中,由用户通过指定存储过程的名称来执行。当这个存储过程被调用执行时,其包含的操作也会同时执行。

- 触发器。它是一种特殊类型的存储过程,能够在某个规定的事件发生时触发执行。触发器通常可以强制执行一定的业务规则,以保持数据完整性、检查数据的有效性,同时实现数据库的管理任务和一些附加的功能。

7.2 系统数据库

SQL Server 2005 包含系统数据库 master、model、msdb 和 tempdb。这些系统数据库中记录了一些 SQL Server 必须的信息,用户不能直接修改这些系统数据库,也不能在系统数据库表上定义触发器。下面分别对系统数据库进行详细的介绍。

1. master 数据库

它是 SQL Server 2005 中最重要的数据库。它记录了 SQL Server 实例的所有系统级信息,例如登录账户、链接服务器和系统配置设置,还记录所有其他数据库是否存在以及这些数据库文件的位置和 SQL Server 实例的初始化信息。

因此,如果 master 数据库不可用,SQL Server 则无法启动。鉴于 master 数据库对 SQL Server 2005 的重要性,所以禁止用户对其进行直接访问,同时要确保在修改之前有完整的备份。

2. tempdb 数据库

tempdb 数据库是一个临时数据库,用于保存临时对象或中间结果集。具体的存储内容包括以下几方面:

- 存储创建的临时对象,包括表、存储过程、表变量或游标。
- 当快照隔离激活时,存储所有更新的数据信息。
- 存储由 SQL Server 创建的内部工作表。
- 存储创建或重建索引时产生的临时排序结果。

3. model 数据库

model 数据库是用作 SQL Server 实例上创建所有数据库的模板。对 model 数据库进行的修改(如数据库大小、排序规则、恢复模式和其他数据库选项)将应用于以后创建的所有数据库。

4. msdb 数据库

msdb 数据库是由 SQL Server Agent 用来计划警报和作业调度的数据库。

7.3 SQL Server 数据库的存储结构

在讨论创建数据库之前,先介绍 SQL Server 数据库和文件的一些基本概念,它们是理解和掌握创建数据库过程的基础。

7.3.1 文件和文件组

1. 数据库文件

SQL Server 2005 采用操作系统文件来存放数据库,数据库文件可分为主数据文件、次数据文件和事务日志文件 3 类。

1) 主数据文件(Primary)

主数据文件用来存放数据,它是所有数据库文件的起点(包含指向其他数据库文件的指针)。每个数据库都必须包含也只能包含一个主数据文件。主数据文件的默认扩展名为.mdf。例如,学生管理系统的主数据文件名为 school.mdf。

2) 次数据文件(Secondary)

次数据文件也用来存放数据。一个数据库中,可以没有次数据文件,也可以拥有多个次数据文件。次数据文件的默认扩展名为.ndf。

以上两种文件在以后的章节中统一称为数据文件。数据文件是 SQL Server 2005 中实际存放所有数据库对象的地方。正确设置数据文件是创建 SQL Server 数据库过程中最为关键的一个步骤,一定要仔细处理。由于所有的数据库对象都存放在数据文件中,所以数据文件的容量更要仔细斟酌。设置数据文件容量的时候,要考虑到未来数据库使用中可能产生的对数据容量的需求,以便为后来增加存储空间留有余地。但另一方面,由于数据文件越大,就需要 SQL Server 腾出越多的空间去管理它,因此数据文件也不宜设置得过大。

3) 事务日志文件(Transaction Log)

事务日志文件用来存放事务日志。每个数据库都有一个相关的事务日志,事务日志记录了 SQL Server 所有的事务和由这些事务引起的数据库的变化。由于 SQL Server 遵守先写日志再进行数据库修改的规则,所以数据库中数据的任何变化在写到磁盘之前,这些改变先在事务日志中做了记录。

每个数据库至少有一个日志文件,也可以拥有多个日志文件。日志文件的默认扩展名为.ldf。例如,学生管理系统的日志文件名为 school_log.ldf。

日志文件是维护数据完整性的重要工具。如果某一天,由于某种不可预料的原因使得数据库系统崩溃,但仍然保留有完整的日志文件,那么数据库管理员仍然可以通过日志文件完成数据库的恢复与重建。

2. 数据库文件组

为了更好地实现数据库文件的组织,从 SQL Server 7.0 开始引入了文件组(FileGroup)的概念,即可以把各个数据库文件组成一个组,对它们整体进行管理。通过设置文件组,可以有效地提高数据库的读写速度。例如,有 3 个数据文件分别存放在 3 个不同的物理驱动器上(C 盘、D 盘、E 盘),将这 3 个文件组成一个文件组。在创建表时,可以指定将表创建在该文件组上,这样该表的数据就可以分布在 3 个盘上。当对该表执行查询操作时,可以并行操作,大大提高了查询效率。

SQL Server 2005 提供 3 种文件组类型,分别是主文件组(名称为 primary)、自定义文件组和默认文件组。

- 主文件组:包含主数据文件和所有没有被包含在其他文件组里的文件。数据库的系统表都被包含在主文件组里。
- 自定义文件组:包含所有在使用 CREATE DATABASE 或 ALTER DATABASE 时用 FileGroup 关键字来进行约束的文件。
- 默认文件组:容纳所有在创建时没有指定文件组的表、索引,以及 text、ntext 和

image 数据类型的数据。

在创建数据库文件组时,必须要遵循以下规则:

- 一个文件或文件组只能被一个数据库使用。
- 一个文件只能属于一个文件组。
- 数据和事务日志不能共存于同一个文件或文件组上。
- 日志文件不能属于文件组。

7.3.2　数据库的存储结构

一个数据库创建在物理介质的 NTFS 分区或者 FAT 分区的一个或多个文件上。在创建数据库时,同时会创建事务日志。事务日志是在一个文件上预留的存储空间,在修改写入数据库之前,事务日志会自动记录对数据库对象所做的所有修改。存储数据的文件称为数据文件(Data File),存储日志的文件称为日志文件(Log File)。

在创建一个数据库时,只是创建了一个空壳,必须在这个空壳中创建对象,然后才能使用这个数据库。在创建数据库对象时,SQL Server 会使用一些特定的数据结构给数据对象分配空间,即区和页面。它们和数据库及其文件间的关系如图 7.1 所示。

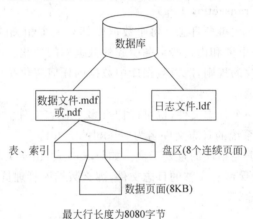

最大行长度为8080字节

图 7.1　数据库的存储结构

数据库的物理存储对象是页面和区,这两个概念可以用来估算数据库所占用的空间,因此作为一个数据库管理员,了解这方面的知识还是很有必要的。

1. 页面

SQL Server 中的所有信息都存储在页面(page)上,页面是数据库中使用的最小数据单元。每一个页面存储 8KB(8192 字节)的信息。所有的页面都包含一个 132 个字节的页面头,这样就留下 8060 字节来存储数据。页面头被 SQL Server 用来唯一地标识存储在页面中的数据。

SQL Server 使用如下几种类型的页面:

- 分配页面。用于控制数据库中给表和索引分配的页面。
- 数据和日志页面。用于存储数据库数据和事务日志数据。数据存储在每个页面的数据行中,每一行的最大值为 8060 个字节。SQL Server 不允许跨页面存储。

- 索引页面。用于存储数据库中的索引数据。
- 分发页面。用于存储数据库中有关索引的信息。
- 文本/图像页面。用于存储大量的文本或者二进制大对象(BLOB),例如图像。

2. 区

区(extent)是由 8 个连续的页面组成的数据结构,大小为 8×8KB=64KB。当创建一个数据库对象时,SQL Server 会自动以区为单位给它分配空间。每一个区只能包含一个数据库对象。

区是表和索引分配空间的单位,如果在一个新建的数据库中创建一个表和两个索引,并且表中只包含一笔记录,则总共占用 3×64KB=192KB 的空间。

提示:所有的 SQL Server 数据库都包含这些数据库结构,简单地说,一个数据库是由文件组成,文件是由区组成,区是由页面组成。

7.3.3 事务日志

在创建数据库的时候,事务日志也会随着被创建。事务日志存储在一个单独的文件上。在修改写入数据库之前,事务日志会自动记录对数据库对象所做的修改。这是 SQL Server 的一个重要的容错特性,它可以有效地防止数据库的损坏,维护数据库的完整性。

在 SQL Server 2005 中,事务日志和数据分开存储,这样做有下面几个优点:
- 事务日志可以单独备份。
- 在服务器失效的事件中有可能将服务器恢复到最近的状态。
- 事务日志不会抢占数据库的空间。
- 可以很容易地检测事务日志的空间。
- 在向数据库和事务日志中写入时会较少产生冲突,有利于提高性能。

7.4 创建和修改数据库

7.4.1 创建数据库

在使用数据库之前,必须先创建数据库。在 SQL Server 2005 中通常使用 SQL Server 管理控制器建立数据库。下面通过一个例子说明其操作过程。

【例 7.1】 使用 SQL Server 管理控制器创建一个名称为 school 的数据库。

解:其操作步骤如下:

(1) 选择"开始"|"所有程序"|Microsoft SQL Server2005|SQL Server Management Studio 命令,即可启动 SQL Server 管理控制器,出现"连接到服务器"对话框,如图 7.2 所示。

(2) 在"连接到服务器"对话框中,选择"服务器类型"为"数据库引擎","服务器名称"为 LCB-PC,"身份验证"为"SQL Server 身份验证",并输入正确的登录名(sa)和密码,单击"连接"按钮,即连接到指定的服务器,如图 7.3 所示。

(3) 在左边的"对象资源管理器"窗口中选中"数据库"节点,单击鼠标右键,在出现的快捷菜单中选择"新建数据库"命令,如图 7.4 所示。

数据库原理与应用——基于 SQL Server

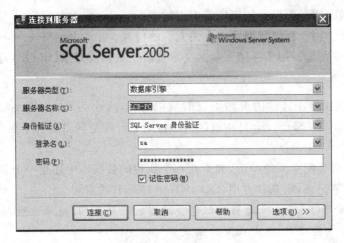

图 7.2 "连接到服务器"对话框

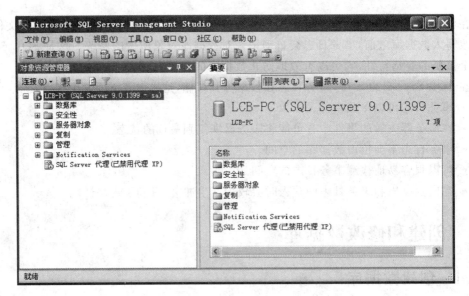

图 7.3 连接到 LCB-PC 服务器

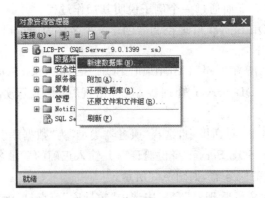

图 7.4 选择"新建数据库"命令

（4）进入"新建数据库"窗口，其中包含 3 个选项卡，它们的功能如下：

① "常规"选项卡：它首先出现，用于设置新建数据库的名称及所有者。

在"数据库名称"文本框中输入新建数据库的名称 school，数据库名称设置完成后，系统自动在"数据库文件"列表中产生一个主数据文件（名称为 school.mdf，初始大小为 3MB）和一个日志文件（名称为 school_log.ldf，初始大小为 1MB），同时显示文件组、自动增长和路径等默认设置。用户可以根据需要自行修改这些默认的设置，也可以单击右下角的"添加"按钮添加数据文件。在这里将主数据文件和日志文件的存放路径改为 C:\SQL Server 文件夹，其他保持默认值。

单击"所有者"的浏览按钮，在弹出的列表框中选择数据库的所有者。数据库所有者是对数据库具有完全操作权限的用户，这里选择"默认值"选项，表示数据库所有者为用户登录 Windows 操作系统使用的管理员账户，如 sa。

这里的"常规"选项卡的设置如图 7.5 所示。

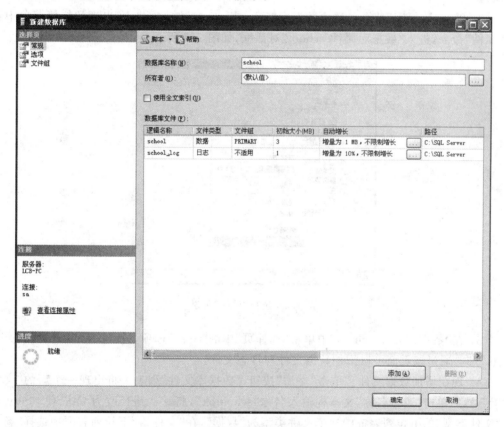

图 7.5 "常规"选项卡

② "选项"选项卡：设置数据库的排序规则及恢复模式等选项。这里均采用默认设置。

③ "文件组"选项卡：显示文件组的统计信息。这里均采用默认设置。

（5）设置完成后单击"确定"按钮，数据库 school 创建完成。此时在 C:\SQL Server 文件夹中增加了 school.mdf 和 school_log.ldf 两个文件。

7.4.2 修改数据库

在 SQL Server 2005 中,创建一个数据库,仅仅是创建了一个空壳,它是以 model 数据库为模板创建的,因此其初始大小不会小于 model 数据库的大小。在创建数据库后,用户根据自己的需要对数据库进行修改。本小节主要介绍添加和删除数据文件、日志文件等。

用户可以通过添加数据文件和日志文件来扩展数据库,也可以通过删除它们来缩小数据库。通过一个例子说明其操作过程。

【例 7.2】 添加 school 数据库的数据文件 schoolbk.ndf、日志文件 school_logbk.ldf。

解:其操作步骤如下:

(1) 启动 SQL Server 管理控制器,展开 LCB-PC 服务器节点(参见例 7.1 的操作步骤)。

(2) 展开"数据库"节点。选中数据库"school",单击鼠标右键,在出现的快捷菜单中选择"属性"命令,进入"数据库属性 school"对话框,如图 7.6 所示。

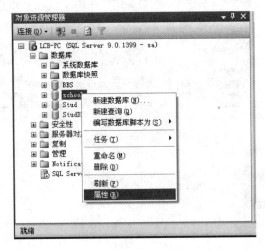

图 7.6　选择"属性"命令

(3) 在"数据库属性 school"中单击"选择页"中的"文件"选项,进入文件设置页面,类似于图 7.5。通过该页面可以添加数据文件和日志文件。

(4) 现在增加数据文件。单击"添加"按钮,"数据库文件"列表中将出现一个新的"文件位置",然后单击"逻辑名称"文本框输入名称"schoolbk",将默认路径改为 C:\SQL Server,在"文件类型"的下拉列表框中选择文件类型为"数据",在"文件组"下拉列表框中选择"新文件组"(如图 7.7 所示)会出现"school 的新建文件组"对话框,如图 7.8 所示。

(5) 在"名称"文本框中输入文件组名称 Backup,单击"确定"按钮,返回"数据库属性"对话框,单击"初始大小"文本框,通过其后的微调按钮将其大小设置为 3,单击"自动增长"列右侧的按钮 ⌷ ,出现如图 7.9 所示的"更改 schoolbk 的自动增长设置"对话框。

(6) 在该对话框中选中"启用自动增长"复选框,选中"文件增长"选项组中的"按百分

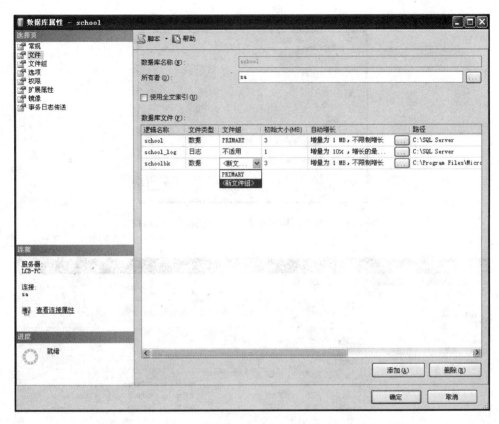

图 7.7　设置 school 的数据库文件

图 7.8　"school 的新建文件组"对话框

比"单选按钮,通过其后的微调按钮设置文件增长为 20%。

　　(7) 设置完成后单击"确定"按钮,返回"数据库属性"窗口,单击"路径"后的按钮 [...] ,在弹出的"定位文件夹"窗口中选择文件存放路径为 C:\SQL Server,结果如图 7.10 所示。

　　(8) 现在增加日志文件。单击"添加"按钮,"数据库文件"列表中将出现一个新的"文件位置",然后在"逻辑名称"文本框中输入名称"school_logbk",将默认路径改为 C:\SQL

数据库原理与应用——基于 SQL Server

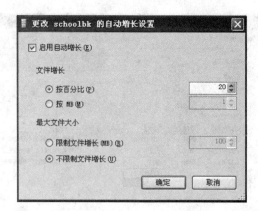

图 7.9 "更改 schoolbk 的自动增长设置"对话框

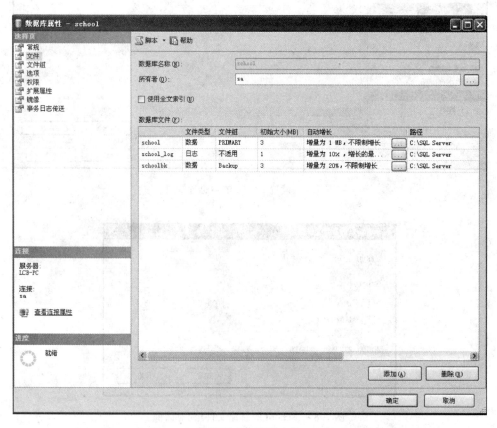

图 7.10 添加 school 数据库的数据文件 schoolbk 后的结果

Server,在"文件类型"的下拉列表框中选择文件类型为"日志",其他保持默认值,如图 7.11 所示。

这样在 C:\SQL Server 文件夹中增加了次数据文件 schoolbk.ndf 和日志文件 school_logbk.ldf 这两个文件。

添加数据或日志文件的操作比较复杂,但删除过程却十分容易,只是在删除时对应的数据文件和日志文件中不能含有数据或日志。

图 7.11　添加 school 数据库的日志文件 school_logbk 后的结果

【例 7.3】　删除 school 数据库的数据文件 schoolbk.ndf、日志文件 school_logbk.ldf。

解：其操作步骤如下：

(1) 启动 SQL Server 管理控制器，展开 LCB-PC 服务器节点。

(2) 展开"数据库"节点。选中数据库"school"，单击鼠标右键，在出现的快捷菜单中选择"属性"命令，进入"数据库属性 school"窗口，如图 7.7 所示。

(3) 在"数据库属性 school"中单击"选择页"中的"文件"选项，进入文件设置页面，如图 7.11 所示。通过该页面可以删除数据文件和日志文件。

(4) 选择 schoolbk.ndf 数据文件，然后单击右下角的"删除"按钮，即可删除该文件。

(5) 选择 school_logbk.ndf 日志文件，然后单击右下角的"删除"按钮，即可删除该文件。

(6) 单击"确定"按钮返回到 SQL Server 管理控制器界面。

这样在 C:\SQL Server 文件夹中的次数据文件 schoolbk.ndf 和日志文件 school_logbk.ldf 都被自动删除了。

7.5　数据库更名和删除

7.5.1　数据库重命名

将已创建的数据库更名称为数据库重命名。

【例 7.4】 使用 SQL Server 管理控制器将数据库 abc(已创建)重命名为 xyz。

解：其操作步骤如下：

(1) 启动 SQL Server 管理控制器。在"对象资源管理器"中展开 LCB-PC 服务器节点。

(2) 展开"数据库"节点。选中数据库 abc，单击鼠标右键，在出现的快捷菜单中选择"重命名"命令，如图 7.12 所示。

(3) 此时数据库名称变为可编辑的，如图 7.13 所示，直接将其修改成 xyz 即可。

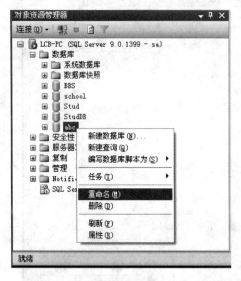

图 7.12 选择"重命名"命令　　　　　　图 7.13 修改数据库名称

7.5.2 删除数据库

当不再需要数据库，或者如果它被移到另一数据库或服务器时，即可删除该数据库。数据库删除之后，文件及其数据都从服务器上的磁盘中删除。一旦删除数据库，它即被永久删除，并且不能进行检索，除非使用以前的备份。

当数据库处于以下 3 种情况之一时不能被删除：

- 用户正在使用此数据库。
- 数据库正在被恢复还原。
- 数据库正在参与复制。

【例 7.5】 使用 SQL Server 管理控制器删除 xyz 数据库。

解：操作步骤如下：

(1) 启动 SQL Server 管理控制器，展开 LCB-PC 服务器节点。

(2) 展开"数据库"节点，选中数据库 xyz，单击鼠标右键，在出现的快捷菜单中选择"删除"命令，如图 7.14 所示。

(3) 出现"删除对象"对话框，单击"确定"按钮即删除 xyz 数据库。在删除数据库的同时，SQL Server 会自动删除对应的数据文件和日志文件。

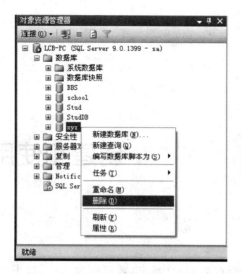

图 7.14　删除数据库

习题 7

1. SQL Server 有哪些数据库对象?
2. 系统数据库 master 包含哪些内容?
3. 简述文件组的概念。
4. 一个数据库中包含哪几种文件?

上机实验题 2

创建一个名称为 factory 的数据库,要求:

(1) 将主数据库文件 factory.mdf 放置在 C:\DBF 文件夹中,其文件大小自动增长为按 5MB 增长。

(2) 将事务日志文件 factory_log.ldf 放置在 C:\DBF 文件夹中,其文件大小自动增长为按 1MB 增长。

CHAPTER 8

第8章　　　　创建和使用表

SQL Server 中,表存储在数据库中。当数据库建立后,接下来就该建立存储数据的表。本章主要介绍使用 SQL Server 管理控制器来建立表,并对表进行修改和删除。

8.1 表的概念

在介绍在 SQL Server 中建立表之前,本节介绍表的相关概念,包括什么是表,表的数据完整性等。

8.1.1 什么是表

在数据库中,表是反映现实世界某类事物的数学模型,现实世界中事物的属性对应表的列(字段),而数据类型则是指定列所保存数据的类型。

例如,第 4 章中表 4.2 就是一个学生表,其中每一行称为一个学生记录,每个记录作为一个整体反映一个学生的信息,每个学生记录又有学号、姓名、性别等属性。表 4.6 是一个学生成绩表之间存在关联关系,通常情况下,每个学生的学号是唯一的,一般将学号设为主键,而学生成绩表中的学号应对应学生表中的学号,所以学生成绩表中的学号称为外键。

SQL Server 提供了很多种数据类型,用户还可以根据需要自己定义新的数据类型,SQL Server 中常用的数据类型如表 8.1 所示。

表 8.1　SQL Server 中常用的数据类型

数 据 类 型	说　　　明
number(p)	整数(其中 p 为精度)
decimal(p,d)	浮点数(其中 p 为精度,d 为小数位数)
char(n)	固定长度字符串(其中 n 为长度)
varchar(n)	可变长度字符串(其中 n 为最大长度)
datetime	日期和时间

空值是列的一种特殊取值,用 NULL 表示。空值既不是 char 型或 varchar 型中的空字符串,也不是 int 型的 0 值。它表示对应的数据是不确定的。

表中主键列必须有确定的取值(不能为空值),其余列的取值可以不确定(可以为空值)。

8.1.2 表中数据的完整性

数据完整性包括规则、默认值和约束等。

1. 规则

规则是指表中数据应满足一些基本条件。例如,学生成绩表中分数只能在 0～100 之间,学生表中性别只能取"男"或"女"之一等。

2. 默认值

默认值是指表中数据的默认取值。例如,学生表中性别的默认可以设置为"男"。

3. 约束

约束是指表中数据应满足一些强制性条件,这些条件通常由用户在设计表时指定。

1) 非空约束(NOT NULL)

非空约束是指数据列不接受 NULL 值。例如,学生表中学号通常设定为主键,不能接受 NULL 值。

2) 检查约束(CHECK 约束)

检查约束是指限制输入到一列或多列中的可能值。例如,学生表中性别约束为只能取"男"或"女"值。

3) 唯一约束(UNIQUE 约束)

唯一约束是指一列或多列组合不允许出现两个或两个以上的相同的值。例如,学生成绩表中,学号和课程号可以设置为唯一约束,因为一个学生对应一门课程不能有两个或以上的分数。

4) 主键约束(PRIMARY KEY 约束)

主键约束是指定义为主键(一列或多列组合)的列不允许出现两个或两个以上的相同值。例如,若将学生表中的学号设置为主键,则不能存在两个学号相同的学生记录。

5) 外键约束(FOREIGN KEY 约束)

一个表的外键通常指向另一个表的候选主键,所谓外键约束是指输入的外键值必须在对应的候选码中存在。例如,学生成绩表中的学号列是外键,对应于学生表的学号主键,外键约束是指输入学生成绩表中的学号值必须在学生表的学号列中已存在,也就是说,在输入上述两个表的数据时,一般先输入学生表的数据,然后输入学生成绩表的数据,这样只有学生表中存在的学生,才能在学生成绩表中输入其成绩记录。

8.2 创建表

SQL Server 2005 提供了两种方法创建数据库表,第一种方法是利用 SQL Server 管理控制器建立表;另一种方法是利用 T-SQL 语句中的 create table 命令建立表。本章只介绍采用前一种方法建表,后一种方法将在第 9 章介绍。

【**例 8.1**】 使用 SQL Server 管理控制器在 school 数据库中建立 student 表(学生表)、teacher 表(教师表)、course 表(课程表)、allocate(课程分配表)和 score 表(成绩表)。

解:其操作步骤如下:

(1)启动 SQL Server 管理控制器,展开 LCB-PC 服务器节点。

(2)展开"数据库"节点。选中数据库 school,展开 school 数据库。

(3)选中"表",单击鼠标右键,在出现的快捷菜单中选择"新建表"命令,如图 8.1 所示。

(4)此时打开表设计器窗口,在"列名"栏中依次输入表的字段名,并设置每个字段的数据类型、长度等属性。输入完成后的结果如图 8.2 所示。

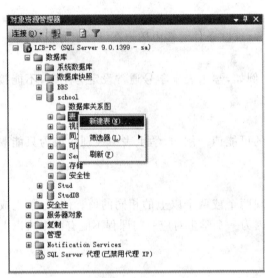

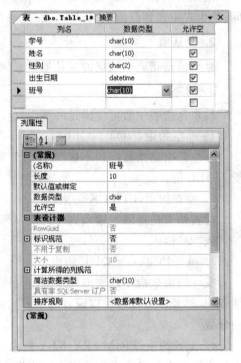

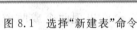

图 8.1 选择"新建表"命令   图 8.2 设置表的字段

在图 8.2 中,每个列都对应一个"列属性"对话框,其中各个选项的含义如下:

- 名称:指定列名称。
- 长度:数据类型的长度。
- 默认值或绑定:在新增记录时,如果没有把值赋予该字段,则此默认值为字段值。
- 数据类型:列的数据类型,用户可以单击该栏,然后单击出现的下三角按钮,即可进行选择。
- 允许空:指定是否可以输入空值。
- RowGuid:可以让 SQL Server 产生一个全局唯一的列值,但列类型必须是 uniqueidentifier。有此属性的列会自动产生列值,不需要用户输入(用户也不能输入)。
- 排序规则:指定该列的排序规则。

(5)在学号列上右击,在出现的快捷菜单中选择"设置主键"命令,如图 8.3 所示,从而将学号列设置为该表的主键,此时,该列名前面会出现一个钥匙图标。

提示:如果要将多个字段设置为主键,可按住 Ctrl 键,单击每个字段前面的按钮来选择多个字段,然后再依照上述方法设置主键。

(6) 单击工具栏中的"保存"按钮 ，出现如图 8.4 所示的对话框,输入表的名称 student,单击"确定"按钮。此时便建好了 student 表(表中没有数据)。

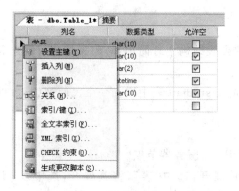

图 8.3 选择"设置主键"命令

图 8.4 设置表的名称

(7) 依照上述步骤,再创建 4 个表:teacher 表(教师表)、course 表(课程表)、allocate(课程分配表)和 score 表(学生成绩表)。表的结构分别如图 8.5～图 8.8 所示。

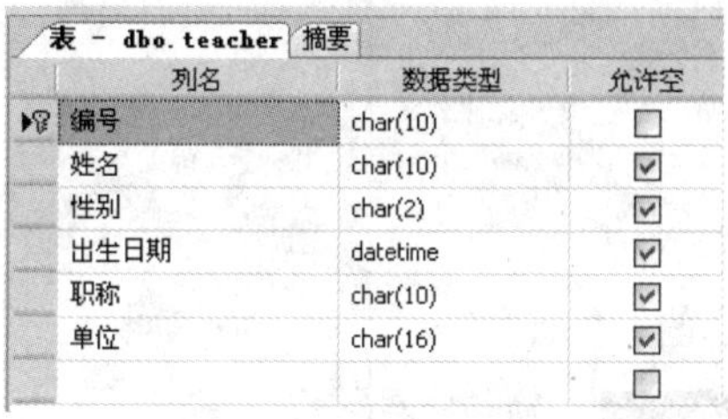

图 8.5 teacher 表的结构

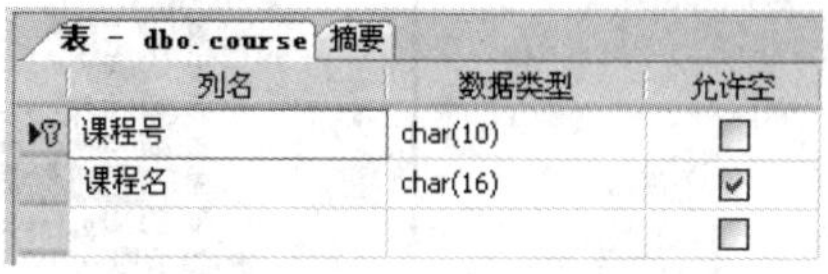

图 8.6 course 表的结构

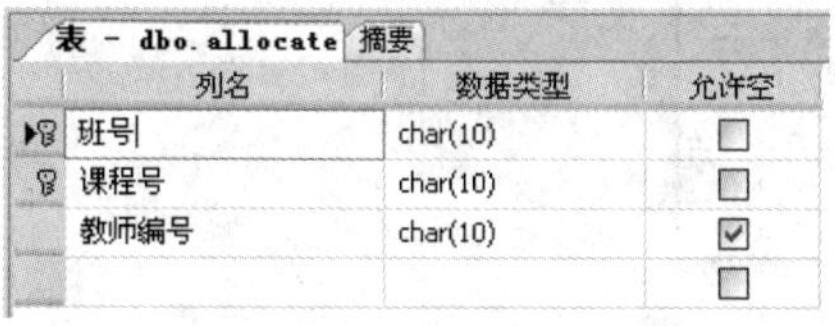

图 8.7 allocate 表的结构

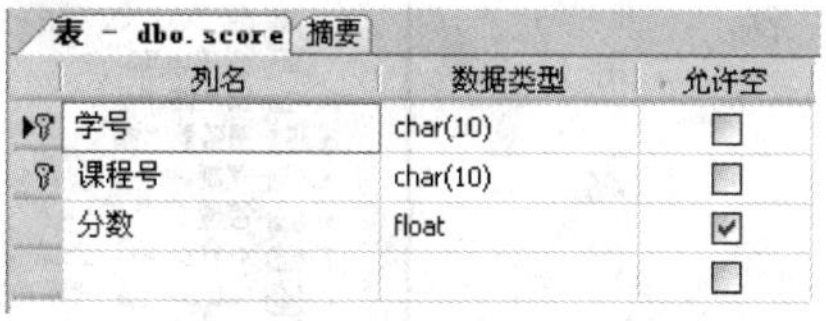

图 8.8 score 表的结构

最后在 school 数据库中建立的 5 个表的表结构如下(带下划线字段表示主键):

student(学号,姓名,性别,出生日期,班号)

teacher(编号,姓名,性别,出生日期,职称,部门)

course(课程号,课程名,任课教师)

allocate(班号,课程号,教师编号)

score(学号,课程号,分数)

提示:这些表作为本书的样本表,在后面的许多例子中都使用这些表进行数据操作,读者应掌握这些表的结构。

说明：当用户创建一个表被存储到 SQL Server 2005 系统中后，每个表对应 sysobjects 系统表中一条记录，该表中 name 列包含表的名称，type 列指出存储对象的类型，当它为 'U' 时表示是一个表，用户可以通过查找该表中的记录判断某表是否被创建。

8.3　修改表的结构

采用 SQL Server 管理控制器修改和查看数据表结构十分简单，修改表结构与创建表结构的过程相同。

【例 8.2】　使用 SQL Server 管理控制器，先在 student 表中增加一个民族列（其数据类型为 char(16)），然后进行删除。

解：其操作步骤如下：

（1）启动 SQL Server 管理控制器，展开 LCB-PC 服务器节点。

（2）展开"数据库"节点。选中 school，将其展开，选中"表"，将其展开，选中表"dbo. student"，单击鼠标右键，在出现的快捷菜单中选择"修改"命令，如图 8.9 所示。

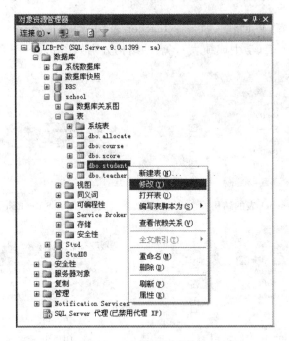

图 8.9　选择"修改"命令

（3）在班号列前面增加民族列，其操作是，在打开的表设计器窗口中，右击班号列，然后在出现的快捷菜单中选择"插入列"命令。

（4）在新插入的列中，输入"民族"，设置数据类型为 char，长度为 16，如图 8.10 所示。

（5）现在删除刚增加的民族列。右击"民族"列，然后在出现的快捷菜单中选择"删除列"命令，如图 8.11 所示，这样就删除了民族列。

（6）单击工具栏中的"保存"按钮，保存所进行的修改。

图 8.10 插入"民族"列   图 8.11 删除"民族"列

说明：本例操作完毕后，student 表保持原有的表结构不变。

8.4 数据库关系图

一个数据库中可能有多个表，表之间可能存在着关联关系，建立这种关联关系的图示称为数据库关系图。

8.4.1 建立数据库关系图

通过一个示例说明建立数据库关系图的过程。

【例 8.3】 建立 school 数据库中 5 个表的若干外键关系。

解：其操作步骤如下：

(1) 启动 SQL Server 管理控制器，展开 LCB-PC 服务器节点。

(2) 展开"数据库"节点，选中 school，将其展开。

(3) 选中"数据库关系图"，单击鼠标右键，在出现的快捷菜单中选择"新建数据库关系图"命令，如图 8.12 所示。

(4) 此时出现"添加表"对话框，由于要建立 school 数据库中 5 个表的关系，所以选中每一个表，并单击"添加"按钮，添加完毕后，单击"关闭"按钮返回到 SQL Server 管理控制器。在"关系图"中任意空白处单击鼠标右键，在出现的快捷菜单中选择"添加表"命令即可出现"添加表"对话框。

(5) 此时 SQL Server 管理控制器右边出现如图 8.13 所示的"关系图"窗口。

(6) 现在建立 student 表中学号列和 score 表中学号列之间的关系：选中 student 表中的学号列，按住鼠标左键不放，拖动到 score 表中的学号列上，释放鼠标左键，立即出现如图 8.14 所示的"表和列"对话框，表示要建立 student 表中学号列和 score 表中学号列之间的关系(用户可以从主键表和外键表组合框中选择其他表，也可以选择其他字段名)，这里保持表和列不变，关系名也取默认值，单击"确定"按钮，出现如图 8.15 所示的"外键关系"对话框，单击"确定"按钮返回到 SQL Server 管理控制器，这时的"关系图"窗口如图 8.16 所示，student 表和 score 表之间增加了一条连线，表示它们之间建立了关联关系(外键关系)。

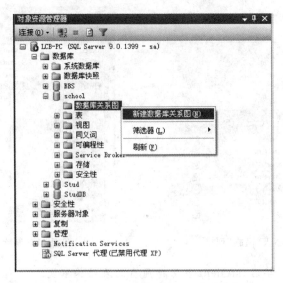

图 8.12　选择"新建数据库关系图"命令

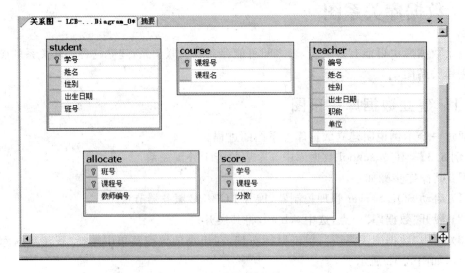

图 8.13　"关系图"窗口

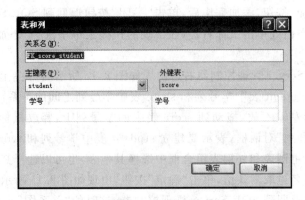

图 8.14　"表和列"对话框

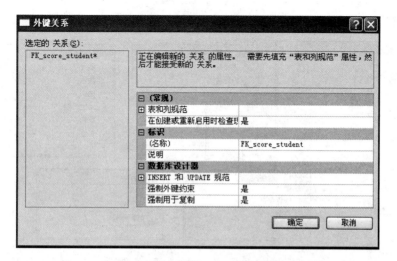

图 8.15 "外键关系"对话框

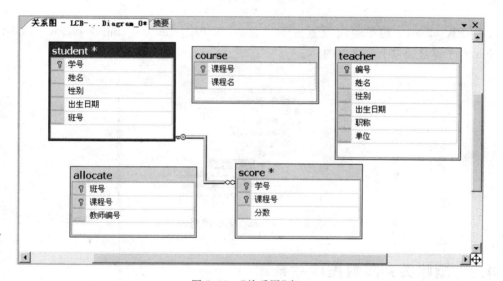

图 8.16 "关系图"窗口

（7）采用同样的过程建立 course 表中课程号列（主键）和 score 表中课程号列（外键）之间的外键关系。

（8）采用同样的过程建立 teacher 表中编号列（主键）和 allocate 表中教师编号列（外键）之间的外键关系。

（9）采用同样的过程建立 course 表中课程列（主键）和 allocate 表中课程号列（外键）之间的外键关系。

（10）最终建好的关系图如图 8.17 所示。单击工具栏中的"保存"按钮来保存关系，此时出现"选择名称"对话框，保持默认名称（dbo. Diagram_0），单击"确定"按钮，又出现"保存"对话框，单击"确定"按钮返回到 SQL Server 管理控制器，这样就建好了 school 数据库中 5 个表之间的关系。

通过数据库关系图建立的关系反映在各个表的键中，图 8.18 所示是 allocate 表的键列

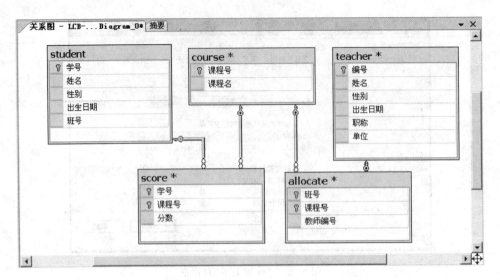

图 8.17　最终的关系图

表,其中 PK_allocate 键是通过设置主键建立的,而 FK_allocate_course 和 FK_allocate_teacher 两个键是通过上例建立的。

图 8.18　allocate 表的键列表

8.4.2　删除关系和数据库关系图

1. 通过数据库关系图删除关系

当不再需要时,可以通过数据库关系图删除表之间的外键关系。其操作是:进入建立该外键关系的数据库关系图,选中该外键关系连线,单击鼠标右键,在出现的快捷菜单中选择"从数据库中删除关系"命令,在出现的对话框中选择"是"即可。

2. 删除数据库关系图

当不再需要数据库关系图后,可以选中"数据库关系图"列表中的某个数据库关系图(如dbo. Diagram_0),单击鼠标右键,在出现的快捷菜单中选择"删除"命令即可。

删除某个数据库关系图后,其包含的外键关系仍然保存在数据库中,不会连同该数据库关系图一起被删除。若某数据库关系图被删除了,还需要删除其外键关系,只有进入各表的键列表中(如图 8.18 所示),一个一个将不需要的外键删除掉。

说明:例 8.3 建立的外键关系可能影响后面示例对 school 数据库的操作,如果有影响,可在该例完成后,连同所有的外键关系和数据库关系图一起删除。

8.5　更改表名

在有些情况下需要更改表的名称,被更名的表必须已经存在。使用 SQL Server 管理控制器更改表名十分容易。

【例 8.4】　将数据库 school 中的 abc 表(已创建)更名为 xyz。

解:其操作步骤如下:

(1) 启动 SQL Server 管理控制器,展开 LCB-PC 服务器节点。

(2) 展开"数据库"节点,展开 school,选中"表",将其展开。

(3) 选中表"dbo.abc",单击鼠标右键,在出现的快捷菜单中选择"重命名"命令,如图 8.19 所示。

(4) 此时表名称变为可编辑的,如图 8.20 所示,直接将其修改成 xyz 即可。

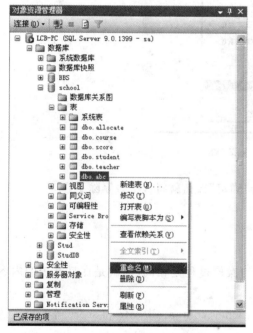

图 8.19　选择"重命名"命令

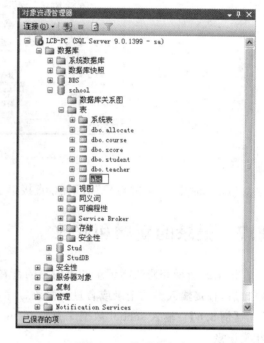

图 8.20　修改表名称

8.6　删除表

有时需要删除表(如要实现新的设计或释放数据库的空间时)。在删除表时,表的结构定义、数据、全文索引、约束和索引都永久地从数据库中删除,原来存放表及其索引的存储空间可用来存放其他表。

【例 8.5】　删除数据库 school 中的 xyz 表(已创建)。

解:其操作步骤如下:

（1）启动 SQL Server 管理控制器，展开 LCB-PC 服务器节点。

（2）展开"数据库"节点，展开 school，选中"表"，将其展开。

（3）选中表"dbo.xyz"，单击鼠标右键，在出现的快捷菜单中选择"删除"命令，如图 8.21 所示。

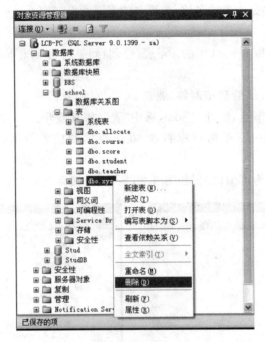

图 8.21　选择"删除"命令

（4）此时出现"删除对象"对话框，直接单击"确定"按钮就将 xyz 表删除了。

8.7　记录的新增和修改

记录的新增和修改与记录的表内容的查看的操作过程是相同的，就是在打开表的内容窗口后，直接输入新的记录或者进行修改。

【例 8.6】　输入 school 数据库中 student、teacher、course、allocate 和 score 等 5 个表的相关记录。

解：其操作步骤如下：

（1）启动 SQL Server 管理控制器，展开 LCB-PC 服务器节点。

（2）展开"数据库"节点，选中 school，将其展开，选中"表"，将其展开。

（3）选中表"dbo.student"，单击鼠标右键，在出现的快捷菜单中选择"打开表"命令，如图 8.22 所示。

（4）此时出现 student 数据表编辑对话框，用户可以在其中各字段中直接输入或编辑相应的数据，这里输入 6 个学生记录，如图 8.23 所示。

（5）采用同样的方法输入 teacher、course、allocate 和 score 表中数据记录，分别如图 8.24～图 8.27 所示。

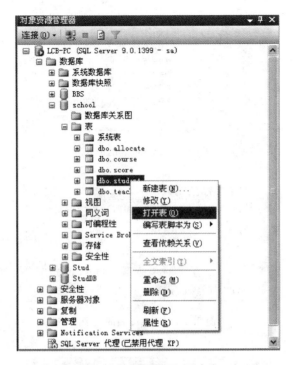

图 8.22　选择"打开表"命令

学号	姓名	性别	出生日期	班号
101	李军	男	1992-2-20 0:00:00	1033
103	陆君	男	1991-6-3 0:00:00	1031
105	匡明	男	1990-10-2 0:00:00	1031
107	王丽	女	1992-1-23 0:00:00	1033
108	曾华	男	1991-9-1 0:00:00	1033
109	王芳	女	1992-2-10 0:00:00	1031
NULL	NULL	NULL	NULL	NULL

图 8.23　student 表的记录

编号	姓名	性别	出生日期	职称	单位
804	李诚	男	1958-12-2 0:00:00	教授	计算机系
825	王萍	女	1972-5-5 0:00:00	讲师	计算机系
831	刘冰	男	1977-8-14 0:00:00	助教	电子工程系
856	张旭	男	1969-3-12 0:00:00	教授	电子工程系
NULL	NULL	NULL	NULL	NULL	NULL

图 8.24　teacher 表的记录

注意：在该数据记录编辑对话框中，可以通过选择一个记录，单击鼠标右键，在出现的快捷菜单中选择"复制"、"粘贴"和"删除"命令执行相应的记录操作。另外，在新增或修改记

图 8.25　course 表的记录

图 8.26　allocate 表的记录

图 8.27　score 表的记录

录时，随时选择"文件"|"全部保存"命令来保存所进行的改动。

　　说明：本例中输入的数据作为样本数据，在本书后面的许多例子中将用到。

习题 8

1. 简述表的定义。
2. 简述列属性的含义。
3. 表关系有哪几种类型？
4. 什么是约束？有哪几种常用的约束？

上机实验题 3

在上机实验题 2 所建的数据库 factory 中，完成如下各项操作：

（1）建立职工表 worker，其结构为：职工号，int；姓名，char(8)；性别，char(2)；出生日期，datetime；党员否，bit；参加工作，datetime；部门号，int。其中"职工号"为主键。在 worker 表中输入如下记录：

职工号	姓名	性别	出生日期	党员否	参加工作	部门号
1	孙华	男	01/03/52	是	10/10/70	101
3	陈明	男	05/08/45	否	01/01/65	102
7	程西	女	06/10/80	否	07/10/02	101
2	孙天奇	女	03/10/65	是	07/10/87	102
9	刘夫文	男	01/11/42	否	08/10/60	102
11	刘欣	男	10/08/52	否	01/07/70	101
5	余慧	男	12/04/80	否	07/10/02	103
8	张旗	男	11/10/80	否	07/10/02	102
13	王小燕	女	02/10/64	否	07/15/89	101
4	李华	男	08/07/56	否	07/20/83	103
10	陈涛	男	02/10/58	是	07/12/84	102
14	李艺	女	02/10/63	否	07/20/90	103
12	李涵	男	04/19/65	是	07/10/89	103
15	魏君	女	01/10/70	否	07/10/93	103
6	欧阳少兵	男	12/09/71	是	07/20/92	103

（2）建立部门表 depart，其结构为：部门号，int；部门名，char(10)。其中，"部门号"为主键。在 depart 表中输入如下记录：

部门号	部门名
101	财务处
102	人事处
103	市场部

（3）建立职工工资表 salary，其结构为：职工号，int；姓名，char(8)；日期，datetime；工资，decimal(6,1)。其中，"职工号"和"日期"为主键。在 salary 表中输入如下记录：

职工号	姓名	日期	工资
1	孙华	01/04/04	1201.5
3	陈明	01/04/04	1350.6
7	程西	01/04/04	750.8
2	孙天奇	01/04/04	900.0
9	刘夫文	01/04/04	2006.8
11	刘欣	01/04/04	1250.0

续表

职 工 号	姓　名	日　期	工　资
5	余慧	01/04/04	725.0
8	张旗	01/04/04	728.0
13	王小燕	01/04/04	1200.0
4	李华	01/04/04	1500.5
10	陈涛	01/04/04	1245.8
14	李艺	01/04/04	1000.6
12	李涵	01/04/04	1345.0
15	魏君	01/04/04	1100.0
6	欧阳少兵	01/04/04	1085.0
1	孙华	02/03/04	1206.5
3	陈明	02/03/04	1355.6
7	程西	02/03/04	755.8
2	孙天奇	02/03/04	905.0
9	刘夫文	02/03/04	2011.8
11	刘欣	02/03/04	1255.0
5	余慧	02/03/04	730.0
8	张旗	02/03/04	733.0
13	王小燕	02/03/04	1205.0
4	李华	02/03/04	1505.5
10	陈涛	02/03/04	1250.8
14	李艺	02/03/04	1005.6
12	李涵	02/03/04	1350.0
15	魏君	02/03/04	1105.0
6	欧阳少兵	02/03/04	1085.0

（4）建立 worker、depart 和 salary 三个表之间的关系。

T-SQL 基础　第 9 章

SQL(Structured Query Language,结构化查询语言)是利用一些简单的句子构成基本的语法,来存取数据库的内容。由于 SQL 简单易学,目前它已经成为关系数据库管理系统中使用最广泛的语言。T-SQL(是 Transact-SQL 的简写)是 Microsoft SQL Server 提供的一种结构化查询语言,本章主要介绍 T-SQL 程序设计基础。

9.1　SQL 语言

SQL 是在 20 世纪 70 年代末由 IBM 公司开发出来的一套程序语言,并被用在 DB2 关系数据库管理系统中。但是,直到 1981 年,IBM 推出商用的 SQL/DS 关系型数据库管理系统,Oracle 及其他大型关系型数据库管理系统相继出现后,SQL 才得以广泛应用。

9.1.1　SQL 语言概述

SQL 语言是应用于数据库的语言,本身是不能独立存在的。它是一种非过程性语言,与一般的高级语言(如 C、Pascal)是大不相同的。一般的高级语言在存取数据库时,需要依照每一行程序的顺序处理许多的动作。但是使用 SQL 时,只需告诉数据库需要什么数据,怎么显示就可以了。具体的内部操作则由数据库系统来完成。

例如,要从 school 数据库中的 student 表中查找姓名为"李军"的学生记录,使用简单的一个命令即可,对应的命令如下:

```
SELECT * FROM student WHERE 姓名 = '李军'
```

其中,SELECT 子句表示选择表中的列,"*"号表示选择所有列、FROM 子句指定表名称,这里表示从表 student 中获取数据;WHERE 子句表示指定查询的条件,这里指定姓名条件。

9.1.2 SQL 语言的分类

SQL 语言按照用途可以分为如下 4 类：

- DDL(Data Definition Language,数据定义语言)
- DML(Data Manipulation Language,数据操纵语言)
- DQL(Data Query Language,数据查询语言)
- DCL(Data Control Language,数据控制语言)

下面分别介绍各种类型的语言。

1. 数据定义语言(DDL)

在数据库系统中,每一个数据库、数据库中的表、视图和索引等都是数据库对象。要建立和删除一个数据库对象,都可以通过 SQL 语言来完成。DDL 包括 CREATE、ALTER 和 DROP 等。

2. 数据操纵语言(DML)

DML 是指用来添加、修改和删除数据库中数据的语句,包括 NSERT(插入)、DELETE (删除)和 UPDATE(更新)等。

3. 数据查询语言(DQL)

查询是数据库的基本功能,查询操作通过 SQL 数据查询语言来实现,例如,用 SELECT 查询表中的内容。

4. 数据控制语言(DCL)

DCL 包括数据库对象的权限管理和事务管理等。这些内容分散在后面介绍的各章中,本章不作介绍。

9.2 T-SQL 语句的执行

在 SQL Server 中,可以使用 SQL Server 管理控制器交互式地执行 T-SQL 语句。SQL Server 管理控制器在执行 T-SQL 语句方面提供如下主要功能:

- 用于输入 T-SQL 语句的自由格式文本编辑器。在 T-SQL 语句中使用不同的颜色,以提高复杂语句的易读性。
- 以网格(单击工具栏中的 🖳 按钮,它也是默认的结果显示方式)或自由格式文本(单击工具栏中的 🖳 按钮)的形式显示结果。
- 显示计划信息的图形关系图,用以说明内置在 T-SQL 语句执行计划中的逻辑步骤。这使程序员得以确定在性能差的查询中,具体是哪一部分使用了大量资源。之后,用户可以试着采用不同的方法更改查询,使查询使用的资源减到最小的同时仍返回正确的数据。

SQL Server 管理控制器执行 T-SQL 语句的操作步骤如下:

(1) 选择"开始"|"所有程序"|Microsoft SQL Server2005|SQL Server Management Studio 命令,即可启动 SQL Server 管理控制器。

（2）在"连接到服务器"对话框中，选择"SQL Server 身份验证"，并输入正确的登录名和密码，单击"连接"按钮，即连接到指定的服务器。

（3）在左边的"对象资源管理器"窗口中展开"数据库"列表，单击 school 数据库，再单击左上方工具栏中的"新建查询"按钮，右边出现一个查询命令编辑窗口，如图 9.1 所示，在其中输入相应的 T-SQL 语句，然后单击工具栏中的"!"按钮或按 F5 键即在下方的输出窗口中显示相应的执行结果。

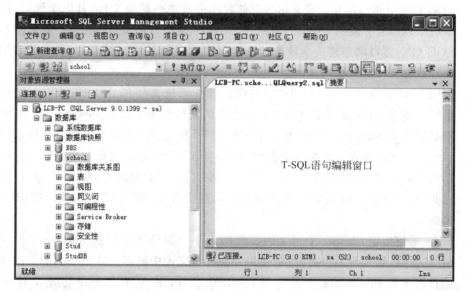

图 9.1　查询命令编辑窗口

9.3　数据定义语言

前面介绍了数据定义语言（DDL）主要包括一些创建、修改和删除数据库对象的语句。本节主要介绍数据库和数据表的 DDL 语言。

9.3.1　数据库的操作语句

在第 7 章介绍了使用 SQL Server 管理控制器创建数据库的方法，使用 T-SQL 语句同样也可创建数据库，并对数据库进行修改和删除。下面简单介绍有关数据库操作的 T-SQL 语句。

1. 创建数据库

创建数据库可以使用 CREATE DATABASE 语句，该语句简化的语法格式如下：

```
CREATE DATABASE 数据库名称
[   [ON  [filespec]]
    [LOG ON [filespec]]
]
```

其中，filespec 定义为

```
( [ NAME = logical_file_name , ]
     FILENAME = 'os_file_name'
```

```
[ , SIZE = size ]
[ , MAXSIZE = { max_size | UNLIMITED } ]
[ , FILEGROWTH = growth_increment ] )
```

其中,各参数和子句的说明如下:

- ON 子句显式定义用来存储数据库数据部分的磁盘文件(数据文件)。该关键字后跟以逗号分隔的 filespec 项列表,filespec 项用以定义主文件组中的数据文件。
- LOG ON 子句指定显式定义用来存储数据库日志的磁盘文件(日志文件)。该关键字后跟以逗号分隔的 filespec 项列表,filespec 项用以定义日志文件。如果没有指定 LOG ON,将自动创建一个日志文件,该文件使用系统生成的名称,大小为数据库中所有数据文件总大小的 25%。
- FILENAME 为 filespec 定义的文件指定操作系统文件名。os_file_name 指出操作系统创建 filespec 定义的物理文件时使用的路径名和文件名。os_file_name 中的路径必须指定 SQL Server 实例上的目录。os_file_name 不能指定压缩文件系统中的目录。如果文件在原始分区上创建,则 os_file_name 必须只指定现有原始分区的驱动器字母。每个原始分区上只能创建一个文件。原始分区上的文件不会自动增长;因此,os_file_name 指定原始分区时,不需要指定 MAXSIZE 和 FILEGROWTH 参数。
- SIZE 子句指定 filespec 中定义的文件的大小。如果主文件的 filespec 中没有提供 SIZE 参数,那么 SQL Server 将使用 model 数据库中的主文件大小。如果次要文件或日志文件的 filespec 中没有指定 SIZE 参数,则 SQL Server 将使文件大小为 1MB。size 为 filespec 中定义的文件的初始大小,可以使用千字节(KB)、兆字节(MB)、千兆字节(GB)或兆兆字节(TB)后缀。默认值为 MB。指定一个整数,不要包含小数位,size 的最小值为 512KB。如果没有指定 size,则默认值为 1MB。为主文件指定的大小至少应与 model 数据库的主文件大小相同。
- MAXSIZE 子句指定 filespec 中定义的文件可以增长到的最大大小。max_size 指出 filespec 中定义的文件可以增长到的最大大小。可以使用千字节(KB)、兆字节(MB)、千兆字节(GB)或兆兆字节(TB)后缀,默认值为 MB,指定一个整数,不要包含小数位。如果没有指定 max_size,那么文件将增长到磁盘变满为止。
- FILEGROWTH 子句指定 filespec 中定义的文件的增长增量。文件的 FILEGROWTH 设置不能超过 MAXSIZE 设置。growth_increment 指出每次需要新的空间时为文件添加的空间大小,指定一个整数,不要包含小数位,0 值表示不增长,该值可以 MB、KB、GB、TB 或百分比(%)为单位指定。如果未在数量后面指定 MB、KB 或%,则默认值为 MB。如果指定%,则增量大小为发生增长时文件大小的指定百分比。如果没有指定 FILEGROWTH,则默认值为 10%,最小值为 64KB。指定的大小舍入为最接近的 64KB 的倍数。

使用一条 CREATE DATABASE 语句即可创建数据库以及存储该数据库的文件。

SQL Server 分两步实现 CREATE DATABASE 语句:

(1) SQL Server 使用 model 数据库的副本初始化数据库及其元数据。

(2) SQL Server 使用空页填充数据库的剩余部分,除了包含记录数据库中空间使用情况以外的内部数据页。

如果仅指定 CREATE DATABASE 数据库名称的语句而不带其他参数,那么数据库的大小将与 model 数据库的大小相等。

【例 9.1】　给出一个 T-SQL 语句,建立一个名称为 test 的数据库。

解:对应的语句如下:

```
CREATE DATABASE test
```

说明:由若干条 T-SQL 语句组成一个程序,程序通常以 .sql 为扩展名的文件存储。

在 SQL Server 管理控制器中按 F5 键或单击"!"按钮,系统提示"命令已成功完成"的消息,表示已成功创建了 test 数据库,如图 9.2 所示。

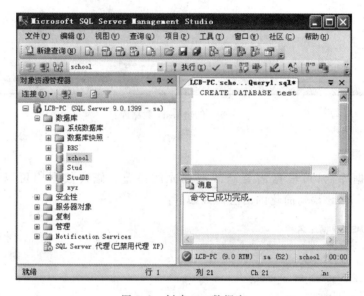

图 9.2　创建 test 数据库

展开 SQL Server 管理控制器左边的"数据库"选项,可看到新建立的数据库 test。如果看不到,可选择"视图"|"刷新"命令,即可看到新建立的数据库 test。

【例 9.2】　创建一个名称为 test1 的数据库,并设定数据文件为"H:\SQL Server\测试数据 1.MDF",大小为 10MB,最大为 50MB,每次增长 5MB。事务日志文件为"H:\SQL Server\测试数据 1 日志.MDF",大小为 10MB,最大为 20MB,每次增长为 5MB。

解:对应的程序如下:

```
CREATE DATABASE test1
ON (
    NAME = 测试数据 1, FILENAME = 'H:\SQL Server\测试数据 1.MDF',
    SIZE = 10MB, MAXSIZE = 50MB, FILEGROWTH = 5MB
)
LOG ON (
    NAME = 测试数据 1 日志, FILENAME = 'H:\SQL Server\测试数据 1 日志.LDF',
    SIZE = 10MB, MAXSIZE = 20MB, FILEGROWTH = 5MB
)
```

数据库原理与应用——基于 SQL Server

在 SQL Server 管理控制器中按 F5 键或单击"!"按钮,系统提示相应的消息,如图 9.3 所示。

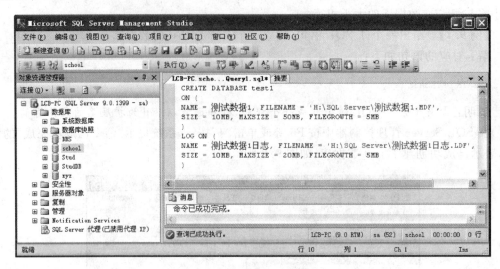

图 9.3 创建 test1 数据库

2. 修改数据库

在建立数据库后,可根据需要修改数据库的设置。修改数据库可以使用 ALTER DATABASE 语句,该语句简化的语法格式如下:

```
ALTER DATABASE 数据库名称
{ ADD FILE filespec
| ADD LOG FILE filespec
| REMOVE FILE logical_file_name
| MODIFY FILE filespec
| MODIFY NAME = new_dbname
}
```

其中,filespec 定义为:

```
( [ NAME = logical_file_name , ]
   FILENAME = 'os_file_name'
  [ , SIZE = size ]
  [ , MAXSIZE = { max_size | UNLIMITED } ]
  [ , FILEGROWTH = growth_increment ] )
```

各参数和子句的说明如下:
- ADD FILE 子句指定要添加的文件。
- ADD LOG FILE 子句指定要添加的日志文件。
- REMOVE FILE 指出从数据库系统表中删除文件描述并删除物理文件。只有在文件为空时才能删除。
- MODIFY FILE 指定要更改的文件,更改选项包括 FILENAME、SIZE、FILEGROWTH 和 MAXSIZE。一次只能更改这些属性中的一种。必须在 filespec 中指定 NAME,

以标识要更改的文件。如果指定了 SIZE,那么新大小必须比文件当前大小要大。若要更改数据文件或日志文件的逻辑名称,应在 NAME 选项中指定要改名的逻辑文件名称,并在 NEWNAME 选项中指定文件的新逻辑名称。例如,MODIFY FILE (NAME = logical_file_name,NEWNAME = new_logical_name…)。可同时运行几个 ALTER DATABASE database MODIFY FILE 语句以实现多个修改文件操作时性能最优。

- MODIFY NAME = new_dbname,用于重命名数据库。

例如,为 test1 数据库新增一个逻辑名为"测试数据"的数据文件,其大小及其最大值分别为 10MB 和 50MB。输入的 T-SQL 语句和执行结果如图 9.4 所示。

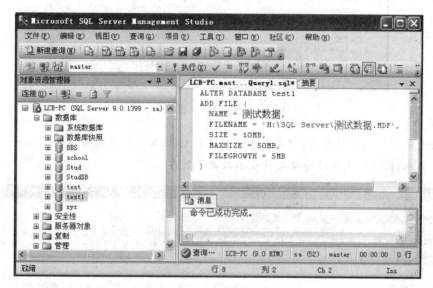

图 9.4　修改 test1 数据库

3. 使用和删除数据库

使用数据库使用 USE 语句。其语法如下:

```
USE database 数据库名称
```

删除数据库使用 DROP 语句。其语法如下:

```
DROP DATABASE 数据库名称
```

【例 9.3】　给出删除 test1 数据库的 T-SQL 语句。

解:对应的语句如下:

```
DROP DATABASE test1
```

执行结果如图 9.5 所示。

提示:如果不知道目前的 SQL Server 服务器中包含哪些数据库,可以执行 sp_helpdb 存储过程,使用方式为:

```
EXEC sp_helpdb
```

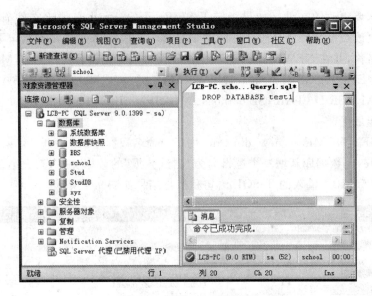

图 9.5 删除 test1 数据库

如果后面再加上数据库名,则表示查询特定的数据库。图 9.6 所示为显示所有数据库的情况。其中,EXEC 是执行存储过程或函数的关键字。

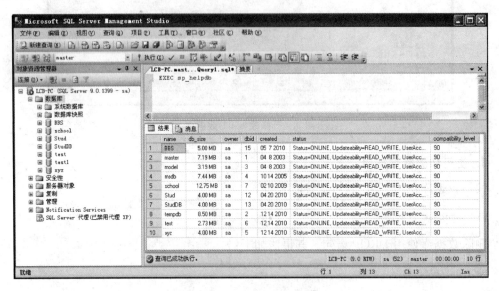

图 9.6 显示所有数据库

9.3.2 表的操作语句

在第 8 章中介绍了使用 SQL Server 管理控制器创建数据表的方法,同样可以使用 SQL 语言创建、修改和删除表。

1. 表的创建

使用 CREATE TABLE 语句来建立表,其语法如下:

```
CREATE TABLE 表名
(    列名 1 数据类型 [NULL | NOT NULL] [PRIMARY | UNIQUE]
        [FOREIGN KEY [(列名)]]
        REFERENCES 关联表名称[(关联列名)]
    [列名 2 数据类型 …]
    …
)
```

（1）基本用法

【例 9.4】　给出以下程序的功能。

```
USE test
CREATE TABLE clients
(    cid int,
     cname char(8),
     address char(50)
)
```

解：上述程序用于在 test 数据库中创建一个 clients 表。其中，第 1 行表示使用 test 数据库，创建的表 clients 中包含 3 个列：cid、cname 和 address。数据类型分别为整型、字符型（长度为 8）和字符型（长度为 50）。

提示：USE 语句只要在第一次时使用即可，后续的 T-SQL 语句都是作用在该数据库中。若要使用其他的数据库，才需要再次执行 USE 语句。

（2）列属性参数

除了可以设置列的数据类型外，还可以利用一些属性参数来对列做出限定。例如，将列设置为主键，限制列不能为空等。

常用的属性参数如下：

- NULL 和 NOT NULL 用于限制列可以为 NULL(空)，或者不能为 NULL(空)。
- PRIMARY KEY 用于设置列为主键。
- UNIQUE 指定列具有唯一性。

【例 9.5】　给出以下程序的功能。

```
USE test
CREATE TABLE book
(     bid int NOT NULL PRIMARY KEY,
     bname char(8) NOT NULL,
     authorid char(10)
)
```

解：上述程序用于在 test 数据库中建立一个 book 表，并指定 bid 为主键，而 bname 为非空。

（3）与其他表建立关联

表的列可能关联到其他表的列，这就需要将两个表建立关联。此时，就可以使用如下的语法：

```
FOREIGN KEY REFERENCE 关联表名(关联列名)
```

【例 9.6】 给出以下程序的功能（假设先在 SQL Server 管理控制器中将上例创建的 book 表删除）。

```
USE test
CREATE TABLE authors
(    authorid int NOT NULL PRIMARY KEY,
     authorname char(20),
     address char(30)
)
CREATE TABLE book
(    bid int NOT NULL PRIMARY KEY,
     bname char(8) NOT NULL,
     authorid int FOREIGN KEY REFERENCES authors(authorid)
)
```

解：上述程序首先创建一个 authors 表，然后创建 book 表，并将 authorid 列关联到 authors 表的 authorid 列。右击 authors 表，在出现的快捷菜单中选择"查看依赖关系"命令，其结果如图 9.7 所示。

图 9.7　authors 和 book 表的依赖关系

提示：在创建 book 表时，由于将 authorid 列关联到了 authors 表，因此 authors 表必须存在。这也是上面首先创建 authors 表的原因。

2. 由其他表来创建新表

可以使用 SELECT INTO 语句创建一个新表，并用 SELECT 的结果集填充该表。新表的结构由选择列表中表达式的特性定义。其语法如下：

```
SELECT 列名表 INTO 表 1 FROM 表 2
```

该语句的功能由"表 2"的"列名表"来创建新表"表 1"。

【例 9.7】 给出以下程序的功能。

```
USE school
SELECT 学号,姓名,班号 INTO student1
FROM student
```

解：该程序从 student 表创建 student1 表，它包含 student 表的学号、姓名和班号三个列和对应的记录。

3. 修改表结构

SQL 语言提供了 ALTER TABLE 语句来修改表的结构。基本语法如下：

```
ALTER TABLE 表名
  ADD [列名 数据类型]
       [PRIMARY KEY | CONSTRAIN]
       [FOREIGN KEY (列名)
       REFERENCES 关联表名(关联列名)]
  DROP [CONSTRAINT] 约束名称 | COLUMN 列名
```

其中，各参数含义如下：

- ADD 子句用于增加列,后面为属性参数设置。
- DROP 子句用于删除约束或者列。CONSTRAINT 表示删除约束;COLUMN 表示删除列。

【例 9.8】　给出以下程序的功能。

```
USE school
ALTER TABLE student1 ADD 民族 char(10)
```

解:该程序给 school 数据库中的 student1 表增加一个民族列,其数据类型为 char(10)。

4. 删除关联和表

使用 SQL 语言要比使用 SQL Server 管理控制器删除表容易得多。删除表的语法如下:

```
DROP TABLE 表名
```

【例 9.9】　给出删除 school 数据库中 student1 表的程序。

解:对应的程序如下:

```
USE school
DROP TABLE student1
```

9.4　数据操纵语言

数据操纵语言(DML)的主要功能用于在数据表中插入、修改和删除记录等。

9.4.1　INSERT 语句

INSERT 语句用于向数据表或视图中插入一行数据。其基本格式如下:

```
INSERT [INTO] 表或视图名称[(列名表)] VALUES(数据值)
```

其中,"列名表"是可选项,指定要添加数据的列,当有多列时,列名称之间用逗号分隔;"数据值"指定要添加的数据的具体值。列名的排序次序不一定要和表定义时的次序一致,但当指定列名表时,后面数据值的次序必须和列名表中的列名次序一致,个数相等,数据类型一一对应。

【例 9.10】　给出向 student 表中插入一个学生记录('200','曾雷','女','1992-2-3','0035')的 T-SQL 程序。

解:对应的程序如下:

```
USE school                -- 打开数据库 school
INSERT INTO student VALUES('200','曾雷','女','1992-2-3','0035')
```

在使用 INSERT 语句插入数据时应注意以下几点:

(1) 必须用逗号将各个数据项分隔,字符型和日期型数据要用单引号括起来。

(2) 若 INTO 子句中没有指定列名,则新插入的记录必须在每个列上均有值,且 VALUES 子句中值的顺序次序要和表中各列的排列次序一致。

（3）将 VALUES 子句中的值按照 INTO 子句中指定列名的次序插入到表中。

（4）对于 INTO 子句中没有出现的列，则新插入的记录在这些列上取空值。

9.4.2 UPDATE 语句

UPDATE 语句用于修改数据表或视图中特定记录或列的数据。其基本格式如下：

```
UPDATE 表或视图名称
SET 列名 1 = 数据值 1[, … n]
[WHERE 条件]
```

其中，SET 子句给出要修改的列及其修改后的数据值；WHERE 子句指定要修改的行应当满足的条件，当 WHERE 子句省略时，则修改表中所有行。

【例 9.11】 给出将 student 表中上例插入的学生记录性别修改为"男"的 T-SQL 程序。

解：对应的程序如下：

```
USE school              -- 打开数据库 school
UPDATE student
SET 性别 = '男'
WHERE 学号 = '200'
```

9.4.3 DELETE 语句

DELETE 语句用于删除表或视图中一行或多行记录。其基本格式如下：

```
DELETE 表或视图名称 [WHERE 条件]
```

其中，WHERE 子句指定要删除的行应当满足的条件，当 WHERE 子句省略时，则删除表中所有行。

【例 9.12】 给出删除学号为 '200' 的学生记录的 T-SQL 程序。

解：对应的程序如下：

```
USE school              -- 打开数据库 school
DELETE student WHERE 学号 = '200'
```

9.5 数据查询语言

数据库存在的意义在于将数据组织在一起，以方便查询。"查询"的含义就是用来描述从数据库中获取数据和操纵数据的过程。

SQL 语言中最主要、最核心的部分是它的查询功能。查询语言用来对已经存在于数据库中的数据按照特定的组合、条件表达式或者一定次序进行检索。其基本格式是由 SELECT 子句、FROM 子句和 WHERE 子句组成的 SQL 查询语句：

```
SELECT 列名表
FROM 表或视图名
WHERE 查询限定条件
```

也就是说,SELECT 指定了要查看的列(列),FROM 指定这些数据来自哪里(表或者视图),WHERE 则指定了要查询哪些行(记录)。

提示:在 SQL 语言中,SELECT 子句除了进行查询外,其他的很多功能也都离不开 SELECT 子句,例如,创建视图是利用查询语句来完成的;插入数据时,在很多情况下是从另外一个表或者多个表中选择符合条件的数据。所以查询语句是掌握 SQL 语言的关键。

完整的 SELECT 语句的用法如下:

```
SELECT　列名表
FROM　表或视图名
[WHERE 查询限定条件]
[GROUP BY 分组表达式]
[HAVING 分组条件]
[ORDER BY 次序表达式[ASC|DESC]]
```

其中,带有方括号的子句均是可选子句,大写的单词表示 SQL 的关键字,而小写的单词或者单词组合表示表(视图)名称或者给定条件。

下面以 school 数据库(其中各表的数据见第 8 章的图 8.23~图 8.27)为例,来介绍各个子句的使用。先在对象资源管理员的数据库下拉列表中选择数据库名称 school,再在 T-SQL 语句的输入窗口中输入相应的 SELECT 语句。

9.5.1　投影查询

使用 SELECT 语句可以选择查询表中的任意列,其中,"列表名"指出要检索的列的名称,可以为一个或多个列。当为多个列时,中间要用","分隔。FROM 子句指出从什么表中提取数据,如果从多个表中取数据,每个表的表名都要写出,表名之间用","分隔开。

【例 9.13】　给出功能为"查询 student 表中所有记录的姓名、性别和班号列"的程序及其执行结果。

解:对应的程序如下:

```
USE school
SELECT 姓名,性别,班号 FROM student
```

	姓名	性别	班号
1	李军	男	1033
2	陆君	男	1031
3	匡明	男	1031
4	王丽	女	1033
5	曾华	男	1033
6	王芳	女	1031

图 9.8　程序执行结果

上述语句的功能是,先打开 school 数据库,然后从 student 表中选择所有记录的姓名、性别和班号列数据并显示在输出窗口中。本例执行结果如图 9.8 所示。

如果要去掉重复的显示行,可以在列名前加上关键字 DISTINCT 来说明。

【例 9.14】　给出功能为"查询教师所有的单位即不重复的单位列"的程序及其执行结果。

解:对应的程序如下:

```
USE school
SELECT DISTINCT 单位 FROM teacher
```

本例执行结果如图 9.9 所示。

当显示查询结果时,选择列通常是以原表中的列名作为标题显示。这些列名在建表时,

图 9.9　程序执行结果

出于节省空间的考虑通常较短,含义也模糊。为了改变查询结果中的显示的标题,可在列名后使用"AS 标题名"(其中 AS 可以省略),在显示时便以该标题名来显示。

注意:AS 子句中的标题名可以用双引号或单引号括起来,如果不加任何引号,则当成是查询结果集的列名。

【例 9.15】　给出功能为"查询 student 表的所有记录,用 AS 子句显示相应的列名"的程序及其执行结果。

解:对应的程序如下:

```
USE school
SELECT 学号 AS 'SNO',姓名 AS 'SNAME',
    性别 AS 'SSEX',出生日期 AS 'SBIRTHDAY',
    班号 AS 'SCLASS'
FROM student
```

	SNO	SNAME	SSEX	SBIRTHDAY	SCLASS
1	101	李军	男	1992-02-20 00:00:00.000	1033
2	103	陆君	男	1991-06-03 00:00:00.000	1031
3	105	匡明	男	1990-10-02 00:00:00.000	1031
4	107	王丽	女	1992-01-23 00:00:00.000	1033
5	108	曾华	男	1991-09-01 00:00:00.000	1033
6	109	王芳	女	1992-02-10 00:00:00.000	1031

图 9.10　程序执行结果

本例执行结果如图 9.10 所示。

说明:通常在 T-SQL 语句中使用 AS 子句的目的是将各列名以更明确的文字标题显示。

9.5.2　选择查询

选择查询就是指定查询条件,只从表中提取或显示满足该查询条件的记录。为了选择表中满足查询条件的某些行,可以使用 SQL 命令中的 WHERE 子句。WHERE 子句的查询条件是一个逻辑表达式,它是由多个关系表达式通过逻辑运算符(AND、OR、NOT)连接而成的。

【例 9.16】　给出功能为"查询 score 表中成绩在 60~80 之间的所有记录"的程序及其执行结果。

解:对应的程序如下:

	学号	课程号	分数
1	101	3-105	64
2	105	3-245	75
3	107	6-166	79
4	108	3-105	78
5	109	3-105	76
6	109	3-245	68

图 9.11　程序执行结果

```
USE school
SELECT *
FROM score
WHERE 分数 BETWEEN 60 AND 80
```

说明:BETWEEN m AND n 表示在指定的范围 m~n 内,在本章后面详细介绍。

本例执行结果如图 9.11 所示。

9.5.3　排序查询

通过在 SELECT 命令中加入 ORDER BY 子句来控制选择行的显示顺序。ORDER BY 子句可以按升序(默认或 ASC)、降序(DESC)排列各行,也可以按多个列来排序。也就是说,ORDER BY 子句用于对查询结果进行排序。

注意:ORDER BY 子句必须是 SQL 命令中的最后一个子句(除指定目的地子句外)。

【例 9.17】　给出功能为"以班号降序显示 student 表的所有记录"的程序及其执行结果。

解：对应的程序如下：

```
USE school
SELECT * FROM student
ORDER BY 班号 DESC
```

该语句先执行"SELECT * FROM student"选择出 student 表中所有记录，然后按班号递减排序后输出。其执行结果如图 9.12 所示。

【**例 9.18**】　给出功能为"以课程号升序、分数降序显示 score 表的所有记录"的程序及其执行结果。

解：对应的程序如下：

```
USE school
SELECT * FROM score
ORDER BY 课程号,分数 DESC
```

本例执行结果如图 9.13 所示。

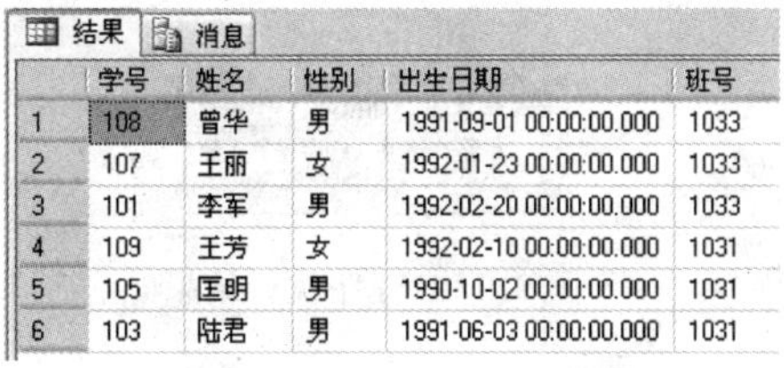

图 9.12　程序执行结果　　　　图 9.13　程序执行结果

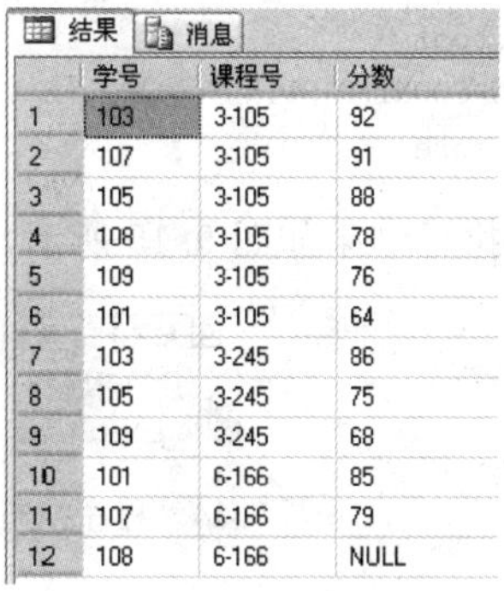

9.5.4　使用聚合函数

聚合函数实现数据统计等功能，用于对一组值进行计算并返回一个单一的值，除 COUNT 函数外，聚合函数忽略空值。聚合函数常与 SELECT 语句的 GROUP BY 子句一起使用。常用的聚合函数如表 9.1 所示。

表 9.1　聚合函数

函 数 名	功　　能
AVG	计算一个数值型表达式的平均值
COUNT	计算指定表达式中选择的项数，COUNT(*)统计查询输出的行数
MIN	计算指定表达式中的最小值
MAX	计算指定表达式中的最大值
SUM	计算指定表达式中的数值总和
STDEV	计算指定表达式中所有数据的标准差
STDEVP	计算总体标准差

数据库原理与应用——基于 SQL Server

聚合函数参数的一般格式为：

```
[ALL|DISTINCT] expr
```

其中，ALL 表示对所有值进行聚合函数运算，它是默认值；DISTINCT 指定每个唯一值都被考虑；expr 指定进行聚合函数运算的表达式。

【例 9.19】 给出功能为"查询'1031'班的学生人数"的程序及其执行结果。

解：对应的程序如下：

```
USE school
SELECT COUNT( * )   AS '1031 班人数'
FROM student
WHERE 班号 = '1031'
```

本例执行结果如图 9.14 所示。

【例 9.20】 给出功能为"至少选修一门课程的人数"的程序及其执行结果。

解：对应的程序如下：

```
USE school
SELECT COUNT(DISTINCT 学号) AS '至少选修一门课程的人数'
FROM score
```

本例执行结果如图 9.15 所示。

图 9.14　程序执行结果　　　　图 9.15　程序执行结果

上述例子中使用了聚合函数。通常一个聚合函数的范围是满足 WHERE 子句指定的条件的所有记录。在加上 GROUP BY 子句后，SQL 命令把查询结果按指定列分成集合组。当一个聚合函数和一个 GROUP BY 子句一起使用时，聚合函数的范围变成为每组的所有记录。换句话说，一个结果是由组成一组的每个记录集合产生的。

使用 HAVING 子句可以对这些组进一步加以控制。用这一子句定义这些组所必须满足的条件，以便将其包含在结果中。

当 WHERE 子句、GROUP BY 子句和 HAVING 子句同时出现在一个查询中时，SQL 的执行顺序如下：

(1) 执行 WHERE 子句，从表中选取行。

(2) 由 GROUP BY 对选取的行进行分组。

(3) 执行聚合函数。

(4) 执行 HAVING 子句选取满足条件的分组。

【例 9.21】 给出功能为"查询 score 表中的各门课程的最高分"的程序及其执行结果。

解：对应的程序如下：

```
USE school
SELECT 课程号, MAX(分数)   AS '最高分'
FROM score
```

GROUP BY 课程号

其执行过程是：先对 score 表中所有记录按课程号分类成若干组，再计算出每组中的最高分。本例执行结果如图 9.16 所示。

【例 9.22】　给出功能为"查询 score 表中至少有 5 名学生选修的并以 3 开头的课程号的平均分数"的程序及其执行结果。

解： 对应的程序如下：

```
USE school
SELECT 课程号,AVG(分数)  AS '平均分' FROM score
WHERE 课程号 LIKE '3%'
GROUP BY 课程号
HAVING COUNT( * )>5
```

本例执行结果如图 9.17 所示。

可以在 HAVING 子句中使用聚合函数进行分组条件判断。

【例 9.23】　给出功能为"查询最低分大于 70，最高分小于 90 的学号列"的程序及其执行结果。

解： 对应的程序如下：

```
USE school
SELECT 学号 FROM score
GROUP BY 学号
HAVING MIN(分数)>70 and MAX(分数)<90
```

本例执行结果如图 9.18 所示。

图 9.16　程序执行结果

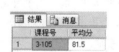
图 9.17　程序执行结果

图 9.18　程序执行结果

9.5.5　简单连接查询

在数据查询中，经常涉及提取两个或多个表的数据，这就需要使用表的连接来实现若干个表数据的联合查询。

在一个查询中，当需要对两个或多个表连接时，可以指定连接列，在 WHERE 子句中给出连接条件，在 FROM 子句中指定要连接的表，其格式如下：

```
SELECT 列名 1,列名 2,…
FROM 表 1,表 2,…
WHERE 连接条件
```

对于连接的多个表通常存在公共列，为了区别是哪个表中的列，在连接条件中通过表名前缀指定连接列。例如，teacher. 编号表示 teacher 表的编号列，student. 学号表示 student 表的学号列，由此来区别连接列所在的表。

根据连接的方式不同，SQL 连接又分为内连接、外连接和交叉连接等，这些将在第10章介绍,这里只介绍等值连接、非等值连接和自连接等简单连接类型。

1. 等值连接

所谓等值连接,是指表之间通过"等于"关系连接起来,产生一个连接临时表,然后对该临时表进行处理后生成最终结果。

【例 9.24】 给出功能为"查询所有学生的姓名、课程号和分数列"的程序及其执行结果。

解:对应的程序如下:

```
USE school
SELECT student.姓名,score.课程号,score.分数
FROM student,score
WHERE student.学号 = score.学号
```

	姓名	课程号	分数
1	李军	3-105	64
2	李军	6-166	85
3	陆君	3-105	92
4	陆君	3-245	86
5	匡明	3-105	88
6	匡明	3-245	75
7	王丽	3-105	91
8	王丽	6-166	79
9	曾华	3-105	78
10	曾华	6-166	NULL
11	王芳	3-105	76
12	王芳	3-245	68

图 9.19 程序执行结果

该语句属于等值连接方式,先按照 student.学号 = score.学号连接条件将 student 和 score 两个表连接起来,产生一个临时表,再从其中挑选出 student.姓名、score.课程号和 score.分数等 3 个列的数据并输出。本例执行结果如图 9.19 所示。

SQL 为了简化输入,允许在查询中使用表的别名,以缩写表名,可以在 FROM 子句中为表定义一个临时别名,然后在查询中引用。

提示:当单个查询引用多个表时,所有列引用都必须明确。在查询所引用的两个或多个表之间,任何重复的列名都必须用表名限定。如果某个列名在查询用到的两个或多个表中不重复,则对这一列的引用不必用表名限定。但是,如果所有的列都用表名限定,则能提高查询的可读性。如果使用表的别名,则会进一步提高可读性,特别是在表名自身必须由数据库和所有者名称限定时。

【例 9.25】 给出功能为"查询'1033'班所选课程的平均分"的程序及其执行结果。

解:对应的程序如下:

```
USE school
SELECT y.课程号,avg(y.分数)  AS '平均分'
FROM student x,score y
WHERE x.学号 = y.学号 and x.班号 = '1033'
GROUP BY y.课程号
```

	课程号	平均分
1	3-105	77.6666666666667
2	6-166	82

图 9.20 程序执行结果

该语句采用等值连接方式。本例执行结果如图 9.20 所示。

2. 非等值连接

所谓非等值连接,是指表之间的连接关系不是"等于",而是其他关系。通过指定的非等值关系将两个表连接起来的,产生一个连接临时表,然后对该临时表进行处理后生成最终结果。

【例 9.26】 假设使用如下命令在 school 数据库中建立了一个 grade 表:

```
USE school
```

```
CREATE TABLE grade(low int,upp int,rank char(1))
INSERT INTO grade VALUES(90,100,'A')
INSERT INTO grade VALUES(80,89,'B')
INSERT INTO grade VALUES(70,79,'C')
INSERT INTO grade VALUES(60,69,'D')
INSERT INTO grade VALUES(0,59,'E')
```

给出功能为"查询所有学生的学号、课程号和 rank 列（显示为"等级"）"的程序及其执行结果。

解：对应的程序如下：

```
USE school
SELECT 学号,课程号,rank AS '等级'
FROM score,grade
WHERE 分数 BETWEEN low AND upp
ORDER BY rank
```

该语句中使用 BETWEEN…AND 条件式，即条件的范围不是等值比例，而是限定在一个范围内，其中 WHERE 子句等价为：WHERE 分数 $\geqslant$ low AND 分数 $\leqslant$ upp。属于非等值连接方式。本例执行结果如图 9.21 所示。

3．自连接

在数据查询中有时需要将同一个表进行连接，这种连接称之为自连接，进行自连接就如同两个分开的表一样，可以把一个表的某行与同一表中的另一行连接起来。

【例 9.27】　给出功能为"查询选学 '3-105' 课程的成绩高于 '109' 号学生成绩的所有学生记录，并按成绩从高到低排列"的程序及其执行结果。

解：对应的程序如下：

```
USE school
SELECT x.课程号,x.学号,x.分数
FROM score x,score y
WHERE x.课程号 = '3-105' AND x.分数> y.分数
    AND y.学号 = '109' AND y.课程号 = '3-105'
ORDER BY x.分数 DESC
```

SELECT 语句中 score 表进行自连接，分别使用 x 和 y 作为别名。执行结果如图 9.22 所示。

	学号	课程号	等级
1	103	3-105	A
2	107	3-105	A
3	101	6-166	B
4	103	3-245	B
5	105	3-105	B
6	105	3-245	C
7	107	6-166	C
8	108	3-105	C
9	109	3-105	C
10	101	3-105	D
11	109	3-245	D

图 9.21　程序执行结果

	课程号	学号	分数
1	3-105	103	92
2	3-105	107	91
3	3-105	105	88
4	3-105	108	78

图 9.22　程序执行结果

9.5.6 简单子查询

当一个查询是另一个查询的条件时,称之为子查询。子查询可以使用几个简单命令构造功能强大的复合命令。子查询主要用于 SELECT 命令的 WHERE 子句中,通过简单关系运算符如＝、＜＝、＞＝等连接的子查询称为简单子查询。第 10 章介绍复杂的子查询。

【例 9.28】 给出功能为"查询与学号为 103 的学生同年出生的所有学生的学号、姓名和出生日期列"的程序及其执行结果。

解:对应的程序如下:

```
USE school
SELECT 学号,姓名,出生日期 FROM student
WHERE year(出生日期) =
    (SELECT year(出生日期)
    FROM student
    WHERE 学号 = '103')
```

本例执行结果如图 9.23 所示。实际上,本例的执行过程是先执行以下子查询:

```
SELECT year(出生日期) FROM student WHERE 学号 = '103'
```

其返回结果为 1991,再执行主查询:

```
SELECT 学号,姓名,出生日期 FROM student
WHERE year(出生日期) = 1991
```

这样得到本例的结果。

【例 9.29】 给出功能为"查询分数高于平均分的所有学生成绩记录"的程序及其执行结果。

解:对应的程序如下:

```
USE school
SELECT 学号,课程号,分数
FROM score
WHERE 分数>
    (SELECT AVG(分数)
    FROM score)
```

本例执行结果如图 9.24 所示。

	学号	课程号	分数
1	101	6-166	85
2	103	3-105	92
3	103	3-245	86
4	105	3-105	88
5	107	3-105	91

	学号	姓名	出生日期
1	103	陆君	1991-06-03 00:00:00.000
2	108	曾华	1991-09-01 00:00:00.000

图 9.23 程序执行结果　　　　　　　　　图 9.24 程序执行结果

9.5.7 相关子查询

在前面的例子中,子查询仅执行一次,返回的值为主查询的 WHERE 子句所用。在有

的查询中,子查询不只执行一次,例如,要显示其成绩比该课程平均成绩高的成绩表,其主查询为:

```
USE school
SELECT 学号,课程号,分数 FROM score
WHERE 分数 >(待选学生所修课程的平均分)
```

该子查询为:

```
SELECT AVG(分数) FROM score
WHERE 课程号 =(主查询待选行的课程号课程号)
```

这样,主查询在判断每个待选行时,必须"唤醒"子查询,告诉它该学生选修的课程号,并由子查询计算课程的平均成绩,然后将该学生的分数与平均成绩进行比较,找出相应的符合条件的行,把这种子查询称为相关子查询。

【例 9.30】　给出功能为"查询成绩比该课程平均成绩低的学生成绩表"的程序及其执行结果。

解:对应的程序如下:

```
USE school
SELECT 学号,课程号,分数
FROM score a
WHERE 分数<
    (SELECT AVG(分数)
    FROM score b
    WHERE a.课程号 =b.课程号)
```

	学号	课程号	分数
1	101	3-105	64
2	108	3-105	78
3	109	3-105	76
4	109	3-245	68
5	105	3-245	75
6	107	6-166	79

图 9.25　程序执行结果

本例执行结果如图 9.25 所示。

理解上述相关子查询的关键是别名,它出现在主查询"FROM score a"和子查询"FROM score b"中。这样同一个表相当于两个表,当在子查询中使用 a.课程号时,它访问待选行的课程号,这时是一个常量,从而在 b 别名中找出该常量课程的平均分。由于这个过程很费时,因此不要频繁地使用相关子查询。

9.5.8　查询结果的并

T-SQL 命令还提供了 UNION 子句,它可以将多个 SELECT 命令连接起来生成单个 SQL 无法做到的结果集合。

【例 9.31】　给出功能为"查询所有'女'教师和'女'学生的姓名、性别和出生日期"的程序及其执行结果。

解:对应的程序如下:

```
USE school
SELECT 姓名,性别,出生日期
FROM teacher WHERE 性别 = '女'
UNION
SELECT 姓名,性别,出生日期
FROM student WHERE 性别 = '女'
```

本例执行结果如图 9.26 所示。从本例结果看到,已将两个 SELECT 命令的结果按姓名进行了排序。

	姓名	性别	出生日期
1	王芳	女	1992-02-10 00:00:00.000
2	王丽	女	1992-01-23 00:00:00.000
3	王萍	女	1972-05-05 00:00:00.000

图 9.26 程序执行结果

9.5.9 空值及其处理

1. 什么是空值

空值从技术上来说就是"未知的值"。但空值并不包括零、一个或者多个空格组成的字符串,以及零长度的字符串。

在实际应用中,空值说明还没有向数据库中输入相应的数据,或者某个特定的记录行不需要使用该列。在实际的操作中有下列几种情况可使得一列成为 NULL:

- 其值未知。
- 其值不存在。
- 列对表行不可用。

2. 检测空值

因为空值是代表未知的值,所以并不是所有的空值都相等。例如 student 表中有两个学生的出生日期未知,但无法证明这两个学生的年龄相等。这样就不能用"="运算符来检测空值。所以 T-SQL 引入了一个特殊的操作符 IS 来检测特殊值之间的等价性。检测空值的语法如下:

```
WHERE 表达式 IS NULL
```

检测非空值的语法如下:

```
WHERE 表达式 IS NOT NULL
```

【例 9.32】 给出功能为"查询所有未参加考试的学生成绩记录"的程序及其执行结果。

解:对应的程序如下:

	学号	课程号	分数
1	108	6-166	NULL

图 9.27 程序执行结果

```
USE school
SELECT * FROM score
WHERE 分数 IS NULL
```

其执行结果如图 9.27 所示。

3. 处理空值

为了将空值转换为一个有效的值,以便于对数据理解,或者防止表达式出错,SQL Server 专门提供了 ISNULL 函数将空值转换为有效的值,其使用语法格式如下:

```
ISNULL(check_expr,repl_value)
```

其中,check_expr 是指被检查是否为 NULL 的表达式,可以是任何数据类型。repl_value

是在 check_expr 为 NULL 时用其值替换 NULL 值,需与
check_expr 具有相同的类型。

【例 9.33】　给出功能为"查询所有学生成绩记录,并将空
值作为 0 处理"的程序及其执行结果。

解:对应的程序如下:

```
USE school
SELECT 学号,课程号,ISNULL(分数,0) AS '分数'
FROM score
```

其中,如果分数不为空,ISNULL 函数将会返回原值,只有
分数为 NULL 值时,ISNULL 函数才会对其进行处理,用数值
0 替代。其执行结果如图 9.28 所示。

	学号	课程号	分数
1	101	3-105	64
2	101	6-166	85
3	103	3-105	92
4	103	3-245	86
5	105	3-105	88
6	105	3-245	75
7	107	3-105	91
8	107	6-166	79
9	108	3-105	78
10	108	6-166	0
11	109	3-105	76
12	109	3-245	68

图 9.28　程序执行结果

9.6　T-SQL 程序设计基础

T-SQL 虽然和高级语言不同,但是它本身也具有运算和控制等功能,也可以利用
T-SQL 语言进行编程。因此,就需要了解 T-SQL 语言的基础知识。本节主要介绍 T-SQL
语言程序设计的基础概念。

9.6.1　标识符

在 SQL Server 中,标识符就是指用来定义服务器、数据库、数据库对象和变量等的名
称。可以分为常规标识符和分隔标识符。

1. 常规标识符

常规标识符就是不需要使用分隔标识符进行分隔的标识符。常规标识符符合标识符的
格式规则。在 T-SQL 语句中使用常规标识符时不用将其分隔。

例如,以下 T-SQL 语句中 book 和 bname 就是两个常规标识符:

```
SELECT * FROM book WHERE bname = 'C 程序设计'
```

2. 分隔标识符

在 T-SQL 语句中,对不符合所有标识符规则的标识符必须进行分隔。符合标识符格式
规则的标识符可以分隔,也可以不分隔。在 SQL Server 中,T-SQL 所使用的分隔标识符类
型有下面两种:

- 被引用的标识符用双引号(")分隔开,例如 SELECT * FROM "student"。
- 括在括号中的标识符用方括号([ ])分隔,例如 SELECT * FROM [student]。

当使用 SET QUOTED_IDENTIFIER ON 命令后双引号分隔标识符才有效(默认值),
此时双引号只能用于分隔标识符,不能用于分隔字符串。如果使用 SET QUOTED_
IDENTIFIER OFF 命令关闭了该选项,双引号不能用于分隔标识符,而是用方括号作为分
隔符。

3. 使用标识符

数据库对象的名称被看成是该对象的标识符。SQL Server 中的每个内容都可带有标

识符。服务器、数据库和数据库对象(例如表、视图、列、索引、触发器、过程、约束、规则等)都有标识符。大多数对象要求带有标识符,但对有些对象(如约束),标识符是可选项。

在 SQL Server 2005 中,一个对象的全称语法格式为:

```
server.database.schema.object
```

其中,server 为服务器名,database 为数据库名,schema 为架构,object 为对象名。例如,在服务器 MyServer 中,test 数据库中的 sysusers 表的全称就是:

```
MyServer.test.dbo.sysusers
```

在实际使用时,使用全称比较烦琐,因此经常使用简写格式。可用的简写格式包含下面几种:

```
server.database..object
server..owner.object
server...object
database.ownerobject
database..object
owner.object
object
```

在上面的简写格式中,没有指明的部分使用如下的默认设置值:

- 服务器:本地服务器。
- 数据库:当前数据库。
- 架构:看成是数据库对象的容器(当不指定架构时表示为默认的架构)。

9.6.2 数据类型

数据类型是指列、存储过程参数、表达式和局部变量的数据特征,它决定了数据的存储格式,代表了不同的信息类型。包含数据的对象都具有一个相关的数据类型,此数据类型定义对象所能包含的数据种类(字符、整数、二进制数等)。

SQL Server 提供了各种系统数据类型。除了系统数据类型外,还可以自定义数据类型。

提示:在 SQL Server 2005 中,所有系统数据类型名称都是不区分大小写的。另外,用户定义数据类型是在已有的系统数据类型基础上生成的,而不是定义一个存储结构的新类型。

在 SQL Server 2005 中,以下对象可以具有数据类型:

- 表和视图中的列。
- 存储过程中的参数。
- 变量。
- 返回一个或多个特定数据类型数据值的 T-SQL 函数。
- 具有一个返回代码的存储过程(返回代码总是具有 integer 数据类型)。

指定对象的数据类型定义了该对象的 4 个特性:

- 对象所含的数据类型,如字符、整数或二进制数。

- 所存储值的长度或它的大小。image、binary 和 varbinary 数据类型的长度以字节定义。任何数字数据类型的长度是指保存此数据类型所允许的数字个数所需要的字节数。
- 数字精度（仅用于数字数据类型）。精度是数字可以包含的数字个数。例如，smallint 对象最多能拥有 5 个数字，所以其精度为 5。
- 数值小数位数（仅用于数字数据类型）。小数位数是能够存储在小数点右边的数字个数。例如，int 对象不能含有小数点，小数位数为 0。money 对象的小数点右边最多可以有 4 个数字，小数位数为 4。

1. 系统数据类型

可以按照存放在数据库中的数据的类型对 SQL Server 提供的系统数据类型进行分类，如表 9.2 所示。

表 9.2　SQL Server 2005 提供的系统数据类型

分　　类	数据类型定义符
整数型	bigint、int、smallint、tinyint
逻辑数值型	bit
小数数据类型	decimal、numeric
货币型	money、smallmoney
近似数值型	float、real
字符型	char、varchar、text
Unicode 字符型	nchar、nvarchar、ntext
二进制数据类型	binary、varbinary、image
日期时间类型	datetime、smalldatetime
其他数据类型	cursor、sal_variant、table、timestamp、uniqueidentifier

（1）整数型

整数型数据由负整数或正整数组成，如 -15、0、5 和 2509。在 SQL Server 2005 中，整数型数据使用 bigint、int、smallint 和 tinyint 数据类型存储。各种类型能存储的数值的范围如下：

- bigint 数据类型：大整数型，长度为 8 个字节，可以存储 $-2^{63} \sim 2^{63}-1$ 范围内的数字。
- int 数据类型：整数型，长度为 4 个字节，可存储范围是 $-2^{31} \sim 2^{31}-1$。
- smallint 数据类型：短整数型，长度为 2 个字节，可存储范围只有 $-2^{15} \sim 2^{15}-1$。
- tinyint 数据类型：微短整数型，长度为 1 个字节，只能存储 0～255 范围内的数字。

【例 9.34】　给出以下程序的功能。

```
USE test
CREATE TABLE Int_table
(   cl tinyint,
    c2 smallint,
    c3 int,
    c4 bigint
)
```

```
INSERT Int_table VALUES (50,5000,50000,500000)
SELECT * FROM Int_table
```

解：该程序创建了一个表 Int_table，其中的 4 个列分别使用了 4 种不同的整型，然后插入一个记录，最后输出该记录，其结果如图 9.29 所示。

	cl	c2	c3	c4
1	50	5000	50000	500000

图 9.29　程序执行结果

（2）小数数据类型

该数据类型也称为精确数据类型，它们由两部分组成，其数据精度保留到最低有效位，所以它们能以完整的精度存储十进制数。

在声明小数数据类型时，可以定义数据的精度和小数位。声明格式如下：

decimal[(p[,s])]　或　numeric[(p[,s])]

其中，各参数含义如下：

- p(精度)：指定小数点左边和右边可以存储的十进制数字的最大个数。精度必须是从 1 到最大精度之间的值。最大精度为 38。使用最大精度时，有效值从 $-10^{38}+1 \sim 10^{38}-1$。
- s(小数位数)：指定小数点右边可以存储的十进制数字的最大个数。小数位数必须是 0~p 之间的值。默认小数位数是 0，因而 $0 \leqslant s \leqslant p$。最大存储大小基于精度而变化。

【例 9.35】　给出以下程序的执行结果。

```
USE test
CREATE TABLE Decimal_table
(
    cl decimal(3,2)
)
INSERT Decimal_table VALUES (4.5678)
SELECT * FROM Decimal_table
```

解：该程序的执行结果如图 9.30 所示。

在为小数数值型数据赋值时，应保证所赋数据整数部分的位小于或者等于定义的长度，否则会出现溢出错误。

【例 9.36】　给出以下程序的执行错误。

```
USE test
INSERT Decimal_table VALUES(49.678)
```

解：执行上述程序时出现如图 9.31 所示的错误消息。这是由于 49.678 的整数部分超出了定义的长度造成的。

	cl
1	4.57

图 9.30　程序执行结果

消息 8115，级别 16，状态 8，第 2 行
将 numeric 转换为数据类型 numeric 时出现算术溢出错误。
语句已终止。

图 9.31　错误消息

在 SQL Server 中,小数数据使用 decimal 或 numeric 数据类型存储。存储 decimal 或 numeric 数值所需的字节数取决于该数据的数字总数和小数点右边的小数位数。例如,存储数值 19283.29383 比存储 1.1 需要更多的字节。具体存储长度随其精度的变化而改变,如表 9.3 所示。

表 9.3　存储字节长度和数据精度的关系

精　　度	存储字节长度	精　　度	存储字节长度
1～9	5	20～28	13
10～19	9	29～38	17

提示:在 SQL Server 中,numeric 数据类型等价于 decimal 数据类型。但是只有 numeric 可以用于带有 identity 关键字的列(列)。identity 指示为标识列,这种类型的列包含由系统自动生成的能够标识表中每一行数据的唯一序列值。这种机制在某些情况下很有用,比如学生基本情况表中,需要有一列存放学生编号,最简单的方法就是把它作为标识列,这样每次向表中插入一条学生记录时,SQL Server 都会自动生成唯一的值作为学生编号,就可以避免人工添加序号带来的序号冲突问题。

(3) 近似数值型

SQL Server 提供了用于表示浮点数字数据的近似数值数据类型。近似数值数据类型不能精确记录数据的精度,它们所保留的精度由二进制数字系统的精度决定。SQL Server 提供了两种近似数值数据类型:

- float [(n)]:$-1.79E308$～$1.79E308$ 之间的浮点数字数据。n 用于存储科学记数法 float 数尾数的位数,同时指示其精度和存储大小。n 必须为 1～53 之间的值,它同精度和存储字节的关系如表 9.4 所示。
- real 数据类型:$-3.40E38$～$3.40E38$ 之间的浮点数字数据。存储大小为 4 字节。

表 9.4　n 与精度和存储字节之间的关系

n	精　　度	存储字节长度
1～24	7 位数	4 字节
25～53	15 位数	8 字节

提示:float 和 real 通常按照科学记数法来表示,即以 $1.79E+38$ 的方式表示。

(4) 字符型

字符串存储时采用字符型数据类型。字符数据由字母、符号和数字组成。例如,"928"、"Johnson"和"(0 * & (%B99nh jkJ]"都是有效的字符数据。

提示:字符常量必须包括在单引号(')或双引号(")中。建议用单引号括住字符常量。因为当 QUOTED IDENTIFIER 选项设为 ON 时,有时不允许用双引号括住字符常量。当使用单引号分隔一个包括嵌入单引号的字符常量时,用两个单引号表示嵌入的一个单引号。

在 SQL Server 中,字符数据使用 char、varchar 和 text 数据类型存储。当列中各项的字符长度可变时可用 varchar 类型,但任何项的长度都不能超过 8KB。当列中各项为同一固定长度时使用 char 类型(最多 8KB)。text 数据类型的列可用于存储大于 8KB 的 ASCII

字符。例如,由于 HTML 文档均由 ASCII 字符组成且一般长于 8KB,所以用浏览器查看之前应在 SQL Server 中存储在 text 列中。

char、varchar 和 text 3 种类型的定义方式如下:

- char[(n)]:长度为 n 个字节的固定长度且非 Unicode 的字符数据。n 必须是一个介于 1~8000 之间的数值。存储大小为 n 个字节。

- varchar[(n)]:长度为 n 个字节的可变长度且非 Unicode 的字符数据。n 必须是一个介于 1~8000 之间的数值。存储大小为输入数据的字节的实际长度,而不是 n 个字节。所输入的数据字符长度可以为零。

- text 数据类型:用来声明变长的字符数据。在定义过程中,不需要指定字符的长度。最大长度为 $2^{31}-1$(2 147 483 647)个字符。当服务器的当前代码页使用双字节字符时,存储量仍是 2 147 483 647 个字节。存储大小可能小于 2 147 483 647 字节(取决于字符串)。SQL Server 会根据数据的长度自动分配空间。

(5) 逻辑数值型

SQL Server 支持逻辑数据类型 bit,它可以存储整型数据 1、0 或 NULL。如果输入 0 以外的其他值时,SQL Server 均将它们当做 1 看待。

SQL Server 优化用于 bit 列的存储。如果一个表中有不多于 8 个的 bit 列,这些列将作为一个字节存储。如果表中有 9~16 个 bit 列,这些列将作为两个字节存储。更多列的情况依此类推。

注意:不能对 bit 类型的列建立索引。

【**例 9.37**】 给出以下程序的执行结果。

```
USE test
CREATE TABLE Bit_table
(    cl bit,
     c2 bit,
     c3 bit
)
INSERT Bit_table VALUES(12,1,0)
SELECT * FROM Bit_table
```

解:该程序建立 Bit_table 表,含有 3 个 bit 类型的列,然后插入一个记录,由 SQL Server 将它们转换成位值。其执行结果如图 9.32 所示。

(6) 货币型

货币数据表示正的或负的货币值。在 SQL Server 中使用 money 和 smallmoney 数据类型存储货币数据。货币数据存储的精确度为 4 位小数。

图 9.32　程序执行结果

money 和 smallmoney 数据类型存储范围和占用字节如下:

- money 数据类型:可存储的货币数据值介于 $-2^{63}\sim2^{63}-1$ 之间,精确到货币单位的万分之一。存储大小为 8 个字节。

- smallmoney 数据类型:可存储的货币数据值介于 $-2^{15}\sim+2^{15}-1$ 之间,精确到货币单位的万分之一。存储大小为 4 个字节。

（7）二进制数据类型

二进制数据由十六进制数表示。例如，十进制数 245 等于十六进制数 F5。在 SQL Server 2005 中，二进制数据使用 binary、varbinary 和 image 数据类型存储。

- binary 数据类型：在每行中都是固定的长度（最多为 8KB）。
- varbinary 数据类型：在每行中所包含的十六进制数字的个数可以不同（最多为 8KB）。
- image 数据类型：可以用来存储超过 8KB 的可变长度的二进制数据，如 Word 文档、Excel 电子表格、BMP、GIF 和 JPEG 文件。

声明格式如下：

- binary[(n)]：固定长度的 n 个字节二进制数据。n 必须为 1～8000。存储空间大小为 n＋4 个字节。
- varbinary[(n)]：n 个字节变长二进制数据。n 必须为 1～8000。存储空间大小为实际输入数据长度＋4 个字节，而不是 n 个字节。输入的数据长度可能为 0 字节。
- image：可变长度二进制数据在 0～$2^{31}-1$ 字节之间。

二进制常量以 0x（一个零和小写字母 x）开始，后面跟着位模式的十六进制表示。例如，0x2A 表示十六进制的值 2A，它等于十进制的数 42 或单字节位模式 00101010。

【例 9.38】　给出以下程序的执行结果。

```
USE test
CREATE TABLE Binary_table
(    c1 binary(10),
     c2 varbinary(20),
     c3 image
)
INSERT Binary_table VALUES (0x123,0xffff,0x14ffff)
SELECT * FROM Binary_table
```

解：该程序的执行结果如图 9.33 所示。

（8）日期时间类型

SQL Server 提供了专门的日期时间类型。日期和时间数据由有效的日期或时间组成。例如，"4/01/2011 12:15:00:00 PM"和"1:28:29:15:01 AM

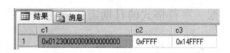

图 9.33　程序执行结果

8/17/2011"都是有效的日期和时间数据。在 SQL Server 2005 中，日期和时间数据使用 datetime 和 smalldatetime 数据类型存储：

- datetime：从 1753 年 1 月 1 日到 9999 年 12 月 31 日的日期和时间数据，精确度为 3‰秒（等于 3 毫秒或 0.003 秒）。表 9.5 为用户输入的值和 SQL Server 自动把值调整到.000、.003 或.007 秒的增量后的值。
- smalldatetime：从 1900 年 1 月 1 日到 2079 年 6 月 6 日的日期和时间数据精确到分钟。29.998 秒或更低的 smalldatetime 值向下舍入为最接近的分钟，29.999 秒或更高的 smalldatetime 值向上舍入为最接近的分钟。

表 9.5　用户输入的值和 SQL Server 自动调整后的值

输入的值	SQL Server 自动调整后的值
01/01/11 23:59:59.999	2011-01-02 00:00:00.000
01/01/11 23:59:59.995	2011-01-01 23:59:59.997
01/01/11 23:59:59.996	
01/01/11 23:59:59.997	
01/01/11 23:59:59.998	
01/01/11 23:59:59.992	2011-01-01 23:59:59.993
01/01/11 23:59:59.993	
01/01/11 23:59:59.994	
01/01/11 23:59:59.990	2011-01-01 23:59:59.990
01/01/11 23:59:59.991	

【例 9.39】　给出以下程序的执行结果。

```
SELECT CAST( '2011 - 08 - 08 12:35:29.998'
    AS smalldatetime) AS '日期'
```

解：该程序的执行结果如图 9.34 所示。由于最后是 29.998 秒，而 smalldatetime 数据类型精确到分钟，故执行结果将秒舍弃，最终结果为 12:35。

图 9.34　程序执行结果

提示：CAST 函数的功能是将某种数据类型的表达式显式转换为另一种数据类型。AS 后面的数据类型就是要转换成为的数据类型。例如，SELECT CAST(AVG(分数) AS decimal(5,2)) FROM score 语句输出平均分，其显示总长度为 5(含小数位)，小数部分长度为 2。

SQL Server 可以识别的日期格式有字母格式、数字格式和无分隔字符串格式 3 种。字符格式允许使用以当前语言给出的月的全名(如 April)或月的缩写(如 Apr)来指定日期数据。字符格式的日期需要放在单引号内。可用的字符型日期格式如下：

```
Apr[il] [15][,] 2011
Apr[il] 15[,] [20]11
Apr[il] 2011 [15]
[15] Apr[il][,] 2011
15 Apr[il][,][20]11
15 [20]11 Apr[il]
[15] 2011 Apr[il]
2011 APR[IL] [15]
2011 [15] APR[IL]
```

数字格式允许用指定的数字月份指定日期数据。例如，5/20/11 表示 2011 年 5 月的第 20 天，当使用数字日期格式时，在字符串中以斜杠(/)、连字符(—)或句号(.)作为分隔符来指定月、日、年。例如，下面均表示 2011 年 4 月 15 日(--后面指明的是日期格式)：

[0]4/15/[20]11 -- (mdy)
[0]4 - 15 - [20]11 -- (mdy)
[0]4.19.[20]11 -- (mdy)
[04]/[20]11/15 -- (myd)
15/[0]4/[20]11 -- (dmy)
15/[20]11/[0]4 -- (dym)
[20]11/15/[0]4 -- (ydm)
[20]11/[04]/15 -- (ymd)

2. 用户定义数据类型

用户定义的数据类型总是根据基本数据类型进行定义的。它们提供了一种机制，可以将一个名称用于一个数据类型，这个名称更能清楚地说明该对象中保存的值的类型。这样程序员和数据库管理员就能更容易地理解以该数据类型定义的对象的意图。

用户定义的数据类型使表结构对程序员更有意义，并有助于确保包含相似数据类的列具有相同的基本数据类型。

提示：用户定义数据类型基于 SQL Server 2005 中的系统数据类型。当多个表的列中要存储同样类型的数据，且想确保这些列具有完全相同的数据类型、长度和为空性时，可使用用户定义数据类型。例如，可以基于 char 数据类型创建名为 postal_code 的用户定义数据类型。

创建用户定义的数据类型时必须提供以下 3 个参数：

* 名称。
* 新数据类型所依据的系统数据类型。
* 为空性（数据类型是否允许空值）。如果为空性未明确定义，系统将依据数据库或连接的 ANSI NULL 默认设置进行指派。

如果用户定义数据类型是在 model 数据库中创建的，它将作用于所有用户定义的新数据库中。如果数据类型在用户定义的数据库中创建，则该数据类型只作用于此用户定义的数据库。

（1）通过 SQL Server 管理控制器来创建用户定义的数据类型。

使用 SQL Server 管理控制器创建用户定义的数据类型的操作步骤如下：

① 启动 SQL Server 管理控制器，在"对象资源管理器"中展开 LCB-PC 服务器。

② 展开"数据库"，再展开要在其中创建用户定义的数据类型的数据库，例如 test。

③ 展开"可编程性"节点，再展开"类型"节点。

④ 右击"用户定义的数据类型"选项，然后选择"新建用户定义数据类型"命令，如图 9.35 所示。

⑤ 此时打开"用户定义的数据类型属性"对话框，如图 9.36 所示。

在"名称"文本框中输入新建数据类型的名称（如 NAME）；在"数据类型"下拉列表中选择基数据类型（如 char）。如"长度"处于活动状态，若要更改此数据类型可存储的最大数据长度，则输入另外的值（如 10）。长度可变的数据类型有 binary、char、nchar、nvarchar、varbinary 和 varchar。若要允许此数据类型接受空值，可选中"允许 NULL 值"复选框。在"规则"和"默认值"下拉列表中选择一个规则或默认值（若有），以将其绑定到用户定义数据类型上。

数据库原理与应用——基于 SQL Server

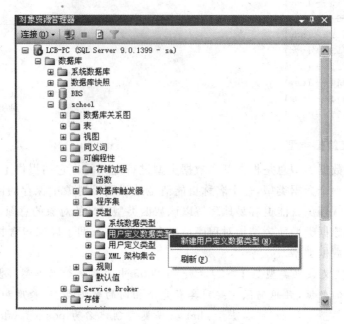

图 9.35　SQL Server 管理控制器窗口

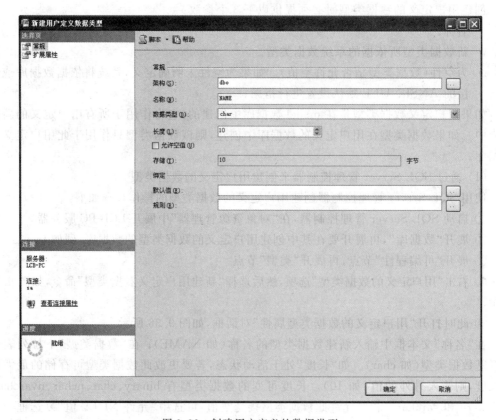

图 9.36　创建用户定义的数据类型

⑥ 设置完成后,单击"确定"按钮,即可创建一个用户定义数据类型,如图 9.37 所示。

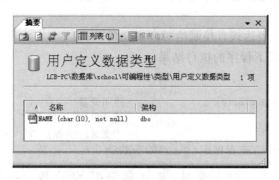

图 9.37　创建的自定义数据类型 NAME

(2) 通过 T-SQL 语句来创建用户定义的数据类型。

上述操作等同于以下程序:

```
USE [school]
GO
/* 对象: UserDefinedDataType [dbo].[NAME] 脚本日期: 12/19/2010 15:08:01 */
CREATE TYPE [dbo].[NAME] FROM [char](10) NOT NULL
```

若要删除用户定义数据类型,可在该用户定义数据类型上右击,然后选择"删除"命令,在打开的"除去对象"对话框中,单击"全部除去"按钮,即可删除用户定义数据类型。

说明:还可以使用系统存储过程 sp_addtype 来创建用户定义数据类型。使用 sp_droptype 系统存储过程来删除已创建的用户定义数据类型。

9.6.3　变量

在 SQL Server 中,变量分为局部变量和全局变量。全局变量名称前面有两个 at 符号(@@),由系统定义和维护。局部变量前面有一个 at 符号(@),由用户定义和使用。

1.局部变量

局部变量是由用户定义的,局部变量的名称前面为"@"。局部变量仅在声明它的批处理、存储过程或者触发器中有效,当批处理、存储过程或者触发器执行结束后,局部变量将变成无效。

局部的定义可以使用 DECLARE 语句,其语法格式如下:

```
DECLARE　{@局部变量名 数据类型} [,…n]
```

注意:局部变量名必须以 at 符号(@)开头,且符合标识符规则。定义的变量不能是 text、ntext 或 image 数据类型。

在 SQL Server 中,一次可以定义多个变量。例如:

```
DECLARE @f float,@cn char(8)
```

如果要给变量赋值,可以使用 SET 和 SELECT 语句。其基本语法格式如下:

```
SET @局部变量名 = 表达式　　　　　　　--直接赋值
SELECT {@局部变量名 = 表达式} [,…n]　--在查询语句中为变量赋值
```

归纳起来,给变量赋值的方式有如下几种。

(1) 直接赋值

将一个常量或常量表达式直接赋给对应的变量。

【例 9.40】 给出以下程序的执行结果。

```
USE school
DECLARE @f float,@cn char(8)              -- 声明变量
SET @f = 85                               -- 给变量@f 赋值 85
SELECT @cn = '3 - 105'                     -- 给变量@cn 赋值 '3 - 105'
SELECT * FROM score WHERE 课程号 = @cn AND 分数> = @f
```

解:该程序先定义了两个变量,并分别使用 SET 和
SELECT 为其赋值,然后使用这两个变量查询 score 表中选修
课程号为 3-105 且成绩高于 85 的记录。执行结果如图 9.38
所示。

	学号	课程号	分数
1	103	3-105	92
2	105	3-105	88
3	107	3-105	91

图 9.38 程序执行结果

(2) 在查询语句中为变量赋值

"SELECT @局部变量名=列名"通常用于将单个值赋给变量。如果 SELECT 语句返
回多个值,则将返回的最后一个值赋予变量。如果 SELECT 语句没有返回行,变量将保留
当前值。

【例 9.41】 给出以下程序的执行结果。

```
USE school
DECLARE @no char(5),@name char(10)
SELECT @no = 学号,@name = 姓名
FROM student WHERE 班号 = '1033'
PRINT @no + '   ' + @name
```

解:由于 student 表中 1033 班的最后一个学生是曾华,所以该程序的执行结果如图 9.39
所示。

(3) 使用排序规则在查询语句中为变量赋值

这种情况下,仍只将返回的结果集中最后一个值赋予变量。

【例 9.42】 给出以下程序的执行结果。

```
USE school
DECLARE @no char(5),@name char(10)
SELECT @no = 学号,@name = 姓名 FROM student
WHERE 班号 = '1033'
ORDER BY 学号 DESC
PRINT @no + '   ' + @name
```

解:按学号递减排序后,student 表中 1033 班的最后一个学生是李军,所以该程序的执
行结果如图 9.40 所示。

图 9.39 程序执行结果

图 9.40 程序执行结果

（4）使用聚合函数为变量赋值

这种情况下,直接将聚合函数的结果赋给变量。

【例 9.43】　给出以下程序的执行结果。

```
USE school
DECLARE @f float
SELECT @f = MAX(分数) FROM score WHERE 分数 IS NOT NULL
PRINT '最高分'
PRINT @f
```

解:该程序先声明@f 变量,在查询语句中为变量赋值,该程序的执行结果如图 9.41
所示。

（5）使用子查询结果为变量赋值

这种情况下,直接将子查询的结果赋给变量。

【例 9.44】　给出以下程序的执行结果。

图 9.41　程序执行结果

```
USE school
DECLARE @f float
SELECT @f = (SELECT MAX(分数) FROM score WHERE 分数 IS NOT  NULL)
PRINT '最高分'
PRINT @f
```

解:该程序的结果与上例相同。

2. 全局变量

全局变量记录了 SQL Server 的各种状态信息。全局变量的名称前面为“@@”。在
SQL Server 2005 中,系统定义的全局变量如表 9.6 所示。

表 9.6　SQL Server 2005 中的全局变量

变量名称	说　　明
@@CONNECTIONS	返回自 SQL Server 本次启动以来,所接受的连接或试图连接的次数
@@CPU_BUSY	返回自 SQL Server 本次启动以来,CPU 工作的时间,单位为毫秒
@@CURSOR_ROWS	返回游标打开后,游标中的行数
@@DATEFIRST	返回 SET DATAFIRST 参数的当前值
@@DBTS	返回当前数据库的当前 timestamp 数据类型的值
@@ERROR	返回上次执行的 SQL Transact 语句产生的错误编号
@@FETCH_STATUS	返回 FETCH 语句游标的状态
@@identity	返回最新插入的 identity 列值
@@IDLE	返回自 SQL Server 本次启动以来,CPU 空闲的时间,单位为毫秒
@@IO_BUSY	返回自 SQL Server 本次启动以来,CPU 处理输入和输出操作的时间,单位为毫秒
@@LANGID	返回本地当前使用的语言标识符
@@LANGUAGE	返回当前使用的语言名称
@@LOCK_TIMEOUT	返回当前的锁定超时设置,单位为毫秒
@@MAX_CONNECTIONS	返回 SQL Server 允许同时连接的最大用户数目
@@MAX PRECISION	返回当前服务器设置的 decimal 和 numeric 数据类型使用的精度

变 量 名 称	说　　明
@@NESTLEVEL	返回当前存储过程的嵌套层数
@@OPTIONS	返回当前 SET 选项信息
@@PACK_RECEIVED	返回自 SQL Server 本次启动以来,通过网络读取的输入数据包数目
@@PACK_SENT	返回自 SQL Server 本次启动以来,通过网络发送的输出数据包数目
@@PACKET_ERRORS	返回自 SQL Server 本次启动以来,SQL Server 中出现的网络数据包的错误数目
@@PROCID	返回当前的存储过程标识符
@@REMSERVER	返回注册记录中显示的远程数据服务器的名称
@@ROWCOUNT	返回上一个语句所处理的行数
@@SERVERNAME	返回运行 SQL Server 的本地服务器名称
@@SERVICENAME	返回 SQL Server 运行时的注册键名称
@@SPID	返回服务器处理标识符
@@TEXTSIZE	返回当前 TESTSIZE 选项的设置值
@@TIMETICKS	返回一个计时单位的微秒数,操作系统的一个计时单位是 31.25 毫秒
@@TOTAL_ERRORS	返回自 SQL Server 本次启动以来,磁盘的读写错误次数
@@TOTAL_READ	返回自 SQL Server 本次启动以来,读磁盘的次数
@@TOTAL_WRITE	返回自 SQL Server 本次启动以来,写磁盘的次数
@@TRANCOUNT	返回当前连接的有效事务数
@@ VERSION	返回当前 SOL Server 服务器的日期,版本和处理器类型

SQL Server 的全局变量有以下特点:

- 全局变量是系统定义的,用户不能声明,不能赋值。
- 用户只能使用系统预计义的全局变量。
- 可以提供当前的系统信息。
- 同一时刻的同一个全局变量在不同会话(用不同登录名登录的同一实例)中的值不同。
- 局部变量的名称不能与全局变量的名称相同。

【例 9.45】 给出以下程序的执行结果。

```
PRINT @@version
PRINT @@LANGUAGE
```

解:该程序中的两个语句分别输出 SQL Server 版本信息和当前的语言。其执行结果如图 9.42 所示。

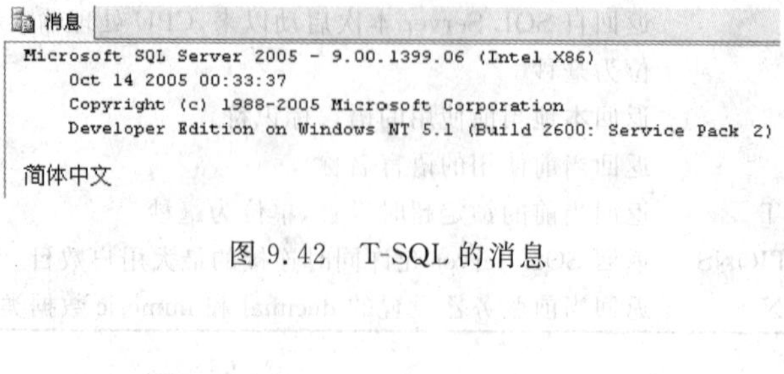

```
Microsoft SQL Server 2005 - 9.00.1399.06 (Intel X86)
    Oct 14 2005 00:33:37
    Copyright (c) 1988-2005 Microsoft Corporation
    Developer Edition on Windows NT 5.1 (Build 2600: Service Pack 2)

简体中文
```

图 9.42 T-SQL 的消息

9.6.4　运算符

运算符是一种符号,用来指定要在一个或多个表达式中执行的操作。SQL Server 提供的运算符有算术运算符、赋值运算符、按位运算符、比较运算符、逻辑运算符、字符串连接运算符和一元运算符。

1. 算术运算符

算术运算符在两个表达式上执行数学运算,这两个表达式可以是数字数据类型分类的任何数据类型。在 SQL Server 中,算术运算符包括＋(加)、－(减)、*(乘)、/(除)和％(取模)。

取模运算返回一个除法的整数余数。例如,16％3＝1,这是因为 16 除以 3,余数为 1。

另外,加(＋)和减(－)运算符也可用于对 datetime 及 smalldatetime 值执行算术运算,其使用格式如下:

日期 ± 整数

2. 赋值运算符

赋值运算符(＝)用于将表达式的值赋予另外一个变量。也可以使用赋值运算符在列标题和为列定义值的表达式之间建立关系。

【例 9.46】　给出以下程序的执行结果。

```
USE school
SELECT 学号 = '学生 ',姓名,班号 FROM student
```

	学号	姓名	班号
1	学生	李军	1033
2	学生	陆君	1031
3	学生	匡明	1031
4	学生	王丽	1033
5	学生	曾华	1033
6	学生	王芳	1031

图 9.43　程序执行结果

解:上面的 T-SQL 语句是将 school 数据库中的 student 表的学号均以"学生"显示。执行结果如图 9.43 所示。

3. 按位运算符

按位运算符可以对两个表达式进行位操作,这两个表达式可以是整型数据或者二进制数据。按位运算符包括 &(按位与)、|(按位或)和 ^(按位异或)。

T-SQL 首先把整数数据转换为二进制数据,然后再对二进制数据进行按位运算。

【例 9.47】　给出以下程序的执行结果。

```
DECLARE @a INT,@b INT
SET @a = 3
SET @b = 8
SELECT @a&@b AS 'a&b',@a|@b AS 'a|b',@a^@b AS 'a^b'
```

	a&b	a|b	a^b
1	0	11	11

图 9.44　程序执行结果

解:该程序对两个变量进行按位运算。执行结果如图 9.44 所示。

按位运算的两个操作数的数据类型有相应的规定,SQL Server 所支持的操作数数据类型如表 9.7 所示。

注意:按位运算符的两个操作数不能为 image 数据类型。

4. 比较运算符

比较运算符用来比较两个表达式,表达式可以是字符、数字或日期数据,并可用在查询的 WHERE 或 HAVING 子句中。比较运算符的计算结果为布尔数据类型,它们根据测试条件的输出结果返回 TRUE 或 FALSE。

表 9.7　对按位运算的两个操作数的要求

左边操作数	右边操作数
Binary	int、smallint 或 tinyint
Bit	int、smallint、tinyint 或 bit
Int	int、smallint、tinyint、binary 或 varbinary
Smallint	int、smallint、tinyint、binary 或 varbinary
Tinyint	int、smallint、tinyint、binary 或 varbinary
Varbinary	int、smallint 或 tinvint

SQL Server 提供的比较运算符有下面几种:

>(大于)、<(小于)、=(等于)、<=(小于或等于)、>=(大于或等于)、!=(不等于)、<>(不等于)、!<(不小于)、!>(不大于)

【例 9.48】　给出以下程序的执行结果。

```
USE school
SELECT * FROM score WHERE 分数>88
```

解:该程序查询 score 表中成绩高于 88 分的成绩记录。执行结果如图 9.45 所示。

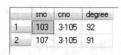

	sno	cno	degree
1	103	3-105	92
2	107	3-105	91

图 9.45　程序执行结果

5. 逻辑运算符

逻辑运算符用来判断条件是为 TRUE 或者 FALSE,SQL Server 总共提供了 10 个逻辑运算符,如表 9.8 所示。

表 9.8　逻辑运算符

逻辑运算符	含　　义
ALL	当一组比较关系的值都为 TRUE 时,才返回 TRUE
AND	当要比较的两个布尔表达式的值都为 TRUE,才返回 TRUE
ANY	只要一组比较关系中有一个值为 TRUE,就返回 TRUE
BETWEEN	只有操作数在定义的范围内,才返回 TRUE
EXISTS	如果在子查询中存在,就返回 TRUE
IN	如果操作数在所给的列表表达式中,则返回 TRUE
LIKE	如果操作数与模式相匹配,则返回 TRUE
NOT	对所有其他的布尔运算取反
OR	只要比较的两个表达式有一个为 TRUE,就返回 TRUE
SOME	如果一组比较关系中有一些为 TRUE,则返回 TRUE

由于 LIKE 使用部分字符串来查询记录,因此,在部分字符串中可以使用通配符。SQL Server 中可以使用的通配符及其含义如表 9.9 所示。

表 9.9　通配符及其含义

通配符	含义	示例
%	包含零个或更多字符的任意字符串	WHERE 姓名 LIKE '％华％'，将查找姓名中含有"华"字的所有学生
_（下划线）	任何单个字符	WHERE 姓名 LIKE '王＿＿'（有两个下划线），将查找姓王的，名称包含 3 个字的学生
[]	指定范围（[a～f]）或集合（[abcdef]）中的任何单个字符	WHERE sanme LIKE '[刘,王]＿＿'，将查找姓刘的和姓王的，名称包含 3 个字的学生
[^]	不属于指定范围（[a～f]）或集合（[abcdef]）的任何单个字符	WHERE 姓名 LIKE '[^刘,王]＿＿'，将查找除姓刘的和姓王的，名称包含 3 个字的学生以外的其他学生

　　提示：在使用通配符时，对于汉字，一个汉字也算一个字符。另外，当使用 LIKE 进行字符串比较时，模式字符串中的所有字符都有意义，包括起始或尾随空格。如果查询中的比较要返回包含"abc"（abc 后有一个空格）的所有行，则将不会返回包含"abc"（abc 后没有空格）的所有行。因此，对于 datetime 数据类型的值，应当使用 LIKE 进行查询，因为 datetime 项可能包含各种日期部分。

　　【例 9.49】　给出以下程序的执行结果。

```
USE school
SELECT   student.学号,student.姓名,score.课程号,score.分数
FROM student,score
WHERE student.学号 = score.学号 AND student.姓名 LIKE '王％' AND
     score.分数 BETWEEN 70 AND 80
```

　　解：该程序查询姓"王"的考试分数在 70～80 之间的学生学号、姓名、课程号和分数。执行结果如图 9.46 所示。

　　6. 字符串连接运算符

　　字符串连接运算符为加号（＋）。可以将两个或多个字符串合并或连接成一个字符串。还可以连接二进制字符串。

　　【例 9.50】　给出以下程序的执行结果。

```
SELECT ('abc' + 'def') AS '串连接'
```

　　解：该程序将两个字符串连接在一起。执行结果如图 9.47 所示。

图 9.46　程序执行结果

图 9.47　程序执行结果

　　注意：其他数据类型，如 datetime 和 smalldatetime，在与字符串连接之前必须使用 CAST 转换函数将其转换成字符串。

　　7. 一元运算符

　　一元运算符是指只有一个操作数的运算符。SQL Server 提供的一元操作符包含

+(正)、−(负)和~(位反)。

正和负运算符表示数据的正和负,可以对所有的数据类型进行操作。位反运算符返回一个数的补数,只能对整数数据进行操作。

【例 9.51】 给出以下程序的执行结果。

```
DECLARE @Num1 INT
SET @Num1 = 5
SELECT ~@Num1 AS '位反运算'
```

图 9.48 程序执行结果

解:该程序首先声明一个变量,并对变量赋值,然后对变量取负。执行结果如图 9.48 所示。

8. 运算符优先级

当一个复杂的表达式有多个运算符时,运算符优先级决定执行运算的先后次序。执行的顺序可能严重地影响所得到的值。

在 SQL Server 中,运算符的优先级如下:

- +(正)、−(负)、~(按位 NOT)
- *(乘)、/(除)、%(模)
- +(加)、+(连接)、−(减)
- =、>、<、>=、<=、<>、!=、!>和!<比较运算符
- ^(位异或)、&(位与)、|(位或)
- NOT
- AND
- ALL、ANY、BETWEEN、IN、LIKE、OR、SOME
- =(赋值)

当一个表达式中的两个运算符有相同的运算符优先级时,基于它们在表达式中的位置来对其从左到右进行求值。

9.6.5 批处理

批处理是包含一个或多个 T-SQL 语句的组,从应用程序一次性地发送到 SQL Server 执行。SQL Server 将批处理语句编译成一个可执行单元,此单元称为执行计划。执行计划中的语句每次执行一条。GO 语句是一个批处理的结束语句。

用户定义的局部变量的作用域限制在一个批处理中,所以变量不能在 GO 语句后引用。如果在一个批处理中存在语法错误,则该批处理的全部语句都不执行,执行从下一个批处理开始。

编译错误(如语法错误)使执行计划无法编译,从而导致批处理中的任何语句均无法执行。

运行时错误(如算术溢出或违反约束)会产生以下两种影响之一:

- 大多数运行时错误将停止执行批处理中当前语句和它之后的语句。
- 少数运行时错误(如违反约束)仅停止执行当前语句。而继续执行批处理中其他所有语句。

　　在遇到运行时错误之前执行的语句不受影响。唯一的例外是,如果批处理在事务中,而且错误导致事务回滚。在这种情况下,回滚运行时错误之前所进行的未提交的数据修改。

　　假定在批处理中有 10 条语句。如果第 5 条语句有一个语法错误,则不执行批处理中的任何语句。如果编译了批处理,而第 2 条语句在执行时失败,则第 1 条语句的结果不受影响,因为它已经执行。

　　在建立一个批处理的时候,应该遵循下面的规则:

- CREATE DEFAULT、CREATE PROCEDURE、CREATE RULE、CREATE TRIGGER 和 CREATE VIEW 语句不能在批处理中与其他语句组合使用。批处理必须以 CREATE 语句开始。所有跟在该批处理后的其他语句将被解释为第一个 CREATE 语句定义的一部分。
- 不能在同一个批处理中更改表结构,再引用新添加的列。
- 如果 EXECUTE 语句是批处理中的第一句,则不需要 EXECUTE 关键字。如果 EXECUTE 语句不是批处理中的第一条语句,则需要 EXECUTE 关键字。

【例 9.52】　指出以下程序的错误。

```
USE school
GO                                -- 第 1 个批处理结束
DECLARE @name char(5)
SELECT @name = 姓名 FROM student
WHERE 学号 = '103'
GO                                -- 第 2 个批处理结束
PRINT @name
GO                                -- 第 3 个批处理结束
```

　　解:在批处理中声明的局部变量其作用域只是声明它的批处理语句中。上述程序中有3 个批处理语句,而@name 局部变量是在第 2 个批处理中声明并赋值的,在第 3 个批处理中无效,所以出现如图 9.49 所示的错误消息。

　　改正的方法是将第 2 个和第 3 个批处理合并,程序如下:

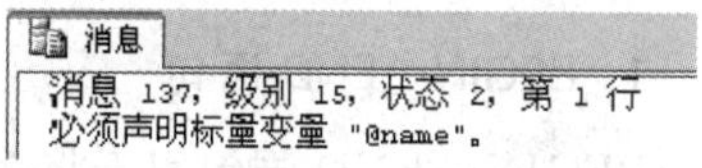

图 9.49　错误消息

```
USE school
GO
DECLARE @name char(5)
SELECT @name = 姓名 FROM student
WHERE 学号 = '103'
PRINT @name
GO
```

　　改正后的程序执行正确,其输出结果是:陆君。

9.6.6　注释

　　注释是指程序代码中不执行的文本字符串,也称为注解。使用注释对代码进行说明,可使程序代码更易于维护。注释通常用于记录程序名称、作者姓名和主要代码更改的日期。注释可用于描述复杂计算或解释编程方法。

　　SQL Server 支持如下两种类型的注释字符:

- --(双连字符)：这些注释字符可与要执行的代码处在同一行,也可另起一行。从双连字符开始到行尾均为注释。对于多行注释,必须在每个注释行的开始使用双连字符。
- /＊…＊/(正斜杠-星号对)：这些注释字符可与要执行的代码处在同一行,也可另起一行,甚至在可执行代码内。从开始注释对(/＊)到结束注释对(＊/)之间的全部内容均视为注释部分。对于多行注释,必须使用开始注释字符对(/＊)开始注释,使用结束注释字符对(＊/)结束注释。注释行上不应出现其他注释字符。

注意：多行"/＊…＊/"注释不能跨越批处理。整个注释必须包含在一个批处理内。

9.6.7 控制流语句

T-SQL 提供称为控制流的特殊关键字,用于控制 T-SQL 语句、语句块和存储过程的执行流。这些关键字可用于 T-SQL 语句、批处理和存储过程中。

控制流语句就是用来控制程序执行流程的语句,使用控制流语句可以在程序中组织语句的执行流程,提高编程语言的处理能力。SQL Server 提供的控制流语句如表 9.10 所示。

表 9.10　控制流语句

控制流语句	说　明
BEGIN…END	定义语句块
IF…ELSE	条件处理语句,如果条件成立,执行 IF 语句；否则执行 ELSE 语句
CASE	分支语句
WHILE	循环语句
GOTO	无条件跳转语句
WAITFOR	延迟语句
BREAK	跳出循环语句
CONTINUE	重新开始循环语句

1. BEGIN…END 语句

BEGIN…END 语句用于将多个 T-SQL 语句组合为一个逻辑块(类似于 C 语言中的复合语句或块语句)。在执行时,该逻辑块作为一个整体被执行。

语法格式为：

```
BEGIN
{
    T – SQL 语句|语句块
}
END
```

其中,"T-SQL 语句|语句块"是任何有效的 T-SQL 语句或以语句块定义的语句分组。

任何时候当控制流语句必须执行一个包含两条或两条以上 T-SQL 语句的语句块时,都可以使用 BEGIN 和 END 语句。它们必须成对使用,任何一条语句均不能单独使用。

BEGIN 语句行后为 T-SQL 语句块。最后,END 语句行指示语句块结束。

BEGIN…END 语句可以嵌套使用。

【**例 9.53**】　给出以下程序的执行结果。

```
BEGIN
    DECLARE @MyVar float
    SET @MyVar = 456.256
    BEGIN
        PRINT '变量@MyVar 的值为：'
        PRINT CAST(@MyVar AS varchar(12))
    END
END
```

图 9.50　程序执行结果

解：该程序的执行结果如图 9.50 所示。

下面几种情况经常要用到 BEGIN 和 END 语句：

- WHILE 循环需要包含语句块。
- CASE 函数的元素需要包含语句块。
- IF 或 ELSE 子句需要包含语句块。

注意：在上述情况下，如果只有一条语句，则不需要使用 BEGIN…END 语句。

2. IF…ELSE 语句

使用 IF…ELSE 语句，可以有条件地执行语句。其语法格式如下：

```
IF Boolean_expr
    {T-SQL 语句|语句块}
[ELSE
    {T-SQL 语句|语句块}]
```

各参数含义如下：

- Boolean_expr：布尔表达式，可以返回 TRUE 或 FALSE。如果布尔表达式中含有 SELECT 语句，必须用圆括号将 SELECT 语句括起来。
- {T-SQL 语句|语句块}：T-SQL 语句或用语句块定义的语句分组。除非使用语句块，否则 IF 或 ELSE 条件只能影响一个 T-SQL 语句的性能。若要定义语句块，可以使用控制流关键字 BEGIN…END。

IF…ELSE 语句的执行方式是：如果布尔表达式的值为 TRUE，则执行 IF 后面的语句块；否则执行 ELSE 后面的语句块。

【**例 9.54**】　给出以下程序的执行结果。

```
USE school
IF (SELECT AVG(分数) FROM score WHERE 课程号 = '3-108')> 80
    BEGIN
        PRINT '课程:3-108'
        PRINT '考试成绩还不错'
    END
ELSE
    BEGIN
        PRINT '课程:3-108'
        PRINT '考试成绩一般'
    END
```

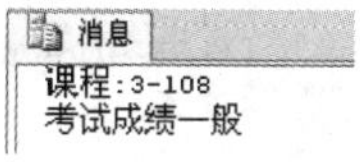

图 9.51　程序执行结果

解：该程序的执行结果如图 9.51 所示。

注意：在 IF…ELSE 语句中，IF 和 ELSE 后面的子句都允许嵌套，嵌套层数不受限制。

3. CASE 语句

使用 CASE 语句可以进行多个分支的选择。CASE 具有两种格式：

- 简单 CASE 格式：将某个表达式与一组简单表达式进行比较以确定结果。
- 搜索 CASE 格式：计算一组布尔表达式以确定结果。

(1) 简单 CASE 格式

其语法格式如下：

```
CASE input_expr
    WHEN when_expr THEN result_expr
    [ … ]
    [ELSE else_result_expr]
END
```

其中各参数的含义如下：

- input_expr：使用简单 CASE 格式时所计算的表达式，可以是任何有效的表达式。
- when_expr：用来和 input_expr 做比较的表达式。input_expr 和每个 when_expr 的数据类型必须相同，或者是隐性转换。
- result_expr：当 input_expr＝when_expr 的取值为 TRUE 时，需要返回的表达式。
- else_result_expr：当 input_expr＝when_expr 的取值为 FALSE 时，需要返回的表达式。

简单 CASE 格式的执行方式为：当 input_expr＝when_expr 的取值为 TRUE，则返回 result_expr；否则返回 else_result_expr。如果没有 ELSE 子句，则返回 NULL。

【例 9.55】 给出以下程序的执行结果。

```
USE school
SELECT 姓名,单位,
    CASE 职称
        WHEN '教授' THEN '高级职称'
        WHEN '副教授' THEN '高级职称'
        WHEN '讲师' THEN '中级职称'
        WHEN '助教' THEN '初级职称'
    END AS '职称类型'
FROM teacher
```

解：该程序的执行结果如图 9.52 所示。

图 9.52 程序执行结果

(2) 搜索 CASE 格式

其语法格式如下：

```
CASE
    WHEN Boolean_expr THEN result_expr
    [ … ]
    [ELSE else_result_expr]
END
```

其中各参数的含义与简单 CASE 格式的参数含义类似。

搜索 CASE 格式的执行方式为：当 Boolean_expr 表达式的值为 TRUE 时，则返回
THEN 后面的表达式 result_expr，然后跳出 CASE 语句；否则继续测试下一个 WHEN 后
面的布尔表达式。如果所有的 WHEN 后面的布尔表达式均为 FALSE，则返回 ELSE 后面
的表达式。如果没有 ELSE 子句，则返回 NULL。

【例 9.56】　给出以下程序的执行结果。

```
USE school
SELECT 学号,课程号,
    CASE
            WHEN 分数> = 90 THEN 'A'
            WHEN 分数> = 80 THEN 'B'
            WHEN 分数> = 70 THEN 'C'
            WHEN 分数> = 60 THEN 'D'
            WHEN 分数< 60 THEN  'E'
    END AS '成绩'
FROM score ORDER BY 学号
```

	学号	课程号	成绩
1	101	3-105	D
2	101	6-166	B
3	103	3-105	A
4	103	3-245	B
5	105	3-105	B
6	105	3-245	C
7	107	3-105	A
8	107	6-166	C
9	108	3-105	C
10	108	6-166	NULL
11	109	3-105	C
12	109	3-245	D

图 9.53　程序执行结果

解：该程序的执行结果如图 9.53 所示。

4. WHILE 语句

WHILE 语句可以设置重复执行 T-SQL 语句或语句块的条件。只要指定的条件为真，
就重复执行语句。可以使用 BREAK 和 CONTINUE 关键字在循环内部控制 WHILE 循环
中语句的执行。

其语法格式如下：

```
WHILE Boolean_expr
    {T - SQL 语句|语句块}
    [BREAK]
    {T - SQL 语句|语句块}
    [CONTINUE]
```

各参数含义如下：

- Boolean_expr：布尔表达式，可以返回 TRUE 或 FALSE。如果布尔表达式中含有
  SELECT 语句，必须用圆括号将 SELECT 语句括起来。
- {T-SQL 语句|语句块}：T-SQL 语句或用语句块定义的语句分组。若要定义语句
  块，可以使用控制流关键字 BEGIN…END。
- BREAK：导致从最内层的 WHILE 循环中退出。将执行出现在 END 关键字后面
  的任何语句，END 关键字为循环结束标记。
- CONTINUE：使 WHILE 循环重新开始执行，忽略 CONTINUE 关键字后的任何
  语句。

WHILE 语句的执行方式是：如果布尔表达式的值为 TRUE，则反复执行 WHILE 语
句后面的语句块；否则将跳过后面的语句块。

【例 9.57】　给出以下程序的执行结果。

```
DECLARE @s int,@i int
SET @i = 0
```

数据库原理与应用——基于 SQL Server

```
SET @s = 0
WHILE @i <= 100
    BEGIN
        SET @s = @s + @i
        SET @i = @i + 1
    END
PRINT '1 + 2 + ... + 100 = ' + CAST(@s AS char(25))
```

解：该程序是计算从 1 累加到 100 的值。执行结果如图 9.54
所示。

5. GOTO 语句

图 9.54 程序执行结果

GOTO 语句可以实现无条件的跳转。其语法格式为：

```
GOTO lable
```

其中,lable 为要跳转到的语句标号。其名称要符合标识符的规定。

GOTO 语句的执行方式为：遇到 GOTO 语句后,直接跳转到 lable 标号处继续执行,而
GOTO 后面的语句将不被执行。

【例 9.58】 给出以下程序的执行结果。

```
DECLARE @s int, @i int
SET @i = 0
SET @s = 0
my_loop:                              -- 定义标号
SET @s = @s + @i
SET @i = @i + 1
IF @i <= 100 GOTO my_loop             -- 如果小于 100,跳转到 my_loop 标号处
PRINT '1 + 2 + ... + 100 = ' + CAST(@s AS char(25))
```

解：该程序重新计算从 1 累加到 100 的值。执行结果与上例相同。

【例 9.59】 给出以下程序的执行结果。

```
DECLARE @avg float
USE school
IF (SELECT COUNT( * ) FROM score WHERE 学号 = '108') = 0
    GOTO label1
BEGIN
    PRINT '108 学号学生的平均成绩:'
    SELECT @avg = AVG(分数) FROM score WHERE 学号 = '108' AND 分数 IS NOT NULL
    PRINT @avg
    RETURN
END
label1:
    PRINT '108 学号的学生无成绩'
```

解：该程序输出 108 学号学生的平均成绩,若没有该学生
成绩时显示相应的提示信息。执行结果如图 9.55 所示。

108学号学生的平均成绩:
78

6. WAITFOR 语句

图 9.55 程序执行结果

使用 WAITFOR 语句,可以在指定的时间或者过了一定

时间后,执行语句块、存储过程或者事务。

其语法格式为:

```
WAITFOR {DELAY 'time' | TIME 'time'}
```

其中,各参数的说明如下:

- DELAY:指示 SQL Server 一直等到指定的时间过去,最长可达 24 小时。
- 'time':要等待的时间。可以按 datetime 数据可接受的格式指定 time,也可以用局部变量指定此参数。不能指定日期,因此在 datetime 值中不允许有日期部分。
- TIME:指示 SQL Server 等待到指定时间。

【例 9.60】 给出以下程序的执行结果。

```
BEGIN
    WAITFOR TIME '16:58:20'
    PRINT '现在是 16:58:20'
END
```

解:该程序指定在 16 时 58 分 20 秒时执行一个语句。执行后,等到计算机时间到了 16 时 58 分 20 秒时,出现的结果如图 9.56 所示。

图 9.56 程序执行结果

7. PRINT 语句

PRINT 是屏幕输出语句。在程序运行过程中或程序调试时,经常要显示一些中间结果。PRINT 语句用于向屏幕输出信息,其语法格式为:

```
PRINT {局部变量|全局变量|表达式|ASCII 文本}
```

9.6.8 函数

编程语言中的函数是用于封装经常执行的逻辑的子例程。任何代码若必须执行函数所包含的逻辑,都可以调用该函数,而不必重复所有的函数逻辑。SQL Server 2005 支持两种函数类型:内置函数和用户定义函数。

1. 内置函数

SQL Server 2005 提供了丰富的具有执行某些运算功能的内置函数,可分为 12 类,如表 9.11 所示。其中除了聚合函数和行集函数外,其余均属标量函数。所谓标量函数,是指它们接受一个或多个参数后进行处理和计算,并返回一个单一的值,它们可以应用于任何有效的表达式。

表 9.11 SQL Server 2005 提供的内置函数

函 数 分 类	说 明
聚合函数	执行的操作是将多个值合并为一个值,例如 COUNT、SUM、MIN 和 MAX
行集函数	返回行集,这些行集可用在 T-SQL 语句中引用表所在的位置
配置函数	返回当前配置信息
游标函数	返回有关游标状态的信息
日期和时间函数	操作 datetime 和 smalldatetime 值

续表

函 数 分 类	说　　明
数学函数	执行三角、几何和其他数字运算
元数据函数	返回数据库和数据库对象的特性信息
安全性函数	返回有关用户和角色的信息
字符串函数	操作 char、varchar、nchar、nvarchar、binary 和 varbinary 值
系统函数	对系统级别的各种选项和对象进行操作或报告
系统统计函数	返回有关 SQL Server 性能的信息
文本和图像函数	操作 text 和 image 值

下面详细介绍常用的几种标量函数：字符串函数、日期和时间函数、数学函数、系统函数，其他未介绍的函数，读者可以自行参阅 SQL Server 的联机帮助。

（1）字符串函数

字符串函数可以对二进制数据、字符串和表达式执行不同的运算，大多数字符串函数只能用于 char 和 varchar 数据类型以及明确转换成 char 和 varchar 的数据类型，少数几个字符串函数也可以用于 binary 和 varbinary 数据类型。此外，某些字符串函数还能够处理 text、ntext、image 数据类型的数据。常见的字符串函数如表 9.12 所示。

表 9.12　字符串函数

函　　数	参　　数	功　　能
ASCII	(char_expr)	第一个字符的 ASCII 值
CHAR	(integer_expr)	相同 ASCII 代码值的字符
CHARINDEX	('pattern',expr[,n])	返回指定模式的起始位置
DIFFERENCE	(char_exprl,char_expr2)	比较两个字符串
LTRIM	(char_expr)	删除数据前面的空格
LOWER	(char_expr)	转换成小写字母
PATINDEX	('%pattem%',expr)	在给定的表达式中指定模式的起始位置
REPLICATE	(char_expr,expr,integer_expr)	按照给定的次数，重复表达式的值
RIGHT	(char_expr,integer_expr)	返回字符串中从右开始到指定位置的部分字符
REVERSE	(char_expr)	反向表达式
RTRIM	(char_expr)	去掉字符串后面的空格
SOUNDEX	(char_expr)	返回一个 4 位数代码，比较两个字符串的相似性
SPACE	(integer_expr)	返回长度为指定数据的空格
STUFF	(char_expri,star,length,char_expr2)	在 char_expr1 中，把从位置 star 开始，长度为 length 的字符串用 char_expr2 代替
SUBSTRING	(expr,start,length)	返回指定表达式的一部分
STR	(float_expr[,length[,decimal]])	把数值变成字符串返回，length 是总长度，decimal 是小数点右边的位数
UPPER	(char_expr)	把给定的字符串变成大写字母

【例 9.61】 给出以下程序的执行结果。

```
USE school
```

```
SELECT * FROM student
WHERE CHARINDEX('王',姓名)>0
```

解：WHERE 子句指出的条件是姓名中是否含有"王"。执行结果如图 9.57 所示。

	结果	消息				
	学号	姓名	性别	出生日期		班号
1	107	王丽	女	1992-01-23 00:00:00.000		1033
2	109	王芳	女	1992-02-10 00:00:00.000		1031

图 9.57 程序执行结果

(2) 日期和时间函数

日期和时间函数用于对日期和时间数据进行各种不同的处理和运算，并返回一个字符串、数值或日期和时间值。与其他函数一样，可以在 SELECT 语句的 SELECT 和 WHERE 子句以及表达式中使用日期和时间函数。常用的日期和时间函数如表 9.13 所示。

表 9.13 日期和时间函数

函 数	参 数	功 能
DATEADD	(datepart,number,date)	以 datepart 指定的方式,返回 date 加上 number 之和
DATEDIFF	(datepart,datel,date2)	以 datepart 指定的方式,返回 date2 与 date1 之差
DATENAME	(datepart,date)	返回日期 date 中 datepart 指定部分所对应的字符串
DATEPART	(datepart,date)	返回日期 date 中 datepart 指定部分所对应的整数值
DAY	(date)	返回指定日期的天数
GETDATE	()	返回当前的日期和时间
MONTH	(date)	返回指定日期的月份数
YEAR	(date)	返回指定日期的年份数

(3) 数学函数

数学函数用于对数字表达式进行数学运算并返回运算结果。数学函数可以对 SQL Server 提供的数值数据(decimal、integer、float、real、money、smallmoney、smallint 和 tinyint)进行运算。常用的数学函数如表 9.14 所示。

表 9.14 数学函数

函 数	参 数	功 能
ABS	(numeric_expr)	返回绝对值
ASIN,ACOS. ATAN	(float_expr)	返回反正弦、反余弦、反正切
SIN,OS,TAN,COT	(float_expr)	正弦、余弦、IF 切、余切
ATAN2	(float_expr)	返回 4 个象限的反正切弧度值
DEGREES	(numeric_expr)	把弧度转化为角度
RADIANS	(numeric_expr)	把角度转化为弧度
EXP	(float_expr)	返回给定数据的指数值
LOG	(float_expr)	返回给定值的自然对数
LOG10	(float_expr)	返回底为 10 的自然对数值
SQRT	(float_expr)	返回给定值的平方根
CEILING	(numeric_expr)	返回大于或者等于给定值的最小整数
FLOOR	(numeric_exp)	返回小于或者等于给定值的最大整数
ROUND	(numeric_expr,length)	将给定的数值四舍五入到指定的长度
SIGN	(numeric_expr)	将给定的数值是否为正、负或零返回 1、-1 或 0
PI	()	常量,3.141 592 653 589 793
RAND	([seed])	返回 0 和 1 之间的一个随机数

（4）系统函数

系统函数用于返回有关 SQL Server 系统、用户、数据库和数据库对象的信息。系统函数可以让用户在得到信息后，使用条件语句，根据返回的信息进行不同的操作。与其他函数一样，可以在 SELECT 语句的 SELECT 和 WHERE 子句以及表达式中使用系统函数。常用的系统函数如表 9.15 所示。

表 9.15 系统函数

函 数	参 数	功 能
CAST 和 CONVERT		转换函数
COALESCE		返回第一个非空表达式
COL_NAME	（数据表 ID，列 ID）	返回表中指定字段的名称，即列名
COL_LENGTH	（'数据表名称'，'列名称'）	返回指定字段的长度值
DB_ID	（'数据库名称'）	返回数据库 ID
DB_NAME-	（数据库 ID）	返回数据库的名称
HOST_ID	（）	返回服务器端计算机的 ID 号
HOST_NAME	（）	返回服务器端计算机的名称
ISDATE	（expr）	检查给定的表达式是否为有效的日期格式
ISNULL	（expr）	用指定值替换表达式中的指定空值
ISNUMERIC	（expr）	检查给定的表达式是否为有效的数字格式
NULLIF	（expr1，expr2）	如果两个表达式相等，则返回 NULL 值
OBJECT_ID	（'数据库对象名称'）	返回数据库对象的 ID
OBJECT_NAME	（数据库对象的 ID）	返回数据库对象的名称
SUSER_ID	（'登录名'）	返回指定登录名的服务器用户 ID
SUSER_NAME	（服务器用户 ID）	返回服务器用户 ID 的登录名
USER_ID	（'用户名'）	返回数据库用户 ID 号
USER_NAME	（［数据库用户 ID 号］）	返回数据库用户名

【例 9.62】 给出以下程序的执行结果。

```
USE school
DECLARE @i int
SET @i = 0
WHILE @i <= 5
BEGIN
    PRINT COL_NAME(OBJECT_ID('student'),@i)
    SET @i = @i + 1
END
```

解：该程序使用 WHILE 循环输出 student 表中所有列的列名称。执行结果如图 9.58 所示。

以下对转换函数做一下详细说明。

一般情况下，SQL Server 会自动处理某些数据类型的转换。例如，如果比较 char 和 datetime 表达式、smallint 和 int 表达式，或不同长度的 char 表达式，SQL Server 可以将它们自动转换，这种转换被称为隐式转换。但是，无法由 SQL Server 自动转换的或是

图 9.58 程序执行结果

SQL Server 自动转换的结果不符合预期结果的，就需要使用转换函数强制转换。转换函数有两个即 CONVERT 和 CAST。

CAST 函数允许把一个数据类型强制转换为另一种数据类型，其语法形式为：

```
CAST(expr AS data_type)
```

CONVERT 函数允许用户把表达式从一种数据类型转换成另一种数据类型，还允许把日期转换成不同的样式，其语法形式为：

```
CONVERT(data_type[(length)],expr[,style])
```

其中，style 选项能以不同的格式显示日期和时间。如果将 datetime 或 smalldatetime 转换为字符数据，style 用于给出转换后的字符格式，如 style 为 101 表示为美国标准日期格式（mm/dd/yyyy），style 为 102 表示为 ANSI 日期格式（yy.mm.dd）等。

【例 9.63】 给出以下程序的执行结果。

```
SELECT CAST('2010-1-1'AS smalldatetime) + 100 AS   '2010.1.1加上100天的日期'
```

解：CAST 表达式返回"日期"加上"整数"天数的日期。执行的结果如图 9.59 所示。

【例 9.64】 给出以下程序的执行结果。

```
SELECT CAST('2010-1-1'AS smalldatetime) - 100 AS '2010.1.14减去100天的日期'
```

解：CAST 表达式返回"日期"减去"整数"天数的日期。执行的结果如图 9.60 所示。

图 9.59　程序执行结果　　　　图 9.60　程序执行结果

2. 用户定义函数

函数是由一个或多个 T-SOL 语句组成的子程序，可用于封装代码以便重新使用。SQL Server 2005 并不将用户限制在定义为 T-SQL 语言一部分的内置函数上，而是允许用户创建自己的用户定义函数。

可使用 CREATE FUNCTION 语句创建，使用 ALTER FUNCTION 语句修改，以及使用 DROP FUNCTION 语句除去用户定义函数。每个完全合法的用户定义函数名必须唯一。

说明：当用户创建一个自定义函数被存储到 SQL Server 2005 系统中后，每个自定义函数对应 sysobjects 系统表中一条记录，该表中 name 列包含自定义函数的名称，type 列指出存储对象的类型（'FN'值表示是标量函数，'IF'值表示是内联函数，'TF'值表示是表值函数）。用户可以通过查找该表中的记录判断某自定义函数是否被创建。

用户定义的函数始终返回一个值。取决于所返回值的类型，每个用户定义的函数均属于以下三个类别之一：

- 标量值函数：可以返回整数或时间戳等标量值的用户定义的函数。如果函数返回标量值，则可以在查询中能够使用列名的任何地方使用该函数。

- 内联函数：是返回表（TABLE）数据类型的用户定义函数的子集。RETURNS 子句只包含关键字 TABLE，不必定义返回变量的格式，因为它由 RETURN 子句中的 SELECT 语句的结果集的格式设置。函数体不用 BEGIN 和 END 分隔。RETURN 子句在括号中包含单个 SELECT 语句，该 SELECT 语句的结果集构成函数所返回的表。
- 表值函数：返回表数据类型的用户定义函数都称为表值函数，从这个意义上讲，表值函数包括内联函数。在表值函数中，RETURN 子句为函数返回的表定义局部返回变量名（局部返回变量名的作用域位于函数体内），RETURN 子句还定义表的格式。函数体中的 T-SQL 语句生成行并将其插入 RETURN 子句定义的返回变量中。当执行 RETURN 语句时，插入变量的行将作为函数的表格输出返回。RETURN 语句不能有参数。

所有用户定义函数接受零个或多个的输入参数，并返回单个值或单个表值，用户定义函数最多可以有 1024 个输入参数。当内联函数或表值函数返回表时，可以在另一个查询的 FROM 子句中使用该函数。

建立用户定义函数的操作是：展开服务器，展开"数据库"，展开要建立用户定义函数的数据库名称，展开"可编程性"，右击"函数"，选择"新建"命令，在出现的快捷菜单中选择相应的函数类型，如图 9.61 所示。在选择了函数类型后，T-SQL 语句编辑窗口显示相应类型的函数模板。

图 9.61　创建用户自定义函数

【例 9.65】　给出以下程序的执行结果。

```
USE school
GO
IF EXISTS(SELECT * FROM sysobjects_        -- 如果存在这样的函数则删除之
    WHERE name = 'CubicVolume' AND type = 'FN')
    DROP FUNCTION CubicVolume
GO
```

```
CREATE FUNCTION CubicVolume
    (@CubeLength decimal(4,1), @CubeWidth decimal(4,1),  -- 输入参数
     @CubeHeight decimal(4,1))
RETURNS decimal(12,3)  -- 返回立方体的体积,返回单个值,这是标量值函数的特征
AS
BEGIN
    RETURN(@CubeLength * @CubeWidth * @CubeHeight)
END
GO
PRINT '长、宽、高分别为 6、4、3 的立方体的体积' +
    CAST(dbo.CubicVolume(6,4,3) AS char(10))
GO
```

解：上面的 T-SQL 语句在 test 数据库中定义了一个 CubicVolume 用户定义函数,然后使用该函数计算一个长方体的体积。该函数是一个标量值函数。执行结果如图 9.62 所示。

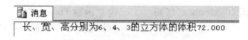

图 9.62　程序执行结果

说明：当不需要上述 CubicVolume 函数时,在 SQL Server 管理控制器中展开 test 数据库,展开"可编程性",展开"函数",展开"标量值函数",右击 CubicVolume,在出现的快捷菜单中选择"删除"命令。也可以使用 DROP FUNCTION CubicVolume 命令将其删除。

上例函数是一个标量值函数,它返回单个值。SQL Server 还支持返回 table 数据类型的用户定义函数。内联表值函数的特点是返回 table 变量,自动将其中的 SELECT 语句(只能有一个 SELECT 语句,因而不需要 BEGIN…END 括起来)的查询结果插入到该变量中,然后将该变量作为返回值返回。

【例 9.66】　给出以下程序的执行结果。

```
USE school
GO
IF EXISTS(SELECT * FROM sysobjects        -- 如果存在这样的函数则删除之
    WHERE name = 'funstud1' AND type = 'IF')
    DROP FUNCTION funstud1
GO
CREATE FUNCTION funstud1(@bh char(10))    -- 建立函数 funstud1
    RETURNS TABLE                          -- 返回表,没有指定表结构,这是内联函数的特征
AS
RETURN
(
    SELECT s.学号,s.姓名,sc.课程号,sc.分数
    FROM student s,score sc
    WHERE s.学号 = sc.学号 AND s.班号 = @bh
)
GO
SELECT * FROM funstud1('1031')
GO
```

解：在上述定义的函数 funstud1 中，返回的一个表。通过 SELECT 语句查询指定的行并插入到该表中，调用该函数返回这个表的结果。外部语句唤醒调用该函数以引用由它返回的 TABLE。最后的 T-SQL 语句使用该函数查询 1031 班所有学生的考试成绩记录。这是一个内联表值函数。执行结果如图 9.63 所示。

	学号	姓名	课程号	分数
1	103	陆君	3-105	92
2	103	陆君	3-245	86
3	105	匡明	3-105	88
4	105	匡明	3-245	75
5	109	王芳	3-105	76
6	109	王芳	3-245	68

图 9.63　程序执行结果

【例 9.67】 给出以下程序的执行结果。

```
USE school
GO
IF EXISTS(SELECT * FROM sysobjects          -- 如果存在这样的函数则删除之
    WHERE name = 'funstud2' AND type = 'TF')
    DROP FUNCTION funstud2
GO
CREATE FUNCTION funstud2(@xh char(10))      -- 建立函数 funstud2
    RETURNS @st TABLE                       -- 返回表@st,下面定义其表结构
    (                                       -- 指定了表结构,这是表值函数的特征
        avgs float
    )
AS
    BEGIN
        INSERT @st                          -- 向@st中插入满足条件的记录
        SELECT AVG(score.分数)
        FROM score
        WHERE score.学号 = @xh AND 分数 IS NOT NULL
        RETURN
    END
GO
SELECT * FROM funstud2('108')
GO
```

解：在上述定义的函数 funstud2 中，返回的本地变量名是@st。函数中的语句在@st 变量中插入行，以生成由该函数返回的 TABLE 结果。外部语句唤醒调用该函数以引用由该函数返回的 TABLE。最后的 SELECT 语句使用该函数查询学号为 108 的平均分。这是一个多语句表值函数。执行结果如图 9.64 所示。

图 9.64　程序执行结果

表值函数与内联函数相似，也返回一个 TABLE 变量。它们的区别是表值函数需定义返回表的类型，并用 INSERT 语句向返回表变量中插入记录行，而且表值函数需要使用 BEGIN…END，其中可以包含多个 T-SQL 语句，可以包含聚合函数。

习题 9

1. 从功能上划分，T-SQL 语言分为哪 4 类？

2. NULL 代表什么含义？将其与其他值进行比较会产生什么结果？如果数值型列中存在 NULL，会产生什么结果？

3. 使用 T-SQL 语句向表中插入数据应注意什么？

4. LIKE 匹配字符有哪几种？如果要检索的字符中包含匹配字符,那么该如何处理？

5. 在 SELECT 语句中 DISTINCT、ORDER BY、GROUP BY 和 HAVING 子句的功能各是什么？

6. 在一个 SELECT 语句中,当 WHERE 子句、GROUP BY 子句和 HAVING 子句同时出现在一个查询中时,T-SQL 的执行顺序如何？

7. 什么是局部变量？什么是全局变量？如何标识它们？

8. 什么是批处理？使用批处理有何限制？

9. 在默认情况下,T-SQL 脚本文件的后缀是什么？T-SQL 脚本执行的结果有哪几种形式？

10. 编写一个程序,输出所有学生的学号和平均分,并以平均分递增排序。

11. 编写一个程序,判断 school 数据库是否存在 student 表。

12. 编写一个程序,查询所有同学参加考试的课程的信息。

13. 编写一个程序,查询所有成绩高于该课程平均分的记录,且按课程号有序排列。

14. 创建一个自定义函数 maxscore,用于计算给定课程号的最高分,并用相关数据进行测试。

上机实验题 4

在上机实验题 3 建立的 factory 数据库上,完成如下各题的程序,要求以文本格式显示结果：

(1) 显示所有职工的年龄,并按职工号递增排序。

(2) 求出各部门的党员人数。

(3) 显示所有职工的姓名和 2004 年 1 月份工资数。

(4) 显示所有职工的职工号、姓名和平均工资。

(5) 显示所有职工的职工号、姓名、部门名和 2004 年 2 月份工资,并按部门名顺序排列。

(6) 显示各部门名和该部门的所有职工平均工资。

(7) 显示所有平均工资高于 1200 的部门名和对应的平均工资。

(8) 显示所有职工的职工号、姓名和部门类型,其中财务部和人事部属管理部门,市场部属市场部门。

(9) 若存在职工号为 10 的职工,则显示其工作部门名称,否则显示相应提示信息。

(10) 求出男女职工的平均工资,若男职工平均工资高出女职工平均工资 50%,则显示“男职工比女职工的工资高多了”的信息；若男职工平均工资与女职工平均工资比率在 1.5～0.8 之间,则显示“男职工跟女职工的工资差不多”的信息；否则,显示“女职工比男职工的工资高多了”的信息。

第 10 章　　　　T-SQL 高级应用

在第 9 章中,介绍了 T-SQL 的基本查询语句,并介绍了 T-SQL 的编程基础知识。本章将在前面学习的基础上,介绍 T-SQL 的高级查询语句,并介绍事务处理、游标、数据锁定和分布式查询的概念。

10.1　SELECT 高级查询

本节主要介绍数据汇总、外连接查询、交叉连接查询、子查询和在查询的基础上创建新表等。

10.1.1　数据汇总

为决策支持系统生成聚合事务的汇总报表是一项复杂并且相当消耗资源的工作。SQL Server 2005 提供两个灵活且强大的工具,即 SQL Server 2005 分析服务和报表服务。但是对于生成简单汇总报表的应用程序,可使用以下运算符:

- CUBE 或 ROLLUP 运算符。它们均为 GROUP BY 子句的一部分。
- COMPUTE 或 COMPUTE BY 运算符。它们均与 GROUP BY 子句相关联。

1. 聚合函数

数据库的一个最大的特点就是将各种分散的数据按照一定规律、条件进行分类组合,最后得出统计结果。SQL Server 提供了聚合函数,用来完成一定的统计功能。

聚合函数对一组值执行计算并返回单一的值。除 COUNT 函数之外,聚合函数忽略空值(NULL)。聚合函数经常与 SELECT 语句的 GROUP BY 子句一同使用。所有聚合函数都具有确定性。任何时候用一组给定的输入值调用它们时,都返回相同的值。

聚合函数仅用于以下子句:

- SELECT 子句(子查询或外部查询)。
- COMPUTE 或 COMPUTE BY 子句。
- HAVING 子句。

COMPUTE BY 子句可以用同一 SELECT 语句既查看明细行,又查看汇总行。可以计算子组的汇总值,也可以计算整个结果集的汇总值。COMPUTE 子句需要以下信息:

- 可选的 BY 关键字。该关键字可按对一列计算指定的行聚合。
- 行聚合函数名称。例如,SUM、AVG、MIN、MAX 或 COUNT。
- 要对其执行行聚合函数的列。

(1) COMPUTE 生成的结果集

COMPUTE 所生成的汇总值在查询结果中显示为分离的结果集。包括 COMPUTE 子句的查询的结果类似于控制中断报表,即汇总值由指定的组来控制的报表。可以为各组生成汇总值,也可以对同一组计算多个聚合函数。

当 COMPUTE 带有可选的 BY 子句时,符合 SELECT 条件的每个组都有两个结果集:

- 每个组的第一个结果集是明细行集,其中包含该组的选择列表信息。
- 每个组的第二个结果集有一行,其中包含该组的 COMPUTE 子句中所指定的聚合函数的小计。

当 COMPUTE 不带可选的 BY 子句时,SELECT 语句有两个结果集:

- 每个组的第一个结果集是包含选择列表信息的所有明细行。
- 第二个结果集有一行,其中包含 COMPUTE 子句中所指定的聚合函数的合计。

【例 10.1】 给出以下程序的执行结果。

```
USE school
SELECT 学号,课程号,分数 FROM score
WHERE 学号 IN (103,105)
ORDER BY 学号
COMPUTE SUM(分数)
```

图 10.1 程序执行结果

解:该程序中 SELECT 语句使用简单 COMPUTE 子句生成 score 表中分数列的求和总计。执行结果如图 10.1 所示。

【例 10.2】 给出以下程序的执行结果。

```
USE school
SELECT 学号,课程号,分数
FROM score
WHERE 学号 IN (103,105)
ORDER BY 学号
COMPUTE SUM(分数) BY 学号
```

图 10.2 程序执行结果

解:该程序中的查询在 COMPUTE 子句中加入可选的 BY 关键字,以生成每个组的小计。执行结果如图 10.2 所示。

(2) 比较 COMPUTE 和 GROUP BY 的功能

COMPUTE 和 GROUP BY 之间的区别汇总如下:

- GROUP BY 生成单个结果集。每个组都有一个只包含分组依据列和显示该组子聚合的聚合函数的行。选择列表只能包含分组依据列和聚合函数。
- COMPUTE 生成多个结果集。一类结果集包含每个组的明细行,其中包含选择列表中的表达式。另一类结果集包含组的子聚合,或 SELECT 语句的总聚合。选择列表可包含除分组依据列或聚合函数之外的其他表达式。聚合函数在 COMPUTE 子句中指定,而不是在选择列表中。

2. GROUP BY 子句

GROUP BY 子句用来为结果集中的每一行产生聚合值。如果聚合函数没有使用 GROUP BY 子句,则只为 SELECT 语句报告一个聚合值。指定 GROUP BY 时,选择列表中任一非聚合表达式内的所有列都应包含在 GROUP BY 列表中,或者 GROUP BY 表达式必须与选择列表表达式完全匹配。

GROUP BY 子句的语法格式为:

```
[GROUP BY [ALL] 分组表达式 [, … n]
[WITH {CUBE | ROLLUP }]
]
```

其中,各参数含义如下:
- ALL:包含所有组和结果集,甚至包含那些任何行都不满足 WHERE 子句指定的搜索条件的组和结果集。如果指定了 ALL,将对组中不满足搜索条件的汇总列返回空值。不能用 CUBE 或 ROLLUP 运算符指定 ALL。
- CUBE:指定在结果集内,不仅包含由 GROUP BY 提供的正常行,还包含汇总行。在结果集内返回每个可能的组和子组组合的 GROUP BY 汇总行。GROUP BY 汇总行在结果中显示为 NULL,但可用来表示所有值。使用 GROUPING 函数确定结果集内的空值是否是 GROUP BY 汇总值。
- ROLLUP:指定在结果集内不仅包含由 GROUP BY 提供的正常行,还包含汇总行。按层次结构顺序,从组内的最低级别到最高级别汇总组。组的层次结构取决于指定分组列时所使用的顺序。更改分组列的顺序会影响在结果集内生成的行数。

注意:使用 CUBE 或 ROLLUP 时,不支持区分聚合,如 AVG(DISTINCT column_name)、COUNT(DISTINCT column_name)和 SUM(DISTINCT column_name)。如果使用这类聚合函数,SQL Server 将返回错误信息并取消查询。

【例 10.3】 给出以下程序的执行结果。

```
USE school
SELECT student.班号,course.课程名,AVG(score.分数) AS '平均分'
FROM student,course,score
WHERE student.学号 = score.学号 AND course.课程号 = score.课程号
GROUP BY student.班号,course.课程名 WITH CUBE
```

解:该程序在 GROUP BY 子句上增加了 CUBE。执行结果如图 10.3 所示。
本例的结果中,没有 NULL 的行表示指定班指定课程的平均分,而班号为 NULL 的行表示所有班指定课程的平均分,如以下行表示所有班"操作系统"课程的平均分为 76.333 333:

| NULL | 操作系统 | 76.3333333333333 |

而课程为 NULL 的行表示指定班所有课程的平均分,如以下行表示"1033"班所有课程的平均分为 79.4:

| 1033 | NULL | 79.4 |

班号和课程号均为 NULL 的行表示所有班全部课程的平均分。

带 ROLLUP 参数会依据 GROUP BY 后面所列第一个字段做汇总运算。

【例 10.4】 给出以下程序的执行结果。

```
USE school
SELECT student.班号,AVG(score.分数) AS '平均分'
FROM student,course,score
WHERE student.学号 = score.学号
GROUP BY student.班号 WITH ROLLUP
```

解:该程序检索各班的平均分和所有的平均分。执行结果如图 10.4 所示。

	班号	课程名	平均分
1	1031	操作系统	76.3333333333333
2	1031	计算机导论	85.3333333333333
3	1031	NULL	80.8333333333333
4	1033	计算机导论	77.6666666666667
5	1033	数字电路	82
6	1033	NULL	79.4
7	NULL	NULL	80.1818181818182
8	NULL	操作系统	76.3333333333333
9	NULL	计算机导论	81.5
10	NULL	数字电路	82

图 10.3 程序执行结果

	班号	平均分
1	1031	80.8333333333333
2	1033	79.4
3	NULL	80.1818181818182

图 10.4 程序执行结果

10.1.2 复杂连接查询

通过连接,可以根据各个表之间的逻辑关系从两个或多个表中检索数据。连接表示 SQL Server 2005 应如何使用一个表中的数据来选择另一个表中的行。

连接条件通过以下方法定义两个表在查询中的关联方式:

- 指定每个表中要用于连接的列。典型的连接条件在一个表中指定外键,在另一个表中指定与其关联的键。
- 指定比较各列的值时要使用的逻辑运算符(=、<>等)。

可在 FROM 或 WHERE 子句中指定连接。连接条件与 WHERE 和 HAVING 搜索条件组合,用于控制 FROM 子句引用的基表中所选定的行。

在 FROM 子句中指定连接条件,有助于将这些连接条件与 WHERE 子句中可能指定的其他搜索条件分开,指定连接时建议使用这种方法。简单的子句连接语法如下:

```
FROM 第一个表名 连接类型 第二个表名 [ON(连接条件)]
```

其中,连接类型有内连接、外连接或交叉连接。

【例 10.5】 给出以下程序的执行结果。

数据库原理与应用——基于 SQL Server

```
USE school
SELECT allocate.班号,allocate.课程号,teacher.姓名
FROM allocate JOIN teacher ON (allocate.教师编号 = teacher.编号)
ORDER BY allocate.班号
```

解：该程序使用连接查询以查询各班所有课程的任课教师姓名。执行结果如图 10.5 所示。

SQL Server 处理连接时,查询引擎从多种可能的方法中选择最高效的方法处理连接。尽管不同连接的物理执行采用多种不同的优化,但是逻辑序列都应用:

	班号	课程号	姓名
1	1031	3-105	王萍
2	1031	3-245	李诚
3	1033	3-105	王萍
4	1033	6-166	张旭

图 10.5　程序执行结果

- FROM 子句中的连接条件。
- WHERE 子句中的连接条件和搜索条件。
- HAVING 子句中的搜索条件。

如果在 FROM 和 WHERE 子句间移动条件,则这个序列有时会影响查询结果。

连接条件中用到的列不必具有相同的名称或相同的数据类型。但是如果数据类型不相同,则必须兼容或由 SQL Server 进行隐性转换。如果不能隐性转换数据类型,则连接条件必须用 CAST 函数显式地转换数据类型。

1. 内连接

内连接是用比较运算符比较要连接列的值的连接。在 SQL-92 标准中,内连接可在 FROM 或 WHERE 子句中指定。这是 WHERE 子句中唯一一种 SQL-92 支持的连接类型。WHERE 子句中指定的内连接称为旧式内连接。

内连接使用 INNER JOIN 关键词,上面查询各课程的任课教师姓名的例子就是一个内连接的例子,也可以按下面方式查询:

```
USE school
SELECT allocate.班号,allocate.课程号,teacher.姓名
FROM allocate INNER JOIN teacher ON (allocate.教师编号 = teacher.编号)
ORDER BY allocate.班号
```

执行结果同例 10.5。

提示：两个表或者多个表要做连接,一般来说,这些表之间存在着主键和外键的关系。所以将这些键的关系列出,就可以得到表的连接结果。

2. 外连接

仅当至少有一个同属于两表的行符合连接条件时,内连接才返回行。内连接消除与另一个表中的任何行不匹配的行。而外连接会返回 FROM 子句中提到的至少一个表或视图的所有行,只要这些行符合任何 WHERE 或 HAVING 搜索条件。将检索通过左外连接引用的左表的所有行,以及通过右外连接引用的右表的所有行。全外连接中两个表的所有行都将返回。

SQL Server 2005 对在 FROM 子句中指定的外连接使用以下关键字:

- LEFT OUTER JOIN 或 LEFT JOIN(左外连接)
- RIGHT OUTER JOIN 或 RIGHT JOIN(右外连接)
- FULL OUTER JOIN 或 FULL JOIN(全外连接)

（1）左外连接

左外连接简称为左连接，其结果包括第一个命名表（"左"表，出现在 JOIN 子句的最左边）中的所有行，不包括右表中的不匹配行。

【例 10.6】　给出以下程序的执行结果。

```
USE school
INSERT INTO allocate(班号,课程号) VALUES('1031','9 - 888')
SELECT allocate.班号,allocate.课程号,teacher.姓名
FROM allocate LEFT JOIN teacher ON (allocate.教师编号 = teacher.编号)
ORDER BY allocate.班号
DELETE allocate WHERE 班号 = '1031' AND 课程号 = '9 - 888'
```

解：该程序先在 allocate 表中插入一个记录，再采用左连接以查询各班所有课程的任课教师姓名。通过左连接，可以查询某班某课程还没有安排任课教师。由于刚插入的记录没有指定任课教师，所以本例的结果如图 10.6 所示。最后删除该插入的记录。

（2）右外连接

右外连接简称为右连接，其结果中包括第二个命名表（"右"表，出现在 JOIN 子句的最右边）中的所有行，不包括左表中的不匹配行。

【例 10.7】　给出以下程序的执行结果。

```
USE school
INSERT INTO allocate(班号,课程号) VALUES('1031','9 - 888')
SELECT allocate.班号,allocate.课程号,teacher.姓名
FROM allocate RIGHT JOIN teacher ON (allocate.教师编号 = teacher.编号)
ORDER BY allocate.班号
DELETE allocate WHERE 班号 = '1031' AND 课程号 = '9 - 888'
```

解：该程序先在 allocate 表中插入一个记录，再采用右连接以查询各班所有课程的任课教师姓名。通过右连接，可以查询哪些教师没有带课。其执行结果如图 10.7 所示，说明刘冰老师没有带课。最后删除该插入的记录。

	班号	课程号	姓名
1	1031	3-105	王萍
2	1031	3-245	李诚
3	1031	9-888	NULL
4	1033	3-105	王萍
5	1033	6-166	张旭

图 10.6　程序执行结果

	班号	课程号	姓名
1	NULL	NULL	刘冰
2	1031	3-245	李诚
3	1031	3-105	王萍
4	1033	3-105	王萍
5	1033	6-166	张旭

图 10.7　程序执行结果

（3）全外连接

若要通过在连接结果中包括不匹配的行保留不匹配信息，可以使用全外连接。SQL Server 2005 提供全外连接运算符 FULL OUTER JOIN，不管另一个表是否有匹配的值，此运算符都包括两个表中的所有行。

【例 10.8】　给出以下程序的执行结果。

```
USE school
INSERT INTO allocate(班号,课程号) VALUES('1031','9 - 888')
```

数据库原理与应用——基于 SQL Server

```
SELECT allocate.班号,allocate.课程号,teacher.姓名
FROM allocate FULL OUTER JOIN teacher ON (allocate.教师编号 = teacher.编号)
ORDER BY allocate.班号
DELETE allocate WHERE 班号 = '1031' AND 课程号 = '9-888'
```

解：该程序将上例中的连接改为全外连接。执行结果如图 10.8 所示。

3. 交叉连接

在这类连接的结果集内，两个表中每两个可能成对的行占一行。交叉连接不使用 WHERE 子句。在数学上，就是表的笛卡儿积。第一个表的行数乘以第二个表的行数等于笛卡儿积结果集的大小。

【例 10.9】 给出以下程序的执行结果。

```
USE school
SELECT course.课程名,teacher.姓名
FROM course CROSS JOIN teacher
```

解：该程序使用交叉连接产生课程和教师所有可能的组合。执行结果如图 10.9 所示。

	课程名	姓名
1	计算机导论	李诚
2	操作系统	李诚
3	数字电路	李诚
4	高等数学	李诚
5	计算机导论	王萍
6	操作系统	王萍
7	数字电路	王萍
8	高等数学	王萍
9	计算机导论	刘冰
10	操作系统	刘冰
11	数字电路	刘冰
12	高等数学	刘冰
13	计算机导论	张旭
14	操作系统	张旭
15	数字电路	张旭
16	高等数学	张旭

	班号	课程号	姓名
1	NULL	NULL	刘冰
2	1031	3-105	王萍
3	1031	3-245	李诚
4	1031	9-888	NULL
5	1033	3-105	王萍
6	1033	6-166	张旭

图 10.8 程序执行结果   图 10.9 程序执行结果

提示：交叉连接产生的结果集一般是没有意义的，但在数据库的数学模式上却有着重要的作用。

10.1.3 复杂子查询

子查询能够将比较复杂的查询分解为几个简单的查询，而且子查询可以嵌套。嵌套查询的过程是：首先执行内部查询，它查询出来的数据并不被显示出来，而是传递给外层语句，并作为外层语句的查询条件来使用。

1. 子查询规则

嵌套在外部 SELECT 语句中的子查询可以包括以下子句：
- 包含标准选择列表组件的标准 SELECT 查询。
- 包含一个或多个表或者视图名的标准 FROM 子句。
- 可选的 WHERE 子句。

- 可选的 GROUP BY 子句。
- 可选的 HAVING 子句。

子查询的 SELECT 查询总是用圆括号括起来,且不能包括 COMPUTE 或 FOR BROWSE 子句。如果同时指定 TOP 子句,则可能只包括 ORDER BY 子句。

注意:如果某个表只出现在子查询中而不出现在外部查询中,那么该表中的列就无法包含在输出中(外部查询的选择列表)。

在 SQL Server 2005 中,子查询还要受下面的条件限制:

- 通过比较运算符引入的子查询的选择列表只能包括一个表达式或列名称(分别对 SELECT ＊或列表进行 EXISTS 和 IN 操作除外)。
- 如果外部查询的 WHERE 子句包括某个列名,则该子句必须与子查询选择列表中的该列在连接上兼容。
- 子查询的选择列表中不允许出现 ntext、text 和 image 数据类型。
- 由于不修改数据的比较运算符(指其后未接关键字 IN、ANY 或 ALL 等)的引入,这类子查询必须返回单个值,而且子查询中不能包括 GROUP BY 和 HAVING 子句。
- 包括 GROUP BY 的子查询不能使用 DISTINCT 关键字。
- 不能指定 COMPUTE 和 INTO 子句。
- TOP 子句用于指定要返回的记录个数,如 SELECT TOP 3 或 30 PERCENT FROM student 表示显示前 3 个记录或者满足条件的 30％的记录。只有同时指定了 TOP,才可以指定 ORDER BY。
- 由子查询创建的视图不能更新。
- 按约定,通过 EXISTS 引入的子查询的选择列表由星号(＊)组成,而不使用单个列名。由于通过 EXISTS 引入的子查询进行了存在测试,并返回 TRUE 或 FALSE 而非数据,所以这些子查询的规则与标准选择列表的规则完全相同。

2. 子查询类型

有如下 3 种常用的子查询类型:

- 在通过 IN 引入的列表或者由 ANY 或 ALL 修改的比较运算符的列表上进行操作。
- 通过不修改数据的比较运算符(指其后未接关键字 IN、ANY 或 ALL 等)引入,并且必须返回单个值。
- 通过 EXISTS 引入的存在测试。

上述 3 种子查询通常采用的格式有下面几种:

- WHERE 表达式 [NOT] IN (子查询)
- WHERE 表达式 比较运算符 [ANY | ALL](子查询)
- WHERE [NOT] EXISTS (子查询)

(1) 使用 IN 或 NOT IN

通过 IN(或 NOT IN)引入的子查询结果是没有值或多个值。子查询返回结果之后,外部查询将利用这些结果。

【例 10.10】 给出以下程序的执行结果。

```
USE school
```

数据库原理与应用——基于 SQL Server

```
SELECT student.学号,student.姓名
FROM student
WHERE student.学号 IN
    (SELECT score.学号 FROM score
    WHERE score.课程号 = '6 - 166')
```

解：该程序查询选修"6-166"课程号的学生名称。执行结果如图 10.10 所示。如果要查询没有选修"6-166"课程号的学生名单,则可以使用 NOT IN:

```
USE school
SELECT student.学号,student.姓名
FROM student
WHERE student.学号 NOT IN
    (SELECT score.学号 FROM score
    WHERE score.课程号 = '6 - 166')
```

执行结果如图 10.11 所示。

	学号	姓名
1	101	李军
2	107	王丽
3	108	曾华

图 10.10　程序执行结果

	学号	姓名
1	103	陆君
2	105	匡明
3	109	王芳

图 10.11　程序执行结果

提示：使用连接与使用子查询处理该问题及类似问题的一个不同之处在于,连接可以在结果中显示多个表中的列,而子查询却不可以。

【**例 10.11**】　给出功能为"查询'王萍'教师任课的学生成绩,并按成绩递增排列"的程序及其执行结果。

解：对应的程序如下:

```
USE school
SELECT 课程号,学号,分数
FROM score
WHERE 课程号 IN
    (SELECT 课程号
    FROM allocate
    WHERE 教师编号 =
        (SELECT 编号
        FROM teacher
        WHERE 姓名 = '王萍')
    )
ORDER BY 分数 DESC
```

本例执行结果如图 10.12 所示。

(2) 使用 ANY 或 ALL

ANY 或 ALL 通常与关系运算符连用,如 > ANY(子查询)表示大于任意子查询的结果。

【**例 10.12**】　给出功能为"查询其平均分高于所有课程平均

	课程号	学号	分数
1	3-105	103	92
2	3-105	107	91
3	3-105	105	88
4	3-105	108	78
5	3-105	109	76
6	3-105	101	64

图 10.12　程序执行结果

分的学生学号及其平均分"的程序及其执行结果。

解：对应的程序如下：

```
USE school
SELECT 学号,AVG(分数) AS '平均分'
FROM score
GROUP BY 学号
HAVING AVG(分数) > ALL
    (SELECT AVG(分数)
     FROM score
     WHERE 分数 IS NOT NULL
    )
```

本例执行结果如图 10.13 所示。

（3）使用 EXISTS

在子查询中，还可以使用 EXISTS，它一般用在 WHERE 子句中，其后紧跟一个子查询，从而构成一个条件，当该子查询至少存在一个返回值时，这个条件为真，否则为假。

注意：使用 EXISTS 引入的子查询在以下几方面与其他子查询略有不同：

- EXISTS 关键字前面没有列名、常量或其他表达式。
- 由 EXISTS 引入的子查询的选择列表通常都是由星号（＊）组成。由于只是测试是否存在符合子查询中指定条件的行，所以不必列出列名。

【例 10.13】 给出功能为"查询所有任课教师的姓名和单位"的程序及其执行结果。

解：对应的程序如下：

```
USE school
SELECT 姓名,单位
FROM teacher a
WHERE EXISTS
    (SELECT *
     FROM allocate b
     WHERE a.编号 = b.教师编号)
```

本例执行结果如图 10.14 所示。

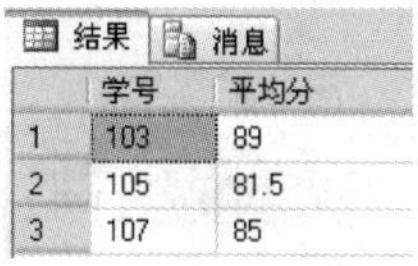

	学号	平均分
1	103	89
2	105	81.5
3	107	85

图 10.13　程序执行结果

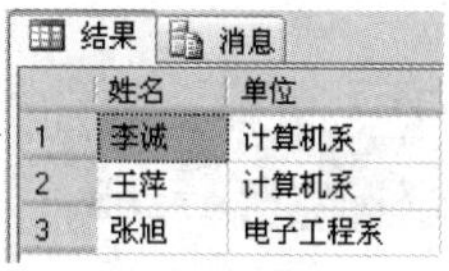

	姓名	单位
1	李诚	计算机系
2	王萍	计算机系
3	张旭	电子工程系

图 10.14　程序执行结果

本例也有一个相关子查询，其执行过程是：从头到尾扫描 teacher 表的行，对于每个行，执行子查询，此时，a.编号是一个常量，子查询便是在 allocate 表中查找教师编号等于该常量的行，如果存在这样的行，EXISTS 子句便返回真，主查询屏幕显示 teacher 表中的当前行；如果子查询未找到这样的行，EXISTS 子句返回假，主查询不显示 teacher 表中的当前行。主查询继续查找 teacher 表的下一行，其过程与上述相同。

【例 10.14】 给出功能为"查询所有未讲课的教师的姓名和单位"的程序及其执行

结果。

解：对应的程序如下：

```
USE school
SELECT 姓名,单位
FROM teacher a
WHERE NOT EXISTS
    (SELECT *
     FROM allocate b
     WHERE a.编号 = b.教师编号)
```

该程序的执行结果如图 10.15 所示。

本例的执行过程与上例基本相同,只是将 EXISTS 子句的结果取反,当子查询找到了这样的行,WHERE 条件为假；当子查询未找到这样的行,则 WHERE 条件为真,所示查询结果与上例正好相反。

3. 多层嵌套

子查询可以嵌套在外部 SELECT、INSERT、UPDATE 或 DELETE 语句的 WHERE 或 HAVING 子句内,或者其他子查询中。尽管根据可用内存和查询中其他表达式的复杂程度不同,嵌套限制也有所不同,但一般均可以嵌套到 32 层。

【例 10.15】 给出以下程序的执行结果。

```
USE school
SELECT 姓名,班号
FROM student
WHERE 学号 =
    (SELECT 学号
     FROM score
     WHERE 分数 =
         (SELECT MAX(分数)
          FROM score)
    )
```

解：该程序使用多层嵌套子查询来查询最高分的学生姓名及班号。执行结果如图 10.16 所示。

图 10.15　程序执行结果

图 10.16　程序执行结果

10.1.4　数据来源是一个查询的结果

在查询语句中,FROM 指定数据来源,它可以是一个或多个表。实际上,由 FROM 指定的数据来源也可以是一个 SELECT 查询的结果。

【例 10.16】 给出以下程序的执行结果。

```
USE school
```

```
SELECT 课程号,avgs AS '平均分'
FROM (SELECT 课程号,AVG(分数) avgs
      FROM score
      GROUP BY 课程号) T
ORDER BY avgs DESC
```

解：该程序中，FROM 指定的数据来源是一个 SELECT 查询的结果，该查询求出所有课程的平均分，整个查询再从中以递减方式输出所有课程名和平均分。执行结果如图 10.17 所示。

【**例 10.17**】　给出以下程序的执行结果。

```
USE school
SELECT 班号,学号,姓名,MAX(分数) 最分数
FROM (SELECT s.学号,s.姓名,s.班号,c.课程名,sc.分数
      FROM student s,course c,score sc
      WHERE s.学号 = sc.学号 AND c.课程号 = sc.课程号 AND 分数 IS NOT NULL) T
GROUP BY 班号,学号,姓名
ORDER BY 班号,学号
```

解：该程序中，FROM 指定的数据来源是求出所有具有分数的学生学号、姓名、班号、课程名和分数，整个查询再对该结果以班号和学号分组，每组求出最高分(其功能就是求出每个学生最高分分数)。执行结果如图 10.18 所示。

结果 | 消息

	课程号	平均分
1	6-166	82
2	3-105	81.5
3	3-245	76.3333333333333

图 10.17　程序执行结果

结果 | 消息

	班号	学号	姓名	最分数
1	1031	103	陆君	92
2	1031	105	匡明	88
3	1031	109	王芳	76
4	1033	101	李军	85
5	1033	107	王丽	91
6	1033	108	曾华	78

图 10.18　程序执行结果

10.2　事务处理

事务是 SQL Server 中的单个逻辑单元，一个事务内的所有 SQL 语句作为一个整体执行，要么全部执行，要么都不执行。

一个逻辑工作单元必须有四个特性，称为 ACID(原子性、一致性、隔离性和持久性)属性，只有这样才能成为一个事务。这些特性说明如下：

- 原子性(Atomicity)。事务必须是原子工作单元。对于其数据修改，要么全都执行，要么全都不执行。
- 一致性(Consistency)。事务在完成时，必须使所有的数据都保持一致状态。在相关数据库中，所有规则都必须应用于事务的修改，以保持所有数据的完整性。事务结束时，所有的内部数据结构(如 B-树索引或双向链表)都必须是正确的。
- 隔离性(Isolation)。由并发事务所做的修改必须与任何其他并发事务所做的修改隔离。事务查看数据时数据所处的状态，要么是另一并发事务修改它之前的状态，要么是另一事务修改它之后的状态，事务不会查看中间状态的数据。这称为可串行

性,因为它能够重新装载起始数据,并且重播一系列事务,以使数据结束时的状态与原始事务执行的状态相同。

- 持久性(Durability)。事务完成之后,它对于系统的影响是永久性的。该修改即使出现系统故障也将一直保持。

10.2.1　事务分类

按事务的启动和执行方式,可以将事务分为三类:

- 显式事务。也称为用户定义或用户指定的事务,即可以显式地定义启动和结束的事务。分布式事务是一种特殊的显式事务,当数据库系统分布在不同的服务器上时,要保证所有服务器的数据的一致性和完整性,就要用到分布式事务。
- 自动提交事务。自动提交模式是 SQL Server 的默认事务管理模式。每个 T-SQL 语句在完成时,都被提交或回滚。如果一个语句成功地完成,则提交该语句;如果遇到错误,则回滚该语句。只要自动提交模式没有被显式或隐性事务替代,SQL Server 连接就以该默认模式进行操作。自动提交模式也是 ADO、OLE DB、ODBC 和 DB-Library 的默认模式。
- 隐性事务。当连接以隐性事务模式进行操作时,SQL Server 将在提交或回滚当前事务后自动启动新事务。无须描述事务的开始,只须提交或回滚每个事务。隐性事务模式生成连续的事务链。

10.2.2　显式事务

显式事务需要显式地定义事务的启动和结束。它是通过 BEGIN TRANSACTION、COMMIT TRANSACTION、COMMIT WORK、ROLLBACK TRANSACTION 或 ROLLBACK WORK 等 T-SQL 语句来完成的。

1. 启动事务

启动事务使用 BEGIN TRANSACTION 语句,执行该语句会将@@TRANCOUNT 加1。其语法格式如下:

```
BEGIN TRAN[SACTION] [tran_name | @tran_name_variable
   [WITH MARK ['desp']]]
```

其中,各参数含义如下:

- tran_name:给事务分配的名称,必须遵循标识符规则,但是不允许标识符多于 32 个字符。仅在嵌套的 BEGIN…COMMIT 或 BEGIN … ROLLBACK 语句的最外语句对上使用事务名。
- @tran_name_variable:是用户定义的、含有有效事务名称的变量名。必须用 char、varchar、nchar 或 nvarchar 数据类型声明该变量。
- WITH MARK ['desp']:指定在日志中标记事务,其中 desp 为描述该标记的字符串。

注意:如果使用了 WITH MARK,则必须指定事务名。WITH MARK 允许将事务日志还原到命名标记。

BEGIN TRANSACTION 代表一个事务点,该事务点的数据在逻辑和物理上都是一致的。如果遇上错误,在 BEGIN TRANSACTION 之后的所有数据改动都能进行回滚,以将数据返回到已知的一致状态。每个事务继续执行直到它无误地完成并且用 COMMIT TRANSACTION 对数据库做永久地改动,或者遇上错误并且用 ROLLBACK TRANSACTION 语句擦除所有改动。

2. 结束事务

如果没有遇到错误,可使用 COMMIT TRANSACTION 语句成功地结束事务。该事务中的所有数据修改在数据库中都将永久有效。事务占用的资源将被释放。

COMMIT TRANSACTION 语句的语法格式如下:

```
COMMIT [TRAN[SACTION] [tran_name | @tran_name_variable]]
```

其中各参数含义与 BEGIN TRANSACTION 中的相同。

也可以使用 COMMIT WORK 来结束事务,该语句没有参数。

3. 回滚事务

如果事务中出现错误,或者用户决定取消事务,可回滚该事务。回滚事务是通过 ROLLBACK 语句来完成的。其语法格式如下:

```
ROLLBACK [TRAN[SACTION]
  [tran_name | @tran_name_variable
      | savepoint_name | @savepoint_variable]]
```

其中,各参数含义如下:

- savepoint_name:来自 SAVE TRANSACTION 语句的 savepoint_name(保存点名称)。它必须符合标识符规则。当条件回滚只影响事务的一部分时使用 savepoint_name。
- @savepoint_variable:是用户定义的、含有有效保存点名称的变量名。必须用 char、varchar、nchar 或 nvarchar 数据类型声明该变量。

ROLLBACK TRANSACTION 清除自事务的起点或到某个保存点所做的所有数据修改。ROLLBACK 还释放由事务控制的资源。

回滚事务也可以使用 ROLLBACK WORK 语句。

【例 10.18】　给出以下程序的执行结果。

```
USE school
GO
BEGIN TRANSACTION                               -- 启动事务
    INSERT INTO student VALUES('100','陈浩','男','1992/03/05','1033')
                                                -- 插入一个学生记录
ROLLBACK                                        -- 回滚事务
GO
SELECT * FROM student                           -- 查询 student 表的记录
GO
```

解:该程序启动一个事务向 student 表中插入一个记录,然后回滚该事务。正是由于回滚了事务,所以 student 表中没有真正插入该记录。

数据库原理与应用——基于 SQL Server

注意：在定义事务的时候，BEGIN TRANSACTION 语句要和 COMMIT TRANSACTION 或者 ROLLBACK TRANSACTION 语句成对出现。

4. 在事务内设置保存点

设置保存点使用 SAVE TRANSACTION 语句，其语法格式为：

```
SAVE TRAN[SACTION] {savepoint_name | @ savepoint_variable}
```

其中各参数含义与 ROLLBACK TRANSACTION 语句的相同。

用户可以在事务内设置保存点或标记。保存点是如果有条件地取消事务的一部分，事务可以返回的位置。

【例 10.19】 给出以下程序的执行结果。

```
USE school
GO
BEGIN TRANSACTION Mytran                            -- 启动事务
    INSERT INTO student
        VALUES ('100', '陈浩', '男', '1992/03/05', '1033')    -- 插入一个学生记录
SAVE TRANSACTION Mytran                             -- 保存点
    INSERT INTO student
        VALUES ('200', '王浩', '男', '1992/10/05', '1031')    -- 插入一个学生记录
ROLLBACK TRANSACTION Mytran
COMMIT  TRANSACTION
GO
SELECT * FROM student                               -- 查询 student 表的记录
GO
DELETE student WHERE 学号 = '100'                    -- 删除插入的记录
GO
```

解：该程序设置了在事务内设置保存点。执行结果如图 10.19 所示。从结果看到，由于在事务内设置保存点 Mytran，ROLLBACK 只回滚到该保存点为止，所以只插入保存点前的一个记录。

提示：如果回滚到事务开始位置，则全局变量 @@TRANCOUNT 的值减去 1。如果回滚到指定的保存点，则全局变量 @@TRANCOUNT 的值不变。

	学号	姓名	性别	出生日期	班号
1	100	陈浩	男	1992-03-05 00:00:00.000	1033
2	101	李军	男	1992-02-20 00:00:00.000	1033
3	103	陆君	男	1991-06-03 00:00:00.000	1031
4	105	匡明	男	1990-10-02 00:00:00.000	1031
5	107	王丽	女	1992-01-23 00:00:00.000	1033
6	108	曾华	男	1991-09-01 00:00:00.000	1033
7	109	王芳	女	1992-02-10 00:00:00.000	1031

图 10.19　程序执行结果

5. 标记事务

WITH MARK 选项使事务名置于事务日志中。将数据库还原到早期状态时，可使用标记事务替代日期和时间。

另外，若要将一组相关数据库恢复到逻辑上一致的状态，必须使用事务日志标记。标记可由分布式事务置于相关数据库的事务日志中。将这组相关数据库恢复到这些标记将产生一组在事务上一致的数据库。在相关数据库中放置标记需要特殊的过程。

6. 不能用于事务的操作

在事务处理中，并不是所有的 T-SQL 语句都可以取消执行，一些不能撤销的操作（如创

建、删除和修改数据库的操作),即使 SQL Server 取消了事务执行或者对事务进行了回滚,这些操作对数据库造成的影响也是不能恢复的。因此,这些操作不能用于事务处理。这些操作如表 10.1 所示。

表 10.1　不能用于事务的操作

操　　作	相应的 SQL 语句
创建数据库	CREATE DATABASE
修改数据库	ALTER DATABASE
删除数据库	DROP DATABASE
恢复数据库	RESTORE DATABASE
加载数据库	LOAD DATABASE
备份日志文件	BACKUP LOG
恢复日志文件	RESTORE LOG
更新统计数据	UPDATE STATISTICS
授权操作	GRANT
复制事务日志	DUMP TRANSACTION
磁盘初始化	DISK INIT
更新使用 sp_configure 系统存储过程更改的配置选项的当前配置值	RECONFIGURE

10.2.3　自动提交事务

SQL Server 使用 BEGIN TRANSACTION 语句启动显式事务,或隐性事务模式设置为打开之前,将以自动提交模式进行操作。当提交或回滚显式事务或者关闭隐性事务模式时,SQL Server 将返回到自动提交模式。

在自动提交模式下,有时看起来 SQL Server 好像回滚了整个批处理,而不是仅仅一个 SQL 语句。这种情况只有在遇到的错误是编译错误而不是运行时错误时才会发生。编译错误将阻止 SQL Server 建立执行计划,这样批处理中的任何语句都不会执行。尽管看起来好像是产生错误之前的所有语句都被回滚了,但实际情况是该错误使批处理中的任何语句都没有执行。

在下面的例子中,由于编译错误,第三个批处理中的任何 INSERT 语句都没有执行(没有返回显示结果):

```
USE test
GO
CREATE TABLE table2(c1 INT PRIMARY KEY,c2 CHAR(3))
GO
INSERT INTO table2 VALUES (1,'aaa')
INSERT INTO table2 VALUES (2,'bbb')
INSERT INTO table2 ALUSE (3,'ccc')    -- 符号错误,ALUSE 应为 VALUES
GO
SELECT * FROM table2                  -- 不会返回任何结果
GO
```

在执行时显示的错误消息如图 10.20 所示。

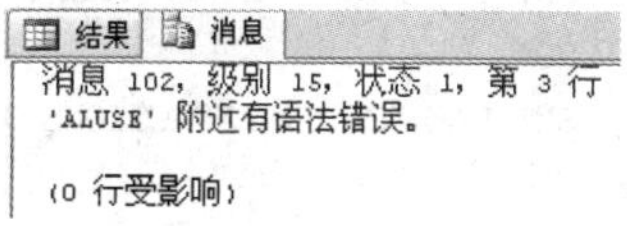

```
结果  消息
消息 102,级别 15,状态 1,第 3 行
'ALUSE' 附近有语法错误。

(0 行受影响)
```

图 10.20　错误消息

10.2.4 隐式事务

在为连接将隐性事务模式设置为打开之后,当 SQL Server 首次执行某些 T-SQL 语句时,都会自动启动一个事务,而不需要使用 BEGIN TRANSACTION 语句。这些 T-SQL 语句包括:

ALTER TABLE	INSERT	OPEN	CREATE
DELETE	REVOKE	DROP	SELECT
FETCH	TRUNCATE TABLE	GRANT	UPDATE

在发出 COMMIT 或 ROLLBACK 语句之前,该事务将一直保持有效。在第一个事务被提交或回滚之后,下次当连接执行这些语句中的任何语句时,SQL Server 都将自动启动一个新事务。SQL Server 将不断地生成一个隐性事务链,直到隐性事务模式关闭为止。

隐性事务模式可以通过使用 SET 语句来打开或者关闭,或通过数据库 API 函数和方法进行设置。其语法格式为:

```
SET IMPLICIT_TRANSACTIONS {ON | OFF}
```

当设置为 ON 时,SET IMPLICIT_TRANSACTIONS 将连接设置为隐性事务模式。当设置为 OFF 时,则使连接返回到自动提交事务模式。

对于因为该设置为 ON 而自动打开的事务,用户必须在该事务结束时将其显式提交或回滚。否则当用户断开连接时,事务及其所包含的所有数据更改将回滚。在事务提交后,执行上述任一语句即可启动新事务。

隐性事务模式将保持有效,直到连接执行 SET IMPLICIT_TRANSACTIONS OFF 语句使连接返回到自动提交模式。在自动提交模式下,如果各个语句成功完成,则提交。

【例 10.20】 给出以下程序的执行结果。

```
USE test
GO
SET NOCOUNT ON                          --不显示受影响的行数
CREATE table table3(a int)              --建立表 table3
GO
INSERT INTO table3 VALUES(1)            --插入一个记录
GO
PRINT '使用显式事务'
BEGIN TRAN                              --开始一个事务
INSERT INTO table3 VALUES(2)
PRINT '事务内的事务数目:'+ CAST(@@TRANCOUNT AS char(5))
COMMIT TRAN                             --事务提交
PRINT '事务外的事务数目:'+ CAST(@@TRANCOUNT AS char(5))
GO
PRINT '设置 IMPLICIT_TRANSACTIONS 为 ON'
GO
SET IMPLICIT_TRANSACTIONS ON            --开启隐式事务
GO
PRINT '使用隐式事务'
GO
```

```
-- 这里不需要 BEGIN TRAN 语句来定义事务的启动
INSERT INTO table3 VALUES(4)                      -- 插入一个记录
PRINT '事务内的事务数目:'+ CAST(@@TRANCOUNT AS char(5))
COMMIT TRAN                                       -- 事务提交
PRINT '事务外的事务数目: '+ CAST(@@TRANCOUNT AS char(5))
GO
```

解：该程序演示了在将 IMPLICIT_TRANSACTIONS 设置为 ON 时显式或隐式启动事务，它使用@@TRANCOUNT 函数演示打开的事务和关闭的事务。执行结果如图 10.21 所示。

图 10.21　程序执行结果

10.3　数据的锁定

SQL Server 2005 使用锁定确保事务完整性和数据库一致性。锁定可以防止用户读取正在由其他用户更改的数据，并可以防止多个用户同时更改相同数据。如果不使用锁定，则数据库中的数据可能在逻辑上不正确，并且对数据的查询可能会产生意想不到的结果。

提示：虽然 SQL Server 自动强制锁定，但可以通过了解锁定并在应用程序中自定义锁定来设计更有效的应用程序。

10.3.1　SQL Server 中的锁定

SQL Server 2005 具有多粒度锁定，允许一个事务锁定不同类型的资源。为了使锁定的成本减至最少，SQL Server 自动将资源锁定在适合任务的级别。锁定在较小的粒度（例如行）可以增加并发但需要较大的开销，因为如果锁定了许多行，则需要控制更多的锁。锁定在较大的粒度（例如表）就并发而言是相当昂贵的，因为锁定整个表限制了其他事务对表中任意部分进行访问，但要求的开销较低，因为需要维护的锁较少。

SQL Server 可以锁定的资源如表 10.2 所示（表中按粒度增加的顺序列出）。

表 10.2　SQL Server 2005 可以锁定的资源

资　　源	描　　述
RID	行标识符。用于单独锁定表中的一行
键（KEY）	索引中的行锁。用于保护可串行事务中的键范围
页（PAG）	8 KB 数据页或索引页
扩展盘区（EXT）	相邻的 8 个数据页或索引页构成的一组
表（TAB）	包括所有数据和索引在内的整个表
DB	数据库

SQL Server 使用不同的锁定模式锁定资源，这些锁定模式确定了并发事务访问资源的方式，如表 10.3 所示。

1. 共享锁

共享锁允许并发事务读取（SELECT）一个资源。资源上存在共享锁时，任何其他事务都不能修改数据。一旦已经读取数据，便立即释放资源上的共享锁，除非将事务隔离级别设置为可重复读或更高级别，或者在事务生存周期内用锁定提示保留共享锁。

表 10.3 SQL Server 使用的锁定模式

锁模式	描述
共享(S)	用于不更改或不更新数据的操作(只读操作),如 SELECT 语句
更新(U)	用于可更新的资源中。防止当多个会话在读取、锁定以及随后可能进行的资源更新时发生常见形式的死锁
排他(X)	用于数据修改操作,例如 INSERT、UPDATE 或 DELETE。确保不会同时对同一资源进行多重更新
意向	用于建立锁的层次结构。意向锁的类型为:意向共享(IS)、意向排他(IX)以及与意向排他共享(SIX)
架构	在执行依赖于表架构的操作时使用。架构锁的类型为:架构修改(Sch-M)和架构稳定性(Sch-S)
大容量更新(BU)	向表中大容量复制数据并指定了 TABLOCK 提示时使用

2. 更新锁

更新锁可以防止通常形式的死锁。一般更新模式由一个事务组成,此事务读取记录,获取资源(页或行)的共享锁,然后修改行,此操作要求锁转换为排他锁。如果两个事务获得了资源上的共享模式锁,然后试图同时更新数据,则一个事务尝试将锁转换为排他锁。共享模式到排他锁的转换必须等待一段时间,因为一个事务的排他锁与其他事务的共享模式锁不兼容,发生锁等待。第二个事务试图获取排他锁以进行更新。由于两个事务都要转换为排他锁,并且每个事务都等待另一个事务释放共享模式锁,因此发生死锁。

若要避免这种潜在的死锁问题,可以使用更新锁。一次只有一个事务可以获得资源的更新锁。如果事务修改资源,则更新锁转换为排他锁。否则,更新锁转换为共享锁。

3. 排他锁

排他锁可以防止并发事务对资源进行访问。其他事务不能读取或修改排他锁锁定的数据。

4. 意向锁

意向锁表示 SQL Server 需要在层次结构中的某些底层资源上获取共享锁或排他锁。例如,放置在表级的共享意向锁表示事务打算在表中的页或行上放置共享锁。在表级设置意向锁可防止另一个事务随后在包含那一页的表上获取排他锁。意向锁可以提高性能,因为 SQL Server 仅在表级检查意向锁来确定事务是否可以安全地获取该表上的锁。而无须检查表中的每行或每页上的锁以确定事务是否可以锁定整个表。

意向锁包括意向共享、意向排他以及与意向排他共享,如表 10.4 所示。

表 10.4 意向锁

锁模式	描述
意向共享(IS)	通过在各资源上放置 S 锁,表明事务的意向是读取层次结构中的部分(而不是全部)底层资源
意向排他(IX)	通过在各资源上放置 X 锁,表明事务的意向是修改层次结构中的部分(而不是全部)底层资源。IX 是 IS 的超集

续表

锁 模 式	描　述
与意向排他共享（SIX）	通过在各资源上放置 IX 锁，表明事务的意向是读取层次结构中的全部底层资源并修改部分（而不是全部）底层资源。允许顶层资源上的并发 IS 锁。例如，表的 SIX 锁在表上放置一个 SIX 锁（允许并发 IS 锁），在当前所修改页上放置 IX 锁（在已修改行上放置 X 锁）。虽然每个资源在一段时间内只能有一个 SIX 锁，以防止其他事务对资源进行更新，但是其他事务可以通过获取表级的 IS 锁来读取层次结构中的底层资源

5. 架构锁

执行表的数据定义语言（DDL）操作（如添加列或删除表）时使用架构修改锁。

当编译查询时，使用架构稳定性锁。架构稳定性锁不阻塞任何事务锁，包括排他锁。因此在编译查询时，其他事务（包括在表上有排他锁的事务）都能继续运行。但不能在表上执行 DDL 操作。

6. 大容量更新锁

当将数据大容量复制到表，且指定了 TABLOCK 提示或者使用 sp_tableoption 设置了 table lock on bulk 表选项时，将使用大容量更新锁。大容量更新锁允许进程将数据并发地大容量复制到同一表，同时防止其他不进行大容量复制数据的进程访问该表。

7. 锁兼容性

只有兼容的锁类型才可以放置在已锁定的资源上。例如，当控制排他锁时，在第一个事务结束并释放排他锁之前，其他事务不能在该资源上获取任何类型的（共享、更新或排他）锁。另一种情况下，如果共享锁已应用到资源，其他事务还可以获取该项目的共享锁或更新锁，即使第一个事务尚未完成。但是，在释放共享锁之前，其他事务不能获取排他锁。

资源锁模式有一个兼容性矩阵，显示了与在同一资源上可获取的其他锁相兼容的锁，如表 10.5 所示。

表 10.5　资源锁模式的兼容性矩阵

请 求 模 式	现有的授权模式					
	IS	S	U	IX	SIX	X
意向共享（IS）	是	是	是	是	是	否
共享（S）	是	是	是	否	否	否
更新（U）	是	是	否	否	否	否
意向排他（IX）	是	否	否	是	否	否
与意向排他共享（SIX）	是	否	否	否	否	否
排他（X）	否	否	否	否	否	否

注意：SIX 锁与 IX 锁模式兼容，因为 IX 表示打算更新一些行而不是所有行。还允许其他事务读取或更新部分行，只要这些行不是其他事务当前所更新的行即可。

架构锁和大容量更新锁的兼容性如下：

- 架构稳定性锁与除了架构修改锁模式之外的所有锁模式相兼容。

- 架构修改锁与所有锁模式都不兼容。
- 大容量更新锁只与架构稳定性锁及其他大容量更新锁相兼容。

10.3.2 自定义锁

虽然 SQL Server 2005 自动执行锁定,但它仍可以通过以下方法自定义应用程序中的锁定:

- 处理死锁和设置死锁优先级。
- 处理超时和设置锁超时持续时间。
- 设置事务隔离级别。
- 对 SELECT、INSERT、UPDATE 和 DELETE 语句使用表级锁定提示。
- 配置索引的锁定粒度。

1. 死锁

封锁机制的引入能解决并发用户访问数据的不一致性问题,但是,却会引起死锁。引起死锁的主要原因是两个进程已经各自锁定一个页,但是又要访问被对方锁定的页。因而会形成等待圈,导致死锁。

例如,运行事务 1 的线程 T1 具有表 A 上的排他锁。运行事务 2 的线程 T2 具有表 B 上的排他锁,并且之后需要表 A 上的锁。事务 2 无法获得这一锁,因为事务 1 已拥有它。事务 2 被阻塞,等待事务 1。然后,事务 1 需要表 B 的锁,但无法获得锁,因为事务 2 将它锁定了,如图 10.22 所示。事务在提交或回滚之前不能释放持有的锁。因为事务需要对方控制的锁才能继续操作,所以它们不能提交或回滚。

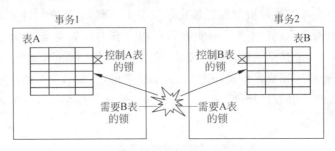

图 10.22 死锁

SQL Server 能自动发现并解除死锁。当发现死锁时,它会选择其进程累计的 CPU 时间最少者对应的用户作为"牺牲者",以便让其他的进程能继续执行,并发送 1205 号错误(@@error＝1205)给"牺牲者"。

提示:SQL Server 通常只执行定期死锁检测,而不使用急切模式。因为系统中遇到的死锁数通常很少,定期死锁检测有助于减少系统中死锁检测的开销。

为了最大程度地避免死锁,可以采取以下措施:

- 按同一顺序访问对象。
- 避免事务中的用户交互。
- 保持事务简短并在一个批处理中。
- 使用低隔离级别。
- 使用绑定连接。

2. 自定义锁超时

当由于另一个事务已拥有一个资源的冲突锁，而导致 SQL Server 2005 无法将锁授权给该资源的某个事务时，该事务被阻塞以等待该资源的操作完成。如果这导致了死锁，则 SQL Server 将终止其中参与的一个事务(不涉及超时)。如果没有出现死锁，则在其他事务释放锁之前，请求锁的事务被阻塞。在默认情况下，没有强制的超时期限，并且除了试图访问数据外(有可能被无限期阻塞)，没有其他方法可以测试某个资源在锁定之前是否已经被锁定。

LOCK_TIMEOUT 语句设置允许应用程序设置语句等待阻塞资源的最长时间。当语句等待的时间大于 LOCK_TIMEOUT 设置时，系统将自动取消阻塞的语句，并给应用程序返回"已超过了锁请求超时时段"的 1222 号错误信息。

注意：SQL Server 不回滚或取消任何包含该语句的事务。因此，应用程序必须有捕获 1222 号错误信息的错误处理程序。如果应用程序没有捕获错误，则会继续运行，并未意识到事务中的个别语句已取消，从而当事务中的后续语句可能依赖于那条从未执行的语句时，导致应用程序出错。

若要查看当前 LOCK_TIMEOUT 的值，可以使用@@LOCK_TIMEOUT 全局变量。

【例 10.21】　给出以下程序的执行结果。

```
SET LOCK_TIMEOUT 1200
PRINT @@LOCK_TIMEOUT
```

解：该程序设置 LOCK_TIMEOUT 的值为 1200 毫秒，并使用 @@LOCK_TIMEOUT 来显示该值。执行结果如图 10.23 所示。

图 10.23　程序执行结果

3. 自定义事务隔离级别

在数据库操作过程中很可能出现以下几种不确定情况。

- 更新丢失：两个事务都同时更新一行数据，但是第二个事务却中途失败退出，导致对数据的两个修改都失效了。这是因为系统没有执行任何的锁操作，因此并发事务并没有被隔离开来。
- 脏读：一个事务开始读取了某行数据，但是另外一个事务已经更新了此数据但没有能够及时提交。这是相当危险的，因为很可能所有的操作都被回滚。
- 不可重复读：一个事务对同一行数据重复读取两次但是却得到了不同结果。例如在两次读取中途有另外一个事务对该行数据进行了修改并提交。
- 幻读(幻像或幻影)：事务在操作过程中进行两次查询，第二次查询结果包含了第一次查询中未出现的数据(这里并不要求两次查询 SQL 语句相同)，这是因为在两次查询过程中有另外一个事务插入数据造成的。

出现这些情况发生的根本原因都是因为在并发访问的时候，没有一个机制避免交叉存取所造成的。而隔离级别的设置，正是为了避免这些情况的发生。事务准备接受不一致数据的级别称为隔离级别，隔离级别是一个事务必须与其他事务进行隔离的程度。较低的隔离级别可以增加并发，但代价是降低数据的正确性。相反，较高的隔离级别可以确保数据的正确性，但可能对并发产生负面影响。在标准 SQL 规范中，定义了如下 4 个事务隔离级别。

数据库原理与应用——基于 SQL Server

- 未授权读取,也称为读未提交(READ UNCOMMITTED):允许脏读取,但不允许更新丢失。如果一个事务已经开始写数据,则另外一个数据则不允许同时进行写操作,但允许其他事务读此行数据。该隔离级别可以通过排他写锁实现。
- 授权读取,也称为读提交(READ COMMITTED):允许不可重复读取,但不允许脏读取。这可以通过瞬间共享读锁和排他写锁实现。读取数据的事务允许其他事务继续访问该行数据,但是未提交的写事务将会禁止其他事务访问该行。
- 可重复读取(REPEATABLE READ):禁止不可重复读取和脏读取,但是有时可能出现幻影数据。这可以通过共享读锁和排他写锁实现。读取数据的事务将会禁止写事务(但允许读事务),写事务则禁止任何其他事务。
- 串行读(SERIALIZABLE),也称为序列化:提供严格的事务隔离。它要求事务序列化执行,事务只能一个接着一个地执行,但不能并发执行。如果仅仅通过行级锁是无法实现事务序列化的,必须通过其他机制保证新插入的数据不会被刚执行查询操作的事务访问到。

这 4 种事务隔离级别在数据库并发操作中出现异常的可能性如表 10.6 所示,从中看到串行读级别最高,而未授权读取级别最低。

表 10.6　各种事务隔离级别出现异常的可能性

隔离级别	更新丢失	脏读取	重复读取	幻读
未授权读取	×	√	√	√
授权读取	×	×	√	√
可重复读取	×	×	×	√
串行读	×	×	×	×

在默认情况下,SQL Server 2005 在提交读(READ COMMITTED)的一个隔离级别上操作。但是,应用程序可能必须运行于不同的隔离级别。若要在应用程序中使用更严格或较宽松的隔离级别,可以通过使用 SET TRANSACTION ISOLATION LEVEL 语句设置会话的隔离级别,来自定义整个会话的锁定。

SET TRANSACTION ISOLATION LEVEL 语句的语法格式如下:

```
SET TRANSACTION ISOLATION LEVEL
{ READ COMMITTED
    | READ UNCOMMITTED
    | REPEATABLE READ
    | SERIALIZABLE
}
```

其中 4 个选项分别代表了 4 种隔离级别:

- READ COMMITTED:提交读。
- READ UNCOMMITTED:未提交读。
- REPEATABLE READ:可重复读。
- SERIALIZABLE:可串行读。

一次只能设置这些选项中的一个,而且设置的选项将一直对那个连接保持有效,直到显式更改该选项为止。这是默认行为,除非在 T-SQL 语句的 FROM 子句的表上设定优化选项。

【例 10.22】 给出以下程序的功能。

```
USE school
GO
SET TRANSACTION ISOLATION LEVEL SERIALIZABLE
GO
BEGIN TRANSACTION
SELECT 学号,姓名,班号 FROM student
GO
COMMIT TRANSACTION
```

解：该程序设置事务隔离级别为可串行读,以确保并发事务不能在 student 表中插入行。

若要查看当前设置的事务隔离级别,可以使用 DBCC USEROPTIONS 语句,例如:

```
USE school
GO
SET TRANSACTION ISOLATION LEVEL SERIALIZABLE
GO
DBCC USEROPTIONS
GO
```

	Set Option	Value
1	textsize	2147483647
2	language	简体中文
3	dateformat	ymd
4	datefirst	7
5	lock_timeout	1200
6	quoted_identifier	SET
7	arithabort	SET
8	nocount	SET
9	ansi_null_dflt_on	SET
10	ansi_warnings	SET
11	ansi_padding	SET
12	ansi_nulls	SET
13	concat_null_yields_null	SET
14	implicit_transactions	SET
15	isolation level	serializable

执行结果如图 10.24 所示,从中看到事务隔离级别为 SERIALIZABLE。

图 10.24 程序执行结果

4. 锁定提示

可以使用 SELECT、INSERT、UPDATE 和 DELETE 语句指定表级锁定提示的范围,以引导 SQL Server 2005 使用所需的锁定类型。当需要对对象所获得锁类型进行更精细控制时,可以使用表级锁定提示。这些锁定提示取代了会话的当前事务隔离级别。

使用的提示关键字和其功能如表 10.7 所示。

表 10.7 提示关键字及其功能

提示关键字	功　　能
HOLDLOCK	将共享锁保留到事务完成,而不是在相应的表、行或数据页不再需要时就立即释放锁。HOLDLOCK 等同于 SERIALIZABLE
NOLOCK	不要发出共享锁,并且不要提供排它锁。当此选项生效时,可能会读取未提交的事务或一组在读取中间回滚的页面。有可能发生脏读。仅应用于 SELECT 语句
PAGLOCK	在通常使用单个表锁的地方采用页锁
READCOMMITTED	用与运行在提交读隔离级别的事务相同的锁语义执行扫描。在默认情况下,SQL Server 2005 在此隔离级别上操作
READPAST	跳过锁定行。此选项导致事务跳过由其他事务锁定的行(这些行平常会显示在结果集内),而不是阻塞该事务,使其等待其他事务释放在这些行上的锁。READPAST 锁提示仅适用于运行在提交读隔离级别的事务,并且只在行级锁之后读取。仅适用于 SELECT 语句

续表

提示关键字	功　　能
READUNCOMMITTED	等同于 NOLOCK
REPEATABLEREAD	用与运行在可重复读隔离级别的事务相同的锁语义执行扫描
ROWLOCK	使用行级锁,而不使用粒度更粗的页级锁和表级锁
SERIALIZABLE	用与运行在可串行读隔离级别的事务相同的锁语义执行扫描。等同于 HOLDLOCK
TABLOCK	使用表锁代替粒度更细的行级锁或页级锁。在语句结束前,SQL Server 一直持有该锁。但是,如果同时指定 HOLDLOCK,那么在事务结束之前,锁将被一直持有
TABLOCKX	使用表的排他锁。该锁可以防止其他事务读取或更新表,并在语句或事务结束前一直持有
UPDLOCK	读取表时使用更新锁,而不使用共享锁,并将锁一直保留到语句或事务的结束。UPDLOCK 的优点是允许您读取数据(不阻塞其他事务)并在以后更新数据,同时确保自从上次读取数据后数据没有被更改
XLOCK	使用排他锁并一直保持到由语句处理的所有数据上的事务结束时。可以使用 PAGLOCK 或 TABLOCK 指定该锁,这种情况下排它锁适用于适当级别的粒度

【例 10.23】 给出以下程序的执行结果。

```
USE school
GO
SET TRANSACTION ISOLATION LEVEL SERIALIZABLE
GO
BEGIN TRANSACTION
SELECT 姓名 FROM student WITH (TABLOCKX)
GO
EXEC sp_lock
GO
COMMIT TRANSACTION
```

解：该程序将事务隔离级别设置为 SERIALIZABLE,并且在 SELECT 语句中使用表级锁定提示 TABLOCKX,最后使用 sp_lock 存储过程来查看锁定情况。程序的执行结果如图 10.25 所示。

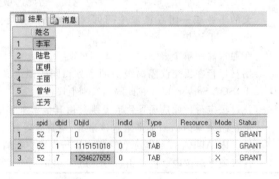

图 10.25　程序执行结果

sp_lock 存储过程的输出结果是一个表,其中,spid 列表示请求锁的进程的数据库引擎进程标识号,dbid 列表示保留锁的数据库的标识号,Objid 列表示持有锁的对象的标识号,IndId 列表示持有锁的索引的索引标识号。Type 列表示锁的类型,其取值如下:

- RID＝表中单个行的锁,由行标识符(RID)标识。
- KEY＝索引内保护可串行事务中一系列键的锁。
- PAG＝数据页或索引页的锁。
- EXT＝区(具有 8 个连续页的单元)的锁。
- TAB＝整个表(包括所有数据和索引)的锁。
- DB＝数据库的锁。
- FIL＝数据库文件的锁。
- APP＝指定的应用程序资源的锁。
- MD＝元数据或目录信息的锁。
- HBT＝堆或 B 树索引的锁。在 SQL Server 2005 中此信息不完整。
- AU＝分配单元的锁。在 SQL Server 2005 中此信息不完整。

Resource 列表示被锁定资源的值。Mode 列表示所请求的锁模式。Status 列表示锁的请求状态,其取值如下:

- CNVRT:锁正在从另一种模式进行转换,但是转换被另一个持有锁(模式相冲突)的进程阻塞。
- GRANT:已获取锁。
- WAIT:锁被另一个持有锁(模式相冲突)的进程阻塞。

从上例结果看到该锁的锁定类型为 X,锁定的对象编号为 1294627655。可以使用 object_name 函数来返回此锁定的数据库对象,例如,执行以下语句:

```
SELECT object_name(1294627655)
```

其结果如下:

```
Student
```

表示编号为 1294627655 的对象是 student 表。

10.4　使用游标

关系数据库中的操作会对整个行集产生影响。由 SELECT 语句返回的行集包括所有满足该语句 WHERE 子句中条件的行。由语句所返回的这一完整的行集称为结果集。应用程序,特别是交互式联机应用程序,并不总能将整个结果集作为一个单元来有效地处理。这些应用程序需要一种机制,以便每次处理一行或一部分行。游标就是用来提供这种机制的结果集扩展。

10.4.1　游标的概念

游标包括以下两个部分:

- 游标结果集(Cursor Result Set):由定义该游标的 SELECT 语句返回的行的集合。

- 游标位置(Cursor Position):指向这个集合中某一行的指针。

游标使得 SQL Server 语言可以逐行处理结果集中的数据,游标具有以下优点:

- 允许定位在结果集的特定行。
- 从结果集的当前位置检索一行或多行。
- 支持对结果集中当前位置的行进行数据修改。
- 为由其他用户对显示在结果集中的数据库数据所做的更改提供不同级别的可见性支持。
- 提供脚本、存储过程和触发器中使用的访问结果集中的数据的 T-SQL 语句。

10.4.2 游标的基本操作

游标的基本操作包括声明游标、打开游标、提取数据、关闭游标和释放游标。

1. 声明游标

声明游标使用 DECLARE CURSOR 语句,其语法格式如下:

```
DECLARE 游标名称 [INSENSITIVE] [SCROLL]
[STATIC | KEYSET | DYNAMIC | FAST_FORWORD] CURSOR
  FOR select_statement
  [FOR {READ ONLY | UPDATE [ OF 列名[,…n]]}]
```

其中,各参数含义如下:

(1) INSENSITIVE:定义一个游标,以创建将由该游标使用的数据的临时副本。对游标的所有请求都从 tempdb 中的该临时表中得到应答,因此,在对该游标进行提取操作时返回的数据中不反映对基表所做的修改,并且该游标不允许修改。

(2) SCROLL:指定所有的提取选项。使用该选项声明的游标具有以下提取数据功能:

- FIRST:提取第一行。
- LAST:提取最后一行。
- PRIOR:提取前一行。
- NEXT:提取后一行。
- RELATIVE:按相对位置提取数据。
- ABSOLUTE:按相对位置提取数据。

如果在声明中未指定 SCROLL,则 NEXT 是唯一支持的提取选项。

(3) SQL Server 2005 所支持的 4 种游标类型。已经扩展了 DECLARE CURSOR 语句,这样就可以指定 T-SQL 游标的 4 种游标类型。这些游标检测结果集变化的能力和消耗资源(如在 tempdb 中所占的内存和空间)的情况各不相同。这 4 种游标类型如下:

- STATIC(静态游标):静态游标的完整结果集在游标打开时建立在 tempdb 中。静态游标总是按照游标打开时的原样显示结果集。
- DYNAMIC(动态游标):动态游标与静态游标相对。当滚动游标时,动态游标反映结果集中所做的所有更改。结果集中的行数据值、顺序和成员在每次提取时都会改变。所有用户做的全部 UPDATE、INSERT 和 DELETE 语句均通过游标可见。
- FAST_FORWARD(只进游标):只进游标不支持滚动,它只支持游标从头到尾顺序提取。行只在从数据库中提取出来后才能检索。

- KEYSET（键集驱动游标）：打开游标时，键集驱动游标中的成员和行顺序是固定的。键集驱动游标由一套称为键集的唯一标识符（键）控制。键由以唯一方式在结果集中标识行的列构成。键集是游标打开时来自所有适合 SELECT 语句的行中的一系列键值。键集驱动游标的键集在游标打开时建立在 tempdb 中。

（4）select_statement：是定义游标结果集的标准 SELECT 语句。在游标声明的 select_statement 内不允许使用关键字 COMPUTE、COMPUTE BY、FOR BROWSE 和 INTO。

（5）READ ONLY：该游标只能读，不能修改。即在 UPDATE 或 DELETE 语句的 WHERE CURRENT OF 子句中不能引用游标。该选项替代要更新的游标的默认功能。

（6）UPDATE［OF 列名［,…n］］：定义游标内可更新的列。如果指定"OF 列名［,…n］"参数，则只允许修改所列出的列。如果在 UPDATE 中未指定列的列表，则可以更新所有列。

2．打开游标

打开游标使用 OPEN 语句，其语法格式如下：

```
OPEN 游标名称
```

当打开游标时，服务器执行声明时使用的 SELECT 语句。

注意：只能打开已经声明但还没有打开的游标。

3．从打开的游标中提取行

游标声明，而且被打开以后，游标位置位于第一行。可以使用 FETCH 语句从游标结果集中提取数据。其语法格式如下：

```
FETCH [[NEXT | PRIOR | FIRST | LAST
    | ABSOLUTE {n | @nvar}
    | RELATIVE {n | @nvar}
    ]
    FROM
  ]
    游标名称
    [INTO @variable_name[,…n]]
```

其中，各参数的含义为：

- NEXT：返回紧跟当前行之后的结果行，并且当前行递增为结果行。如果 FETCH NEXT 为对游标的第一次提取操作，则返回结果集中的第一行。NEXT 为默认的游标提取选项。
- PRIOR：返回紧临当前行前面的结果行，并且当前行递减为结果行。如果 FETCH PRIOR 为对游标的第一次提取操作，则没有行返回并且游标置于第一行之前。
- FIRST：返回游标中的第一行并将其作为当前行。
- LAST：返回游标中的最后一行并将其作为当前行。
- ABSOLUTE{n|@nvar}：如果 n 或@nvar 为正数，返回从游标头开始的第 n 行并将返回的行变成新的当前行。如果 n 或@nvar 为负数，返回游标尾之前的第 n 行并将返回的行变成新的当前行。如果 n 或@nvar 为 0，则没有行返回。n 必须为整型

常量且@@nvar 必须为 smallint、tinyint 或 into。

- RELATIVE{n! @nvar}：如果 n 或@nvar 为正数，返回当前行之后的第 n 行并将返回的行变成新的当前行。如果 n 或@nvar 为负数，返回当前行之前的第 n 行并将返回的行变成新的当前行。如果 n 或@nvar 为 0，返回当前行。如果在对游标的第一次提取操作时将 FETCH RELATIVE 的 n 或@nvar 指定为负数或 0，则没有行返回。n 必须为整型常量且@nvar 必须为 smallint、tinyint 或 int。
- 游标名称：要从中进行提取数据的游标的名称。如果存在同名称的全局和局部游标存在，则游标名称前指定 GLOBAL 表示操作的是全局游标，未指定 GLOBAL 表示操作的是局部游标。
- INTO @variable_name [,…n]：允许将提取操作的列数据放到局部变量中。列表中的各个变量从左到右与游标结果集中的相应列相关联，各变量的数据类型必须与相应的结果列的数据类型匹配或是结果列数据类型所支持的隐性转换。变量的数目必须与游标选择列表中的列的数目一致。

@@FETCH_STATUS() 函数报告上一个 FETCH 语句的状态，其取值和含义如表 10.8 所示。

表 10.8　@@FETCH_STATUS()函数的取值及其含义

取　　值	含　　义
0	FETCH 语句成功
−1	FETCH 语句失败或此行不在结果集中
−2	被提取的行不存在

另外一个用来提供游标活动信息的全局变量为@@ROWCOUNT，它返回受上一语句影响的行数。若为 0 表示没有行更新。

4. 关闭游标

关闭游标使用 CLOSE 语句，其语法格式如下：

CLOSE 游标名称

关闭游标后可以再次打开。在一个批处理中，可以多次打开和关闭游标。

5. 释放游标

释放游标将释放所有分配给此游标的资源。释放游标使用 DEALLOCATE 语句，其语法格式为：

DEALLOCATE　游标名称

各参数含义同上。

关闭游标并不改变游标的定义，可以再次打开该游标。但是，释放游标就释放了与该游标有关的一切资源，也包括游标的声明，就不能再次使用该游标了。

10.4.3　使用游标

1. 使用游标的过程

游标主要用在存储过程、触发器和 T-SQL 脚本中，它们使结果集的内容对其他 T-SQL

语句同样可用。

使用游标的典型过程如下：

(1) 声明 T-SQL 变量包含游标返回的数据。为每一结果集列声明一个变量，声明足够大的变量，以保存由列返回的值，并声明可从列数据类型以隐性方式转换得到的数据类型。

(2) 使用 DECLARE CURSOR 语句把 T-SQL 游标与一个 SELECT 语句相关联。DECLARE CURSOR 语句同时定义游标的特征，如游标名称以及游标是否为只读或只写特性。

(3) 使用 OPEN 语句执行 SELECT 语句并生成游标。

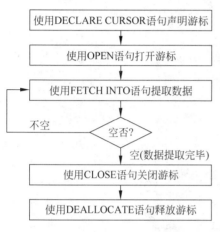

图 10.26　游标的典型使用过程

(4) 使用 FETCH INTO 语句提取单个行，并把每列中的数据转移到指定的变量中。然后，其他 T-SQL 语句可以引用这些变量来访问已提取的数据值。T-SQL 不支持提取行块。

(5) 结束游标时使用 CLOSE 语句。关闭游标可以释放某些资源，如游标结果集和对当前行的锁定。但是如果重新发出一个 OPEN 语句，则该游标结构仍可用于处理。由于游标仍然存在，此时还不能重新使用游标的名称。DEALLOCATE 语句则完全释放分配给游标的资源，包括游标名称。在游标被释放后，必须使用 DECLARE 语句来重新生成游标。

其处理过程如图 10.26 所示。

【例 10.24】　给出以下程序的执行结果。

```
USE school
GO
-- 声明游标
DECLARE st_cursor CURSOR FOR SELECT 学号,姓名,班号 FROM student
-- 打开游标
OPEN st_cursor
-- 提取第一行数据
FETCH NEXT FROM st_cursor
-- 关闭游标
CLOSE st_cursor
-- 释放游标
DEALLOCATE st_cursor
GO
```

解：这是一个简单的游标使用的示例，从 student 表中读出所有学生记录的学号、姓名和班号，并通过 FETCH 语句取出第一个学生记录。执行结果如图 10.27 所示。

图 10.27　程序执行结果

【例 10.25】　给出以下程序的执行结果。

```
USE school
GO
```

数据库原理与应用——基于 SQL Server

```
SET NOCOUNT ON
 -- 声明变量
DECLARE @sno int,@sname char(10),@sclass char(10),@savg float
 -- 声明游标
DECLARE st_cursor CURSOR
    FOR SELECT student.学号,student.姓名,student.班号,AVG(score.分数)
        FROM student,score
        WHERE student.学号 = score.学号 AND score.分数> 0
        GROUP BY student.学号,student.姓名,student.班号
        ORDER BY student.班号,student.学号
 -- 打开游标
OPEN st_cursor
 -- 提取第一行数据
FETCH NEXT FROM st_cursor INTO @sno,@sname,@sclass,@savg
 -- 打印表标题
PRINT '学号    姓名     班号    平均分'
PRINT '---------------------------- '
WHILE @@FETCH_STATUS = 0
BEGIN
    -- 打印一行数据
        PRINT CAST(@sno AS char(8)) + @sname + @sclass + '   ' +
            CAST(@savg AS char(5))
    -- 提取下一行数据
    FETCH NEXT FROM st_cursor INTO @sno,@sname,@sclass,@savg
END
 -- 关闭游标
CLOSE st_cursor
 -- 释放游标
DEALLOCATE st_cursor
GO
```

解：该程序使用游标打印一个简单的学生信息表。执行结果如图 10.28 所示。

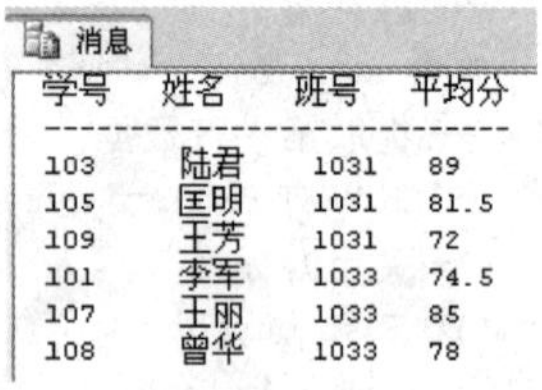

2. 使用游标修改和删除数据

要使用游标进行数据更新,其前提条件是该游标必须声明为可更新游标。只要在声明游标时没有带 READ ONLY 的游标都是可更新游标。

使用游标修改数据的语句格式如下：

```
UDATE 表名
SET 列名 = 表达式 [...]
WHERE CURRENT OF 游标名称
```

🗏 消息			
学号	姓名	班号	平均分
103	陆君	1031	89
105	匡明	1031	81.5
109	王芳	1031	72
101	李军	1033	74.5
107	王丽	1033	85
108	曾华	1033	78

图 10.28　程序执行结果

使用游标修改数据的语句格式如下：

```
DELETE 表名
WHERE CURRENT OF 游标名称
```

说明：修改删除操作只对当前行进行。

【例 10.26】　给出以下程序的执行结果。

```
USE school
ALTER TABLE score ADD 等级 char(2)
GO
DECLARE st_cursor CURSOR
    FOR SELECT 分数 FROM score WHERE 分数 IS NOT NULL
DECLARE @fs int,@dj char(1)
OPEN st_cursor
FETCH NEXT FROM st_cursor INTO @fs
WHILE @@FETCH_STATUS = 0
BEGIN
  SET @dj = CASE
    WHEN @fs >= 90 THEN 'A'
    WHEN @fs >= 80 THEN 'B'
    WHEN @fs >= 70 THEN 'C'
    WHEN @fs >= 60 THEN 'D'
    ELSE 'E'
  END
  UPDATE score
  SET 等级 = @dj
  WHERE CURRENT OF st_cursor
  FETCH NEXT FROM st_cursor INTO @fs
END
CLOSE st_cursor
DEALLOCATE st_cursor
GO
SELECT * FROM score ORDER BY 学号
GO
ALTER TABLE score DROP COLUMN 等级
GO
```

	学号	课程号	分数	等级
1	101	3-105	64	D
2	101	6-166	85	B
3	103	3-105	92	A
4	103	3-245	86	B
5	105	3-105	88	B
6	105	3-245	75	C
7	107	3-105	91	A
8	107	6-166	79	C
9	108	3-105	78	C
10	108	6-166	NULL	NULL
11	109	3-105	76	C
12	109	3-245	68	D

图 10.29　程序执行结果

解：上述程序先在 score 表中增加一个等级列，然后采用游标方式根据分数计算出等级列，并显示 score 表中所有记录，最后删除 score 表中的等级列。程序执行结果如图 10.29 所示，从结果中看到等级列值已正确计算出来。

习题 10

1. 数据检索时使用 COMPUTE 和 COMPUTE BY 产生的结果有何不同？
2. 进行连接查询时应注意什么？
3. 什么是交叉连接？
4. 内连接、外连接有什么区别？
5. 外连接分为左外连接、右外连接和全外连接，它们有什么区别？
6. 什么是事务？事务的特点是什么？
7. 对事务的管理包括哪几方面？

8. 事务中能否包含 CREATE DATABASE 语句？

9. 简述事务保存点的概念。

10. 在应用程序中如何控制事务？

11. 什么是锁定？

12. 什么是死锁？

13. 简述游标的概念。

14. 给出以下程序的执行结果。

```
USE school
SELECT 学号,课程号,分数
FROM score
WHERE 学号 IN (103,105)
ORDER BY 学号
COMPUTE AVG(分数) BY 学号
GO
```

15. 给出以下程序的执行结果。

```
USE school
GO
SELECT student.班号,course.课程名,AVG(score.分数) AS '平均分'
FROM student,course,score
WHERE student.学号 = score.学号 AND course.课程号 = score.课程号
GROUP BY student.学号,course.课程名 WITH CUBE
GO
```

16. 给出以下程序的执行结果。

```
USE school
GO
BEGIN TRANSACTION Mytran                    -- 启动事务
   INSERT INTO teacher
        VALUES('999','张英','男','1960/03/05','教授','计算机系')
                                            -- 插入一个教师记录
SAVE TRANSACTION Mytran                     -- 保存点
   INSERT INTO teacher
        VALUES('888','胡丽','男','1982/8/04','副教授','电子工程系')
                                            -- 插入一个教师记录
ROLLBACK TRANSACTION Mytran
COMMIT  TRANSACTION
GO
SELECT * FROM teacher                       -- 查询 teacher 表的记录
GO
DELETE teacher WHERE 编号 = '999'           -- 删除插入的记录
GO
```

17. 编写一个程序，查询最高分的课程名。

18. 编写一个程序，查询"1033"班的最高分的学生的学号、姓名、班号、课程号和分数。

19. 编写一个程序，查询平均分高于所有平均分的课程号。

20. 编写一个程序,创建一个新表 stud,包含所有学生的姓名、课程名和分数,并以姓名排序。

21. 编写一个程序,输出每个班最高分的课程名和分数。

22. 编写一个程序,采用游标方式输出所有课程的平均分。

23. 编写一个程序,采用游标方式输出所有学号、课程号和成绩等级。

24. 编写一个程序,采用游标方式输出各班各课程的平均分。

上机实验题 5

在上机实验题 4 建立的 factory 数据库上,完成如下各题(所有 SELECT 语句的查询结果以文本格式显示):

(1) 删除 factory 数据库上各个表之间建立的关系。

(2) 显示各职工的工资记录和相应的工资小计。

(3) 按性别和部门名的所有组合方式列出相应的平均工资。

(4) 在 worker 表中使用以下语句插入一个职工记录:

INSERT INTO worker VALUES(20, '陈立', '女', '55/03/08',1, '75/10/10',4)

在 depart 表中使用以下语句插入一个部门记录:

INSERT INTO depart VALUES(5, '设备处')

再对 worker 和 depart 表进行全外连接显示职工的职工号、姓名和部门名。然后删除这两个插入的记录。

(5) 显示最高工资的职工的职工号、姓名、部门名、工资发放日期和工资。

(6) 显示最高工资的职工所在的部门名。

(7) 显示所有平均工资低于全部职工平均工资的职工的职工号和姓名。

(8) 采用游标方式实现(6)的功能。

(9) 采用游标方式实现(7)的功能。

(10) 先显示 worker 表中的职工人数,开始一个事务,插入一个职工记录,再显示 worker 表中的职工人数,回滚该事务,最后显示 worker 表中的职工人数。

第11章　　　　　索　　引

SQL Server 的性能受许多因素的影响,有效地设计索引可以提高性能。索引和书的目录类似。如果把表的数据看作书的内容,则索引就是书的目录。书的目录指向了书的内容(通过页码),同样,索引是表的关键值,它提供了指向表中行(记录)的指针。目录中的页码是到达书内容的直接路径,而索引也是到达表数据的直接路径,从而可更高效地访问数据。本章主要介绍索引的概念、聚集索引和非聚集索引、创建和删除索引等。

11.1　什么是索引

索引用于快速访问数据库表中的特定数据,它是对数据库表中一个或多个列的值进行排序的结构。

索引提供指针以指向存储在表中指定列的数据值,然后根据指定的排序次序排列这些指针。数据库使用索引的方式与使用书的目录很相似:通过搜索索引找到特定的值,然后跟随指针到达包含该值的行。

在数据库关系图中,可以为选定的表创建、编辑或删除索引/键属性页中的每个索引类型。当保存附加在此索引上的表或包含此表的数据库关系图时,索引同时被保存。

索引具有下述优点:

- 提高查询速度。
- 提高连接、ORDER BY 和 GROUP BY 执行的速度。
- 查询优化器依靠索引起作用。
- 强制实施行的唯一性。

一般来说,对表的查询都是通过主键来进行的,因此,首先应该考虑在主键上建立索引。另外,对于连接中频繁使用的列(包括外键)也应作为建立索引的考虑选项。

由于建立索引需要一定的开销,而且当使用 INSERT 或者 UPDATE 对数据进行插入和更新操作时,维护索引也是需要花费时间和空间的。因此,没有必要对表中所有的列建立索引。下面的情况则不考虑建立索引：

- 从来不或者很少在查询中引用的列。
- 只有两个或者若干个值的列，例如性别（男或女）。
- 记录数目很少的表。

11.2　索引类型

索引采用 B 树结构。索引包含一个条目，该条目在来自表中每一行的一个或多个列（查找关键字）。B 树按查找关键字排序，可以在查找关键字的任何子词条集合上进行高效查找。例如，对于一个在 A、B、C 列上的索引，可以在 A、AB、ABC 上对其进行高效查找。

在 SQL Server 的数据库中按照存储结构的不同将索引分为两类，即聚集索引和非聚集索引。

11.2.1　聚集索引

聚集索引对表在物理数据页中的数据按列进行排序，然后再重新存储到磁盘上，即聚集索引与数据是混为一体的，它的叶节点中存储的是实际的数据。也就是说在聚集索引中，数据表中记录的物理顺序与索引顺序相同，即索引顺序决定了表中记录行的存储顺序，因为记录行是经过排序的，所以每个表只能有一个聚集索引。

图 11.1　student 表中主键对应的聚集索引 PK_student

由于聚集索引的顺序与记录行存放的物理顺序相同，所以聚集索引最适合范围查找，因为找到一个范围内开始的行后可以很快地取出后面的行。

如果表中没有创建其他的聚集索引，则在表的主键列上自动创建聚集索引，图 11.1 所示是 student 表中主键对应的聚集索引 PK_student。

在创建聚集索引之前，应该先了解数据是如何被访问的。可考虑将聚集索引用于下面几种情况：

- 包含大量非重复值的列。
- 使用下列运算符返回一个范围值的查询：BETWEEN、>、>=、<和<=。
- 被连续访问的列。
- 返回大型结果集的查询。
- 经常被使用连接或 GROUP BY 子句的查询访问的列。一般来说，这些是外键列。对 ORDER BY 或 GROUP BY 子句中指定的列进行索引，可以使 SQL Server 不必对数据进行排序，因为这些行已经排序。这样可以提高查询性能。
- OLTP（联机事务处理）类型的应用程序，这些程序要求进行非常快速的单行查找（一般通过主键）。应在主键上创建聚集索引。

对于频繁更改的列，则不适合创建聚集索引。因为这将导致整行移动（因为 SQL Server 必须按物理顺序保留行中的数据值），而在大数据量事务处理系统中，这样操作则数据很容易丢失。

注意：定义聚集索引键时使用的列越少越好，这一点很重要。如果定义了一个大型的聚集索引键，则同一个表上定义的任何非聚集索引都将增大许多，因为非聚集索引条目包含聚集键。

11.2.2　非聚集索引

一个数据表中只能有一个聚集索引，而表中的每一列上都可以建立自己的非聚集索引。

非聚集索引与书中的索引类似。数据存储在一个地方，索引存储在另一个地方，索引带有指针指向数据的存储位置。索引中的项目按索引键值的顺序存储，而表中的信息按另一种顺序存储（这可以由聚集索引规定）。

在创建非聚集索引之前，同样需要了解数据是如何被访问的。可考虑将非聚集索引用于下面的情况：

- 包含大量非重复值的列，如姓和名的组合（如果聚集索引用于其他列）。如果只有很少的非重复值，如只有 1 和 0，则大多数查询将不使用索引，因为此时表扫描通常更有效。
- 不返回大型结果集的查询。
- 返回精确匹配的查询的搜索条件（WHERE 子句）中经常使用的列。
- 经常需要连接和分组的决策支持系统应用程序。应在连接和分组操作中使用的列上创建多个非聚集索引，在任何外键列上创建一个聚集索引。
- 在特定的查询中覆盖一个表中的所有列。这将完全消除对表或聚集索引的访问。

11.3　创建索引

SQL Server 2005 提供了如下三种方法来创建索引：
- 使用 SQL Server 控制管理器创建索引。
- 使用 CREATE INDEX 语句创建索引。
- 使用 CREATE TABLE 语句创建索引。

在创建索引时，需要指定索引的特征。这些特征如下：
- 聚集还是非聚集索引。
- 唯一还是不唯一索引。
- 单列还是多列索引。
- 索引中的列顺序为升序还是降序。
- 覆盖还是非覆盖索引。

还可以自定义索引的初始存储特征，通过设置填充因子优化其维护，并使用文件和文件组自定义其位置以优化性能。

本节主要介绍直接创建索引的方法，包括使用 SQL 语言和使用 SQL Server 控制管理器来创建索引。

注意：当前数据库正在备份时不能在其上创建索引。

11.3.1 使用 SQL Server 控制管理器创建索引

使用 SQL Server 控制管理器可以对索引进行全面的管理,包括创建索引、查看索引、删除索引和重新组织索引等。

【例 11.1】 使用 SQL Server 管理控制器,在 school 数据库中 student 表的班号列上创建一个升序的非聚集索引 IQ_bh。

解:其操作步骤如下:

(1) 启动 SQL Server 管理控制器,在"对象资源管理器"中展开 LCB-PC 服务器节点。

(2) 展开"数据库"|school|"表"|dbo. student|"索引"节点,单击鼠标右键,在出现的快捷菜单中选择"新建索引"命令,如图 11.2 所示。

(3) 此时,打开"新建查询"对话框,如图 11.3 所示,进入"新建索引"的"常规"选项卡。其中各项说明和设置如下:

图 11.2 选择"新建索引"命令

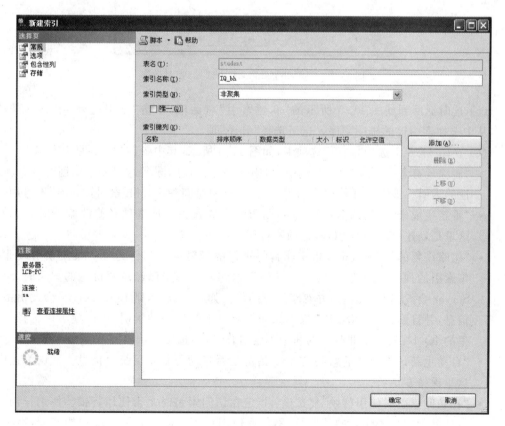

图 11.3 "新建索引"的"常规"选项卡

数据库原理与应用——基于 SQL Server

- "表名"文本框:指出表的名称,用户不可更改。
- "索引名称"文本框:输入所建索引的名称,由用户设定。这里输入索引名称为"IQ_bh"。
- "索引类型"组合框:用户选择聚集(用于创建聚集索引)、非聚集(用于创建非聚集索引)或主 XML(用于创建 XML 索引)索引类型之一。这里选择"非聚集"选项。
- "唯一值"复选框:选中表示创建唯一性索引。这里不选中。

(4) 设置完成后,单击"添加"按钮并创建一个新的索引,出现如图 11.4 所示的"从 'dbo. student'中选择列"对话框,从"表列"列表中选择要建立索引的列,一次可以选择一列或多列。这里选择"班号"列,单击"确定"按钮。

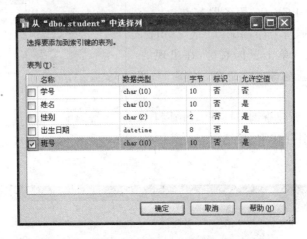

图 11.4 "从'dbo. student'中选择列"对话框

(5) 这时返回到如图 11.5 所示的"新建索引"对话框,单击"索引键列"中的"排序顺序",从中选择索引键的排序顺序。这里选择"升序"项。

(6) 在图 11.5 中选择"选项"选项卡,如图 11.6 所示,其中各选项的说明和设置如下:

- "删除现有索引"复选框:若选中,则删除预先存在的同名索引并重新创建具有新属性的索引。该选项在修改索引键时有效,这里是新建 IQ_bh 索引,本选项不可用。
- "重新生成索引"复选框:若选中,则重新生成索引。该选项在修改索引键时有效,这里是新建 IQ_bh 索引,本选项不可用。
- "忽略重复的值"复选框:指定能否将重复的键值插入到作为唯一聚集索引或非聚集索引的列中。若选中,则当 INSERT 语句输入一个已经重复键值的记录时,SQL Server 会发出警告信息,并忽略重复的行。如果不选中,则 SQL Server 会发出错误信息,并且回滚该 INSERT 操作。如果索引不是唯一性索引,该选项不可选择。这里的 IQ_bh 索引是非唯一的非聚集索引,所以不选中本选项。
- "自动重新计算统计信息"复选框:指定是否自动更新索引统计信息。默认为选中。这里保持默认值。
- "在访问索引时使用行锁"复选框:指定在访问索引时是否使用行锁。使用行锁,可以让其他用户操作表的其他行,不选择使用行锁可以提高索引维护的速度,但很可能阻塞其他用户。这里保持默设值即使用行锁。

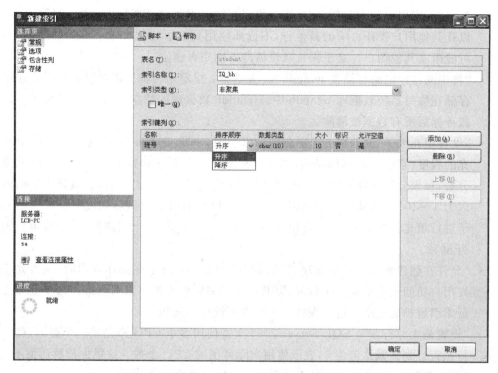

图 11.5　设置排序顺序

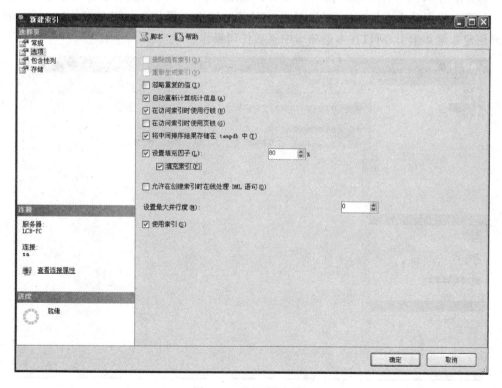

图 11.6　"选项"选项卡

- "在访问索引时使用页锁"复选框：指定在访问索引时是否使用页锁。使用页锁，可以让其他用户操作页中的其他行，不选择使用页锁可以提高索引维护的速度，但很可能阻塞其他用户。这里保持默设值即不使用页锁。
- "将中间排序结果存储在 tempdb 中"复选框：指定是否将生成索引的中间排序结果存储在临时系统数据库 tempdb 中。tempdb 数据库的特点是关闭 SQL Server 2005 服务器后所有数据被清除。
- "设置填充因子"复选框：指定在创建索引时，SQL Server 2005 对索引的叶级页填充的程度（索引采用 B 树结构，当叶级页填充的程度达到指定的填充因子时就进行分裂，频繁分裂会降低存储性能，所以设置填充因子应稍大一些）。填充因子的值可以为 1～100。如果设置填充因子并选择"填充索引"复选框，则按照指定的填充因子进行填充。这里选中"设置填充因子"和"填充索引"两个复选框，并设置填充因子为 80%。
- "允许在创建索引时在线处理 DML 语句"复选框：指定在操作索引时，是否允许并发用户访问表或聚集索引数据，以及任何相关联的非聚集索引数据。选中它可能降低索引维护的速度。这里保持默设值即不选中本选项。
- "设置最大并行度"：SQL Server 2005 支持使用多个 CPU 来完成一个查询，称为并行执行计划。默认值为 0，表示使用实际可用的 CPU 个数。这里保持默认值不变。
- "使用索引"复选框：表示是否启用索引。这里选中该选项。

(7) 在图 11.6 中选择"包含性列"选项卡，如图 11.7 所示，该选项卡只对非聚集索引有用。如果在索引键中增加新的列，可单击"添加"按钮进行操作。这里只对 student 表的班号列创建非聚集索引，所以在本选项卡中不做任何操作。

图 11.7 "包含性列"选项卡

(8) 在图 11.7 中选择"存储"选项卡,如图 11.8 所示,该选项卡用于设置索引的文件组和分区属性。其默设的文件组为 PRIMARY(主文件组)。这里不做任何修改,保持默设值。

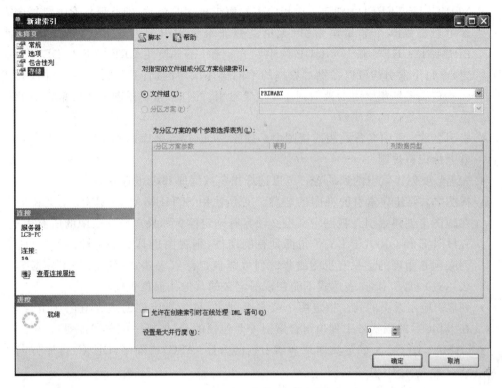

图 11.8 "存储"选项卡

(9) 单击"确定"按钮返回到 SQL Server 管理控制器,这样就建立了 IQ_bh 非聚集索引。此时可以在 student 表的"索引"项下面看到新增了 IQ_bh(不唯一,非聚集)项。

说明:当用户创建一个索引被存储到 SQL Server 2005 系统中后,每个索引对应 sysindexes 系统表中一条记录,该表中 name 列包含索引的名称。用户可以通过查找该表中的记录判断某索引是否被创建。

11.3.2 使用 CREATE INDEX 语句创建索引

可以直接使用 CREATE INDEX 语句来创建索引,其基本语法格式如下:

```
CREATE [UNIQUE] [CLUSTERED | NONCLUSTERED] INDEX 索引名称
ON { 表名 | 视图名} ( 列名 [ASC | DESC][, … n])
[WITH index_option [, … n]]
[ON [ filegroup | default ]]
```

各选项的含义如下:

- UNIQUE:为表或视图创建唯一性索引(不允许存在索引值相同的两行)。视图上的聚集索引必须是 UNIQUE 索引。
- CLUSTERED:创建聚集索引。如果没有指定 CLUSTERED,则创建非聚集索引。

具有聚集索引的视图称为索引视图。必须先为视图创建唯一聚集索引,然后才能为该视图定义其他索引。注意:如果指定了 CLUSTERED 选项,表示建立聚集索引,所以该索引将对磁盘上的数据进行物理排序。

- NONCLUSTERED:创建一个指定表的逻辑排序的对象,即非聚集索引。每个表最多可以有 249 个非聚集索引(无论这些非聚集索引的创建方式如何——是使用 PRIMARY KEY 和 UNIQUE 约束隐式创建,还是使用 CREATE INDEX 显式创建)。每个索引均可以提供对数据的不同排序次序的访问。对于索引视图,只能为已经定义了聚集索引的视图创建非聚集索引。因此,索引视图中非聚集索引的行定位器一定是行的聚集键。

- 索引名称:索引名称在表或视图中必须唯一,但在数据库中不必唯一。索引名必须遵循标识符规则。

- 表名:要创建索引的列的表。可以选择指定数据库和表所有者。

- 视图名:要建立索引的视图的名称。必须使用 SCHEMABINDING 定义视图才能在视图上创建索引。视图定义也必须具有确定性。如果选择列表中的所有表达式、WHERE 和 GROUP BY 子句都具有确定性,则视图也具有确定性。而且,所有键列必须是精确的。只有视图的非键列可能包含浮点表达式(使用 float 数据类型的表达式),而且 float 表达式不能在视图定义的其他任何位置使用。

- 列名:应用索引的列。指定两个或多个列名,可为指定列的组合值创建组合索引。在 table 后的圆括号中列出组合索引中要包括的列(按排序优先级排列)。

- [ASC | DESC]:确定具体某个索引列的升序(ASC)或降序(DESC)排序方向。默认设置为 ASC(升序)。

- n:表示可以为特定索引指定多个列名占位符。

- ON filegroup:在给定的文件组(由 filegroup 指定)上创建索引。该文件组必须已经通过执行 CREATE DATABASE 或 ALTER DATABASE 创建。

- ON default:在默认的文件组上创建索引。

- index_option:指定创建索引的选项,其定义为:

```
{ PAD_INDEX = { ON | OFF } |
  FILLFACTOR = fillfactor |
  IGNORE_DUP_KEY = { ON | OFF } |
  DROP_EXISTING = { ON | OFF } |
  STATISTICS_NORECOMPUTE = { ON | OFF } |
  SORT_IN_TEMPDB  { ON | OFF } }
```

上述各索引选项的说明如下:

- PAD_INDEX = {ON|OFF}:指定索引的填充,默认值为 OFF,为 ON 时需由 fillfactor 指定可用空间的百分比。本选项对应图 11.6 的"填充索引"复选框。

- FILLFACTOR = fillfactor:指定一个百分比,以指示在创建或重新生成索引的过程中数据库引擎使每个索引页的叶级别的填充程度。fillfactor 必须为 1~100 之间的整数值。默认值为 0。如果 fillfactor 为 100 或 0,则数据库引擎会创建叶级页的填充已达到其容量的索引,但在索引树的较高级别中预留空间,以容纳至少一个额外的索引行。本选项对应图 11.6 的"设置填充因子"组合框。

- IGNORE_DUP_KEY＝{ON｜OFF}：指定对唯一聚集索引或唯一非聚集索引执行多行插入操作时出现重复键值的错误响应。默认值为 OFF。为 ON 时发出一条警告信息，且只有违反了唯一索引的行才会失败。为 OFF 时发出错误消息，并回滚整个 INSERT 事务。本选项对应图 11.6 的"忽略重复的值"复选框。
- DROP_EXISTING＝{ON｜OFF}：指定应删除并重新生成已命名的先前存在的聚集索引、非聚集索引或 XML 索引。默认值为 OFF。为 ON 时删除并重新生成现有索引，指定的索引名称必须与当前的现有索引相同；但可以修改索引定义。例如，可以指定不同的列、排序顺序、分区方案或索引选项。为 OFF 时当指定的索引名已存在，则会显示一条错误。本选项对应图 11.6 的"删除现有索引"复选框。
- STATISTICS_NORECOMPUTE＝{ON｜OFF}：指定是否重新计算分发统计信息。默认值为 OFF。为 ON 时不会自动重新计算过时的统计信息。为 OFF 时启用统计信息自动更新功能。本选项对应图 11.6 的"自动重新计算统计信息"复选框。
- SORT_IN_TEMPDB＝{ON｜OFF}：指定是否在 tempdb 系统数据库中存储临时排序结果。默认值为 OFF。为 ON 时表示在 tempdb 系统数据库中存储用于生成索引的中间排序结果。为 OFF 时表示中间排序结果与索引存储在同一数据库中。本选项对应图 11.6 的"将中间排序结果存储在 tempdb 中"复选框。

【例 11.2】　给出在 school 数据库中的 teacher 表中的 tno 列上创建一个非聚集索引的程序。

解：对应的程序如下：

```
USE school
-- 判断是否存在 IDX_tno 索引,若存在,则删除之
IF EXISTS(SELECT name FROM sysindexes WHERE name = 'IDX_tno')
    DROP INDEX teacher.IDX_tno
GO
-- 创建 IDX_tno 索引
CREATE INDEX IDX_tno ON teacher(编号)
GO
```

该程序的执行过程是：先打开 school 数据库，查找是否存在名为 IDX_tno 的索引，若有，则删除它，然后在 teacher 表的编号列上创建名称为 IDX_tno 的索引。

说明：在 teacher 表上有主键编号列对应的聚集索引 PK_teacher，这里不能再建立聚集索引，但可以建立编号列上的非聚集索引。

【例 11.3】　给出为 student 表的班号和姓名列创建非聚集索引 IDX_bhname，并且强制唯一性的程序。

解：对应的程序如下：

```
USE school
-- 判断是否存在 IDX_tno 索引,若存在,则删除之
IF EXISTS(SELECT name FROM sysindexes WHERE name = 'IDX_bhname')
    DROP INDEX score.IDX_bhname
GO
-- 创建 IDX_tno 索引
```

```
CREATE UNIQUE NONCLUSTERED INDEX IDX_bhname ON student(班号,姓名)
GO
```

【例 11.4】 给出以下程序的功能。

```
USE school
IF EXISTS (SELECT name FROM sysindexes WHERE name = 'IDX_bhname')
    DROP INDEX student.IDX_bhname
GO
CREATE INDEX IDX_bhname
    ON student(班号,姓名)
    WITH (PAD_INDEX = ON, FILLFACTOR = 80)
GO
```

解：该程序先打开数据库 school，若存在 IDX_bhname 索引，则用 DROP INDEX 语句删除它。再次打开数据库 school，用 CREATE INDEX 语句建立 IDX_bhname 索引，其中使用 FILLFACTOR 子句，将其设置为 80。FILLFACTOR 为 80 表示将以 80% 程度填充每个叶索引页。

11.3.3 使用 CREATE TABLE 语句创建索引

使用 CREATE TABLE（或 ALTER TABLE）语句创建表时，如果指定 PRIMARY KEY 约束或者 UNIQUE 约束，则 SQL Server 自动为这些约束创建索引。其语法参见第 8 章，这里不再介绍。

11.4 查看和修改索引属性

在索引创建好后，有时需要查看和修改索引属性，其方法主要有两种：使用 SQL Server 控制管理器和 T-SQL 语句。

11.4.1 使用 SQL Server 控制管理器查看和修改索引属性

使用 SQL Server 控制管理器十分容易查看和修改索引属性。

【例 11.5】 使用 SQL Server 管理控制器查看 school 数据库中 student 表上已建立的索引。

解：其操作步骤如下：

（1）启动 SQL Server 管理控制器。在"对象资源管理器"中展开 LCB-PC 服务器节点。

（2）展开"数据库"|school|"表"|dbo. student|"索引"节点，在其下方列出所有已建的索引，如图 11.9 所示，其中列出了 PK_student（聚集）、IQ_bh（非聚集）和 IDX_bhname（非聚集）三个索引名，前者是在创建 student 表时指定学号为主键，由 SQL Server 自动创建的聚集索引，后两个分别是在例 11.1 和例 11.4 中创建的

图 11.9 查看 student 表上创建的索引

索引。

(3) 为了修改 IQ_bh 索引的属性,选中 IQ_bh 索引项,单击鼠标右键,在出现的快捷菜单中选择"属性"命令,如图 11.10 所示,出现如图 11.11 所示的"索引属性"对话框,在其中对索引的各选项进行修改,其方法与"新建索引"对话框的操作类似。

图 11.10 选择"属性"命令

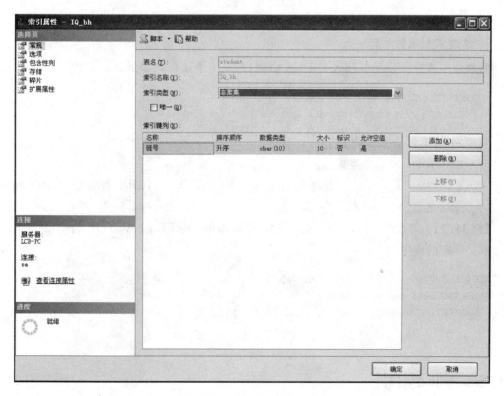

图 11.11 "索引属性"对话框

11.4.2　使用 T-SQL 语句查看和修改索引属性

1. 查看索引信息

为了查看索引信息，可使用存储过程 sp_helpindex。其使用语法如下：

```
EXEC sp_helpindex 对象名
```

在这里指定的"对象名"为需查看其索引的表的名称。

【例 11.6】 采用 sp_helpindex 存储过程查看 student 表上所创建的索引。

解：对应的程序如下：

```
USE school
GO
EXEC sp_helpindex student
GO
```

其执行结果如图 11.12 所示。

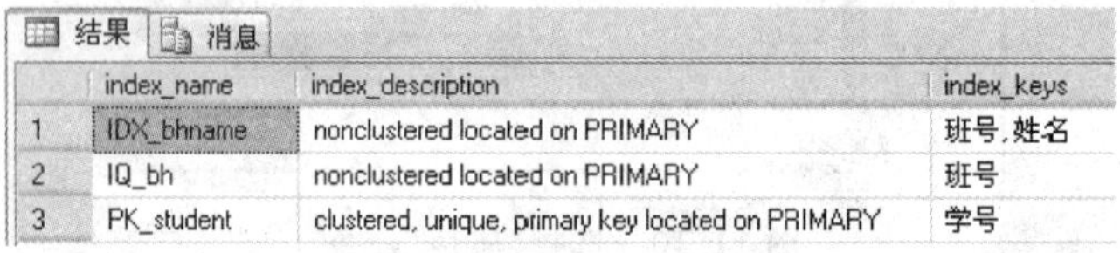

	index_name	index_description	index_keys
1	IDX_bhname	nonclustered located on PRIMARY	班号,姓名
2	IQ_bh	nonclustered located on PRIMARY	班号
3	PK_student	clustered, unique, primary key located on PRIMARY	学号

图 11.12　程序执行结果

2. 修改索引属性

修改索引属性使用 ALTER INDEX 语句，其基本语法格式如下：

```
ALTER INDEX { 索引名 | ALL } ON 表或视图名称
    REBUILD [ WITH ( rebuild_index_option ) ]
```

其中，各参数的含义说明如下：

- REBUILD：表示重建索引。
- rebuild_index_option：重建索引选项，与 CREATE INDEX 语句中 index_option 类似。

【例 11.7】 修改例 11.4 创建的索引 IDX_bhname，将 FILLFACTOR 为 90。

解：对应的程序如下：

```
USE school
ALTER INDEX IDX_bhname ON student
    REBUILD WITH (PAD_INDEX = ON, FILLFACTOR = 90)
GO
```

11.5　删除索引

删除索引也有两种方法：使用 SQL Server 控制管理器和 T-SQL 语句。

11.5.1 使用 SQL Server 控制管理器删除索引

使用 SQL Server 控制管理器十分容易删除索引。

【例 11.8】 使用 SQL Server 管理控制器删除 student 表上已建立的 IQ_bh 索引。

解：其操作步骤如下：

（1）启动 SQL Server 管理控制器。在"对象资源管理器"中展开 LCB-PC 服务器节点。

（2）展开"数据库"|school|"表"|dbo. student|"索引"节点，在其下方列出所有已建的索引，选中 IQ_bh 索引，单击鼠标右键，在出现的快捷菜单中选择"删除"命令。

（3）出现"删除对象"对话框，单击"确定"按钮即可删除 IQ_bh 索引。

11.5.2 使用 T-SQL 语言删除索引

删除索引使用 DROP INDEX 语句，其基本语法格式如下：

```
DROP INDEX 表名.索引名
```

【例 11.9】 使用 DROP INDEX 语句删除前面创建的索引 IDX_bhname。

解：对应的程序如下：

```
USE school
GO
DROP INDEX student.IDX_bhname
GO
```

习题 11

1. 什么是索引？索引分为哪两种？各有什么特点？

2. 创建索引有什么优、缺点？

3. 哪些列上适合创建索引？哪些列上不适合创建索引？

4. 创建索引时须考虑哪些事项？

5. 如何创建升序和降序索引？

6. FILLFACTOR 所代表的物理含义是什么？将一个只读表的 FILLFACTOR 设为合适的值有什么好处？

上机实验题 6

在上机实验题 5 的 factory 数据库上，使用 T-SQL 语句完成如下各小题的功能：

（1）在 worker 表中的"部门号"列上创建一个非聚集索引，若该索引已存在，则删除后重建。

（2）在 salary 表的"职工号"和"日期"列创建聚集索引，并且强制唯一性。

CHAPTER 12

第 12 章　　　视　　图

　　视图是一个虚拟表,其内容由查询定义。同真实的表一样,视图包含一系列带有名称的列和行数据。但是,视图并不在数据库中以存储的数据集形式存在。行和列数据来自由定义视图的查询所引用的表,并且在引用视图时动态生成。本章主要介绍视图的基本概念、创建和查询视图的操作等。

12.1　视图概述

　　视图是从一个或者多个表中使用 SELECT 语句导出的。那些用来导出视图的表称为基表。视图也可以从一个或者多个其他视图中产生。导出视图的 SELECT 语句存放在数据库中,而与视图定义相关的数据并没有在数据库中另外保存一份,因此,视图也称为虚表。视图的行为和表类似,可以通过视图查询表的数据,也可以修改表的数据。

　　对其中所引用的基础表来说,视图的作用类似于筛选。定义视图的筛选可以来自当前或其他数据库的一个或多个表,或者其他视图。所以说,视图是一种 SQL 查询。在数据库中,存储的是视图的定义,而不是视图查询的数据。通过这个定义,对视图查询最终转换为对基表的查询。

　　提示:SQL Server 处理视图的过程为:首先在数据库中找到视图的定义,然后将其对视图的查询转换为对基表的查询的等价查询语句,并且执行这个等价查询语句。通过这种方法,SQL Server 可以保持表的完整性。

　　视图通常用来集中、简化和自定义每个用户对数据库的不同认识。视图可用作安全机制,方法是允许用户通过视图访问数据,而不授予用户直接访问视图基础表的权限。从(或向)SQL Server 2005 复制数据时也可使用视图来提高性能并分区数据。视图具有下述优点和作用:

- 将数据集中显示。
- 简化数据操作。
- 自定义数据。

- 重新组织数据以便导入导出数据。
- 组合分区数据。

查询和视图虽然很相似,但还是有很多的区别。两者的主要区别如下:

- 存储方式。视图存储为数据库设计的一部分,而查询则不是。
- 更新结果。对视图和查询的结果集更新限制是不同的。
- 排序结果。查询结果可以任意排序,但只有视图包括 TOP 子句时才能对视图排序。
- 参数设置。可以为查询创建参数,但不能为视图创建参数。
- 加密。可以加密视图,但不能加密查询。

12.2 创建视图

要使用视图,首先必须创建视图。视图在数据库中是作为一个独立的对象进行存储的。创建视图要考虑如下的原则:

- 只能在当前数据库中创建视图。但是,如果使用分布式查询定义视图,则新视图所引用的表和视图可以存在于其他数据库中,甚至其他服务器上。
- 视图名称必须遵循标识符的规则,且对每个用户必须唯一。此外,该名称不得与该用户拥有的任何表的名称相同。
- 可以在其他视图和引用视图的过程之上建立视图。SQL Server 2005 允许嵌套多达 32 级视图。
- 视图上不能定义规则或默认值。
- 视图上不能定义 AFTER 触发器,但可以定义 INSTEAD OF 触发器。
- 定义视图的查询不可以包含 COMPUTE 或 COMPUTE BY 子句或 INTO 关键字。
- 视图的 SELECT 语句中不能包含 ORDER BY 子句,除非在 SELECT 语句的选择列表中还有一个 TOP 子句。
- 不能在视图上定义全文视图。
- 不能创建临时视图,也不能在临时表上创建视图。

一般情况下,不必在创建视图时指定列名,SQL Server 使视图中的列与定义视图的查询所引用的列具有相同的名称和数据类型。但是在如下情况下必须指定列名:

- 视图中包含任何从算术表达式、内置函数或常量派生出的列。
- 视图中两列或多列具有相同名称(通常由于视图定义包含联接,而来自两个或多个不同表的列具有相同的名称)。
- 希望使视图中的列名与它的源列名不同(也可以在视图中重命名列)。无论重命名与否,视图列都会继承其源列的数据类型。

提示:若要创建视图,数据库所有者必须具有创建视图的权限,并且对视图定义中所引用的表或视图要有适当的权限。

12.2.1 使用 SQL Server 管理控制器创建视图

视图保存在数据库中而查询不是,因此创建新视图的过程与创建查询的过程不同。通过 SQL Server 管理控制器不但可以创建数据库和表,也可以创建视图。

【例 12.1】 使用 SQL Server 管理控制器,在 school 数据库中创建一个名称为 st_degree 的视图,包含学生姓名、课程名和分数,按姓名升序排列。

解:其操作步骤如下:

(1) 启动 SQL Server 管理控制器。在"对象资源管理器"中展开 LCB-PC 服务器节点。

(2) 展开"数据库"节点。选中数据库"school",展开该数据库节点。

(3) 选中"视图"节点,单击鼠标右键,在出现的快捷菜单中选择"新建视图"命令,如图 12.1 所示。

(4) 此时,打开"添加表"对话框,如图 12.2 所示。在此对话框中,可以选择表、视图或者函数等,然后单击"添加"按钮,就可将其添加到视图的查询中。这里分别选择 student、course 和 score 三个表,并单击"添加"按钮,最后单击"关闭"按钮。

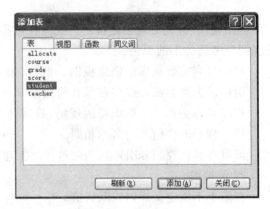

图 12.1　选择"新建视图"命令　　　　图 12.2　"添加表"对话框

提示:在选择时,可以使用 Ctrl 键或者 Shift 键来选择多个表、视图或者函数等。

(5) 返回到 SQL Server 管理控制器,如图 12.3 所示,这三个表已在第 8 章建立了关联关系,在图中反映这种关系(如果已删除了表之间的关联关系,可以手工建立图 12.3 中表之间的关联关系)。在该图所示窗口的右侧"视图设计器"包括以下 4 个窗格:

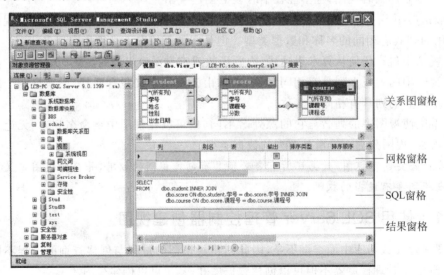

图 12.3　视图设计器

- 关系图窗格：以图形方式显示正在查询的表和其他表结构化对象，如视图。同时也显示它们之间的关联关系。每个矩形代表一个表或表结构化对象，并显示可用的数据列以及表示每列如何用于查询的图标，如排序图标等。在矩形之间连线表示两个表之间的连接。图 12.3 显示了 student、course 表和 score 表之间的连接。如果要添加表，可以在该窗格中右击，然后选择"添加表"命令。若要删除表，则可以在表的标题栏上右击，然后选择"移除"命令。
- 网格窗格：是一个类似电子表格的网格，用户可以在其中指定视图的选项，如要在视图中显示哪些数据列、哪些行等。通过网格窗格可以指定要显示列的别名、列所属的表、计算列的表达式、查询的排序次序、搜索条件、分组准则等。
- SQL 窗格：显示视图所要存储的查询语句。可以对设计器自动生成的 SQL 语句进行编辑，也可以输入自己的 SQL 语句。对于不能用关系图窗格的网格窗格创建的 SQL 语句(如联合查询)，就可以使用该窗格写入相应的 SQL 语句。
- 结果窗格：显示最近执行的选择查询的结果。可以通过编辑该网格单元中的值对数据库进行修改，而且可以添加或删除行。在视图设计器中，结果窗格也可以显示视图的定义信息。

(6) 在网格窗格中为该视图选择要包含的列。选择的第一列为 student. 学号，从"列"组合框中选择，不指定其别名，不设置筛选器值等，再将其"排序类型"设置为"升序"，如图 12.4 所示；并依次选择第 2 列为 course. 课程名，第 3 列为 score. 分数，如图 12.5 所示，同时在 SQL 窗格中显示对应的 SELECT 语句为：

```
SELECT TOP (100) PERCENT dbo.student.姓名,dbo.course.课程名,
    dbo.score.分数
FROM dbo.student INNER JOIN dbo.score
    ON dbo.student.学号 = dbo.score.学号 INNER JOIN dbo.course
    ON dbo.score.课程号 = dbo.course.课程号
ORDER BY dbo.student.姓名
```

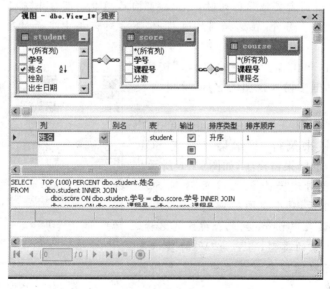

图 12.4　选择视图包含的列

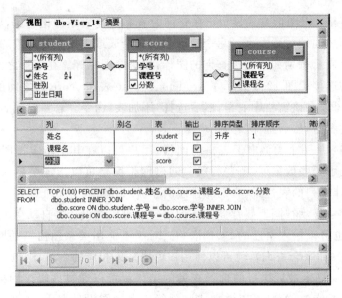

图 12.5　选择所有的列

上述 SELECT 语句中,TOP 子句用于限制结果集中返回的行数,其基本用法如下:

TOP (exprion) [PERCENT]

其中,exprion 是指定返回行数的数值表达式,如果指定了 PERCENT,则是指返回的结果集行的百分比(由 exprion 指定)。例如:

TOP(100):表示返回查询结果集中开头的 100 行。

TOP(15) PERCENT:表示返回查询结果集中开头的 15% 的行。

TOP(@n):表示返回查询结果集中开头的@n 的行,n 是一个 BIGINT 型变量,之前需要说明和赋值。

因此,前面的 SELECT 语句中的 TOP(100) PERCENT 表示返回查询结果集中所有的行。

提示:在选择视图需要使用的列时,可以按照自己想要的顺序来选择,这样的选择顺序就是在视图中的顺序。另外,在选择列的过程中,下方对话框中显示对应的 SELECT 语句也随着变化。

(7) 选择列后,单击工具栏中的"保存"按钮,然后在弹出的对话框中输入视图的名称,这里输入"st_degree"。

(8) 在设计好视图 st_degree 后,可以单击工具栏中的"!"按钮来执行,其结果显示在 SQL Server 管理控制器的结果窗格中,如图 12.6 所示。

说明:当用户创建一个视图被存储到 SQL Server 2005 系统中后,每个视图对应 sysobjects 系统表中一条记录,该表中 name 列包含视图的名称,type 列指出存储对象的类型,当它为′V′时表示是一个视图。用户可以通过查找该表中的记录判断某视图是否被创建。

姓名	课程名	分数
匡明	计算机导论	88
匡明	操作系统	75
李军	计算机导论	64
李军	数字电路	85
陆君	计算机导论	92
陆君	操作系统	86
王芳	计算机导论	76
王芳	操作系统	68
王丽	计算机导论	91
王丽	数字电路	79
曾华	计算机导论	78
曾华	数字电路	NULL

图 12.6　视图执行结果

12.2.2　使用 SQL 语句创建视图

使用 CREATE VIEW 语句创建视图的完整语法为：

```
CREATE VIEW [数据库名.][所有者名.]视图名 [(列名 [,…n])]
  [WITH view_attribute [,…n]]
  AS
  SELECT 语句
  [WITH CHECK OPTION]
```

view_attribute 定义为：

```
{ENCRYPTION | SCHEMABINDING | VIEW_METADATA}
```

其中，各子句的含义如下：
- WITH CHECK OPTION：强制视图上执行的所有数据修改语句都必须符合由 SELECT 语句设置的准则。通过视图修改行时，WITH CHECK OPTION 可确保提交修改后仍可通过视图看到修改的数据。
- WITH ENCRYPTION：表示 SQL Server 加密包含 CREATE VIEW 语句文本的系统表列。使用 WITH ENCRYPTION 可防止将视图作为 SQL Server 复制的一部分发布。
- SCHEMABINDING：将视图绑定到架构上。指定 SCHEMABINDING 时，SELECT 语句必须包含所引用的表、视图或用户定义函数的两部分名称，即所有者.对象。
- VIEW_METADATA：指定为引用视图的查询请求浏览模式的元数据时，SQL Server 将向 DBLIB、ODBC 和 OLE DB API 返回有关视图的元数据信息，而不是返回基表。

【例 12.2】　给出一个程序，创建一个名称为 st1_degree 的视图，其中包括所有学生的姓名、课程和成绩。

解：对应的程序如下：

```
USE school
GO
CREATE VIEW st1_degree                /* 创建视图 */
AS
SELECT student.姓名,course.课程名,score.分数
    FROM student,course,score
    WHERE student.学号 = score.学号 AND course.课程号 = score.课程号
GO
```

上面的程序创建一个名称为 st1_degree 的视图，其中包括所有学生的姓名、课程和成绩，该视图与例 12.1 建立的 st_degree 视图相似，只是该视图是采用命令方式建立的。

视图中可以使用的列最多可达 1024 列。另外，在创建视图时，视图的名称存储在 sysobjects 表中。有关视图中所定义的列的信息自动添加到 syscolumns 表中，而有关视图相关性的信息自动添加到 sysdepends 表中。另外，CREATE VIEW 语句的文本自动添加到 syscomments 表中。这些以 sys 开头的表都是系统表。

12.3 使用视图

通过视图可以查询基表中的数据，也可以通过视图来修改基表中的数据，例如插入、删除和修改记录。

12.3.1 使用视图进行数据查询

视图是基于基表生成的，因此可以用来将需要的数据集中在一起，而不需要的数据则不需要显示。使用视图来查询数据，可以像对表一样来对视图进行操作。对视图数据查询既可以使用 SQL Server 管理控制器，也可以使用 SELECT 语句。

1. 使用 SQL Server 管理控制器查询视图数据

可以使用 SQL Server 管理控制器来查询视图中的数据，其操作方式与表查询相类似。

【例 12.3】 使用 SQL Server 管理控制器来查询 st1_degree 视图数据。

解：其操作步骤如下：

(1) 启动 SQL Server 管理控制器。在“对象资源管理器”中展开 LCB-PC 服务器节点。

(2) 展开“数据库”节点，选中数据库“school”，展开 school 数据库，展开“视图”节点。

(3) 选中 st1_degree 视图，单击鼠标右键，在出现的快捷菜单中选择“打开视图”命令，结果如图 12.7 所示。

2. 使用 SELECT 语句查询视图数据

将视图看成是表，直接使用 SELECT 语句查询其中的数据。

【例 12.4】 给出以下程序的执行结果。其中，st1_degree 视图是例 12.2 创建的。

```
USE school
GO
SELECT * FROM st1_degree
GO
```

解：通过 SECECT 语句直接查询 st1_degree 视图，从而看到所有学生的成绩。执行结果如图 12.8 所示。

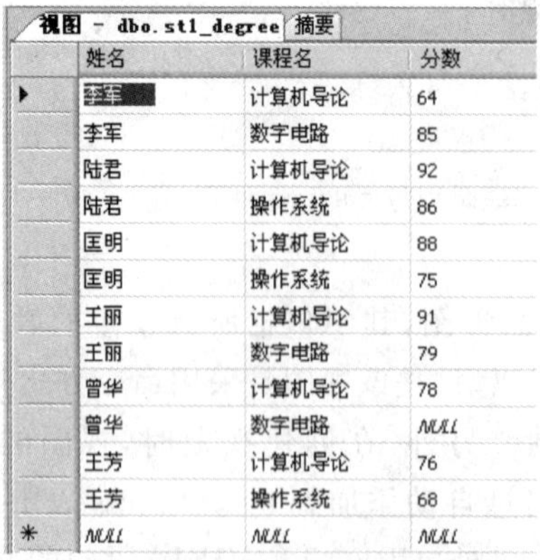

姓名	课程名	分数
李军	计算机导论	64
李军	数字电路	85
陆君	计算机导论	92
陆君	操作系统	86
匡明	计算机导论	88
匡明	操作系统	75
王丽	计算机导论	91
王丽	数字电路	79
曾华	计算机导论	78
曾华	数字电路	NULL
王芳	计算机导论	76
王芳	操作系统	68
NULL	NULL	NULL

图 12.7 通过视图检索数据

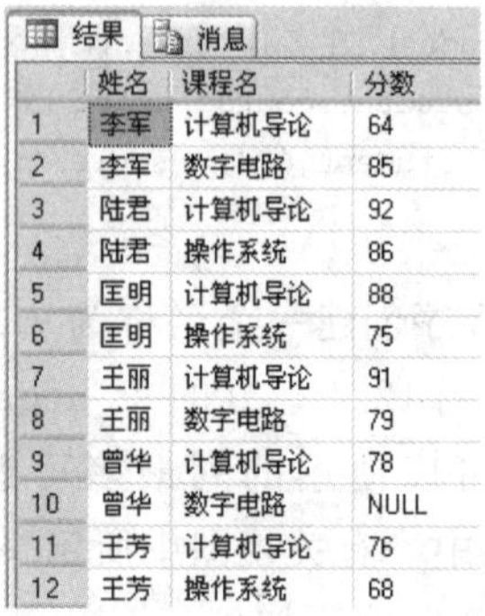

	姓名	课程名	分数
1	李军	计算机导论	64
2	李军	数字电路	85
3	陆君	计算机导论	92
4	陆君	操作系统	86
5	匡明	计算机导论	88
6	匡明	操作系统	75
7	王丽	计算机导论	91
8	王丽	数字电路	79
9	曾华	计算机导论	78
10	曾华	数字电路	NULL
11	王芳	计算机导论	76
12	王芳	操作系统	68

图 12.8 程序执行结果

12.3.2　通过视图向基表中插入数据

通过视图插入基表的某些行时,SQL Server 将把它转换为对基表的某些行的操作。对于简单的视图来说,可能比较容易实现,但是对于比较复杂的视图,可能就不能通过视图进行插入。

在视图上使用 INSERT 语句添加数据时,要符合以下规则:

(1) 使用 INSERT 语句向数据表中插入数据时,用户必须有插入数据的权利。

(2) 由于视图只引用表中的部分字段,所以通过视图插入数据时只能明确指定视图中引用的字段的取值。而那些表中并未引用的字段,必须知道在没有指定取值的情况下如何填充数据,因此视图中未引用的字段必须具备下列条件之一。

- 该字段允许空值。
- 该字段设有默认值。
- 该字段是标识字段,可根据标识种子和标识增量自动填充数据。
- 该字段的数据类型为 timestamp 或 uniqueidentifier。

(3) 视图中不能包含多个字段值的组合,或者包含了使用统计函数的结果。

(4) 视图中不能包含 DISTINCT 或 GROUP BY 子句。

(5) 如果视图中使用了 WITH CHECK OPTION,那么在该子句将检查插入的数据是否符合视图定义中 SELECT 语句所设置的条件。如果插入的数据不符合该条件,SQL Server 会拒绝插入数据。

(6) 不能在一个语句中对多个基表使用数据修改语句。因此,如果要向一个引用了多个数据表的视图添加数据时,必须使用多个 INSERT 语句进行添加。

【例 12.5】　给出以下程序的执行结果。

```
USE test
GO
-- 如果表 table4 存在,则删除
IF EXISTS(SELECT * FROM sysobjects WHERE name = 'table4' AND type = 'U')
    DROP TABLE table4                        /* 删除表 table4 */
GO
-- 如果视图 view1 存在,则删除
IF EXISTS(SELECT * FROM sysobjects WHERE name = 'view1' AND type = 'V')
    DROP VIEW view1                          /* 删除视图 view1 */
GO
-- 创建表 table4
CREATE TABLE table4(col1 int, col2 varchar(30))
GO
-- 创建视图 view1
CREATE VIEW view1 AS SELECT col2, col1 FROM table4
GO
-- 通过视图 view1 插入一个记录
INSERT INTO view1 VALUES ('第 1 行',1)
GO
INSERT INTO view1 VALUES ('第 2 行',2)
-- 查看插入的记录
```

数据库原理与应用——基于 SQL Server

```
SELECT * FROM table4
GO
```

解：该程序在 test 数据库中创建一个表 table4 和基于该表
的视图 view1，并利用视图 view1 向其基表 table4 中插入了两个
记录，最后显示基表 table4 中的所有行。其执行结果如图 12.9
所示。

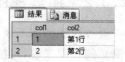

图 12.9　程序执行结果

12.3.3　通过视图修改基表中的数据

在视图上使用 UPDATE 语句修改数据时，也应该符合在视图中修改数据的相关规则。
同时需要遵守以下规则：

- 如果在视图定义中使用了 WITH CHECK OPTION 子句，则所有在视图上执行的
  数据修改语句都必须符合定义视图的 SELECT 语句中所设定的条件。如果使用了
  WITH CHECK OPTION 子句，修改行时须注意不让它们在修改完成后从视图中
  消失。任何可能导致行消失的修改都会被取消，并显示错误信息。
- SQL Server 必须能够明确地解析对视图所引用基表中的特定行所做的修改操作。
  不能在一个语句中对多个基础表使用数据修改语句。因此，列在 UPDATE 语句中
  的列必须属于视图定义中的同一个基表。
- 在修改记录时，要保证视图或基表中不存在自连接，否则将无法修改记录。

【例 12.6】　给出以下程序的执行结果。

```
USE test
GO
-- 如果表 table4 存在,则删除
IF EXISTS(SELECT * FROM sysobjects WHERE name = 'table4' AND type = 'U')
    DROP TABLE table4                        /* 删除表 table4 */
GO
-- 如果视图 view1 存在,则删除
IF EXISTS(SELECT * FROM sysobjects WHERE name = 'view1' AND type = 'V')
    DROP VIEW view1                          /* 删除视图 view1 */
GO
-- 创建表 table4
CREATE TABLE table4(col1 int, col2 varchar(30))
GO
-- 向基表 table4 中插入记录
INSERT INTO table4 VALUES (1,'第 1 行')
GO
INSERT INTO table4 VALUES (2,'第 2 行')
GO
-- 创建视图 view1
CREATE VIEW view1 AS SELECT col2, col1 FROM table4
GO
-- 查看 table4 的记录
SELECT * FROM table4
GO
UPDATE view1 Set col2 = '第 3 行' WHERE col1 = 2     /* 通过视图修改基表数据 */
GO
-- 查看 table4 的记录
```

```
SELECT * FROM table4
GO
```

图 12.10　程序执行结果

解：该程序先在 test 数据库中创建一个表 table4，并插入两个记录，然后创建表 table4 的视图 view1，并利用视图 view1 修改基表 table4 的第 2 个记录，最后显示基表 table4 中的所有行。其执行结果如图 12.10 所示。

12.3.4　通过视图删除基表中的数据

在视图上同样也可以使用 DELETE 语句删除基表中的相关记录。但如果在视图中删除数据，在视图定义的 FROM 子句中只能列出一个表。

【例 12.7】　给出以下程序的执行结果。

```
USE test
GO
-- 如果表 table4 存在，则删除
IF EXISTS(SELECT * FROM sysobjects WHERE name = 'table4' AND type = 'U')
    DROP TABLE table4                    /* 删除表 table4 */
GO
-- 如果视图 view1 存在，则删除
IF EXISTS(SELECT * FROM sysobjects WHERE name = 'view1' AND type = 'V')
    DROP VIEW view1                      /* 删除视图 view1 */
GO
-- 创建表 table4
CREATE TABLE table4(col1 int, col2 varchar(30))
GO
-- 向基表 table4 中插入记录
INSERT INTO table4 VALUES (1, '第 1 行')
GO
INSERT INTO table4 VALUES (2, '第 2 行')
GO
-- 创建视图 view1
CREATE VIEW view1 AS SELECT col2, col1 FROM table4
GO
-- 查看 table4 的记录
SELECT * FROM table4
GO
DELETE view1 WHERE col1 = 2        /* 通过视图删除基表数据 */
GO
-- 查看 table4 的记录
SELECT * FROM table4
GO
```

解：该程序先在 test 数据库中创建一个表 table4，并插入两个记录，然后创建表 table4 的视图 view1，并利用视图 view1 删除基表 table4 的第 2 个记录，最后显示基表 table4 中的所有行。其执行结果如图 12.11 所示。

图 12.11　程序执行结果

12.4 视图定义的修改

如果基表发生变化,或者要通过视图查询更多的信息,都需要修改视图的定义。可以删除视图,然后重新创建一个新的视图,但是也可以在不除去和重新创建视图的条件下更改视图名称或修改其定义。

12.4.1 使用 SQL Server 管理控制器修改视图定义

修改视图的定义可以通过 SQL Server 管理控制器来进行,也可以使用 ALTER VIEW 语句来完成。

1. 使用 SQL Server 管理控制器

通过一个例子说明使用 SQL Server 管理控制器修改视图的操作过程。

【例 12.8】 使用 SQL Server 管理控制器修改例 12.2 所建的视图 st1_degree,使其以降序显示 95031 班学生成绩。

解:其操作步骤如下:

(1) 启动 SQL Server 管理控制器。在"对象资源管理器"中展开 LCB-PC 服务器节点。

(2) 展开"数据库"节点,选中数据库"school",展开该数据库节点。

(3) 展开"视图"节点,选中 st1_degree 视图,单击鼠标右键,在出现的快捷菜单中选择"修改"命令。

(4) 进入"视图设计器"对话框,如图 12.12 所示,可在其中对视图进行修改,其中的操作与创建视图类似。

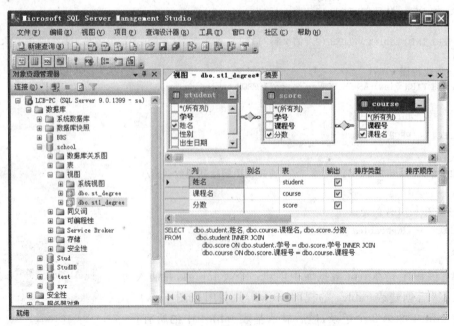

图 12.12 修改前的"视图设计器"对话框

（5）这里保持关系图窗格不变，在网格窗格中将第 3 列即分数列的排序类型修改为"降序"，并增加 student 表的班号列，不指定其别名和排序类型，在对应的筛选器中输入"1031"。对应的 SQL 窗格中 SELECT 语句自动修改为：

```
SELECT TOP (100) PERCENT dbo.student.姓名, dbo.course.课程名,
    dbo.score.分数, dbo.student.班号
FROM dbo.student INNER JOIN dbo.score
    ON dbo.student.学号 = dbo.score.学号 INNER JOIN dbo.course
    ON dbo.score.课程号 = dbo.course.课程号
WHERE (dbo.student.班号 = '1031')
ORDER BY dbo.score.分数 DESC
```

修改视图定义的最终结果如图 12.13 所示。

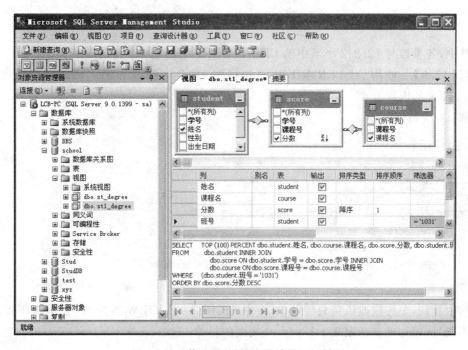

图 12.13　修改后的"视图设计器"对话框

（6）修改完成后，单击工具栏中的"保存"按钮，打开新的 st1_degree 视图，其结果如图 12.14 所示。

姓名	课程名	分数	班号
陆君	计算机导论	92	1031
陆君	操作系统	86	1031
匡明	计算机导论	88	1031
匡明	操作系统	75	1031
王芳	计算机导论	76	1031
王芳	操作系统	68	1031
*	NULL	NULL	NULL	NULL

图 12.14　修改后的 st1_degree 视图

2. 使用 ALTER VIEW 语句修改视图定义

使用 ALTER VIEW 语句可以更改一个先前创建的视图(用 CREATE VIEW 创建),包括视图中的视图,但不影响相关的存储过程或触发器,也不更改权限。

ALTER VIEW 语句的语法格式如下:

```
ALTER VIEW [数据库名.][所有者.]视图名[(列名[,…n])]
    [WITH view_attribute[,…n]]
    AS
    SELECT 语句
    [WITH CHECK OPTION]
```

view_attribute 定义为:

```
{ENCRYPTION | SCHEMABINDING | VIEW_METADATA}
```

其中,各参数与 12.2.2 小节中的 CREATE VIEW 语句中参数含义相同。

【**例 12.9**】 使用 ALTER VIEW 语句将例 12.5 中修改的 st1_degree 视图恢复成例 12.2 原来的内容。

解:对应的程序如下:

```
USE school
GO
ALTER VIEW st1_degree
AS
SELECT student.sname AS '姓名',course.cname AS '课程',
    score.degree AS '成绩'
    FROM student,course,score
    WHERE student.sno = score.sno AND course.cno = score.cno
GO
```

从中看到,上述修改语句只将例 12.2 中的 CREATE VIEW 改为 ALTER VIEW,其他保持不变,从而达到重新定义 st1_degree 视图的目的。

12.4.2 重命名视图

在重命名视图时,应注意以下问题:

- 重命名的视图必须位于当前数据库中。
- 新名称必须遵守标识符规则。
- 只能重命名自己拥有的视图。
- 数据库所有者可以更改任何用户视图的名称。

重命名视图可以通过 SQL Server 管理控制器来完成,也可以通过相关存储过程来完成。

1. 使用 SQL Server 管理控制器重命名视图

在 SQL Server 管理控制器中,可以像在 Windows 资源管理器中更改文件夹或者文件名一样,在要重命名的视图上右击,选择"重命名"命令,然后输入新的视图名称即可。

2. 使用系统存储过程 sp_rename 重命名视图

sp_rename 存储过程可以用来重命名视图,其语法格式如下:

```
sp_rename [@objname = ] 'object_name',
    [@newname = ] 'new_name'
    [, [ @objtype = ] 'object_type']
```

其中,各参数含义如下:

- [@objname =] 'object_name':视图的当前名称。
- [@newname =] 'new_name':视图的新名称。
- [@objtype =] 'object_type':要重命名的对象的类型。object_type 为 varchar(13) 类型,其默认值为 NULL。其取值及含义如表 12.1 所示。

表 12.1　object_type 的取值及其含义

取　　值	说　　明
COLUMN	要重命名的列
DATABASE	用户定义的数据库。要重命名数据库时需用此选项
INDEX	用户定义的视图
OBJECT	在 sysobjects 中跟踪的类型的项目。例如,OBJECT 可用来重命名约束(CHECK、FOREIGN KEY、PRIMARY/UNIQUE KEY)、用户表、视图、存储过程、触发器和规则等对象
USERDATATYPE	通过执行 sp_addtype 而添加的用户定义数据类型

提示:sp_rename 存储过程不仅可以更改视图的名称,而且可以更改当前数据库中用户创建对象(如表、列或用户定义数据类型)的名称。

【例 12.10】 给出以下程序的执行结果。

```
USE test
GO
EXEC sp_rename 'view1','view2'
GO
```

解:该程序将视图 view1 重命名为 view2。并提示如下警告消息:"警告:更改对象名的任一部分都可能会破坏脚本和存储过程。"

12.5　查看视图的信息

如果用户想要查看视图的定义从而更好地理解视图里的数据是如何从基表中引用的,可以查看视图的定义信息。可以使用 SQL Server 管理控制器和相关的系统存储过程查看视图信息。

12.5.1　使用 SQL Server 管理控制器查看视图信息

通过一个例子说明使用 SQL Server 管理控制器查看视图信息的操作过程。

【例 12.11】 使用 SQL Server 管理控制器查看 st_degree 视图的信息。

解：其操作过程如下：

（1）启动 SQL Server 管理控制器。在"对象资源管理器"中展开 LCB-PC 服务器节点。

（2）展开"数据库"|school|"视图"|st_degree|"列"节点，在其下面显示视图的列信息，其中包括列名称、数据类型和约束信息，如图 12.15 所示。

图 12.15　视图 st_degree 的列信息

12.5.2　使用 sp_helptext 存储过程查看视图的信息

使用 sp_helptext 存储过程可以显示规则、默认值、未加密的存储过程、用户定义函数、触发器或视图的文本等信息。

sp_helptext 存储过程的语法格式如下：

```
sp_helptext [@objname = ] 'name'
```

其中，[@objname =] 'name'为对象的名称，将显示该对象的定义信息。对象必须在当前数据库中。name 的数据类型为 nvarchar(776)，没有默认值。

【例 12.12】　给出以下程序的执行结果。

```
USE school
GO
EXEC sp_helptext st_degree
```

解：该程序用来查看 school 数据库的 st_degree 视图的定义。执行结果如图 12.16 所示。

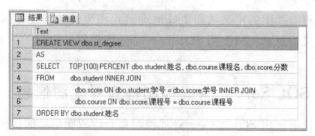

图 12.16　例 12.12 的执行结果

sp_helptext 在多个行中显示用来创建对象的文本,其中每行有 T-SQL 定义的 255 个字符。这些定义只驻留在当前数据库的 syscomments 表的文本中。

12.6 视图的删除

在创建视图后,如果不再需要该视图,或想清除视图定义及与之相关联的权限,可以删除该视图。删除视图后,表和视图所基于的数据并不受影响。任何使用基于已删除视图的对象的查询都会失败,除非创建了同样名称的一个视图。

在删除视图时,定义在系统表 sysobjects、syscolumns、syscomments、sysdepends 和 sysprotects 中的视图信息也会被删除,而且视图的所有权限也一并被删除。

12.6.1 使用 SQL Server 管理控制器删除视图

通过一个例子说明使用 SQL Server 管理控制器删除视图的操作过程。

【例 12.13】 删除 test 数据库中 table4 表上的视图 view1。

解:其操作步骤如下:

(1) 启动 SQL Server 管理控制器。在"对象资源管理器"中展开 LCB-PC 服务器节点。

(2) 展开"数据库"|test|"视图"节点,选中 view1 视图,单击鼠标右键,在出现的快捷菜单中选择"删除"命令。

(3) 出现"删除对象"对话框,选中 view1 项,单击"确定"按钮即可删除 view1 视图。

12.6.2 使用 T-SQL 删除视图

使用 DROP VIEW 语句可从当前数据库中删除一个或多个视图。其语法格式为:

DROP VIEW {视图名}[, … n]

【例 12.14】 给出以下程序的功能。

```
USE test
GO
-- 如果视图 view1 存在,则删除
IF EXISTS(SELECT * FROM sysobjects WHERE name = 'view1' AND type = 'V')
    DROP VIEW view1
GO
```

解:该程序的功能是检查 test 数据库中是否存在 view1 视图,若有,则删除之。

提示:使用 DROP TABLE 语句除去的表上的任何视图必须通过使用 DROP VIEW 显式除去。在默认情况下,将 DROP VIEW 权限授予视图所有者,该权限不可转让。然而,固定数据库角色成员 db_owner 和 db_ddladmin 和固定服务器角色成员 sysadmin 可以通过在 DROP VIEW 内显式指定所有者除去任何对象。

习题 12

1. 什么是视图?使用视图的优点和缺点是什么?

2. 能从视图上创建视图吗?如何使视图的定义不可见?

3. 将创建视图的基础表从数据库中删除掉,视图也会一并删除吗?

4. 能在视图上创建索引吗? 在视图上创建索引有哪些优点?

5. 能否从使用聚合函数创建的视图上删除数据行? 为什么?

6. 更改视图名称会导致什么问题?

7. 修改视图中的数据会受到哪些限制?

上机实验题 7

在上机实验题 6 的 factory 数据库上,使用 T-SQL 语句完成如下各小题的功能:

(1) 建立视图 view1,查询所有职工的职工号、姓名、部门名和 2004 年 2 月份工资,并按部门名顺序排列。

(2) 建立视图 view2,查询所有职工的职工号、姓名和平均工资。

(3) 建立视图 view3,查询各部门名和该部门的所有职工平均工资。

(4) 显示视图 view3 的定义。

数据库完整性　第 13 章

　　数据库完整性就是确保数据库中的数据的一致性和正确性。

　　SQL Server 提供了相应的组件以实现数据库的完整性,例如实体完整性通过索引、UNIQUE 约束、PRIMARY KEY 约束和 IDENTITY 属性等实现;域完整性通过 FOREIGN KEY 约束、CHECK 约束、DEFAULT 定义、NOT NULL 定义和规则等实现;参照完整性通过 FOREIGN KEY、CHECK 约束和触发器等实现;用户定义完整性通过 CREATE TABLE 中的所有列级和表级约束、存储过程和触发器等实现。本章主要讨论约束、默认和规则等内容,有关存储过程和触发器的内容分别在后面两章中介绍。

13.1　约束

　　设计表时需要识别列的有效值并决定如何强制实现列中数据的完整性。SQL Server 2005 提供多种强制数据完整性的机制:

- PRIMARY KEY 约束
- FOREIGN KEY 约束
- UNIQUE 约束
- CHECK 约束
- NOT NULL(非空性)

　　上述约束是 SQL Server 2005 自动强制数据完整性的方式,它们定义关于列中允许值的规则,是强制完整性的标准机制。使用约束优先于使用触发器、规则和默认值。查询优化器也使用约束定义生成高性能的查询执行计划。

　　其中 NOT NULL 前面已经使用过,下面介绍其他 4 种约束。

13.1.1　PRIMARY KEY 约束

　　PRIMARY KEY 约束标识列或列集,这些列或列集的值唯一标识表中的行。一个 PRIMARY KEY 约束可以:

- 作为表定义的一部分在创建表时创建。
- 添加到还没有 PRIMARY KEY 约束的表中(一个表只能有一个 PRIMARY KEY 约束)。
- 如果已有 PRIMARY KEY 约束,则可对其进行修改或删除。例如,可以使表的 PRIMARY KEY 约束引用其他列,更改列的顺序、索引名、聚集选项或 PRIMARY KEY 约束的填充因子。定义了 PRIMARY KEY 约束的列的列宽不能更改。

在一个表中,不能有两行包含相同的主键值。不能在主键内的任何列中输入 NULL 值。在数据库中 NULL 是特殊值,代表不同于空白和 0 值的未知值。建议使用一个小的整数列作为主键。每个表都应有一个主键。

【例 13.1】 给出以下程序的功能。

```
USE test
GO
CREATE TABLE department          /* 部门表 */
(    dno int PRIMARY KEY,        /* 部门号,为主键 */
     dname char(20),             /* 部门名 */
)
GO
```

解：本程序在 test 数据库中创建一个名为 department 的表,其中指定 dno 为主键。

注意：若要使用 T-SQL 修改 PRIMARY KEY,必须先删除现有的 PRIMARY KEY 约束,然后再用新定义重新创建。

如果在创建表时指定一个主键,则 SQL Server 会自动创建一个名为"PK_"且后跟表名的主键索引。这个唯一索引只能在删除与它保持联系的表或者主键约束时才能删除掉。如果不指定索引类型,创建一个默认聚集索引。

13.1.2　FOREIGN KEY 约束

FOREIGN KEY 约束称为外键约束,用于标识表之间的关系,以强制参照完整性,即为表中一列或者多列数据提供参照完整性。FOREIGN KEY 约束也可以参照自身表中的其他列,这种参照称为自参照。

FOREIGN KEY 约束可以在下面情况下使用：

- 作为表定义的一部分在创建表时创建。
- 如果 FOREIGN KEY 约束与另一个表(或同一表)已有的 PRIMARY KEY 约束或 UNIQUE 约束相关联,则可向现有表添加 FOREIGN KEY 约束。一个表可以有多个 FOREIGN KEY 约束。
- 对已有的 FOREIGN KEY 约束进行修改或删除。例如,要使一个表的 FOREIGN KEY 约束引用其他列。定义了 FOREIGN KEY 约束列的列宽不能更改。

【例 13.2】 给出以下程序的功能。

```
USE test
GO
CREATE TABLE worker              /* 职工表 */
(    no int PRIMARY KEY,         /* 编号,为主键 */
```

```
    name char(8),                  /* 姓名 */
    sex char(2),                   /* 性别 */
    dno int                        /* 部门号 */
    FOREIGN KEY REFERENCES department(dno)
    ON DELETE NO ACTION,
    address char(30)               /* 地址 */
)
GO
```

解：该程序使用 FOREIGN KEY 子句在 worker 表中建立了一个删除约束，即 worker 表的 dno 列（是一个外键）与 department 表的 dno 列关联。

如果一个外键值没有主键，则不能插入带该值（NULL 除外）的行。如果尝试删除现有外键指向的行，ON DELETE 子句将控制所采取的操作。ON DELETE 子句有两个选项：

- NO ACTION：指定删除因错误而失败。
- CASCADE：指定还将删除已删除行的外键的所有行。

如果尝试更新现有外键指向的候选键值，ON UPDATE 子句将定义所采取的操作。它也支持 NO ACTION 和 CASCADE 选项。

使用 FOREIGN KEY 约束，还应注意以下几个问题：

- 一个表中最多可以有 253 个可以参照的表，因此每个表最多可以有 253 个 FOREIGN KEY 约束。
- 在 FOREIGN KEY 约束中，只能参照同一个数据库中的表，而不能参照其他数据库中的表。
- FOREIGN KEY 子句中的列数目和每个列指定的数据类型必须和 REFERENCE 子句中的列相同。
- FOREIGN KEY 约束不能自动创建索引。
- 参照同一个表中的列时，必须只使用 REFERENCE 子句，而不能使用 FOREIGN KEY 子句。
- 在临时表中，不能使用 FOREIGN KEY 约束。

13.1.3　UNIQUE 约束

UNIQUE 约束在列集内强制执行值的唯一性。对于 UNIQUE 约束中的列，表中不允许有两行包含相同的非空值。主键也强制执行唯一性，但主键不允许空值，而且每个表中主键只能有一个，但是 UNIQUE 列却可以有多个。UNIQUE 约束优先于唯一索引。

在向表中的现有列添加 UNIQUE 约束时，默认情况下 SQL Server 2005 检查列中的现有数据确保除 NULL 外的所有值均唯一。如果对有重复值的列添加 UNIQUE 约束，SQL Server 将返回错误信息并不添加约束。

SQL Server 自动创建 UNIQUE 索引来强制 UNIQUE 约束的唯一性要求。因此，如果试图插入重复行，SQL Server 将返回错误信息，说明该操作违反了 UNIQUE 约束并不将该行添加到表中。除非明确指定了聚集索引，否则，默认情况下创建唯一的非聚集索引以强制 UNIQUE 约束。

【例 13.3】 给出一个示例说明 UNIQUE 约束的使用方法。

解：以下程序在 test 数据库中创建了一个 table5 表,其中指定了 c1 列不能包含重复的值：

```
USE test
GO
CREATE TABLE table5
(    cl int UNIQUE,
     c2 int
)
GO
INSERT table5 VALUES(1,100)
GO
```

如果再插入一行：

```
INSERT table5 VALUES(1,200)
```

则会出现如图 13.1 所示的错误消息。

```
消息
消息 2627, 级别 14, 状态 1, 第 1 行
违反了 UNIQUE KEY 约束 'UQ__table5__276EDEB3'. 不能在对象 'dbo.table5' 中插入重复键。
语句已终止。
```

图 13.1　错误消息

注意：删除 UNIQUE 约束,以删除对约束中所包含列或列组合输入值的唯一性要求。如果相关列是表的全文键,则不能删除 UNIQUE 约束。

13.1.4　CHECK 约束

CHECK 约束通过限制用户输入的值来加强域完整性。它指定应用于列中输入的所有值的布尔(取值为 TRUE 或 FALSE)搜索条件,拒绝所有不取值为 TRUE 的值。可以为每列指定多个 CHECK 约束。

【例 13.4】 给出一个示例说明 CHECK 约束的使用方法。

解：以下程序在 test 数据库中创建一个 table6 表,其中使用 CHECK 约束来限定 f2 列只能为 0~100 分：

```
USE test
GO
CREATE TABLE table6
(    f1 int,
     f2 int NOT NULL CHECK(f2 >= 0 AND f2 <= 100)
)
GO
```

当执行如下语句：

```
INSERT table6 VALUES(1,120)
```

则会出现如图 13.2 所示的错误消息。

```
消息
消息 547，级别 16，状态 0，第 1 行
INSERT 语句与 CHECK 约束"CK__table6__f2__29572725"冲突。该冲突发生于数据库"test"，表"dbo.table6"，column 'f2'。
语句已终止。
```

图 13.2　错误消息

13.1.5　列约束和表约束

约束可以是列约束或表约束：

- 列约束被指定为列定义的一部分，并且仅适用于那个列（前面的 score 表中的约束就是列约束）。
- 表约束的声明与列的定义无关，可以适用于表中一个以上的列。
- 当一个约束中必须包含一个以上的列时，必须使用表约束。例如，如果一个表的主键内有两个或两个以上的列，则必须使用表约束将这两列加入主键内。

【例 13.5】　给出以下程序的执行结果。

```
USE test
GO
CREATE TABLE table7
(      c1 int,
       c2 int,
       c3 char(5),
       c4 char(10),
       CONSTRAINT c1 PRIMARY KEY(c1,c2)
)
GO
USE test
GO
INSERT table7 VALUES(1,2,'ABC1','XYZ1')
INSERT table7 VALUES(1,2,'ABC2','XYZ2')
GO
SELECT * FROM table7
GO
```

解：该程序在 test 数据库中创建 table7 表，它的主键为 c1 和 c2。然后将其中插入两个记录（它们的 c1 和 c2 列值相同），最后输出这些记录。执行时错误消息如图 13.3 所示。

在图 13.3 中选择"结果"选项卡，看到如图 13.4 所示的执行结果，从中看到，第 2 个 INSERT 语句由于主键约束而没有成功执行。

```
结果  消息
(1 行受影响)
消息 2627，级别 14，状态 1，第 2 行
违反了 PRIMARY KEY 约束 'c1'。不能在对象 'dbo.table7' 中插入重复键。
语句已终止。

(1 行受影响)
```

图 13.3　错误消息　　　　　　　图 13.4　程序执行结果

13.2   默认值

如果在插入行时没有指定列的值,则默认值指定列中所使用的值。默认值可以是任何取值为常量的对象。

在 SQL Server 中,有两种使用默认值的方法:

- 在创建表时,指定默认值。如果使用 SQL Server 管理控制器,则可以在设计表时指定默认值。如果使用 T-SQL 语言,则在 CREATE TABLE 语句中使用 DEFAULT 子句。这是首选的方法,也是定义默认值比较简洁的方法。
- 使用 CREATE DEFAULT 语句创建默认对象,然后使用存储过程 sp_bindefault 将该默认对象绑定到列上。这是向前兼容的方法。

13.2.1   在创建表时指定默认值

在使用 SQL Server 管理控制器创建表时,可以为列指定默认值,默认值可以是计算结果为常量的任何值,例如常量、内置函数或数学表达式。

在创建表时,输入列名称后,设定该列的默认值,如图 13.5 所示,将 student 表性别列的默认值设置为“男”。

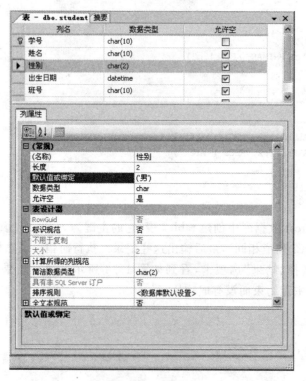

图 13.5   设定默认值

如果使用 T-SQL 语句,则可以使用 DEFAULT 子句。这样在使用 INSERT 和 UPDATE 语句时,如果没有提供值,默认值会提供值。

【例 13.6】　给出以下程序的执行结果。

```
USE test
GO
CREATE TABLE table8
(      c1 int,
       c2 int DEFAULT 2 * 5,
       c3 datetime DEFAULT getdate()
)
GO
-- 如下语句插入一行数据并显示记录
USE test
GO
INSERT table8(c1) VALUES(1)
SELECT * FROM table8
GO
```

解：该程序在 test 数据库中创建一个 table8 表，其中 c2 指定默认值为 10，c3 指定默认值为当前日期。其执行结果如图 13.6 所示。从中看到，插入数据中，只给定了 c1 列的值，c2 和 c3 自动使用默认值，这里 c3 的默认值是使用 getdate() 函数来获取当前日期。

图 13.6　程序执行结果

同样，可以通过 ALTER TABLE 语句给表的列加上默认值，例如，以下语句的功能与前面的相同：

```
USE test
GO
DROP TABLE table8                    /* 删除 table8 表 */
CREATE TABLE table8                  /* 重建没有默认值的表 table8 */
(      c1 int,
       c2 int,
       c3 datetime
)
GO
ALTER TABLE table8                   /* 通过 ALTER 命令给 c2 列加上默认值 */
    ADD CONSTRAINT con1 DEFAULT 2 * 5 FOR c2
GO
ALTER TABLE table8                   /* 通过 ALTER 命令给 c3 列加上默认值 */
    ADD CONSTRAINT con2 DEFAULT getdate() FOR c3
GO
INSERT table8(c1) VALUES(1)          /* 插入一个记录 */
GO
SELECT * FROM table8                 /* 显示记录 */
GO
```

其中，con1 和 con2 表示 DEFAULT 约束的名称，前者的值为 10，后者的值是调用 getdate() 函数获取当前的日期。

13.2.2　使用默认对象

默认对象是单独存储的，删除表的时候，DEFAULT 约束会自动删除，但是默认对象不会被删除。另外,创建默认对象后,需要将其绑定到某列或者用户自定义的数据类型上。

1. 创建默认对象

可以使用 CREATE DEFAULT 语句创建默认对象。其语法格式如下:

```
CREATE DEFAULT default
    AS constant_exprion
```

其中,各参数含义如下:

- default:默认值的名称。默认值名称必须符合标识符的规则。可以选择是否指定默认值所有者名称。
- constant_exprion:只包含常量值的表达式(不能包含任何列或其他数据库对象的名称)。可以使用任何常量、内置函数或数学表达式。字符和日期常量用单引号(′)引起来;货币、整数和浮点常量不需要使用引号。二进制数据必须以 0x 开头,货币数据必须以美元符号($)开头。默认值必须与列数据类型兼容。

例如,使用下面的 SQL 语句创建 con3 默认对象:

```
USE test
GO
CREATE DEFAULT con3 AS 10              / * 默认值设为 10 * /
GO
```

说明:当用户创建一个默认值被存储到 SQL Server 2005 系统中后,每个默认值对应 sysobjects 系统表中一条记录,该表中 name 列包含默认值的名称,type 列指出存储对象的类型,当它为′D′时表示是一个默认值,用户可以通过查找该表中的记录判断某默认值是否被创建。

2. 绑定默认对象

默认对象创建后不能使用,必须首先将其绑定到某列或者用户自定义的数据类型上。绑定过程可以使用 sp_bindefault 存储过程来完成。其使用语法格式如下:

```
sp_bindefault [@defname = ] 'default',
    [@objname = ] 'object_name'
    [,[@futureonly = ] 'futureonly_flag']
```

其中,各参数含义如下:

- [@defname =] 'default':由 CREATE DEFAULT 语句创建的默认名称。default 的数据类型为 nvarchar(776),无默认值。
- [@objname =] 'object_name':要绑定默认值的表和列名称或用户定义的数据类型。object_name 的数据类型为 nvarchar(517),无默认值。如果 object_name 没有采取 table.column 格式,则认为它属于用户定义数据类型。默认情况下,用户定义数据类型的现有列继承 default,除非默认值直接绑定到列中。默认值无法绑定到 timestamp 数据类型的列、带 IDENTITY 属性的列或者已经有 DEFAULT 约束的列。
- [@futureonly =] 'futureonly_flag':仅在将默认值绑定到用户定义的数据类型时才使用。futureonly_flag 的数据类型为 varchar(15),默认值为 NULL。将此参数

设置为 futureonly 时,它会防止现有的属于此数据类型的列继承新的默认值。当将默认值绑定到列时不会使用此参数。如果 futureonly_flag 为 NULL,那么新默认值将绑定到用户定义数据类型的任一列,条件是此数据类型当前无默认值或者使用用户定义数据类型的现有默认值。

例如,上面将 con3 默认对象绑定到 test 数据库的 table8 表的 c1 列上的操作过程可以使用下面的 T-SQL 语句来完成:

```
USE test
GO
EXEC sp_bindefault 'con3','table8.c1'
GO
```

3. 重命名默认对象

和其他的数据库对象一样,也可以重命名默认对象。重命名默认对象也是使用 sp_rename 存储过程来完成的。例如,以下 T-SQL 语句将默认对象 con3 的名称改为 con4:

```
USE test
GO
EXEC sp_rename 'con3','con4'
GO
```

4. 解除默认对象的绑定

可以使用 sp_unbindefault 存储过程来解除绑定,其语法格式如下:

```
sp_unbindefault [@objname = ] 'object_name'
    [,[@futureonly = ] 'futureonly_flag']
```

其中,各参数含义如下:

- [@objname =] 'object_name'是要解除默认值绑定的表和列或者用户定义数据类型的名称。当为用户定义数据类型解除默认值绑定时,所有属于该数据类型并具有相同默认值的列也同时解除默认值绑定。对属于该数据类型的列,如果其默认值直接绑定到列上,则该列不受影响。
- [@futureonly=] 'futureonly_flag'仅用于解除用户定义数据类型默认值的绑定。当参数"futureonly_flag"为 futureonly 时,现有的属于该数据类型的列不会失去指定默认值。

提示:由于一列或者用户定义数据类型只能同时绑定一个默认对象,所以解除绑定时,不需要再指定默认对象的名称。另外,如果要查看默认值的文本,可以以该默认对象的名称为参数执行存储过程 sp_helptext。

例如,下面的 SQL 语句解除 test 数据库中 table8 表 c1 列上的默认值绑定:

```
USE test
GO
EXEC sp_unbindefault 'table8.c1'
GO
```

对应的消息如下:

已解除了表列与其默认值之间的绑定。

5. 删除默认对象

在删除默认对象之前,首先要确认默认对象已经解除绑定。删除默认对象使用 DROP DEFAULT 语句,其语法格式如下:

```
DROP DEFAULT {default} [, … n]
```

其中,default 是现有默认值的名称。若要查看现有默认值的列表,可以执行 sp_help 存储过程。例如,以下 T-SQL 语句用于删除默认对象 con4:

```
USE test
GO
DROP DEFAULT con4
GO
```

【例 13.7】 给出以下程序的执行结果。

```
USE test
GO
CREATE TABLE table9
(      c1 smallint,
       c2 smallint DEFAULT 10 * 2,
       c3 char(10),
       c4 char(10) DEFAULT 'xyz')
GO
CREATE DEFAULT con5 AS 'China'
GO
EXEC sp_bindefault con5, 'table13.c3'
GO
INSERT INTO table9(c1) VALUES (1)
INSERT INTO table9(c1,c2) VALUES (2,50)
INSERT INTO table9(c1,c3) VALUES (3, 'Wuhan')
INSERT INTO table9(c1,c3,c4) VALUES (4, 'Beijing', 'Good')
SELECT * FROM table9
GO
```

解:该程序先创建表 table9,并采用前面介绍的方法设置列的默认值,插入 4 个记录,最后输出所有行。其执行结果如图 13.7 所示。

注意:DROP DEFAULT 语句不适用于 DEFAULT 约束。如果要除去 DEFAULT 约束,则应该使用 ALTER TABLE 语句。

	c1	c2	c3	c4
1	1	20	NULL	xyz
2	2	50	NULL	xyz
3	3	20	Wuhan	xyz
4	4	20	Beijing	Good

图 13.7 程序执行结果

13.3 规则

规则限制了可以存储在表中或者用户定义数据类型的值,它可以使用多种方式来完成对数据值的检验,可以使用函数返回验证信息,也可以使用关键字 BETWEEN、LIKE 和 IN

完成对输入数据的检查。

　　当将规则绑定到列或者用户定义数据类型时,规则将指定可以插入到列中的可接受的值。规则作为一个独立的数据库对象存在,表中每列或者每个用户定义数据类型只能和一个规则绑定。

　　注意:规则是一个向后兼容的功能,用于执行一些与 CHECK 约束相同的功能。CHECK 约束是用来限制列值的首选标准方法。CHECK 约束比规则更简明,一个列只能应用一个规则,但是却可以应用多个 CHECK 约束。CHECK 约束作为 CREATE TABLE 语句的一部分进行指定,而规则以单独的对象创建,然后绑定到列上。

　　和默认对象类似,规则只有绑定到列或者用户定义数据类型上才能起作用。如果要删除规则,则应确定规则已经解除绑定。

13.3.1　创建规则

　　创建规则使用 CREATE RULE 语句,其语法格式如下:

```
CREATE RULE 规则名 AS condition_exprion
```

其中,condition_exprion 指出规则的条件。规则可以是 WHERE 子句中任何有效的表达式,并且可以包含诸如算术运算符、关系运算符和谓词(如 IN、LIKE、BETWEEN)之类的元素。规则不能引用列或其他数据库对象。可以包含不引用数据库对象的内置函数。

　　若 condition_exprion 中包含变量,每个局部变量的前面都有一个@符号。该表达式引用通过 UPDATE 或 INSERT 语句输入的值。在创建规则时,可以使用任何名称或符号表示值,但第一个字符必须是@符号。

　　说明:当用户创建一个规则被存储到 SQL Server 2005 系统中后,每个规则对应 sysobjects 系统表中一条记录,该表中 name 列包含规则的名称,type 列指出存储对象的类型,当它为'R'时表示是一个规则,用户可以通过查找该表中的记录判断某规则是否被创建。

　　【例 13.8】　给出以下程序的功能。

```
USE test
GO
CREATE RULE rule1 AS @c1 BETWEEN 0 and 10
GO
```

　　解:该程序创建一个名为 rule1 的规则,限定输入的值必须在 0~10 之间。

　　【例 13.9】　给出以下程序的功能。

```
USE test
GO
CREATE RULE rule2 AS @c1 IN ( '2', '5', '8' )
GO
```

　　解:该程序创建一个名为 rule2 的规则,限定输入到该规则所绑定的列中的实际值只能是该规则中列出的值。

　　也可以使用 LIKE 来创建一个模式规则,即遵循某种格式的规则。

　　例如,要使该规则指定任意两个字符的后面跟一个连字符和任意多个字符(或没有字符），并以 1～6 之间的整数结尾，则可以使用下面的 T-SQL 语句：

```
USE test
GO
CREATE RULE rule3 AS @value LIKE '_ %[1-6]'
GO
```

13.3.2 绑定规则

要使用规则，必须首先将其和列或者用户定义数据类型绑定。可以使用 sp_bindrule 存储过程，也可以使用 SQL Server 管理控制器。

使用 SQL Server 管理控制器绑定规则的操作步骤和绑定默认对象的操作步骤相同，而 sp_bindrule 存储过程的语法格式为：

```
sp_bindrule [@规则名 = ] 'rule',
    [@objname = ]  'object_name'
    [,[@futureonly = ] 'futureon1y_flag']
```

各参数含义和 sp_bindefault 存储过程相同。

例如，下面的 T-SQL 语句可以将 rule1 规则绑定到 test 数据库中 table9 表（该表由例 13.7 所创建）的 c1 列上：

```
USE test
GO
EXEC sp_bindrule 'rule1','table13.c1'
GO
```

规则必须与列的数据类型兼容。规则不能绑定到 text、image 或 timestamp 列。一定要用单引号（'）将字符和日期常量引起来，在二进制常量前加 0x。例如，不能将"@value LIKE A％"用作数字列的规则。如果规则与其所绑定的列不兼容，SQL Server 将在插入值时（而不是在绑定规则时）返回错误信息。

对于用户定义数据类型，只有尝试在该类型的数据库列中插入值，或更新该类型的数据库列时，绑定到该类型的规则才会激活。因为规则不检验变量，所以在向用户定义数据类型的变量赋值时，不要赋予绑定到该数据类型的列的规则所拒绝的值。

注意：未解除绑定的规则，如果再次将一个新的规则绑定到列或者用户定义数据类型时，旧的规则将自动被解除，只有最近一次绑定的规则有效。而且，如果列中包含 CHECK 约束，则 CHECK 约束优先。

13.3.3 解除和删除规则

对于不再使用的规则，可以使用 DROP RULE 语句删除。要删除规则首先要解除规则的绑定，解除规则的绑定可以使用 sp_unbindrule 存储过程。

sp_unbindrule 存储过程的语法格式如下：

```
sp_unbindrule [@objname = ] 'object name'
    [,[@futureonly = ] 'futureonly_ lag']
```

其中各参数与 sp_unbinddefault 存储过程的参数含义相同。

【例 13.10】　给出以下程序的功能。

```
USE test
GO
EXEC sp_unbindrule 'table13.c1'
GO
```

解：该程序解除绑定到 table9 表的 c1 列上的规则。

在解除规则的绑定后，就可以使用 DROP RULE 语句删除，其语法格式如下：

```
DROP RULE { 规则名 } [, …n]
```

【例 13.11】　给出以下程序的功能。

```
USE test
GO
DROP RULE rule1
GO
```

解：该程序删除 test 数据库中的规则 rule1。

习题 13

1．什么是数据完整性？如果数据库不实施数据完整性会产生什么结果？

2．数据完整性有哪几类？如何实施？它们分别在什么级别上实施？

3．什么是主键约束？什么是唯一性约束？两者有什么区别？

4．创建 PRIMARY KEY 约束或 UNIQUE 约束时，SQL Server 创建索引了吗？与创建标准索引相比哪个更好？

上机实验题 8

在上机实验题 7 的 factory 数据库上，使用 T-SQL 语句完成如下各小题的功能：

（1）实施 worker 表的"性别"列默认值为"男"的约束。

（2）实施 salary 表的"工资"列值限定在 0～9999 的约束。

（3）实施 depart 表的"部门号"列值唯一的非聚集索引的约束。

（4）为 worker 表建立外键"部门号"，参考表 depart 的"部门号"列。

（5）建立一个规则 sex：@性别＝'男'OR @性别＝'女'，将其绑定到 worker 表的"性别"列上。

（6）删除（1）小题所建立的约束。

（7）删除（2）小题所建立的约束。

（8）删除（3）小题所建立的约束。

（9）删除（4）小题所建立的约束。

（10）解除（5）小题所建立的绑定并删除规则 sex。

CHAPTER *14*

第 14 章　　存 储 过 程

存储过程是在数据库服务器端执行的一组 T-SQL 语句的集合,经编译后存放在数据库服务器端。存储过程作为一个单元进行处理并以一个名称来标识。它能够向用户返回数据、向数据库表中写入或修改数据,还可以执行系统函数和管理操作,用户在编程中只需要给出存储过程的名称和必需的参数,就可以方便地调用它们。本章介绍存储过程的创建、执行、修改和删除等操作。

14.1　概述

存储过程不仅可以提高应用程序的处理能力,降低编写数据库应用程序的难度,同时还可以提高应用程序的效率。归纳起来存储过程具有如下优点:

- 执行速度快。
- 采用模块化程序设计。
- 减少网络通信量。
- 保证系统的安全性。

SQL Server 2005 提供了 3 种存储过程,即用户存储过程、系统存储过程和扩展存储过程:

- 用户存储过程:用户编定的可以重复用的 T-SQL 语句功能模块,并且在数据库中有唯一的名称,可以附带参数,完全由用户自己定义、创建和维护。本章后面介绍的存储过程操作主要是指用户存储过程。
- 系统存储过程:由 SQL Server 2005 提供,通常使用"sp_"作为前缀,主要用于管理 SQL Server 和显示有关数据库及用户的信息。这些存储过程可以在程序中调用,完成一些复杂的与系统相关的任务,所以用户在开发自定义的存储过程前,最好能清楚地了解系统存储过程,以免重复开发。系统存储过程在 master 数据库中创建并保存,可以从任何数据库中执行这些存储过程。另外用户自创建的存储过程最好不要以"sp_"开头,因为用户存储过程与系统存储过程重名时,用户的存储过程永远不会被调用。

- 扩展存储过程：允许用户使用编程语言（例如 C）创建自己的外部例程。扩展存储是指 Microsoft SQL Server 的实例可以动态加载和运行的 DLL。该过程直接在 SQL Server 的实例地址空间中运行，可以使用 SQL Server 扩展存储过程 API 完成编程。

14.2　创建存储过程

要使用存储过程，首先要创建一个存储过程。可以使用 SQL Server 管理控制器和 T-SQL 语言的 CREATE PROCEDURE 语句创建存储过程。

14.2.1　使用 SQL Server 管理控制器创建存储过程

通过一个简单的示例说明使用 SQL Server 管理控制器创建存储过程的操作步骤。

【例 14.1】　使用 SQL Server 管理控制器创建存储过程 maxdegree，用于输出所有学生的最高分。

解：其操作步骤如下：

（1）启动 SQL Server 管理控制器。在"对象资源管理器"中展开 LCB-PC 服务器节点。

（2）展开"数据库"|school|"存储过程"节点，单击鼠标右键，在出现的快捷菜单中选择"新建存储过程"命令。

（3）出现存储过程编辑窗口，其中含有一个存储过程模板，用户可以参照模板在其中输入存储过程的 T-SQL 语句，这里输入的语句如下（其中黑体部分为主要输入的 T-SQL 语句）：

```
set ANSI_NULLS ON
set QUOTED_IDENTIFIER ON
GO
CREATE PROCEDURE maxdegree
AS
BEGIN
    SET NOCOUNT ON
    SELECT MAX(分数) AS '最高分' FROM score      /* 从 score 表中查询最高分 */
END
GO
```

从中看到，上述存储过程主要包含一个 SECECT 语句，对于复杂的存储过程，可以包含多个 SECECT 语句。

（4）单击工具栏中的"!"按钮，将其保存在数据库中。此时选中"存储过程"节点，单击鼠标右键，在出现的快捷菜单中选择"刷新"命令，会看到"存储过程"的下方出现了 maxdegree 存储过程，如图 14.1 所示。

这样就完成了 maxdegree 存储过程的创建过程。

说明：当用户创建的存储过程被存储到 SQL Server 2005 系统中后，每个存储过程对应 sysobjects 系统表中一条记录，该表中 name 列包含存储过程的名称，type 列指出存储对象的类型，当它为 'P' 时表示是一个存储过程，用户

图 14.1　maxdegree 存储过程

可以通过查找该表中的记录判断某存储过程是否被创建。

14.2.2 使用 CREATE PROCEDURE 语句创建存储过程

使用 CREATE PROCEDURE 语句的基本语法格式如下：

```
CREATE PROC[EDURE ] 存储过程名 [; number]
    [ {@parameter 数据类型} = 默认值] [OUTPUT]
    [, … n]
    [WITH
        {RECOMPILE | ENCRYPTION | RECOMPILE,ENCRYPTION}]
    [FOR REPLICATION]
    AS SQL 语句 [ … n ]
```

其中,各参数含义如下：

- number：是可选的整数,用来对同名的过程分组,以便用一条 DROP PROCEDURE 语句将同组的过程一起除去。例如,名为 orders 的应用程序使用的过程可以命名为 orderproc;1、orderproc;2 等。DROP PROCEDURE orderproc 语句将除去整个组。如果名称中包含定界标识符,则数字不应包含在标识符中,只应在"存储过程名"前后使用适当的定界符。
- @parameter：指定过程的参数。在 CREATE PROCEDURE 语句中可以声明一个或多个参数。用户必须在执行过程时提供每个所声明参数的值(除非定义了该参数的默认值)。存储过程最多可以有 2100 个参数。
- OUTPUT：表明参数是返回参数。该选项的值可以返回给 EXE[UTE]。使用 OUTPUT 参数可将信息返回给调用过程。
- {RECOMPILE | ENCRYPTION | RECOMPILE,ENCRYPTION}：RECOMPILE 表明 SQL Server 不会缓存该过程的被引用的对象,该过程将在运行时重新编译。ENCRYPTION 表示 SQL Server 加密 syscomments 表中包含 CREATE PROCEDURE 语句文本的条目。
- FOR REPLICATION：指定不能在订阅服务器上执行为复制创建的存储过程。

创建存储过程时应该注意下面几点：

- 存储过程的最大大小为 128MB。
- 只能在当前数据库中创建用户定义的存储过程。
- 在单个批处理中,CREATE PROCEDURE 语句不能与其他 T-SQL 语句组合使用。
- 存储过程可以嵌套使用,在一个存储过程中可以调用其他的存储过程。嵌套的最大深度不能超过 32 层。
- 如果存储过程创建了临时表,则该临时表只能用于该存储过程,而且当存储过程执行完毕后,临时表自动被删除。
- 创建存储过程时,在"SQL 语句"中不能包含 SET SHOWPLAN_TEXT、SET SHOWMAN_ALL、CREATE VIEW、CREATE DEFAULT、CREATE RULE、CREATE PROCEDURE 和 CREATE TRIGGER(用于创建触发器,在第 15 章介绍)语句。
- SQL Server 允许创建的存储过程中引用尚不存在的对象。在创建时,只进行语法检查,只有在编译过程中才解析存储过程中引用的所有对象。因此,如果语法正确的存储过程引用了不存在的对象,仍可以成功创建,但在运行时将失败,因为所引用的对象不存在。

【例 14.2】 编写一个程序,创建一个简单的存储过程 stud_degree,用于检索所有学生的成绩记录。

解:对应的程序如下:

```
USE school
GO
-- 若存在存储过程 stud_degree,则删除之
IF EXISTS(SELECT * FROM sysobjects WHERE name = 'stud_degree' AND type = 'P')
    DROP PROCEDURE stud_degree
GO          -- 注意,CREATE PROCEDURE 必须是一个批处理的第一个语句,故此 GO 不能缺
-- 创建存储过程 stud_degree
CREATE PROCEDURE stud_degree AS
  SELECT student.学号,student.姓名,course.课程名,score.分数
  FROM student,course,score
  WHERE student.学号 = score.学号 AND course.课程号 = score.课程号
  ORDER BY student.学号
GO
```

该存储过程没有指定参数。

14.3 执行存储过程

可以使用 EXECUTE 或 EXEC 语句来执行存储在服务器上的存储过程,其完整语法格式如下:

```
[ EXEC[UTE] ]
[ @return_status = ]
{ 存储过程名 [ ;number ] | @procedure_name_var }
[ [ @parameter = ] { 值 | @variable [ OUTPUT ] | [ DEFAULT ] }
    [ , … n ]
[ WITH RECOMPILE ]
```

其中,各参数含义如下:

- @return_status:是一个可选的整型变量,保存存储过程的返回状态。这个变量用于 EXECUTE 语句前,必须在批处理、存储过程或函数中声明过。
- ;number:是可选的整数,用于将相同名称的过程进行组合,使得它们可以用一句 DROP PROCEDURE 语句除去。该参数不能用于扩展存储过程。
- @procedure_name_var:局部定义变量名,代表存储过程名称。
- @parameter:是过程参数,在 CREATE PROCEDURE 语句中定义。参数名称前必须加上 at 符号(@)。在以 @parameter_name = 值的格式使用时,参数名称和常量不一定按照 CREATE PROCEDURE 语句中定义的顺序出现。但是,如果有一个参数使用 @parameter_name = 值的格式,则其他所有参数都必须使用这种格式。如

果参数名称没有指定,参数值必须以 CREATE PROCEDURE 语句中定义的顺序给出。如果参数值是一个对象名称、字符串,或通过数据库名称或所有者名称进行限制,则整个名称必须用单引号括起来;如果参数值是一个关键字,则该关键字必须用双引号引起来。

- @variable:用来保存参数或者返回参数的变量。
- OUTPUT:指定存储过程必须返回一个参数。该存储过程的匹配参数也必须由关键字 OUTPUT 创建。使用游标变量作参数时使用该关键字。
- DEFAULT:根据过程的定义,提供参数的默认值。当过程需要的参数值没有事先定义好的默认值,或缺少参数,或指定了 DEFAULT 关键字,就会出错。
- WITH RECOMPILE:强制编译新的计划。如果所提供的参数为非典型参数或者数据有很大的改变,使用该选项。在以后的程序执行中使用更改过的计划。该选项不能用于扩展存储过程。建议尽量少使用该选项,因为它会消耗较多的系统资源。

【例 14.3】 执行例 14.1 中创建的存储过程 maxdegree 并查看输出的结果。

解:执行 maxdegree 存储过程的程序如下:

```
USE school
GO
EXEC maxdegree
GO
```

其执行结果如图 14.2 所示。从结果看到,查询的最高分为 92。

【例 14.4】 执行例 14.2 中创建的存储过程 stud_degree 并查看输出的结果。

解:执行 stud_degree 存储过程的程序如下:

```
USE school
GO
-- 判断 stud_degree 存储过程是否存在,若存在,则执行它
IF EXISTS (SELECT name FROM sysobjects
      WHERE name = 'stud_degree' AND type = 'P')
   EXEC stud_degree   / * 执行存储过程 stud_degree * /
GO
```

其执行结果如图 14.3 所示。从中看到,调用 stud_degree 存储过程输出了所有学生的学号、姓名、课程名和分数。

图 14.2 程序执行结果

	学号	姓名	课程名	分数
1	101	李军	计算机导论	64
2	101	李军	数字电路	85
3	103	陆君	计算机导论	92
4	103	陆君	操作系统	86
5	105	匡明	计算机导论	88
6	105	匡明	操作系统	75
7	107	王丽	计算机导论	91
8	107	王丽	数字电路	79
9	108	曾华	计算机导论	78
10	108	曾华	数字电路	NULL
11	109	王芳	计算机导论	76
12	109	王芳	操作系统	68

图 14.3 程序执行结果

14.4　存储过程的参数

在创建和使用存储过程时,其参数是非常重要的。下面详细讨论存储过程的参数传递和返回。

14.4.1　在存储过程中使用参数

在设计存储过程时可以带有参数,这样增加存储过程的灵活性。带参数的存储过程的一般格式如下:

CREATE PROCEDURE 存储过程名(参数列表)
AS SQL 语句

在调用存储过程时,有两种传递参数的方式。

第一种方式是在传递参数时,使传递的参数和定义时的参数顺序一致。其一般格式如下:

EXEC 存储过程名 实参列表

第 2 种方式是采用"参数＝值"的形式,此时,各个参数的顺序可以任意排列。其一般格式如下:

EXEC 存储过程名 参数 1 = 值 1,参数 2 = 值 2, …

【例 14.5】　设计一个存储过程 maxno,以学号为参数,输出指定学号学生的所有课程中最高分和对应的课程名。

解:采用 CREATE PROCEDURE 语句设计该存储过程如下:

```
USE school
GO
IF EXISTS(SELECT * FROM sysobjects WHERE name = 'maxno' AND type = 'P')
    DROP PROCEDURE maxno
GO
CREATE PROCEDURE maxno(@no char(10)) AS   /* 声明 no 为参数 */
  SELECT s.学号,s.姓名,c.课程名,sc.分数
  FROM student s,course c,score sc
  WHERE s.学号 = @no AND s.学号 = sc.学号 AND c.课程号 = sc.课程号 AND sc.分数 =
    (SELECT MAX(分数) FROM score WHERE 学号 = @no)
GO
```

采用第一种方式执行存储过程 maxno 的程序如下:

```
USE school
GO
EXEC maxno '103'
GO
```

采用第二种方式执行存储过程 maxno 的程序如下:

```
USE school
GO
EXEC maxno @no = '103'
GO
```

图 14.4 程序执行结果

上述两种方式执行结果相同,如图 14.4 所示。

14.4.2 在存储过程中使用默认参数

在设计存储过程时,可以为参数提供一个默认值,默认值必须为常量或者 NULL。其一般格式如下:

```
CREATE PROCEDURE 存储过程名( 参数 1 = 默认值 1,  参数 2 = 默认值 2,… )
AS SQL 语句
```

在调用存储过程时,如果不指定对应的实参值,则自动用对应的默认值代替。

【例 14.6】 设计类似例 14.5 功能的存储过程 maxno1,指定其默认学号为 '101'。

解: 设计一个新的存储过程 maxno1,对应的程序如下:

```
USE school
GO
IF EXISTS(SELECT * FROM sysobjects WHERE name = 'maxno1' AND type = 'P')
    DROP PROCEDURE maxno1
GO
CREATE PROCEDURE maxno1(@no int = '101')  AS  / * 声明 no 为参数 * /
  SELECT s.学号,s.姓名,c.课程名,sc.分数
  FROM student s,course c,score sc
  WHERE s.学号 = @no AND s.学号 = sc.学号 AND c.课程号 = sc.课程号 AND sc.分数 =
    (SELECT MAX(分数) FROM score WHERE 学号 = @no)
GO
```

当不指定实参调用 maxno1 存储过程时,其结果如图 14.5 所示。当指定实参为 '105'调用 maxno1 存储过程时,其结果如图 14.6 所示。

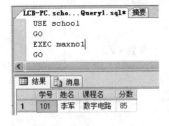

图 14.5 不带实参调用 maxno1

图 14.6 带实参调用 maxno1

从执行结果可以看到,当调用存储过程时,没有指定参数值时就自动使用相应的默认值。

14.4.3 在存储过程中使用返回参数

在创建存储过程时,可以定义返回参数。在执行存储过程时,可以将结果返回给返回参数。返回参数应用 OUTPUT 进行说明。

【**例 14.7**】　创建一个存储过程 average，它返回两个参数 @st_name 和 @st_avg，分别代表了姓名和平均分。并编写 T-SQL 语句执行该存储过程和查看输出的结果。

解：建立存储过程 average 的程序如下：

```
USE school
GO
IF EXISTS(SELECT * FROM sysobjects WHERE name = 'average' AND type = 'P')
    DROP PROCEDURE average
GO
CREATE PROCEDURE average
(   @st_no int,
    @st_name char(8) OUTPUT,        /*返回参数*/
    @st_avg float OUTPUT            /*返回参数*/
) AS
  SELECT @st_name = student.姓名, @st_avg = AVG(score.分数)
    FROM student, score
    WHERE student.学号 = score.学号
    GROUP BY student.学号, student.姓名
    HAVING student.学号 = @st_no
GO
```

执行该存储过程，来查询学号为"105"的学生姓名和平均分：

```
DECLARE @st_name char(10)
DECLARE @st_avg float
EXEC average '105', @st_name OUTPUT, @st_avg OUTPUT
SELECT '姓名' = @st_name, '平均分' = @st_avg
GO
```

图 14.7　程序执行结果

执行结果如图 14.7 所示，说明学号为"105"的学生为曾华，其最高分为 78。

【**例 14.8**】　编写一个程序，创建存储过程 stud1_degree，根据输入的学号和课程号来判断返回值。并执行该存储过程和查看学号为"101"、课程号为"3-105"的成绩等级。

解：对应的程序如下：

```
USE school
GO
IF EXISTS(SELECT * FROM sysobjects WHERE name = 'stud1_degree ' AND type = 'P')
    DROP PROCEDURE stud1_degree
GO
CREATE PROCEDURE stud1_degree(@no1 char(5), @no2 char(6), @dj char(1) OUTPUT) AS
BEGIN
  SELECT @dj =
    CASE
        WHEN 分数 >= 90 THEN 'A'
        WHEN 分数 >= 80 THEN 'B'
        WHEN 分数 >= 70 THEN 'C'
        WHEN 分数 >= 60 THEN 'D'
        WHEN 分数 < 60 THEN 'E'
```

```
        END
    FROM score
    WHERE 学号 = @no1 AND 课程号 = @no2
END
GO
DECLARE @dj char(1)
EXEC stud1_degree '101', '3 − 105', @dj OUTPUT
PRINT @dj
GO
```

程序执行结果是输出等级 D。

14.4.4　存储过程的返回值

存储过程在执行后都会返回一个整型值（称为"返回代码"），指示存储过程的执行状态。如果执行成功，返回 0；否则返回−1～−99 之间的数值（例如−1 表示找不到对象，−2 表示数据类型错误，−5 表示语法错误等）。也可以使用 RETURN 语句来指定一个返回值。

【例 14.9】　编写一个程序，创建存储过程 test_ret，根据输入的参数来判断返回值。并执行该存储过程和查看输出的结果。

解：建立存储过程 test_ret 如下：

```
USE test
GO
IF EXISTS(SELECT * FROM sysobjects WHERE name = 'test_ret' AND type = 'P')
    DROP PROCEDURE test_ret
GO
CREATE PROC test_ret(@input_int int = 0) AS      /* 指定默认参数值 */
    IF @input_int = 0
        RETURN 0                              -- 如果输入的参数等于 0,则返回 0
    IF @input_int > 0
        RETURN 1000                           -- 如果输入的参数大于 0,则返回 1000
    IF @input_int > 0
        RETURN − 1000                         -- 如果输入的参数小于 0,则返回 − 1000
GO
```

执行该存储过程：

```
USE Test
DECLARE @ret_int int
EXEC @ret_int = test_ret 1
PRINT '返回值'
PRINT '------- '
PRINT @ret_int
EXEC @ret_int = test_ret 0
PRINT @ret_int
EXEC @ret_int = test_ret − 1
PRINT @ret_int
```

执行结果如图 14.8 所示。

图 14.8　程序执行结果

14.5 存储过程的管理

存储过程的管理包括查看、修改、重命名和删除用户创建的存储过程。

14.5.1 查看存储过程

在创建存储过程后,它的名称就存储在系统表 sysobjects 中,它的源代码存放在系统表 syscomments 中。可以使用 SQL Server 管理控制器或系统存储过程来查看用户创建的存储过程。

1. 使用 SQL Server 管理控制器查看存储过程

通过一个例子说明使用 SQL Server 管理控制器查看存储过程的操作步骤。

【例 14.10】 使用 SQL Server 管理控制器查看例 14.8 所创建的存储过程 stud1_degree。

解:其操作步骤如下:

(1)启动 SQL Server 管理控制器。在"对象资源管理器"中展开 LCB-PC 服务器节点。

(2)展开"数据库"|school|"可编程性"|"存储过程"|dbo.stud1_degree 节点,单击鼠标右键,在出现的快捷菜单中选择"编写存储过程脚本为"|"CREATE 到"|"新查询编辑器窗口"命令。

(3)在右边的编辑器窗口中出现存储过程 stud1_degree 源代码,如图 14.9 所示。此时用户只能查看其代码。

```
USE [school]
GO
/****** 对象:  StoredProcedure [dbo].[stud1_degree] 脚本日期: 12/24/2010 08:06:28 ******/
SET ANSI_NULLS ON
GO
SET QUOTED_IDENTIFIER ON
GO
CREATE PROCEDURE [dbo].[stud1_degree](@no1 char(5),@no2 char(6),@dj char(1) OUTPUT)
AS
BEGIN
  SELECT @dj=
  CASE
     WHEN 分数>=90 THEN 'A'
     WHEN 分数>=80 THEN 'B'
     WHEN 分数>=70 THEN 'C'
     WHEN 分数>=60 THEN 'D'
     WHEN 分数<60 THEN 'E'
  END
  FROM score
  WHERE 学号=@no1 AND 课程号=@no2
END
```

图 14.9 stud_degree 存储过程的源代码

2. 使用系统存储过程来查看存储过程

SQL Server 2005 提供了如下系统存储过程用于查看用户创建的存储过程。

(1) sp_help

sp_help 用于显示存储过程的参数及其数据类型,其语法如下:

数据库原理与应用——基于 SQL Server

```
sp_help [[@objname = ] name]
```

其中,参数 name 为要查看的存储过程的名称。

(2) sp_helptext

sp_helptext 用于显示存储过程的源代码,其语法如下:

```
sp_helptext [[@objname = ] name]
```

其中,参数 name 为要查看的存储过程的名称。

(3) sp_depends

sp_depends 用于显示和存储过程相关的数据库对象,其语法如下:

```
sp_depends [@objname = ]'object'
```

其中,参数 object 为要查看依赖关系的存储过程的名称。

(4) sp_stored_procedures

sp_stored_procedures 用于返回当前数据库中的存储过程列表,其语法如下:

```
sp_stored_procedure [[@sp_name = ] ' 'name']
    [,[@sp_owner = ]'owner']
    [,[@sp_qualifier = ] 'qualifier']
```

其中,@sp_name =] 'name'用于指定返回目录信息的过程名;[@sp_owner =] 'owner' 用于指定过程所有者的名称;@sp_qualifier =] 'qualifier'用于指定过程限定符的名称。

【例 14.11】 使用相关系统存储过程查看例 14.2 所创建的存储过程 stud_degree 的相关内容。

解:对应的程序如下:

```
USE school
GO
EXEC sp_help stud_degree
EXEC sp_helptext stud_degree
EXEC sp_depends stud_degree
```

其执行结果如图 14.10 所示,用户可以看到该存储过程的代码和涉及的表列。

14.5.2 修改存储过程

在创建存储过程之后,用户可以对其进行修改。可以使用 SQL Server 管理控制器或使用 ALTER PROCEDURE 语句修改用户创建的存储过程。

1. 使用 SQL Server 管理控制器修改存储过程

通过一个例子说明使用 SQL Server 管理控制器修改存储过程的操作步骤。

【例 14.12】 使用 SQL Server 管理控制器修改例 14.2 所创建的存储过程 stud_degree。

解:其操作步骤如下:

(1) 启动 SQL Server 管理控制器。在"对象资源管理器"中展开 LCB-PC 服务器节点。

(2) 展开"数据库"|school|"可编程性"|"存储过程"|dbo. stud_degree 节点,单击鼠标右键,在出现的快捷菜单中选择"修改"命令。

图 14.10　程序执行结果

（3）此时右边的编辑器窗口出现 stud_degree 存储过程的源代码（将 CREATE PROCEDURE 改为 ALTER PROCEDURE），如图 14.11 所示，用户可以直接进行修改。修改完毕，单击工具栏中的"!"按钮执行该存储过程，从而达到修改的目的。

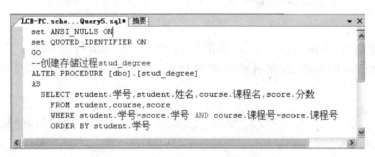

图 14.11　修改 stud_degree 存储过程

2. 使用 ALTER PROCEDURE 语句修改存储过程

使用 ALTER PROCEDURE 语句可以更改先前通过执行 CREATE PROCEDURE 语句创建的过程，但不会更改权限，也不影响相关的存储过程或触发器，其语法形式如下：

ALTER PROC[EDURE] 存储过程名[{参数列表}]AS SQL 语句

当使用 ALTER PROCEDURE 语句时，如果在 CREATE PROCEDURE 语句中使用过参数，那么在 ALTER PROCEDURE 语句中也应该使用这些参数。每次只能修改一个存储过程。

【例 14.13】　编写一个程序，先创建一个存储过程 studproc，输出 1031 班的所有学生，利用 sysobjects 和 syscomments 两个系统表输出该存储过程的 id 和 text 列。然后利用 ALTER PROCEDURE 语句修改该存储过程，将其改为加密方式，最后再输出该存储过程的 id 和 text 列。

解：创建存储过程 studproc 的语句如下：

```
USE school
GO
IF EXISTS(SELECT * FROM sysobjects WHERE name = 'studproc' AND type = 'P')
    DROP PROCEDURE studproc
GO
CREATE PROCEDURE studproc AS
    SELECT * FROM student WHERE 班号 = '1031'
GO
```

通过以下语句输出 studproc 存储过程的 id 和 text 列：

```
SELECT sysobjects.id, syscomments.text
FROM sysobjects, syscomments
WHERE sysobjects.name = 'studproc' AND sysobjects.type = 'P'
    AND sysobjects.id = syscomments.id
```

其执行结果如图 14.12 所示。修改该存储过程的语句如下：

```
USE school
GO
ALTER PROCEDURE studproc WITH ENCRYPTION AS
    SELECT * FROM student WHERE 班号 = '1031'
GO
```

再次执行前面的输出 studproc 存储过程的 id 和 text 列的语句,其执行结果如图 14.13 所示。从中看到,加密过的存储过程查询出的源代码是空值,从而起到保护源程序的作用。

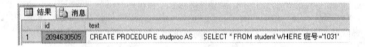

图 14.12　未加密的 studproc 存储过程的源代码　　图 14.13　加密的 studproc 存储过程的源代码

14.5.3　重命名存储过程

重命名存储过程也有两种方法：使用 SQL Server 管理控制器或使用系统存储过程。

1. 使用 SQL Server 管理控制器重命名存储过程

通过一个例子说明使用 SQL Server 管理控制器重命名存储过程的操作步骤。

【例 14.14】　使用 SQL Server 管理控制器将存储过程 studproc 重命名为 studproc1。

解：其操作步骤如下：

(1) 启动 SQL Server 管理控制器。在“对象资源管理器”中展开 LCB-PC 服务器节点。

(2) 展开“数据库”|school|“可编程性”|“存储过程”|dbo.studproc 节点,单击鼠标右键,在出现的快捷菜单中选择“重命名”命令。

(3) 此时存储过程名称 studproc 变成可编辑的,可以直接修改该存储过程的名称为

studproc1。

2．使用系统存储过程重命名用户存储过程

重命名存储过程的系统存储过程为 sp_rename，其语法格式如下：

sp_rename 原存储过程名称,新存储过程名称

【例 14.15】　使用系统存储过程 sp_rename 将上例改名的用户存储过程 studproc1 再更名为 studproc。

解：对应的程序如下：

```
USE school
GO
EXEC sp_rename studproc,studproc1
```

在更名时会出现警告消息"警告：更改对象名的任一部分都可能会破坏脚本和存储过程"。

14.5.4　删除存储过程

不再需要存储过程时可将其删除。这可以使用 SQL Server 管理控制器或 DROP PROCEDURE 语句来删除用户存储过程。

1．使用 SQL Server 管理控制器删除用户存储过程

通过一个例子说明使用 SQL Server 管理控制器重命名存储过程的操作步骤。

【例 14.16】　使用 SQL Server 管理控制器删除存储过程 studproc。

解：其操作步骤如下：

（1）启动 SQL Server 管理控制器。在"对象资源管理器"中展开 LCB-PC 服务器节点。

（2）展开"数据库"|school|"可编程性"|"存储过程"|dbo. studproc 节点，单击鼠标右键，在出现的快捷菜单中选择"删除"命令。

（3）在出现的"删除对象"对话框中单击"确定"按钮即可删除存储过程名称 studproc。

2．使用 DROP PROCEDURE 语句删除用户存储过程

删除存储过程可以使用 DROP PROCEDURE 语句，它可以将一个或者多个存储过程或者存储过程组从当前数据库中删除，其语法格式如下：

DROP PROCEDURE 用户存储过程列表

【例 14.17】　使用 DROP PROCEDURE 语句删除用户存储过程 stud_degree 和 stud1_degree。

解：对应的程序如下：

```
USE school
GO
DROP PROCEDURE stud_degree,stud1_degree
GO
```

习题 14

1. 什么是存储过程？存储过程分为哪几类？使用存储过程有什么好处？

2. 修改存储过程有哪几种方法？假设有一个存储过程需要修改但又不希望影响现有的权限,应使用哪个语句来进行修改？

上机实验题 9

在上机实验题 8 的 factory 数据库上,使用 T-SQL 语句完成如下各小题的功能:

(1) 创建一个为 worker 表添加职工记录的存储过程 Addworker。

(2) 创建一个存储过程 Delworker 删除 worker 表中指定职工号的记录。

(3) 显示存储过程 Delworker。

(4) 删除存储过程 Addworker 和 Delworker。

CHAPTER 15

触 发 器　第15章

在开发数据库应用系统中,灵活使用触发器可以大大增强应用程序的健壮性、数据库的可恢复性和数据库的可管理性。同时可以帮助开发人员和数据库管理员实现一些复杂的功能,简化开发步骤,降低开发成本,增加开发效率,提高数据库的可靠性。本章主要介绍触发器的创建、使用、修改和删除等相关内容。

15.1　概述

15.1.1　触发器的概念

触发器是一种特殊类型的存储过程,它在插入、删除或修改指定表中的数据时触发执行。触发器通常可以强制执行一定的业务规则,以保持数据完整性、检查数据有效性、实现数据库管理任务和一些附加的功能。

在 SQL Server 中一个表可以有多个触发器。用户可以根据 INSERT、UPDATE 或 DELETE 语句对触发器进行设置,也可以对一个表上的特定操作设置多个触发器。触发器可以包含复杂的 T-SQL 语句。触发器不能通过名称被直接调用,更不允许设置参数。

触发器具有如下优点:
- 触发器是被自动执行的,不需要显式调用。
- 触发器可以调用存储过程。
- 触发器可以强化数据条件约束。
- 触发器可以禁止或回滚违反引用完整性的数据修改或删除。
- 利用触发器可以进行数据处理。
- 触发器可以级联、并行执行。
- 在同一个表中可以设计多个触发器。

15.1.2　触发器的种类

SQL Server 2005 提供了两种类型的触发器：

- DML 触发器：在执行数据操作语言事件时被调用的触发器，其中数据操作语言事件包括：INSERT、UPDATE 和 DELETE 语句。触发器中可以包含复杂的 T-SQL语句，触发器整体被看做一个事务，可以进行回滚。
- DDL 触发器：与 DML 触发器类似，它由相应的事件触发后执行。与 DML 不同的是，它的触发事件是由数据定义语言引起的事件，包括 CREATE、ALTER 和 DROP语句。DDL 触发器用于执行数据库管理任务，如调节和审计数据库运转。DDL 触发器只能在触发事件发生后才会调用执行，即它只能是 AFTER 类型的。

15.2　创建 DML 触发器

在应用 DML 触发器之前必须创建它，可以使用 SQL Server 管理控制器或 CREATETRIGGER 语句创建触发器。

15.2.1　使用 SQL Server 管理控制器创建 DML 触发器

通过一个简单的示例说明使用 SQL Server 管理控制器创建触发器的操作步骤。

【例 15.1】　使用 SQL Server 管理控制器在 student 表上创建一个触发器 trigop，其功能是在用户插入、修改或删除该表中行中输出所有的行。

解：其操作步骤如下：

（1）启动 SQL Server 管理控制器，在"对象资源管理器"中展开 LCB-PC 服务器节点。

（2）展开"数据库"|school|"表"|student|"触发器"节点，单击鼠标右键，在出现的快捷菜单中选择"新建触发器"命令。

（3）出现一个新建触发器编辑窗口，其中包含触发器模板，用户可以参照模板在其中输入触发器的 T-SQL 语句，这里输入的语句如下（其中黑体部分为主要输入的 T-SQL 语句）：

```
SET ANSI_NULLS ON
GO
SET QUOTED_IDENTIFIER ON
GO
CREATE TRIGGER trigop
    ON student AFTER INSERT,DELETE,UPDATE
AS
    BEGIN
        SET NOCOUNT ON
        SELECT * FROM student
    END
GO
```

（4）单击工具栏中的"!"按钮，将该触发器保存到相关的系统表中。这样就创建了触发器 trigop。

在触发器 trigop 创建完毕，当对 student 表进行记录插入、修改或删除操作时，触发器

trigop 都会被自动执行。例如，执行以下程序：

```
USE school
INSERT student VALUES('1','刘明','男','1991-12-12','1035')
GO
```

	学号	姓名	性别	出生日期	班号
1	1	刘明	男	1991-12-12 00:00:00.000	1035
2	101	李军	男	1992-02-20 00:00:00.000	1033
3	103	陆君	男	1991-06-03 00:00:00.000	1031
4	105	匡明	男	1990-10-02 00:00:00.000	1031
5	107	王丽	女	1992-01-23 00:00:00.000	1033
6	108	曾华	男	1991-09-01 00:00:00.000	1033
7	109	王芳	女	1992-02-10 00:00:00.000	1031

图 15.1　插入行时自动执行触发器 trigop

当向 student 表中插入一个记录时自动执行触发器 trigop 输出其所有记录，输出结果如图 15.1 所示，从中看到新记录已经插入到 student 表中了。

说明：当创建一个触发器后，在 sysobjects 系统表中增加一条记录，其 id 列表示该触发器的标识，name 列为该触发器的名称，type 列为'TR'值表示是触发器；在 syscomments 系统表中也增加一个记录，其 id 列表示该触发器的标识，text 表示创建该触发器的 T-SQL 语句。

注意：由于创建的触发器在条件成立时会自动被调用，可能影响后面示例的执行，所以当一个触发器不再需要时，需将其禁用，禁用 trigop 触发器的操作是：选中 student 表节点，展开下方的“触发器”节点，右击 trigop，在出现的快捷菜单中选择“禁用”命令。若要重新启动已禁用的触发器，在这里选择“启用”命令即可启动该触发器。

15.2.2　使用 T-SQL 语句创建 DML 触发器

创建 DML 触发器可以使用 CREATE TRIGGER 语句，其基本语法格式如下：

```
CREATE TRIGGER 触发器名称
ON {表名 | 视图名}
[WITH ENCRYPTION]]
{
    { {FOR | AFTER | INSTEAD OF} {[INSERT] [,] [UPDATE]}
        [WITH APPEND]
        [NOT FOR REPLICATION]
        AS
        [{ IF UPDATE ( column )
            [{ AND | OR } UPDATE ( column )]
                [ … n]
        | IF (COLUMNS_UPDATED() { bitwise_operator } updated_bitmask )
                { comparison_operator } column_bitmask [ … n]
        } ]
        SQL 语句 [ … n ]
    }
}
```

其中，各参数含义如下：

- WITH ENCRYPTION：加密 syscomments 表中包含 CREATE TRIGGER 语句文本的 text 列。使用 WITH ENCRYPTION 可防止将触发器作为 SQL Server 复制的一部分发布。
- AFTER：指定触发器只有在触发 T-SQL 语句中指定的所有操作都已成功执行后才

激发。所有的引用级联操作和约束检查也必须成功完成后，才能执行此触发器。FOR 关键字和 AFTER 关键字是等价的。

- INSTEAD OF：指定执行触发器而不是执行触发 T-SQL 语句，从而替代触发语句的操作。在表或视图上，每个 INSERT、UPDATE 或 DELETE 语句最多可以定义一个 INSTEAD OF 触发器。然而，可以在每个具有 INSTEAD OF 触发器的视图上定义视图。

- {［DELETE］［,］［INSERT］［,］［UPDATE］}：指定在表或视图上执行哪些数据修改语句时将激活触发器的关键字。必须至少指定一个选项。在触发器定义中允许使用以任意顺序组合的这些关键字。如果指定的选项多于一个，需用逗号分隔这些选项。

- WITH APPEND：指定应该添加现有类型的其他触发器。只有当兼容级别是 65 或更低时，才需要使用该可选子句。如果兼容级别是 70 或更高，则不必使用 WITH APPEND 子句添加现有类型的其他触发器（这是兼容级别设置为 70 或更高的 CREATE TRIGGER 的默认行为）。

- NOT FOR REPLICATION：表示当复制进程更改触发器所涉及的表时，不应执行该触发器。

- AS：指出触发器要执行的操作。

- IF UPDATE (column)：测试在指定的 column 列上进行的 INSERT 或 UPDATE 操作，不能用于 DELETE 操作。可以指定多列。因为在 ON 子句中指定了表名，所以在 IF UPDATE 子句中的列名前不要包含表名。若要测试在多个列上进行的 INSERT 或 UPDATE 操作，则要在第一个操作后指定单独的 UPDATE(column) 子句。在 INSERT 操作中，IF UPDATE 将返回 TRUE 值，因为这些列插入了显式值或隐性(NULL)值。

- IF (COLUMNS_UPDATED())：测试是否插入或更新了提及的列，仅用于 INSERT 或 UPDATE 触发器中。COLUMNS_UPDATED()返回 varbinary 位模式，表示插入或更新了表中的哪些列。COLUMNS_UPDATED()函数以从左到右的顺序返回位，最左边的为最不重要的位。最左边的位表示表中的第一列；向右的下一位表示第二列，依此类推。如果在表上创建的触发器包含 8 列以上，则 COLUMNS_UPDATED()返回多个字节，最左边的为最不重要的字节。在 INSERT 操作中，COLUMNS_UPDATED()将对所有列返回 TRUE 值，因为这些列插入了显式值或隐性值(NULL)。

- bitwise_operator：指定用于比较运算的位运算符。

- updated_bitmask：指定整型位掩码，表示实际更新或插入的列。例如，表 t1 包含列 C1、C2、C3、C4 和 C5，假定表 t1 上有 UPDATE 触发器，若要检查列 C2、C3 和 C4 是否都有更新，指定值为 14(对应二进制数 01110)；若要检查是否只有列 C2 有更新，指定值 2(对应二进制数 00010)。

- comparison_operator：指定比较运算符。使用等号(＝)检查 updated_bitmask 中指定的所有列是否都实际进行了更新。使用大于号(＞)检查 updated_bitmask 中指定的任一列或某些列是否已更新。

- column_bitmask：指定要检查列的整型位掩码，用来检查是否已更新或插入了这些列。

　　说明：SQL Server 2005 中创建的 DML 触发器有两种：旧类型的触发器和 INSTEAD OF 触发器。旧类型触发器现在叫 AFTER 触发器，这种类型的触发器在 INSERT、UPDATE 或 DELETE 语句执行后才会触发执行，并且只能定义在表上。当用户创建旧类型触发器时，应该使用新关键字（AFTER），出于兼容性考虑，旧的关键字（FOR）仍然能够使用，但是不推荐再使用它。

　　【例 15.2】　在数据库 test 中建立一个表 table10，创建一个触发器 trigtest，在 table10 表中插入、修改和删除记录时，自动显示表中的所有记录。并用相关数据进行测试。

　　解：创建表和触发器的语句如下：

```
USE test
GO
CREATE TABLE table10      -- 创建表 table10
(     c1 int,
      c2 char(30)
)
GO
CREATE TRIGGER trigtest      -- 创建触发器 trigtest
    ON table10 AFTER INSERT,UPDATE,DELETE
AS
    SELECT * FROM table10
GO
```

　　在执行下面的语句时：

```
USE test
INSERT Table10 VALUES(1,'Name1')
GO
```

结果会显示出 table10 表中的行，如图 15.2 所示。在执行下面的语句时：

```
USE test
UPDATE Table10 SET c2 = 'Name2' WHERE c1 = 1
GO
```

结果会显示出 table10 表中的记录行，如图 15.3 所示。

图 15.2　插入记录时执行触发器　　　　图 15.3　更新记录时执行触发器

15.2.3　创建 DML 触发器的注意事项

　　创建 DML 触发器的几点注意事项如下：

- CREATE TRIGGER 语句必须是批处理中的第一个语句。将该批处理中随后的其他所有语句解释为 CREATE TRIGGER 语句定义的一部分。并且只能应用于一个表。

- 触发器只能在当前的数据库中创建,但是可以引用当前数据库的外部对象。
- 创建触发器的权限默认分配给表的所有者,且不能将该权限转给其他用户。
- 触发器为数据库对象,其名称必须遵循标识符的命名规则。
- 虽然触发器可以引用当前数据库以外的对象,但只能在当前数据库中创建触发器。

15.3 inserted 表和 deleted 表

在触发器执行的时候,会产生两个临时表: inserted 表和 deleted 表。它们的结构和触发器所在的表的结构相同,SQL Server 2005 自动创建和管理这些表。可以使用这两个临时的驻留内存的表测试某些数据修改的效果及设置触发器操作的条件,但不能直接对表中的数据进行更改。

deleted 表用于存储 DELETE 和 UPDATE 语句所影响的行的副本。在执行 DELETE 或 UPDATE 语句时,行从触发器表中删除,并传输到 deleted 表中。deleted 表和触发器表通常没有相同的行。

inserted 表用于存储 INSERT 和 UPDATE 语句所影响的行的副本。在一个插入或更新事务处理中,新建行被同时添加到 inserted 表和触发器表中。inserted 表中的行是触发器表中新行的副本。

在对具有触发器的表(简称为触发器表)进行操作时,其操作过程如下:

- 执行 INSERT 操作,插入到触发器的表中的新行被插入到 inserted 表中。
- 执行 DELETE 操作,从触发器表中删的行被插入到 deleted 表中。
- 执行 UPDATE 操作,先从触发器表中删除旧行,然后再插入新行。其中被删除的旧行被插入到 deleted 表中,插的新行被插入到 inserted 表中。

【例 15.3】 编写一段 T-SQL 语句说明 inserted 表和 deleted 表的作用。

解:创建触发器 trigtest 的语句如下:

```
USE test
GO
IF EXISTS(SELECT * FROM sysobjects WHERE name = 'table10' AND type = 'U')
    DELETE table10              -- 若存在 table10 表,则删除其记录
GO
IF EXISTS(SELECT * FROM sysobjects WHERE name = 'trigtest' AND type = 'TR')
    DROP TRIGGER trigtest        -- 若存在 trigtest 触发器,则将其删除
GO
CREATE TRIGGER trigtest          -- 创建触发器 trigtest
    ON table10 AFTER INSERT, UPDATE, DELETE
AS
    PRINT 'inserted 表:'
    SELECT * FROM inserted
    PRINT 'deleted 表:'
    SELECT * FROM deleted
GO
```

如果此时执行下面的 INSERT 语句:

```
USE test
INSERT table10 VALUES(2,'Name3')
GO
```

其执行结果如图 15.4 所示,这里选中了工具栏中的 按钮,即以文本格式显示结果。结果中最后一行消息表示成功地向 table10 表中插入了一个记录。

如果此时接着执行下面的 UPDATE 语句:

```
USE test
UPDATE table10 SET c2 = 'Name4' WHERE c1 = 2
GO
```

其执行结果如图 15.5 所示。如果此时接着执行下面的 DELETE 语句:

```
USE test
DELETE table10 WHERE c1 = 2
GO
```

其执行结果如如图 15.6 所示。

图 15.4　插入记录时执行
触发器

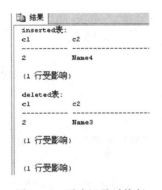

图 15.5　更改记录时执行
触发器

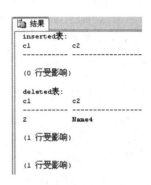

图 15.6　删除记录时执行
触发器

该例结果看到,table10 是触发器表,在插入记录时,插入的记录被插入到 inserted 表中;在修改记录时,修改前的记录插入到 deleted 表中,修改后的记录插入到 inserted 表中;在删除记录时,删除后的记录被插入到 deleted 表中。

15.4　使用 DML 触发器

在 SQL Server 2005 中,除了 INSERT、UPDATE 和 DELETE 等 3 种 AFTER 类型的触发器外,还提供了 INSTEAD OF 类型的触发器,包括 INSTEAD OF INSERT、INSTEAD OF UPDATE 和 INSTEAD OF DELETE 等触发器。

15.4.1　使用 INSERT 触发器

INSERT 触发器通常被用来更新时间标记字段,或者验证被触发器监控的字段中数据满足要求的标准,以确保数据的完整性。当向数据库中插入数据时,INSERT 触发器将被触发执行。

INSERT 触发器被触发时,新的记录增加到触发器的对应表中,并且同时也添加到一个 inserted 表中。该 inserted 表是一个逻辑表,以确定该触发器的操作是否应该执行,以及如何去执行。

【例 15.4】 建立一个触发器 trigname,当向 student 表中插入数据时,如果出现姓名重复的情况,则回滚该事务。

解:创建触发器 trigname 的程序如下:

```
USE school
GO
CREATE TRIGGER trigname              --创建 trigname 触发器
    ON student AFTER INSERT
AS
BEGIN
    DECLARE @name char(10)
    SELECT @name = inserted. 姓名 FROM inserted
    IF EXISTS(SELECT 姓名 FROM student WHERE 姓名 = @name)
    BEGIN
        RAISERROR( '姓名重复,不能插入 ',16,1)
        ROLLBACK                 -- 事务回滚
    END
END
```

执行以下程序:

```
USE school
INSERT INTO student(学号,姓名,性别) VALUES( '102 ', '王丽 ', '女 ')
GO
```

出现如图 15.7 所示的消息,提示插入的记录出错。再打开 student 表,从中看到,由于进行了事务回滚,所以并不会真正向 student 表中插入学号为 '102 '的新记录。本例完成后禁用 trigname 触发器。

消息 50000, 级别 16, 状态 1, 过程 trigname, 第 9 行
姓名重复,不能插入
消息 3609, 级别 16, 状态 1, 第 2 行
事务在触发器中结束。批处理已中止。

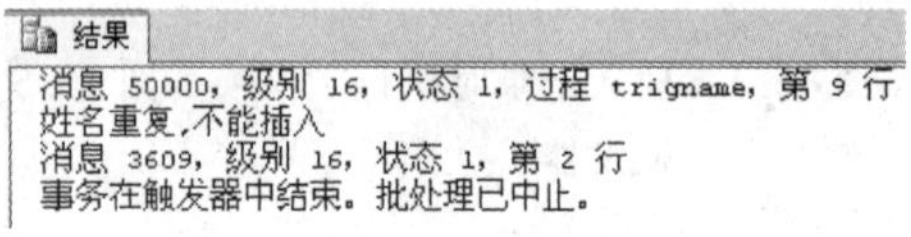

图 15.7 执行触发器 trigname 时提示的消息

说明:RAISERROR 函数返回用户定义的错误消息,通常含有 3 个参数,第一个参数指出错误消息,第二个参数指出错误消息的级别,第三个参数指出错误消息的状态。

【例 15.5】 建立一个触发器 trigsex,当向 student 表中插入数据时,如果出现性别不正确的情况,不回滚该事务,只提示错误消息。

解:创建触发器 trignsex 的程序如下:

```
USE school
GO
CREATE TRIGGER trigsex                        -- 创建 trigsex 触发器
    ON student AFTER INSERT
AS
    DECLARE @s1 char(1)
    SELECT @s1 = 性别 FROM INSERTED
```

```
    IF @s1 <> '男 ' OR @s1 <> '女 '
        RAISERROR( '性别只能取男或女 ',16,1)        -- 发出一条错误消息
GO
```

当执行以下程序：

```
USE school
INSERT student VALUES( '2 ', '许涛 ', 'M ', '1992 - 10 - 16 ', '1035 ')
GO
```

出现如图 15.8 所示的消息，提示插入的记录出错。再打开 student 表，其结果如图 15.9 所示，从中看到，由于没有进行事务回滚，尽管要插入的记录不正确，但仍然插入到 student 表中了，其中学号为 1 的记录是在例 15.1 中插入的。本例完成后禁用 trigsex 触发器。

	学号	姓名	性别	出生日期	班号
1	1	刘明	男	1991-12-12 00:00:00.000	1035
2	101	李军	男	1992-02-20 00:00:00.000	1033
3	103	陆君	男	1991-06-03 00:00:00.000	1031
4	105	匡明	男	1992-10-02 00:00:00.000	1031
5	107	王丽	女	1992-01-23 00:00:00.000	1033
6	108	曾华	男	1991-09-01 00:00:00.000	1033
7	109	王芳	女	1992-02-10 00:00:00.000	1031
8	2	许涛	M	1992-10-16 00:00:00.000	1035

结果
消息 50000, 级别 16, 状态 1, 过程 trigsex, 第 7 行
性别只能取男或女
(1 行受影响)

图 15.8　执行触发器 trigsex 时提示的消息　　图 15.9　执行 trigsex 触发器后 student 表中数据

15.4.2　使用 UPDATE 触发器

修改触发器和插入触发器的工作过程基本上一致，修改一条记录等于插入了一个新的记录并且删除一个旧的记录。当在一个有 UPDATE 触发器的表中修改记录时，表中原来的记录被移动到 deleted 表中，修改过的记录插入到了插入表中，触发器可以参考 deleted 表和 inserted 表以及被修改的表，以确定如何完成数据库操作。

【例 15.6】　建立一个修改触发器 trigno，该触发器防止用户修改表 student 的学号。

解：创建触发器 trignno 的程序如下：

```
USE school
GO
CREATE TRIGGER trigno        -- 创建 trigno 触发器
ON student
AFTER UPDATE
AS
IF UPDATE(学号)
    BEGIN
        RAISERROR( '不能修改学号 ',16,2)
        ROLLBACK
    END
GO
```

当执行以下程序：

```
USE school
```

数据库原理与应用——基于 SQL Server

```
UPDATE student
SET 学号 = '3'
WHERE 学号 = '1'
GO
```

出现如图 15.10 所示的消息,提示修改记录时出错,也并没有修改 student 表中学号为 1 的
记录。本例完成后禁用 trigno 触发器。

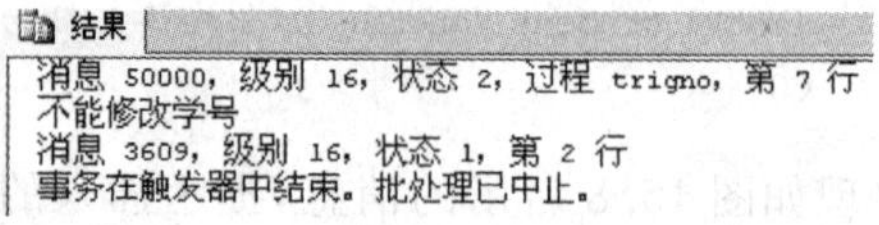

【例 15.7】 建立一个触发器 trigcopy,将
student 表中所有被修改的数据保存到 stbak 表
中作为历史记录。

图 15.10 执行触发器 trigno 时提示的消息

解:创建触发器 trigcopy 的程序如下:

```
USE school
GO
--若存在 stbak 表,删除之,否则创建表 stbak
IF EXISTS(SELECT name FROM sysobjects WHERE name = 'stbak' AND type = 'U')
    DROP TABLE stbak
CREATE TABLE stbak                    -- 创建 stbak 表
(   rq datetime,                      -- 修改时间
    sno char(10),                     -- 学号
    sname char(10),                   -- 姓名
    ssex char(2),                     -- 性别
    sbirthday datetime,               -- 出生日期
    sclass char(10)                   -- 班号
)
GO
CREATE TRIGGER trigcopy               -- 创建触发器 trigcopy
    ON student AFTER UPDATE
AS
    -- 将当前日期和修改后的记录插入到 stbak 表中
    INSERT INTO stbak(rq, sno, sname, ssex, sbirthday, sclass)
        SELECT getdate(), inserted.学号, inserted.姓名,
        inserted.性别, inserted.出生日期, inserted.班号
        FROM student, inserted
        WHERE student.学号 = inserted.学号
GO
```

执行以下程序:

```
USE school
--修改班号
UPDATE student
SET 班号 = '1131'
WHERE 班号 = '1031'
GO
--恢复班号
UPDATE student
SET 班号 = '1031'
WHERE 班号 = '1131'
GO
```

执行上述程序,两次修改 student 表中的班号,student 表中的记录恢复成修改前的状态,而 stbak 表中的记录如图 15.11 所示,从中看到每次修改 student 表时都将修改情况保存到 stbak 表中了。本例完成后禁用 trigcopy 触发器。

rq	sno	sname	ssex	sbirthday	sclass
▶	2010-12-30 9:28:52	109	王芳	女	1992-2-10 0:00:00	1131
2010-12-30 9:28:52	105	匡明	男	1990-10-2 0:00:00	1131
2010-12-30 9:28:52	103	陆君	男	1991-6-3 0:00:00	1131
2010-12-30 9:28:52	109	王芳	女	1992-2-10 0:00:00	1031
2010-12-30 9:28:52	105	匡明	男	1990-10-2 0:00:00	1031
2010-12-30 9:28:52	103	陆君	男	1991-6-3 0:00:00	1031
*	NULL	NULL	NULL	NULL	NULL	NULL

图 15.11 stbak 表中数据

15.4.3 使用 DELETE 触发器

当执行 DELETE 触发器时,表中原来的记录被移动到 deleted 表中。DELETE 触发器通常用于为了防止删除一些不能删除的数据和实现数据表级联操作等情况。

【例 15.8】 建立一个删除触发器 trigclass,该触发器防止用户删除表 student 中所有 1031 班的学生记录。

解:创建触发器 trigclass 的程序如下:

```
USE school
GO
CREATE TRIGGER trigclass        -- 创建触发器 trigsclass
ON student
AFTER DELETE
AS
  IF EXISTS(SELECT * FROM deleted WHERE 班号 = '1031')
  BEGIN
    RAISERROR( '不能删除 1031 班的学生记录',16,2)
    ROLLBACK
  END
GO
```

执行以下程序:

```
USE school
DELETE student
WHERE 班号 = '1031'
GO
```

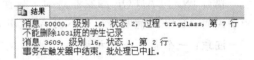

图 15.12 执行触发器 trigclass 时提示的消息

出现如图 15.12 所示的消息,提示修改记录时出错。由于存在事务回滚,student 表中的数据保持不变。本例完成后禁用 trigclass 触发器。

【例 15.9】 建立一个触发器 trigcopy1,将 student 表中所有被删除记录的学号保存到 stbak 表中作为历史记录。

解:创建触发器 trigcopy1 的程序如下:

```
USE school
GO
-- 若存在 stbak 表,删除之,否则创建表 stbak
IF EXISTS(SELECT name FROM sysobjects WHERE name = 'stbak' AND type = 'U')
    DROP TABLE stbak
CREATE TABLE stbak               -- 创建 stbak 表
(    rq datetime,                -- 删除时间
     sno char(10),               -- 学号
     sname char(10),             -- 姓名
     ssex char(2),               -- 性别
     sbirthday datetime,         -- 出生日期
     sclass char(10)             -- 班号
)
GO
CREATE TRIGGER trigcopy1         -- 创建触发器 trigcopy1
    ON student AFTER DELETE
AS
    BEGIN
    DELETE deleted
    -- 将当前日期和被删除的记录插入到 stbak 表中
    INSERT INTO stbak(rq,sno,sname,ssex,sbirthday,sclass)
        SELECT getdate(),deleted.学号,deleted.姓名,
        deleted.性别,deleted.出生日期,deleted.班号
        FROM student,deleted
    END
GO
```

执行以下程序：

```
USE school
DELETE student                   -- 删除 1035 班的学生记录
WHERE 班号 = '1035'
GO
```

执行上述程序,删除 student 表中班号为'1035'的记录的同时,将这些删除的记录存放到 stbak 表中。本例完成后禁用 trigcopy1 触发器。

15.4.4 使用 INSTEAD OF 触发器

执行 INSTEAD OF 触发器是为了替换那些初始化触发器的修改语句。下面通过几个例子说明 AFTER 触发器和 INSTEAD OF 触发器的差别。

注意：一个表或一个视图上只能创建一个 INSTEAD OF 触发器,但可以创建多个 AFTER 触发器。

【例 15.10】 在 teacher 表上创建一个 INSTEAD OF INSERT 触发器 trigteacher,当用户插入数据时显示 teacher 表中所有数据。

解：创建触发器 trigteacher 的程序如下：

```
USE school
GO
```

```
CREATE TRIGGER trigteacher      -- 创建触发器 trigteacher
ON teacher INSTEAD OF INSERT
AS
    SELECT * FROM teacher
GO
```

执行以下程序：

```
USE school
INSERT INTO teacher(编号) VALUES('688')
GO
```

出现如图 15.13 所示的结果。从结果看到，当向 teacher 表中插入记录时，自动执行 trigteacher 触发器，用其中的 SELECT 语句替代该插入语句，这样被插入的记录并没有插入到 teacher 表中。这就是 INSERT 触发器与 INSTEAD OF INSERT 触发器的区别。本例完成后禁用 trigteacher 触发器。

结果　消息

	编号	姓名	性别	出生日期	职称	单位
1	804	李诚	男	1958-12-02 00:00:00.000	教授	计算机系
2	825	王萍	女	1972-05-05 00:00:00.000	讲师	计算机系
3	831	刘冰	男	1977-08-14 00:00:00.000	助教	电子工程系
4	856	张旭	男	1969-03-12 00:00:00.000	教授	电子工程系

图 15.13　执行 trigteacher 触发器的结果

15.5　创建和使用 DDL 触发器

DML 触发器属表级触发器，而 DDL 触发器属数据库级触发器。像 DML 触发器一样，DDL 触发器也是自动执行的，但与 DML 触发器不同的是，它们不是响应表或视图的 INSERT、UPDATE 或 DELETE 等记录操作语句，而是响应数据定义语句(DDL)操作，这些语句以 CREATE、ALTER 和 DROP 开头。DDL 触发器可用于管理任务，例如，审核和控制数据库操作。

DDL 触发器一般用于以下目的：

- 防止对数据库结构进行某些更改。
- 希望数据库中发生某种情况以响应数据库结构中的更改。
- 要记录数据库结构中的更改或事件。

仅在执行触发 DDL 触发器的 DDL 语句时，DDL 触发器才会激发。DDL 触发器无法作为 INSTEAD OF 触发器使用。

可以创建响应以下语句的 DDL 触发器：

- 一个或多个特定的 DDL 语句。
- 预定义的一组 DDL 语句。可以在执行属于一组预定义的相似事件的任何 T-SQL 事件后触发 DDL 触发器。例如，如果希望在执行 CREATE TABLE、ALTER TABLE 或 DROP TABLE 等 DDL 语句后触发 DDL 触发器，则可以在 CREATE TRIGGER 语句中指定 FOR DDL_TABLE_EVENTS。
- 选择触发 DDL 触发器的特定 DDL 语句。

并非所有的 DDL 事件都可用于 DDL 触发器中。有些事件只适用于异步非事务语句。例如,CREATE DATABASE 事件不能用于 DDL 触发器中。

15.5.1 创建 DDL 触发器

使用 CREATE TRIGGER 命令创建 DDL 触发器的基本语法格式如下:

```
CREATE TRIGGER 触发器名称
ON {ALL SERVER|DATABASE}
{FOR|AFTER} {event_type|event_group}[, … n]
AS SQL 语句
```

其中,各参数的说明如下:

- ALL SERVER:将 DDL 触发器的作用域应用于当前服务器。如果指定了此参数,则只要当前服务器中的任何位置上出现 event_type 或 event_group,就会激发该触发器。
- event_type|event_group:T-SQL 语言事件的名称或事件组名称,事件执行后,将触发该 DDL 触发器。如 DROP_TABLE 为删除表事件,ALTER_TABLE 为修改表结构事件,CREATE_TABLE 为建表事件等。

说明:DML 触发器是建立在某个表上,与该表相关联(创建的 T-SQL 语句中指定 ON 表名),而 DDL 触发器是建立在数据库上,与该数据库相关联(创建的 T-SQL 语句中通常用 ON DATABASE 子句)。

15.5.2 DDL 触发器的应用

在响应当前数据库或服务器中处理的 T-SQL 事件时,可以激发 DDL 触发器。触发器的作用域取决于事件。例如,每当数据库中发生 CREATE TABLE 事件时,都会触发为响应 CREATE TABLE 事件创建的 DDL 触发器。每当服务器中发生 CREATE LOGIN 事件时,都会触发为响应 CREATE LOGIN 事件创建的 DDL 触发器。

【例 15.11】 在 school 数据库上创建一个 DDL 触发器 safe,用来防止该数据库中的任一表被修改或删除。

解:创建 DDL 触发器的程序如下:

```
USE school
GO
CREATE TRIGGER safe          -- 创建触发器 safe
    ON DATABASE AFTER DROP_TABLE,ALTER_TABLE
AS
    BEGIN
        RAISERROR( '不能修改表结构',16,2)
        ROLLBACK
    END
GO
```

当执行以下程序:

```
USE school
ALTER TABLE student ADD 民族 char(10)
GO
```

出现如图 15.14 所示的消息,提示修改 student 表结构时出错,而且 student 表结构保持不变。本例完成后禁用 trigsafe 触发器。

【例 15.12】　在 school 数据库上创建一个 DDL 触发器 creat,用来防止在该数据库中创建表。

解:创建 DDL 触发器的程序如下:

```
USE school
GO
CREATE TRIGGER creat       -- 创建触发器 creat
ON DATABASE AFTER CREATE_TABLE
AS
BEGIN
    RAISERROR( '不能创建新表',16,2)
    ROLLBACK
END
GO
```

当执行以下程序:

```
USE school
CREATE TABLE student3
(    c1 int,
     c2 char(10)
)
GO
```

出现如图 15.15 所示的消息,提示创建 student3 表时出错。

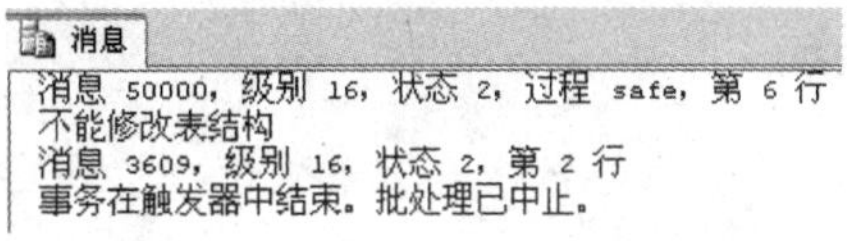

图 15.14　执行触发器 safe 时提示的消息 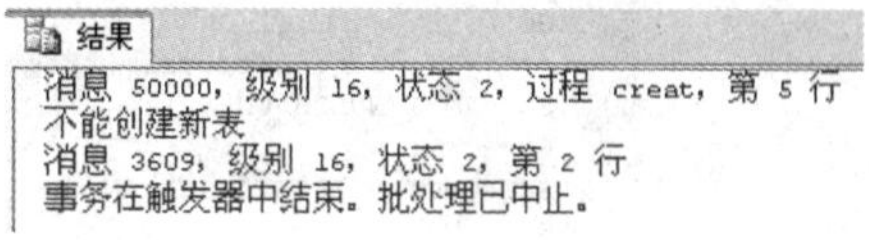　　图 15.15　执行触发器 creat 时提示的消息

15.6　触发器的管理

触发器的管理包括查看、修改、删除触发器,以及启用或禁用触发器等。

15.6.1　查看触发器

数据库中创建的每个触发器在 sys.triggers 表中对应一个记录,例如,为了显示本章前面在 school 数据库上创建的触发器,可以使用以下程序:

```
USE school
SELECT * FROM sys.triggers
```

其执行结果如图 15.16 所示,其中,DDL 触发器的 parent_class 列为 0。

如果要显示作用于表(或数据库)上的触发器究竟对表(或数据库)有哪些操作,必须查看触发器信息。查看触发器信息的方法主要是使用 SQL Server 管理控制器和相关的系统存储过程。

结果 消息

	name	object_id	parent_class	parent_class_desc	parent_id	type	type_desc	create_date	modify_date
1	trigname	267147997	1	OBJECT_OR_COLUMN	1294627655	TR	SQL_TRIGGER	2010-12-30 08:36:37.373	2010-12-30 08:39:25.390
2	trigsex	283148054	1	OBJECT_OR_COLUMN	1294627655	TR	SQL_TRIGGER	2010-12-30 08:40:10.327	2010-12-30 08:46:07.263
3	trigno	299148111	1	OBJECT_OR_COLUMN	1294627655	TR	SQL_TRIGGER	2010-12-30 08:47:02.107	2010-12-30 09:44:06.950
4	trigcopy	331148225	1	OBJECT_OR_COLUMN	1294627655	TR	SQL_TRIGGER	2010-12-30 09:27:09.903	2010-12-30 09:44:03.577
5	trigclass	347148282	1	OBJECT_OR_COLUMN	1294627655	TR	SQL_TRIGGER	2010-12-30 09:34:44.327	2010-12-30 09:43:57.297
6	trigcopy1	491148795	1	OBJECT_OR_COLUMN	1294627655	TR	SQL_TRIGGER	2010-12-30 10:29:03.500	2010-12-30 10:29:03.500
7	trigteacher	507148852	1	OBJECT_OR_COLUMN	1230627427	TR	SQL_TRIGGER	2010-12-30.10:36:06.530	2010-12-30 10:36:06.530
8	safe	523148909	0	DATABASE	0	TR	SQL_TRIGGER	2010-12-30 10:41:34.107	2010-12-30 10:41:34.107
9	creat	571149080	0	DATABASE	0	TR	SQL_TRIGGER	2010-12-30 15:49:55.293	2010-12-30 15:49:55.293
10	trigop	2110630562	1	OBJECT_OR_COLUMN	1294627655	TR	SQL_TRIGGER	2010-12-24 08:47:32.640	2010-12-30 08:34:39.670

图 15.16　school 数据库中的所有触发器

1. 使用 SQL Server 管理控制台查看触发器

通过一个简单的示例说明使用 SQL Server 管理控制器查看触发器的操作步骤。

【例 15.13】 使用 SQL Server 管理控制器查看 student 表上的触发器 trigop(在例 15.1 中创建)。

解：其操作步骤如下：

(1) 启动 SQL Server 管理控制器，在"对象资源管理器"中展开 LCB-PC 服务器节点。

(2) 展开"数据库"|school|"表"|student|"触发器"|trigop 节点，单击鼠标右键，在出现的快捷菜单中选择"编写触发器脚本为"|"CREATE 到"|"新查询编辑器窗口"命令。

(3) 出现如图 15.17 所示的 trigop 触发器编辑窗口，用户可以在其中查看 trigop 触发器的源代码。

LCB-PC.scho...QLQuery3.sql　摘要

```
USE [school]
GO
/****** 对象:  Trigger [trigop]    脚本日期: 12/30/2010 16:10:57 ******/
SET ANSI_NULLS ON
GO
SET QUOTED_IDENTIFIER ON
GO
CREATE TRIGGER [trigop]
    ON [dbo].[student]
AFTER INSERT,DELETE,UPDATE AS
BEGIN
    SET NOCOUNT ON
    SELECT * FROM student
END
```

图 15.17　trigop 触发器编辑窗口

若要查看 DDL 触发器如 safe，在第(2)中选择展开"数据库"|school|"可编程性"|"数据库触发器"|safe 节点，单击鼠标右键，在出现的快捷菜单中选择"编写数据库触发器脚本为"|"CREATE 到"|"新查询编辑器窗口"命令即可。

2. 使用系统存储过程查看触发器

系统存储过程 sp_help、sp_helptext 和 sp_depends 分别提供有关触发器的不同信息(这些系统存储过程仅适合于 DML 触发器)。

(1) sp_help

sp_help 用于查看触发器的一般信息，如触发器的名称、属性、类型和创建时间。其语法格式如下：

```
EXEC sp_help '触发器名称'
```

（2）sp_helptext

sp_helptext 用于查看触发器的正文信息。其语法格式如下：

```
EXEC sp_helptext '触发器名称'
```

（3）sp_depends

sp_depends 用于查看指定触发器所引用的表或者指定的表涉及的所有触发器。其语法格式如下：

```
EXEC sp_depends '触发器名称'
```

【例 15.14】　使用系统存储过程查看 student 表上的触发器 trigop 的相关信息。

解：使用的程序如下：

```
USE school
EXEC sp_help 'trigop'
EXEC sp_helptext 'trigop'
```

其结果如图 15.18 所示，上下两部分分别对应两次系统存储过程调用的结果。

15.6.2　修改触发器

可以使用 SQL Server 管理控制器和 ALTER TRIGGER 语句修改触发器。

1. 使用 SQL Server 管理控制器修改触发器

通过一个简单的示例说明使用 SQL Server 管理控制器修改触发器的操作步骤。

【例 15.15】　使用 SQL Server 管理控制器修改 student 表上的触发器 trigop。

解：其操作步骤如下：

（1）启动 SQL Server 管理控制器。

（2）在"对象资源管理器"中展开 LCB-PC 服务器节点。

（3）展开"数据库"|school|"表"|student|触发器|trigop 节点，单击鼠标右键，在出现的快捷菜单中选择"修改"命令。

（4）出现如图 15.19 所示的 trigop 触发器编辑窗口，用户可以在其中直接修改 trigop 触发器。

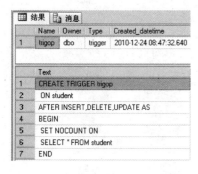

图 15.18　查看触发器 trigop 的信息

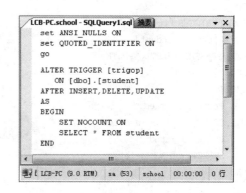

图 15.19　trigop 触发器编辑窗口

说明：使用 SQL Server 管理控制器只能修改 DML 触发器，DDL 触发器没有提供这样的修改操作。

2. 使用 ALTER TRIGGER 语句修改触发器

修改触发器可以使用 ALTER TRIGGER 语句，其语法格式如下：

```
ALTER TRIGGER 触发器名称 ON ( 表名 | 视图名 )
[ WITH ENCRYPTION ]
{
  { (FOR | AFTER | INSTEAD OF) {[DELETE] [,] [INSERT] [,] [UPDATE] }
      [NOT FOR REPLICATION]
      AS
      SQL 语句 [ … n]
  }
  |
  { (FOR | AFTER | INSTEAD OF) { [INSERT] [,] [UPDATE] }
      [NOT FOR REPLICATION]
      AS
      {IF UPDATE ( column )
      [ { AND | OR } UPDATE ( column ) ]
      [ … n]
      | IF (COLUMNS_UPDATED(){bitwise_operator}
          updated_bitmask )
      { comparison_operator} column_bitmask [ … n]
      }
      SQL 语句 [ … n]
  }
}
```

各参数含义和 CREATE TRIGGER 语句相同，这里不再介绍。

【例 15.16】 使用 ALTER TRIGGER 语句将 trigop 触发器修改为输出 inserted 和 deleted 表中所有数据。

解：修改 tripop 触发器的程序如下：

```
set ANSI_NULLS ON
set QUOTED_IDENTIFIER ON
GO
ALTER TRIGGER [trigop]
    ON [dbo].[student]
AFTER INSERT,DELETE,UPDATE
AS
BEGIN
    Print 'inserted:'
    SELECT * FROM inserted
    Print 'deleted:'
    SELECT * FROM deleted
END
```

说明：ALTER TRIGGER 语句适合于修改 DDL 触发器和 DML 触发器。

15.6.3　删除触发器

可以使用 SQL Server 管理控制器和 DROP TRIGGER 语句删除触发器。

1. 使用 SQL Server 管理控制器删除触发器

通过一个简单的示例说明使用 SQL Server 管理控制器删除触发器的操作步骤。

【例 15.17】 使用 SQL Server 管理控制器删除 student 表上的触发器 trigop。

解：其操作步骤如下：

(1) 启动 SQL Server 管理控制器。

(2) 在"对象资源管理器"中展开 LCB-PC 服务器节点。

(3) 展开"数据库"|school|"表"|student|"触发器"|trigop 节点，单击鼠标右键，在出现的快捷菜单中选择"删除"命令。

(4) 在出现"删除对象"对话框中选择"确定"即可删除 trigop 触发器。

若要删除 DDL 触发器如 safe，在第(2)中选择展开"数据库"|school|"可编程性"|"数据库触发器"|safe 节点，单击鼠标右键，在出现的快捷菜单中选择"删除"命令即可。

2. 使用 DROP TRIGGER 语句删除触发器

可以使用 DROP TRIGGER 语句来删除触发器。其语法格式如下：

DROP TRIGGER {触发器名} [,…n] [ON DATABASE]

【例 15.18】 给出实现例 15.17 功能的程序。

解：删除 trigtest 触发器的程序如下：

```
USE school
DROP TRIGGER trigop
GO
```

说明：删除 DDL 触发器时，需在触发器名后加 ON DATABASE 子句。

15.6.4　启用或禁用触发器

如果数据表中存在触发器，则用户在编辑数据表中的数据时，会同时更新多个关联的数据表。如果用户只想编辑当前表中的数据，就必须禁用触发器。可以使用 SQL Server 管理控制器和 ALTER TABLE 语句禁用触发器。

1. 使用 SQL Server 管理控制器禁用触发器

通过一个简单的示例说明使用 SQL Server 管理控制器禁用触发器的操作步骤。

【例 15.19】 使用 SQL Server 管理控制器禁用 test 数据库中 table10 表上的触发器 trigtest。

解：其操作步骤如下：

(1) 启动 SQL Server 管理控制器，在"对象资源管理器"中展开 LCB-PC 服务器节点。

(2) 展开"数据库"|test|"表"|table10|"触发器"|trigtest 节点，单击鼠标右键，在出现的快捷菜单中选择"禁用"命令。若该触发器已禁用，在这里选择"启用"命令即可启动该触发器。

数据库原理与应用——基于 SQL Server

　　说明：本方法不适用于 DDL 触发器。

　　2. 使用 ALTER TABLE 语句禁用触发器

　　ALTER TABLE 语句用于启用或禁用 DML 触发器，其语法格式如下：

```
ALTER TABLE 表名
{ENABLE|DISABLE} TRIGGER 触发器名称
```

其中，ENABLE 表示启用触发器；DISABLE 表示禁止触发器。

　　【例 15.20】 使用 ALTER TABLE 语句禁用 test 数据库中 table10 表上的触发器 trigtest。

　　解：对应的程序如下：

```
USE test
ALTER TABLE table10 DISABLE TRIGGER trigtest
GO
```

　　若要启动或禁用 DDL 触发器，其使用语句如下：

```
[ENABLE|DISABLE] TRIGGER 触发器名 ON DATADASE
```

　　例如，以下语句禁用 safe 触发器：

```
DISABLE TRIGGER safe ON DATABASE
```

习题 15

　　1. 什么是触发器？其主要功能是什么？

　　2. 触发器分为哪几种？

　　3. INSERT 触发器、UPDATE 触发器和 DELETE 触发器有什么不同？

　　4. AFTER 触发器和 INSTEAD OF 触发器有什么不同？

　　5. 创建 DML 触发器时需指定哪些项？

上机实验题 10

　　在上机实验题 9 的 factory 数据库上，使用 T-SQL 语句完成如下各小题的功能：

　　(1) 在表 depart 上创建一个触发器 depart_update，当更改部门号时同步更改 worker 表中对应的部门号。

　　(2) 在表 worker 上创建一个触发器 worker_delete，当删除职工记录时同步删除 salary 表中对应职工的工资记录。

　　(3) 删除触发器 depart_update。

　　(4) 删除触发器 worker_delete。

SQL Server 的安全管理　第 16 章

数据的安全性是指保护数据以防止因不合法的使用而造成数据的泄密和破坏。这就要采取一定的安全保护措施。在数据库管理系统中用检查口令等手段来检查用户身份,合法的用户才能进入数据库系统。当用户对数据库执行操作时,系统自动检查用户是否有权限执行这些操作。本章主要介绍 SQL Server 的身份验证模式及其设置、登录账号和用户账号的设置、角色的创建以及权限设置等。

16.1　SQL Server 安全体系结构

就目前而言,绝大多数数据库管理系统都还是运行在某一特定操作系统平台下的应用程序,SQL Server 也不例外,SQL Server 的安全体系结构可以划分为以下 4 个等级:

- 客户机操作系统的安全性
- SQL Server 的登录安全性
- 数据库的使用安全性
- 数据库对象的使用安全性

每个安全等级都好像一道门,如果门没有上锁,或者用户拥有开门的钥匙,则用户可以通过这道门达到下一个安全等级。如果通过了所有的门,用户就可以实现对数据的访问了。关系可以用图 16.1 来表示。

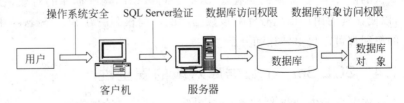

图 16.1　SQL Server 的安全等级

16.1.1 操作系统的安全性

在使用客户计算机通过网络实现对 SQL Server 服务器的访问时,用户首先要获得客户计算机操作系统的使用权。

一般来说,在能够实现网络互联的前提下,用户没有必要直接登录运行 SQL Server 服务器的主机,除非 SQL Server 服务器就运行在本地计算机上。SQL Server 可以直接访问网络端口,所以可以实现对 Windows 安全体系以外的服务器及其数据库的访问。

操作系统安全性是操作系统管理员或者网络管理员的任务。由于 SQL Server 采用了集成 Windows 网络安全性的机制,所以使得操作系统安全性的地位得到提高,但同时也加大了管理数据库系统安全性和灵活性的难度。

16.1.2 SQL Server 的安全性

SQL Server 的服务器级安全性建立在控制服务器登录账号和密码的基础上。SQL Server 采用了标准 SQL Server 登录和集成 Windows 登录两种方式。无论是使用哪种登录方式,用户在登录时提供的登录账号和密码,决定了用户能否获得 SQL Server 的访问权,以及在获得访问权以后,用户在访问 SQL Server 进程时就可以拥有的权利。管理和设计合理的登录方式是数据库管理员(DBA)的重要任务,是 SQL Server 安全体系中 DBA 可以发挥主动性的第一道防线。

SQL Server 事先设计了许多固定服务器的角色,用来为具有服务器管理员资格的用户分配使用权利。拥有固定服务器角色的用户可以拥有服务器级的管理权限。

16.1.3 数据库的安全性

在用户通过 SQL Server 服务器的安全性检验以后,将直接面对不同的数据库入口。这是用户将接受的第三次安全性检验。

在建立用户的登录账号信息时,SQL Server 会提示用户选择默认的数据库。以后用户每次连接上服务器后,都会自动转到默认的数据库上。对任何用户来说,master 数据库的门总是打开的,如果在设置登录账号时没有指定默认的数据库,则用户的权限将局限在 master 数据库以内。但是由于 master 数据库存储了大量的系统信息,对系统的安全和稳定起着至关重要的作用,所以建议用户在建立新的登录账号时,最好不要将默认的数据库设置为 master 数据库,而是应该根据用户实际将要进行的工作,将默认的数据库设置在具有实际操作意义的数据库上。

默认的情况下,数据库的拥有者(owner)可以访问该数据库的对象,分配访问权给别的用户,以便让别的用户也拥有针对该数据库的访问权利。在 SQL Server 中默认的情况表示所有的权利都可以自由转让和分配。

16.1.4 SQL Server 数据库对象的安全性

数据库对象的安全性是核查用户权限的最后一个安全等级。在创建数据库对象时,SQL Server 自动把该数据库对象的拥有权赋予该对象的创建者。对象的拥有者可以实现对该对象的完全控制。默认情况下,只有数据库的拥有者可以在该数据库下进行操作。当一个非数据库拥有者想访问数据库里的对象时,必须事先由数据库拥有者赋予用户对指定对象执行特定操作的权限。例如,一个用户想访问 school 数据库里的 student 表中的信息,则必须在成为数据库用户的前提下,获得由 school 数据库拥有者分配的 student 表的访问权限。

16.2 SQL Server 的身份验证模式

以前简单介绍了身份验证模式的概念,本节将进行详细的介绍。为了实现安全性,SQL Server 对用户的访问进行两个阶段的检验:

- 身份验证阶段(Authentication):用户在 SQL Server 上获得对任何数据库的访问权限之前,必须登录到 SQL Server 上,并且被认为是合法的。SQL Server 或者 Windows/2000 对用户进行身份验证。如果身份验证通过,用户就可以连接到 SQL Server 上;否则,服务器将拒绝用户登录。从而保证了系统安全。
- 许可确认阶段(Permission Validation):用户身份验证通过后,登录到 SQL Server 上,系统检查用户是否有访问服务器上数据的权限。

在身份验证阶段,系统是对用户登录进行身份验证。SQL Server 和 Windows/2000 是结合在一起的,因此就产生了两种身份验证模式:NT 身份验证模式和混合身份验证模式。

16.2.1 Windows 身份验证模式

在 Windows 身份验证模式下,SQL Server 检测当前使用 Windows 的用户账户,并在系统注册表中查找该用户,以确定该用户账户是否有权限登录。在这种方式下,用户不必提交登录名和密码让 SQL Server 身份验证。

Windows 身份验证模式的主要优点如下:

- 数据库管理员的工作可以集中在管理数据库之上,而不是管理用户账户。对用户账户的管理可以交给 Windows 去完成。
- Windows 有着更强的用户账户管理工具。可以设置账户锁定、密码期限等。如果不是通过定制来扩展 SQL Server,SQL Server 是不具备这些功能的。
- Windows 的组策略支持多个用户同时被授权访问 SQL Server。

实际上,SQL Server 是从 RPC(远程过程调用)协议连接中自动获取登录过程中的 Windows 用户账户信息的。多协议和命名管道自动使用 RPC 协议。因此,在客户和服务器间,使用上述网络库可以使用 Windows 身份验证模式。

但是,应该注意的是,要使用多协议或者命名管道在客户和服务器上建立连接,必须满足以下两个条件中的一个:

- 客户端的用户必须有合法的服务器上的 Windows 账户,服务器能够在自己的域中或者信任域中身份验证该用户。
- 服务器启动了 guest 账户(guest 用户账户允许没有用户账户的登录访问数据库),但是该方法会带来安全上的隐患,因而不是一个好的方法。

注意:SQL Server 有 3 个默认的用户登录账号:sa、BUILTINV\Administrators 和 guest。其中 sa 是系统管理员(system administrator)的简称,它自动与每个数据库用户 dbo 相关

数据库原理与应用——基于 SQL Server

联,拥有所有的权限。SQL Server 还为每一个 Windows 系统管理员提供了一个默认的用户账号 BUILTIN\Administrators,这个账号在 SQL Server 系统和所有数据库中也拥有所有的权限。而 guest 账号为默认用户账号,主要是让那些没有属于自己用户账号的 SQL Server 登录者作为其默认的用户,从而使该登录者能够访问具有 guest 用户的数据库。

16.2.2　混合身份验证模式

混合身份验证模式允许以 SQL Server 身份验证模式或者 Windows 身份验证模式来进行身份验证。使用哪个模式取决于在最初的通信时使用的网络库。如果一个用户使用的是 TCP/IP Sockets 进行登录身份验证,则将使用 SQL Server 身份验证模式;如果用户使用命名管道,则登录时将使用 Windows 身份验证模式。这种模式能更好地适应用户的各种环境。但是对于 Windows 9x 系列的操作系统,只能使用 SQL Server 身份验证模式。

SQL Server 身份验证模式处理登录的过程为:用户在输入登录名和密码后,SQL Server 在系统注册表中检测输入的登录名和密码。如果输入的登录名存在,而且密码也正确,就可以登录到 SQL Server 上。

混合身份验证模式的优点如下:

- 创建了 Windows 之外的另外一个安全层次。
- 支持更大范围的用户,例如非 Windows 客户、Novell 网络等。
- 一个应用程序可以使用单个的 SQL Server 登录或口令。

16.2.3　设置身份验证模式

在第一次安装 SQL Server(本书在第 6 章介绍 SQL Server 2005 安装过程时图 6.15 已经指定了身份验证模式为"混合模式(Windows 身份验证和 SQL Server 身份模式)"),或者使用 SQL Server 连接其他服务器的时候,需要指定身份验证模式。对于已经指定身份验证模式的 SQL Server 服务器,可以通过 SQL Server 管理控制器进行修改。具体设置步骤如下:

(1) 启动 SQL Server 管理控制器,右击要设置认证模式的服务器(这里为本地的 LCB-PC 服务器),从出现的快捷菜单中选择"属性"命令,如图 16.2 所示。

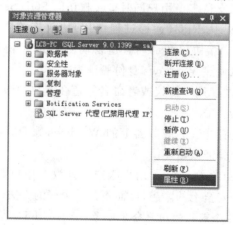

图 16.2　选择"属性"命令

（2）出现"服务器属性"对话框，在左边的列表中选择"安全性"选项卡，如图 16.3 所示。在"服务器身份验证"选项框中可以选择要设置的认证模式，同时在"登录审核"中还可以选择跟踪记录用户登录时的哪种信息，例如，登录成功或登录失败的信息等。

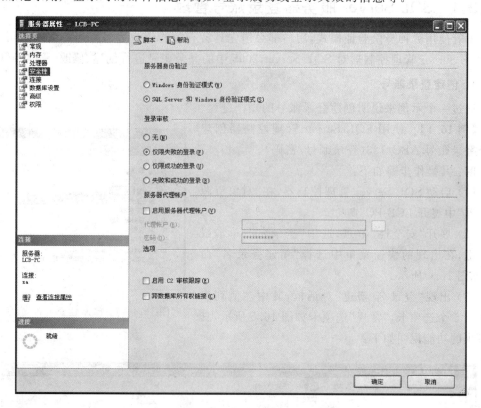

图 16.3　"安全性"选项卡

（3）在"服务器代理账户"选项栏中设置当启动并运行 SQL Server 时，默认的登录者中哪一位用户。

（4）修改完毕，单击"确定"按钮即可。

注意：修改身份验证模式后，必须首先停止 SQL Server 服务，然后重新启动 SQL Server 才能使新的设置生效。

16.3　SQL Server 账号管理

在 SQL Server 中有两种类型的账号，一类是登录服务器的登录账号（即服务器登录账号或用户登录账号，其名称就是登录名）；另外一类是使用数据库的用户账号（即数据库用户账号或用户账号，其名称就是用户名）。登录账号是指能登录到 SQL Server 的账号，属于服务器的层面，本身并不能让用户访问服务器中的数据库，而登录者要使用服务器中的数据库时，必须要有用户账号才能存取数据库。

注意：读者务必弄清楚登录账号和用户账号之间的差别。可以这样想象，假设 SQL Server 是一个包含许多房间的大楼，每一个房间代表一个数据库，房间里的资料可以表示数

数据库原理与应用——基于 SQL Server

据库对象。则登录名就相当于进入大楼的钥匙,而每个房间的钥匙就是用户名。对于房间中的资料根据用户名的不同而赋予了不同的权限。

16.3.1 SQL Server 服务器登录账号管理

不管使用哪种身份验证模式,用户都必须先具备有效的用户登录账号。管理员可以通过 SQL Server 管理控制器对 SQL Server 2005 中的登录账号进行创建、修改、删除等管理。

1. 创建登录账号

通过一个示例来说明创建登录账号的操作过程。

【例 16.1】 使用 SQL Server 管理控制器创建一个登录账号 ABC/123(登录账号/密码)。

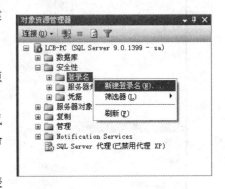

解:其操作步骤如下:

(1) 启动 SQL Server 管理控制器,在"对象资源管理器"中展开 LCB-PC 节点。

(2) 展开"安全性"节点,选中"登录名",单击鼠标右键,在出现的快速菜单中选择"新建登录名"命令,如图 16.4 所示。

(3) 出现"登录名-新建"对话框,其中左侧列表包含有 5 个选项卡,"常规"选项卡如图 16.5 所示,其中各项的功能说明如下:

图 16.4　选择"新建登录名"命令

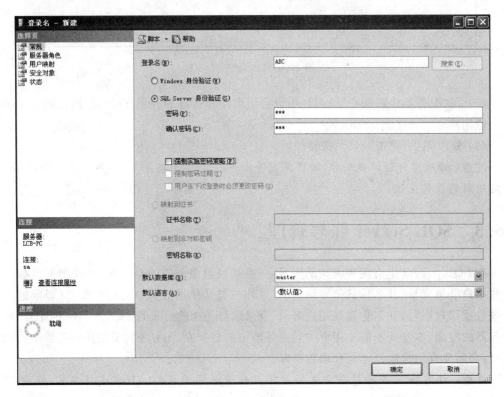

图 16.5　"常规"选项卡

- "登录名"文本框：用于输入登录名。
- 身份验证区：用于选择身份验证信息，如果选择"Windows 身份验证"单项按钮，则 "登录名"文本框中输入的名称必须已经存在于 Windows 操作系统的登录账号中； 如果选择"SQL Server 身份验证"单项按钮，则需进一步输入密码和确认密码。
- "强制实施密码策略"复选框：如果选中它，表示按照一定的密码策略来检验设置的 密码；如果不选中它，则设置的密码可以为任意位数。该选项可以确保密码达到一 定的复杂性。
- "强制密码过期"复选框：若选中了"强制实施密码策略"，就可以选择该复选框使用 密码过期策略来检验密码。
- "用户在下次登录时必须更改密码"复选框：若选中了"强制实施密码策略"，就可以 选择该复选框，表示每次使用该登录名都必须更改密码。
- "默认数据库"列表框：用于选择默认工作数据库。
- "默认语言"列表框：用于选择默认工作语言。

这里，在"登录名"文本框中输入所创建的登录名 ABC，选中"SQL Server 身份验证"模 式，在"密码"与"确认密码"输入登录时采用的密码，这里均输入"123"，不选中"强制实施密 码策略"选项。在"默认数据库"与"默认语言"中选择该登录名登录 SQL Server 2005 后默 认使用的数据库与语言。

注意：有些 Windows 版本不支持"强制实施密码策略"，可以不选中该项，否则无法创 建登录名。

（4）有关"登录名-新建"对话框中的"服务器角色"、"用户映射"和"安全对象"选项卡的 设置将在后面介绍。

（5）选择"状态"选项卡，如图 16.6 所示，在其中可以设置是否允许登录名连接到数据 库引擎，以及是否启用等。这里保留所有默认设置不变。

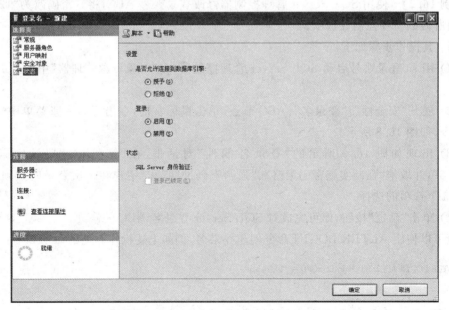

图 16.6　"状态"选项卡

（6）单击"确定"按钮，即可完成 SQL Server 登录名 ABC 的创建。

也可以使用 CREATE LOGIN 命令创建登录名，例如上述操作对应的命令如下：

```
CREATE LOGIN ABC WITH PASSWORD = '123', DEFAULT_DATABASE = master,
    DEFAULT_LANGUAGE = [简体中文],CHECK_EXPIRATION = OFF, CHECK_POLICY = OFF
GO
```

在创建了 ABC 登录名后，用户就可以通过登录名 ABC 登录到 SQL Server（对新建的登录名进行验证），如图 16.7 所示，不过登录的服务器仍然是本地 SQL Server 服务器"LCB-PC"。

图 16.7　用登录名 ABC 登录到 SQL Server

2. 修改登录名

通过一个示例来说明修改登录账号的操作过程。

【例 16.2】　使用 SQL Server 管理控制器修改登录账号 ABC，将其密码改为"123456"，并取消所做的一些强制性选项。

解：其操作步骤如下：

（1）用 sa 登录账号启动 SQL Server 管理控制器，在"对象资源管理器"中展开 LCB-PC 节点。

（2）展开"安全性"|"登录名"|ABC 节点，单击鼠标右键，在出现的快速菜单中选择"属性"命令，如图 16.8 所示。

（3）出现如图 16.9 所示的"登录名-属性"对话框，在"密码"与"确认密码"输入"123456"，并取消"强制实施密码策略"、"强制密码过期"和"用户在下次登录时必须更改密码"等 3 个选项的选择。

（4）单击"确定"按钮，即可完成对 SQL Server 登录名 ABC 的修改。

也可以使用 ALTER LOGIN 命令创建登录名，例如上述操作对应的命令如下：

```
ALTER LOGIN ABC1 WITH PASSWORD = '123456'
GO
```

注意：修改登录名后，只有重新启动 SQL Server 才能使新的设置生效。

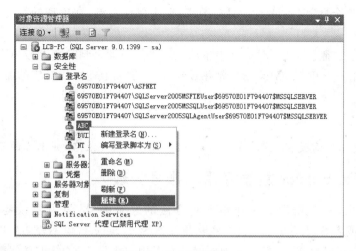

图 16.8　选择"属性"命令

图 16.9　"登录名-属性"对话框

3．删除登录名

删除一个登录名十分简单，通过一个示例来说明删除登录账号的操作过程。

【例 16.3】　使用 SQL Server 管理控制器删除登录账号 ABC。

解：其操作步骤如下：

（1）用 sa 登录账号启动 SQL Server 管理控制器，在"对象资源管理器"中展开 LCB-PC 节点。

（2）展开"安全性"|"登录名"|ABC 节点，单击鼠标右键，在出现的快速菜单中选择"删除"命令。

（3）在出现的"删除对象"对话框中单击"确定"按钮即可删除登录号 ABC。

也可以使用 DROP LOGIN 命令删除登录账号，例如上述操作对应的命令如下：

```
DROP LOGIN ABC
GO
```

说明：后面示例需使用 ABC 登录名，这里保留 ABC 登录名，并不真的删除它。

16.3.2　SQL Server 数据库用户账号管理

在数据库中，一个用户或工作组取得合法的登录账号，只表明该登录账号通过了 Windows 认证或者 SQL Server 认证，能够登录到 SQL Server，但不表明可以对数据库数据和数据库对象进行某些操作，只有当他同时拥有了用户账号后，才能够访问数据库。

在一个数据库中，用户账号唯一标识一个用户，用户对数据库的访问权限以及对数据库对象的所有关系都是通过用户账号来控制的。用户账号总是基于数据库的，即两个不同的数据库可以有两个相同的用户账号，并且一个登录账号也总是与一个或多个数据库用户账号相对应的。

如图 16.10 所示，有 4 个不同的登录账号有权登录到 SQL Server 数据库（分别为user1、user2、user3 和 user4），但在第一个数据库中的系统用户表中只有两个用户账号（user1 和 user3），在第二个数据库中的系统用户表中只有 3 个用户账号（user1、user2 和user3），在第三个数据库中的系统用户表中只有两个用户账号（user1 和 user4）。若以 user1登录账号登录到 SQL Server，可以访问这 3 个数据库，若以 user2 登录账号登录到 SQL Server，只能访问第二个数据库。

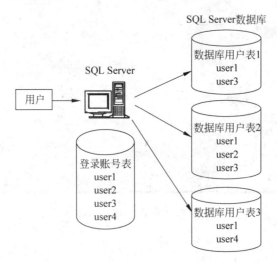

图 16.10　SQL Server 登录账号和数据库用户账号

注意：在图 16.10 中，登录账号和用户账号名称相同（这是一种典型的情况），实际上，登录账号和用户账号可以不同名，而且一个登录账号可以关联多个用户账号。

　　DBA 可以通过 SQL Server 管理控制器对 SQL Server 2005 中的用户账号进行创建、修改、删除等管理。

1. 创建用户账号

通过一个示例来说明创建用户账号的操作过程。

【例 16.4】　使用 SQL Server 管理控制器创建 school 数据库的一个用户账号 dbuser1。

解：其操作步骤如下：

（1）用 sa 登录账号启动 SQL Server 管理控制器，在"对象资源管理器"中展开 LCB-PC 节点。

（2）展开"数据库"|school|"安全性"|"用户"节点，单击鼠标右键，在出现的快速菜单中选择"新建用户"命令。

（3）出现"数据库用户-新建"对话框，其中左侧列表包含有 3 个选项卡，"常规"选项卡如图 16.11 所示，其中各项的功能说明如下：

- "用户名"文本框：用于输入用户名。
- "登录名"文本框：通过其后的"…"按钮为它选择一个已经创建好的某个登录名。
- "默认架构"文本框：用于设置该数据库的默认架构。
- "数据库角色成员身份" 列表框：选择给用户赋予什么样的数据库角色。

这里，在"用户名"文本框中输入所创建用户账号名 dbuser1，下一步选择该用户账号对应的登录名。

图 16.11　"常规"选项卡

（4）单击"登录名"文本框右侧的"…"按钮，出现如图 16.12 所示的"选择登录名"对话框。

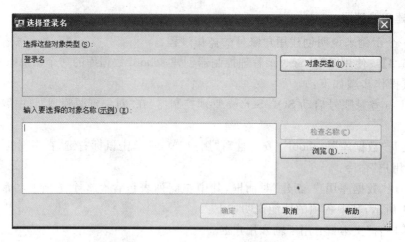

图 16.12　"选择登录名"对话框

（5）单击"浏览"按钮，出现如图 16.13 所示的"查找对象"对话框，在登录名列表中选择 ABC，单击两次"确定"按钮返回到"数据库用户-新建"对话框，如图 16.14 所示，其中"默认架构"文本框可以保持为空或者通过单击"…"按钮选择一个架构（通常选择 dbo）。有关"安全对象"选项卡的内容，将在后面进一步介绍。这样就为用户名 dbuser1 选择了登录名 ABC，也就是说，当以登录名"ABC"登录到 SQL Server 时，可以访问数据库 school。

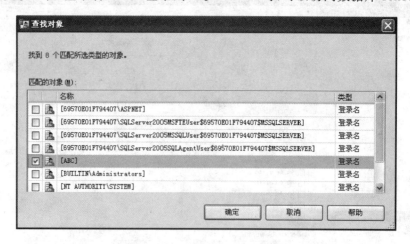

图 16.13　"查找对象"对话框

（6）单击"确定"按钮，从而 school 数据库的用户名 dbuser1 创建完毕。如何进一步为用户名 dbuser1 指定对数据库 school 的相关操作权限，将在 16.4 节中介绍。

也可以使用 CREATE USER 命令创建登录名，例如上述操作对应的命令如下：

```
USE school
CREATE USER dbuser1 FOR LOGIN ABC
GO
```

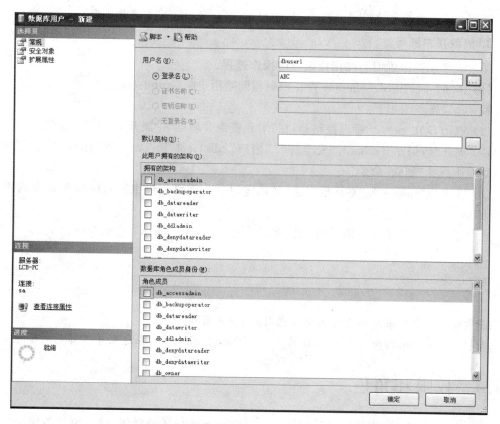

图 16.14　为用户名 dbuser1 选择登录名 ABC

注意：每个登录账号在一个数据库中只能有一个用户账号,但是每个登录账号可以在不同的数据库中各有一个用户账号。

2. 修改用户账号

通过一个示例来说明修改用户账号的操作过程。

【例 16.5】　使用 SQL Server 管理控制器修改 school 数据库的用户账号 dbuser1。

解：其操作步骤如下：

(1) 启动 SQL Server 管理控制器,在"对象资源管理器"中展开 LCB-PC 节点。

(2) 展开"数据库"|school|"安全性"|"用户"|dbuser1 节点,单击鼠标右键,在出现的快速菜单中选择"属性"命令。

(3) 出现"数据库用户-dbuser1"对话框,这时显示的是"常规"选项卡,可以在其中进行相应的修改。

(4) 单击"确定"按钮,即可完成 school 数据库的用户名 dbuser1 的修改。

也可以使用 ALTER USER 命令修改登录名,例如以下命令将用户账号 dbuser1 修改为 dbuser2：

```
USE [school]
ALTER USER dbuser1 WITH NAME = dbuser2
GO
```

说明：后面示例要使用用户账号 dbuser1，这里保留 dbuser1 名称不变。

3. 删除用户账号

通过一个示例来说明删除用户账号的操作过程。

【**例 16.6**】 使用 SQL Server 管理控制器删除用户账号 dbuser1。

解：其操作步骤如下：

(1) 启动 SQL Server 管理控制器，在"对象资源管理器"中展开 LCB-PC 节点。

(2) 展开"数据库"|school|"安全性"|"用户"|dbuser1 节点，单击鼠标右键，在出现的快速菜单中选择"删除"命令。

(3) 在出现"删除对象"对话框中选择"确定"按钮，即可完成删除 school 数据库的用户账号 dbuser1 的操作。

也可以使用 DROP USER 命令删除登录账号，例如上述操作对应的命令如下：

```
USE school
DROP USER dbuser1
GO
```

注意：当数据库用户拥有数据库角色时，无法将其删除。

说明：后面示例需使用 school 数据库的用户账号 dbuser1，在这里并不真的删除它。

16.4 权限和角色

权限是针对用户而言的，若用户想对 SQL Server 进行某种操作，就必须具备使用该操作的权限。角色是指用户对 SQL Server 进行的操作类型，可以将一个角色授予多个用户，这样这些用户都具有了相应的权限，从而方便用户权限的设置。

16.4.1 权限

SQL Server 的权限分为三种，一是登录权限，确定能不能成功登录到 SQL Server 系统；二是数据库用户权限，确定成功登录到 SQL Server 后能不能访问其中具体的数据库；三是具体数据库中表的操作权限，确定有了访问某个具体的数据库的权限后，能不能对其中的表执行基本的增、删、改、查操作。

1. 授予权限

例 16.4 中建立了 dbuser1 用户，但它没有对 school 数据库中表等对象的操作权限，下面通过一个示例授予它相应的权限。

【**例 16.7**】 使用 SQL Server 管理控制器授予 dbuser1 用户对 school 数据库中 student 表的 Alter、Delete、Insert、Select、Update 权限。

解：其操作步骤如下：

(1) 用 sa 登录账号启动 SQL Server 管理控制器，在"对象资源管理器"中展开 LCB-PC 节点。

(2) 展开"数据库"|school|"安全性"|"用户"|dbuser1 节点，单击鼠标右键，在出现的快速菜单中选择"属性"命令。

（3）在出现的"数据库用户-dbuser1"对话框中选择"安全对象"，出现如图 16.15 所示的"安全对象"选项卡，单击"添加"命令按钮，出现"添加对象"对话框，选中"特定类型的所有对象"，如图 16.16 所示，单击"确定"按钮，出现"选择对象类型"对话框，选中"表"，如图 16.17所示，单击"确定"按钮。

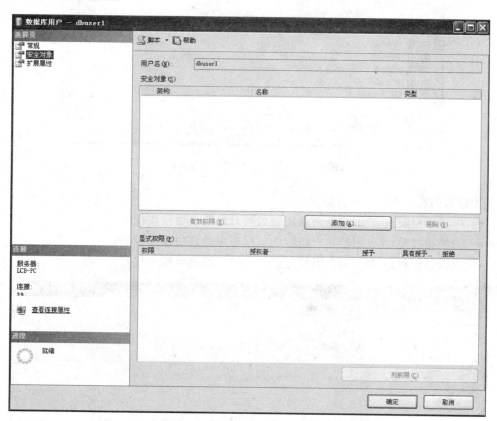

图 16.15　"安全对象"选项卡

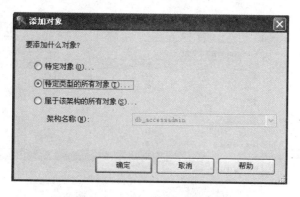

图 16.16　"添加对象"对话框

（4）返回到"数据库用户-dbuser1"对话框，单击安全对象列表中的 student 表，在"dbo.student 的显式权限"列表中"授予"列中选中 Alter、Delete、Insert、Select、Update，如图 16.18 所

数据库原理与应用——基于 SQL Server

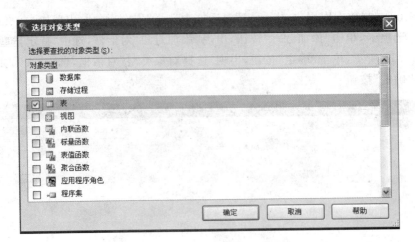

图 16.17 "选择对象类型"对话框

示,其中权限的选择方格有三种状况：

- √（授予权限）：表示授予对指定的数据对象的该项操作权限。
- ×（禁止权限）：表示禁止对指定的数据对象的该项操作权限。
- 空（撤销权限）：表示撤销对指定的数据对象的该项操作权限。

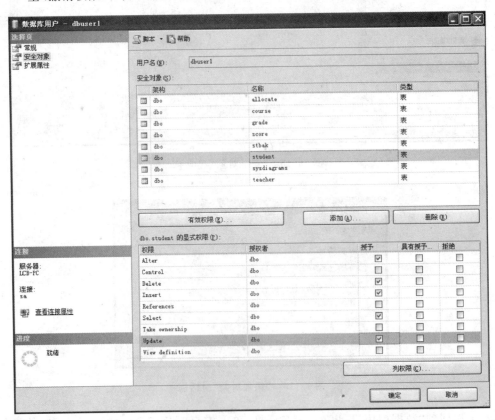

图 16.18 授予 dbuser1 用户对 student 表的操作权限

然后单击"确定"按钮,这样就为 dbuser1 用户授予了 student 表的表结构修改、删除记录、插入记录、查询记录和修改记录的操作权限。

也可以使用 GRANT 命令给用户账号授权,例如上述操作对应的命令如下:

```
USE school
GRANT Alter,Delete,Insert,Select,Update ON student TO dbuser1
GO
```

2. 禁止或撤销权限

禁止或撤销权限的操作与授予权限操作相似,进入图 16.18 所示的对话框中,除去相应的权限前的☑,单击"确定"按钮即可。

可以使用 DENY 命令禁止用户的某些权限,例如以下命令禁止用户 dbuser1 对表 student 的 DELETE 权限:

```
USE school
DENY DELETE ON student TO dbuser1
GO
```

可以使用 REVOKE 命令撤销用户的某些权限,例如以下命令撤销用户 dbuser1 的 CREATE TABLE 语句权限:

```
USE school
REVOKE CREATE TABLE TO dbuser1
GO
```

注意:撤销权限的作用类似于禁止权限,它们都可以删除用户或角色的指定权限。但是撤销权限仅仅删除用户或角色拥有的某些权限,并不禁止用户或角色通过其他方式继承已被撤销的权限。

16.4.2　角色

像例 16.7 那样为每个用户授予 school 数据库中每个对象的操作权限,这是十分烦琐的,也不便于集中管理。为此 SQL Server 提出了角色的概念。角色是一种对权限集中管理的机制,每个角色都设定了对 SQL Server 进行的操作类型即某些权限。当若干个用户账号都被赋予同一个角色时,它们都继承了该角色拥有的权限;若角色的权限变更了,这些相关的用户账号权限都会发生变更。因此,角色可以方便管理员对用户账号权限的集中管理。

根据权限的划分将角色分为服务器角色与数据库角色,前者用于对登录账号授权,后者用于用户账号授权。

1. 服务器角色

服务器角色是执行服务器级管理操作的用户权限的集合。所有的服务器角色都是"固定的"角色,并且从安装完 SQL Server 的那一刻起,所有服务器角色就已经存在了,DBA 不能创建服务器角色,只能将其他角色或用户账号添加到服务器角色中。SQL Server 默认创建的固定服务器角色如表 16.1 所示。

表 16.1　固定服务器角色及相应的权限

角色名称	权限
sysadmin	系统管理员。可以在 SQL Server 中执行任何活动
setupadmin	安装管理员。可以管理链接服务器和启动过程
serveradmin	服务器管理员。可以设置服务器范围的配置选项,关闭服务器
securityadmin	安全管理员。可以管理登录和 CREATE DATABASE 权限,还可以读取错误日志和更改密码
processadmin	进程管理员。可以管理在 SQL Server 中运行的进程
diskadmin	磁盘管理员。可以管理磁盘文件
dbcreator	数据库创建者。可以创建、更改和删除数据库
bulkadmin	批量管理员。可以执行 BULK INSERT 语句,执行大容量数据插入操作

　　为登录账号授予权限有两种方式,一种是将某个服务器角色权限授予一个或多个登录账号;另一种方式是为一个登录账号授予一个或多个服务器角色权限。下面通过两个示例分别说明其操作过程。

　　【例 16.8】　查看所有固定服务器角色并将登录账号 ABC(例 16.1 中创建)作为固定服务器 sysadmin 角色的成员。

　　解：其操作步骤如下：

　　(1) 用 sa 登录账号启动 SQL Server 管理控制器,在"对象资源管理器"中展开 LCB-PC 节点。

　　(2) 展开"安全性"节点,展开"服务器角色"节点,下方列出了所有的固定服务器角色,选中服务器角色 sysadmin,单击鼠标右键,在出现的快速菜单中选择"属性"命令,如图 16.19 所示。

　　(3) 出现如图 16.20 所示的"服务器角色属性-sysadmin"对话框,其中的"角色成员"列表列出了所有拥有 sysadmin 角色权限的登录名,没有"ABC"登录名,说明 ABC 没有 sysadmin 角色权限。

　　(4) 单击"添加"按钮,出现如图 16.21 所示的"选择登录名"对话框。

　　(5) 单击"浏览"按钮,出现如图 16.22 所示的"查找对象"对话框,选中"ABC"登录名。

图 16.19　选择"属性"命令

　　(6) 单击两次"确定"按钮返回到"服务器角色属性-sysadmin"对话框,从中看到 ABC 登录账号已经作为 sysadmin 角色成员了。最后单击"确定"按钮设置完毕。

　　说明：本例中可以多次执行第(4)步将多个登录账号作为固定服务器角色 sysadmin 的成员,这样它们都称为固定服务器角色 sysadmin 的角色成员,从而都具有了 sysadmin 所拥有的权限。

　　【例 16.9】　为登录账号 ABC 指定固定服务器角色 serveradmin。

　　解：其操作步骤如下：

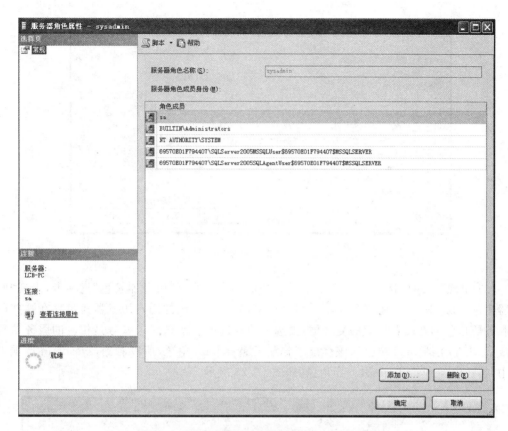

图 16.20　"服务器角色属性-sysadmin"对话框

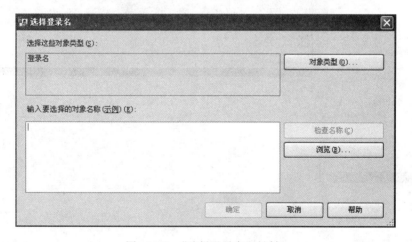

图 16.21　"选择登录名"对话框

（1）用 sa 登录账号启动 SQL Server 管理控制器，在"对象资源管理器"中展开 LCB-PC
节点。

（2）展开"安全性"节点，展开"登录名"节点，下方列出了所有的登录名，选中 ABC，单
击鼠标右键，在出现的快速菜单中选择"属性"命令。

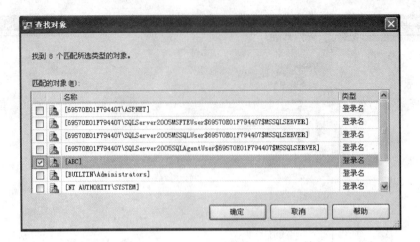

图 16.22　"查找对象"对话框

（3）出现"登录属性-ABC"对话框，在左边的列表中选择"服务器角色"选项卡，出现"服务器角色"对话框，在其中服务器角色列表框中，列出了系统的固定服务器角色。在这些固定服务器角色的左端有相应的复选框，被选中的复选框表示该登录账号是相应的服务器角色成员，由于在例 16.8 中已给该登录号分配了 sysadmin 角色，所以看到，sysadmin 选项被选中，再选中 serveradmin 服务器角色，如图 16.23 所示。

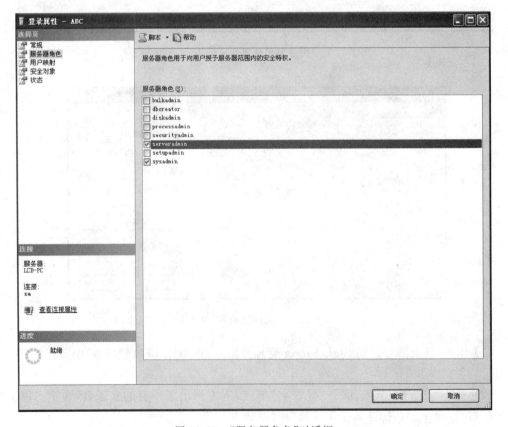

图 16.23　"服务器角色"对话框

（4）单击"确定"按钮完成登录账号 ABC 的授权操作。

可以使用系统存储过程 sp_addsrvrolemember 将某个固定服务器角色的权限分配给一个登录账号，例如，以下命令将 sysadmin 固定服务器角色的权限分配给一个登录账号 ABC：

```
EXEC sp_addsrvrolemember 'ABC','sysadmin'
```

2. 数据库角色

数据库角色是指对数据库具有相同访问权限的用户和组的集合，数据库角色对应于单个数据库。可以为数据库中的多个数据库对象分配一个数据库角色，从而为该角色的用户授予对这些数据库对象的访问权限。SQL Server 的数据库角色分为两种，即固定的数据库角色（由系统创建，不能删除、修改和增加）和自定义数据库角色。固定的数据库角色与相应的权限如表 16.2 所示。

表 16.2　固定的数据库角色及其相应的权限

角色名称	数据库级权限
db_accessadmin	该角色可以为 Windows 登录账户、Windows 组和 SQL Server 登录账户设置访问权限
db_backupoperator	该角色可以备份该数据库
db_datareader	该角色可以读取所有用户表中的所有数据
db_datawriter	该角色可以在所有用户表中添加、删除或更改数据
db_ddladmin	该角色可以在数据库中运行任何数据定义语言（DDL）命令
db_denydatareader	该角色不能读取数据库中用户表的任何数据
db_denydatawriter	该角色不能在数据库内的用户表中添加、修改或删除任何数据
db_owner	该角色可以执行数据库的所有配置和维护活动
dh_securityadmin	该角色可以修改角色成员身份和管理权限
public	每个数据库用户都属于 public 数据库角色。当尚未对某个用户授予特定权限或角色时，则该用户将继承 public 角色的权限

（1）通过固定数据库角色为用户账号授权

为用户账号授予权限有两种方式，一种是将某个固定数据库角色权限授予一个或多个用户账号；另一种方式是为一个用户账号授予一个或多个固定数据库角色权限。下面通过两个示例分别说明其操作过程。

【例 16.10】　使用 SQL Server 管理控制器将 school 数据库的用户账号 dbuser1 作为固定数据库角色 db_accessadmin 的成员。

解：其操作步骤如下：

① 用 sa 登录账号启动 SQL Server 管理控制器，在"对象资源管理器"中展开 LCB-PC 节点。

② 展开"数据库"|school|"安全性"|"角色"|"数据库角色"|db_accessadmin 节点，单击鼠标右键，在出现的快速菜单中选择"属性"命令。

③ 出现如图 16.24 所示的"数据库角色属性-db_accessadmin"对话框，单击"添加"按钮，再指定 dbuser1 角色成员，如图 16.25 所示，单击"确定"按钮。

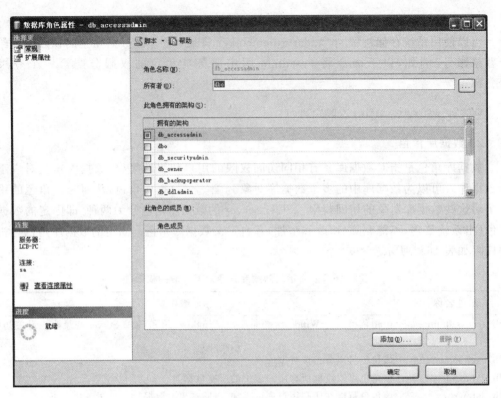

图 16.24　"数据库角色属性-db_accessadmin"对话框

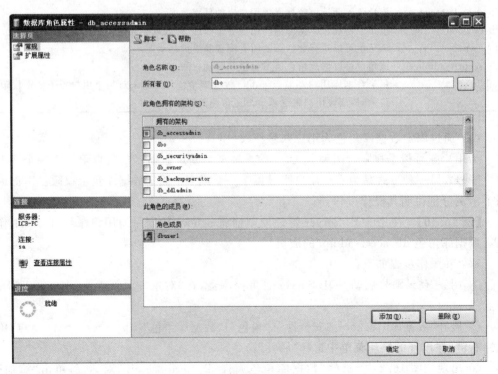

图 16.25　指定 dbuser1 角色成员

【例 16.11】　使用 SQL Server 管理控制器为 school 数据库的用户账号 dbuser1 授予固定的数据库角色 db_datareader 和 db_datawriter。

解：其操作步骤如下：

① 用 sa 登录账号启动 SQL Server 管理控制器，在"对象资源管理器"中展开 LCB-PC 节点。

② 展开"数据库"|school|"安全性"|"用户"|dbuser1 节点，单击鼠标右键，在出现的快速菜单中选择"属性"命令。

③ 出现"数据库用户-dbuser1"对话框，选择"常规"选项卡，在"数据库角色成员"列表中选中 db_datareader 和 db_datawriter（其中 db_accessadmin 角色是通过上例设置的），如图 16.26 所示，单击"确定"按钮。

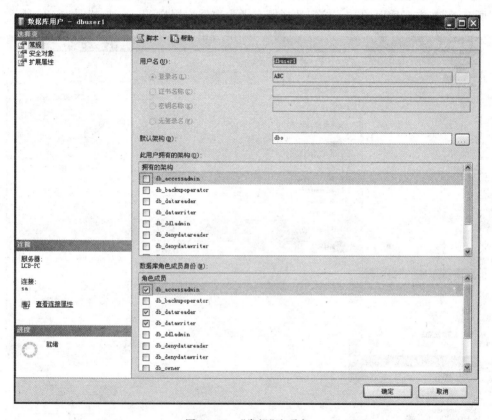

图 16.26　"常规"选项卡

说明：和例 16.7 相比，本例一次性地设置了 dbuser1 用户账号对 school 数据库中所有表读取、添加、修改和删除记录的权限。

可以使用系统存储过程 sp_addrolemember 将某个固定数据库角色的权限分配给一个用户账号，例如，以下命令将 db_accessadmin 固定数据库角色的权限分配给一个用户账号 dbuser1：

```
USE school
EXEC sp_addrolemember 'db_accessadmin','dbuser1'
GO
```

（2）自定义数据库角色管理

自定义数据库角色可以被创建、删除，也可以像固定数据库角色那样授予用户账号。下面通过一个示例说明创建数据库角色的操作过程。

【**例 16.12**】 为 school 数据库创建一个数据库用户角色 dbrole1 并授权某些权限。

解：其操作步骤如下：

① 用 sa 登录账号启动 SQL Server 管理控制器，在"对象资源管理器"中展开 LCB-PC 节点。

② 展开"数据库"|school|"安全性"|"角色"|"数据库角色"节点，单击鼠标右键，在出现的快速菜单中选择"新建数据库角色"命令。

③ 出现"数据库角色-新建"对话框，选择"常规"选项卡，输入"角色名称"为 dbrole1；通过"所有者"文本框后面的"…"按钮选择所有者为数据库用户 dbuser1，如图 16.27 所示。

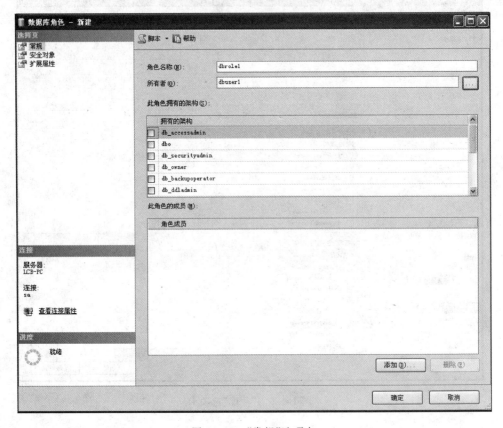

图 16.27 "常规"选项卡

④ 选择"安全对象"选项卡，如图 16.28 所示。单击"添加"按钮，出现"添加对象"对话框，选中"特定类型的所有对象"，如图 16.29 所示，单击"确定"按钮，出现"选择对象类型"对话框，选中"表"，如图 16.30 所示，单击"确定"按钮，返回到"数据库角色-新建"对话框。

⑤ 单击上半部分"安全对象"列表中的某个表，通过下半部分的显式权限列表进行授权，如图 16.31 所示，为 student 表设置了 Alter、Delete、Insert、Select 和 Update 权限。单

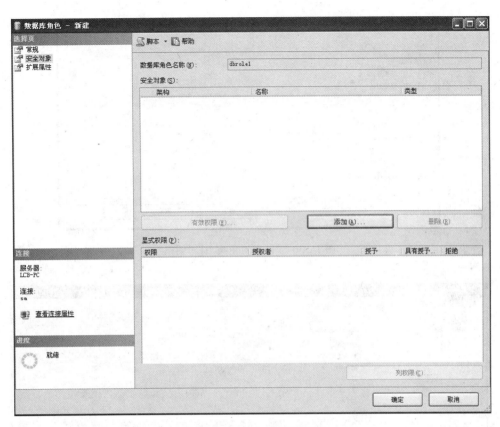

图 16.28　"安全对象"选项卡

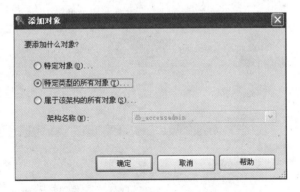

图 16.29　"添加对象"对话框

击"确定"按钮,这样完成了数据库用户角色 dbrole1 的创建操作。

可以使用 CREATE ROLE 命令创建数据库角色,例如以下命令创建 dbrole1 数据库角色并将其授予 dbuser1 数据库用户:

```
USE school
CREATE ROLE dbrole1 AUTHORIZATION dbuser1
GO
```

删除数据库角色的操作过程十分简单,先选中需要删除的自定义数据库角色,单击鼠标

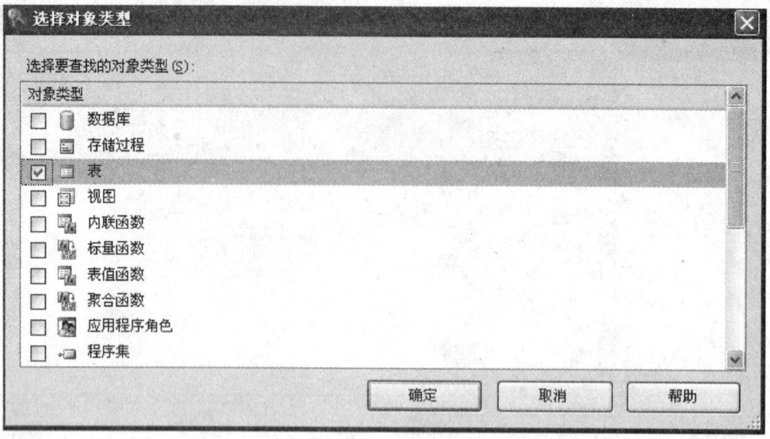

数据库原理与应用——基于 SQL Server

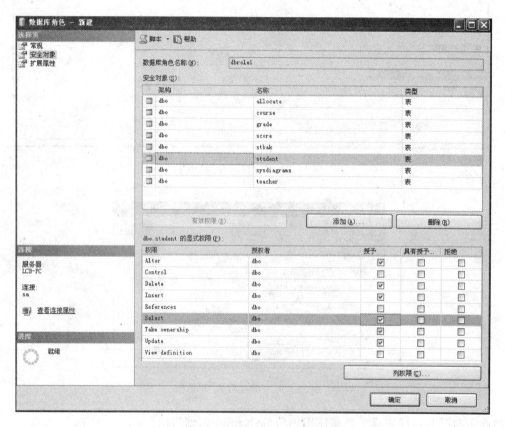

图 16.30 "选择对象类型"对话框

图 16.31 "数据库角色-新建"对话框

右键,在出现的快捷菜单中选择"删除"命令,再在出现"删除对象"对话框中选择"确定"即可。也可以使用 DROP ROLE 命令删除数据库角色。

　　将自定义数据库角色授予用户账号的方法与固定数据库角色授予用户账号的方法相同,这里不再详述。

16.5　架构

在前面设置权限时看到过"架构"(Schema)一词。那么什么是架构呢？微软的官方定义是：数据库架构是一个独立于数据库用户的非重复命名空间，可以将架构视为对象的容器。服务器登录名、数据库用户、角色、架构和数据库对象的关系如图 16.32 所示。

一个对象只能属于一个架构，就像一个文件只能存放于一个文件夹中一样。与文件夹不同的是，架构是不能嵌套的。因此在访问某个数据库中的数据库对象时，应该是引用它的全名"架构名.对象名"。例如：

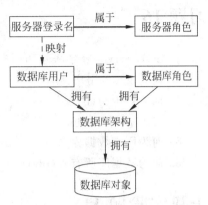

```
USE student
SELECT * FROM dbo.student
```

图 16.32　服务器登录名、数据库用户、角色、架构和数据库对象的关系

其中，dbo 就是架构名，为什么有的时候写 SELECT * FROM student 也可以执行呢？这是因为 SQL Server 有默认的架构(default schema)，当只给出表名时，SQL Server 会自动加上当前登录用户的默认架构(当用户没有创建架构时，默认架构为 dbo)。

在 SQL Server 2000 版本中，用户和架构是隐含关联的，即每个用户拥有与其同名的架构，因此删除一个用户时，必须先删除或修改这个用户所拥有的所有数据库对象。

在 SQL Server 2005 版本中，架构和创建它的数据库用户不再关联，因此数据库对象的全称变为：服务器名.数据库名.架构名.对象名(在第 9 章中介绍过)。

用户和架构分离的好处如下：

- 多个用户可以通过角色(role)或组(Windows groups)成员关系拥有同一个架构。
- 删除数据库用户变得极为简单。
- 删除数据库用户不需要重命名与用户名同名的架构所包含的对象，因此也无须对显式引用数据库对象的应用程序进行修改和测试。
- 多个用户可以共享同一个默认架构来统一命名。
- 共享默认架构使得开发人员可以为特定的应用程序创建特定的架构来存放对象，这比仅使用管理员架构(dbo schema)要好。
- 在架构和架构所包含的对象上设置权限比以前的版本拥有更高的可管理性。

SQL Server 2005 有关架构的一些特点如下：

- 一个架构中不能包含相同名称的对象，相同名称的对象可以在不同的架构中存在。
- 一个架构只能有一个所有者，所有者可以是用户、数据库角色或应用程序角色。
- 一个数据库角色可以拥有一个默认架构和多个架构。
- 多个数据库用户可以共享单个默认架构。

可以通过展开"数据库"|school|"安全性"|"架构"节点，单击鼠标右键，在出现的快速菜单中选择"新建架构"命令来创建 school 数据库的架构，其操作过程十分简单，这里不再

详述。也可以使用 CREATE SCHEMA 命令创建架构,例如,以下命令在数据库 school 中创建 dbo 架构:

```
USE school
CREATE SCHEMA dbo AUTHORIZATION dbo
GO
```

习题 16

1. SQL Server 登录账号和用户账号有什么区别?
2. 何为 guest 用户?
3. 何为权限验证?
4. 何为 public 角色?
5. 何为固定数据库角色?
6. 何为数据库所有者(dbo)?

上机实验题 11

在 SQL Server 管理控制器中完成如下操作:

(1) 创建一个登录账号 XYZ/123(其默认的工作数据库为 factory;其"服务器角色"设置为 sysadmin;将"映射到此登录名的用户"设置为 Factory,并具有 public 权限;并设置安全对象 LCB-PC 服务器具有 Connect SQL 权限。)

(2) 修改(1)中为 factory 数据库创建的用户账号 XYZ 的属性,使 XYZ 登录账号对 factory 数据库具有 db_. owner 权限。

数据库备份/恢复和
分离/附加

为了防止因软硬件故障而导致数据丢失或数据库的崩溃,数据备份和恢复工作就成了一项不容忽视的系统管理工作。备份就是制作数据库结构、对象和数据的拷贝,以便在数据库遭到破坏的时候能够还原和恢复数据;恢复是指从一个或多个备份中还原数据,并在还原最后一个备份后恢复数据库的操作。另外,还有一种数据库分离和附加操作也可以实现数据库的备份和恢复。

17.1   数据备份和恢复

备份就是将数据库文件复制到另外一个安全的地方,恢复就是利用恢复工具将备份还原回来,保证数据库能够正常工作。本节介绍相关概念和数据备份/恢复过程。

17.1.1   数据备份类型

SQL Server 2005 提供了三种常用的备份类型:完整数据库备份、差异数据库备份和事务日志备份,下面分别对其进行介绍。

1. 完整数据库备份

完整数据库备份包括完整备份和完整差异备份两种,其中完整备份包含数据库中的所有数据,可以用作完整差异备份所基于的"基准备份";完整差异备份仅记录目前一次完整备份后发生更改的数据。相比之下,完整差异备份速度快,便于进行频繁备份,降低了丢失数据的风险。

完整数据库备份简单、易用,适用于所有数据库,与后两种备份类型相比,数据库备份中的每个备份使用的存储空间更多。

2. 差异数据库备份

差异数据库备份是只备份上次数据库备份后发生更改的数据。比完整数据库备份小,并且备份速度快,可以进行经常地备份。

3．事务日志备份

事务日志备份是备份上一次事务日志备份后对数据库执行的所有事务日志。使用事务日志备份可以将数据库恢复到故障点或特定的即时点。一般情况下，事务日志备份比数据库备份使用的资源少。可以经常地创建事务日志备份，以减小丢失数据的危险。

17.1.2　数据恢复类型

由于数据库事务完成后并不立刻把数据库的修改写入数据库，即写数据存在一定的磁盘延迟，如果发生系统故障，数据库可能会面临崩溃。为了维护数据库的完整性，SQL Server 将所有的事务都记录在日志中。在发生故障后，服务器可以通过恢复操作使事务日志前滚已经提交但还没有写入磁盘的事务。通过这种方式可以保证数据的一致性和有效性。

SQL Server 提供了三种恢复类型（或恢复模式），用户可以根据数据库的可用性和恢复要求选择适合的恢复类型。

1．简单恢复

简单恢复允许将数据库恢复到最新的备份。该恢复类型仅用于测试和开发数据库或包含的大部分数据为只读的数据库。简单恢复所需的管理最少，数据只能恢复到最近的完整备份或差异备份，不备份事务日志，且使用的事务日志空间最小。

与后面两种恢复类型相比，简单恢复更容易管理，但如果数据文件损坏，那么出现数据丢失的风险系数会更高。

2．完全恢复

完全恢复允许将数据库恢复到故障点状态。该恢复类型具有更大的灵活性，使数据库可以恢复到早期时间点，在最大范围内防止出现故障时丢失数据。

3．大容量日志记录恢复

大容量日志记录恢复允许大容量日志记录操作。该恢复类型是对完全恢复类型的补充。对某些大规模操作（例如创建索引或大容量复制），它比完全恢复类型性能更高，占用的日志空间会更少。不过，大容量日志恢复类型会降低时点恢复的灵活性。与简单恢复类型相比，完全恢复和大容量日志恢复类型会向数据提供更多的保护。

17.1.3　备份设备

备份或还原操作中使用的磁带机或磁盘驱动器称为"备份设备"。它是创建备份和恢复数据库的前提条件，在创建备份时，必须选择要将数据写入的备份设备。设备可以分为以下三种：

- 磁盘设备：一般是硬盘或其他磁盘类存储介质，可以定义在数据库服务器的本地磁盘上，也可以定义在通过网络连接的远程磁盘上。
- 磁带设备：不支持远程设备备份，而且必须直接物理地连接在运行 SQL Server 服务器的计算机上。磁带设备在使用的过程中如果已经被填满，但还有新的数据需要写进，SQL Server 会提示用户更换新的磁带，然后继续进行备份操作。
- 物理和逻辑设备：SQL Server 数据库引擎通过物理设备名称和逻辑设备名称来识别备份设备。物理备份设备是通过操作系统使用的路径名称来识别备份设备，如

D：\Data\GZGLXT. bak。逻辑备份设备是用户给物理设备定义的一个别名，其名称保存在 SQL Server 的系统表中，其优点是可以简单地使用逻辑设备名称而不用给出复杂的物理设备路径，如使用逻辑备份设备 Backup1。

SQL Server 2005 可以将数据库、事务日志和文件备份到磁盘和磁带设备上。

1. 创建数据库备份设备

如果要使用逻辑设备名称备份数据库，在备份数据库之前，必须首先创建一个保存数据库备份的备份设备。可以利用 SQL Server 管理控制器创建数据库备份设备。

通过一个示例说明创建磁盘备份设备的操作过程。

【例 17.1】　为 LCB-PC 服务器创建一个备份设备 Backup1。

解：其操作步骤如下：

(1) 启动 SQL Server 管理控制器，在"对象资源管理器"中展开 LCB-PC 服务器。

(2) 展开"服务器对象"，选中"备份设备"，单击鼠标右键，在出现的快捷菜单中选择"新建备份设备"命令，如图 17.1 所示。

图 17.1　选择"新建备份设备"命令

(3) 出现备份设备对话框。在"设备名称"文本框中输入所创建的磁盘备份设备名，这里为 Backup1。选中"文件"，再单击右边的"…"按钮，出现定位数据库文件对话框，在该对话框中选择磁盘备份设备使用的本地计算机和文件，这里指定 H：\Data 文件夹下的文件 SchoolBak，单击"确定"按钮，这样指定备份设备 Backup1 对应的备份文件为 H：\data\SchoolBak，如图 17.2 所示。再单击"确定"按钮。

图 17.2　"备份设备"对话框

数据库原理与应用——基于 SQL Server

（4）返回到 SQL Server 管理控制器时，在"备份设备"中出现刚创建的备份设备，如图 17.3 所示。

也可以使用系统存储过程 sp_addumpdevice 来创建备份设备，例如用以下命令创建备份设备 Backup2，它对应 H:\Data\SchoolBak2 物理文件：

```
EXEC dbo.sp_addumpdevice @devtype = 'disk',
    @logicalname = 'Backup2', @physicalname = 'H:\Data\
SchoolBak2'
```

其中，@devtype 子句指定备份设备类型，@logicalname 子句指定逻辑设备名，@physicalname 子句指定对应的物理文件名。

图 17.3　用户创建的备份设备

2．删除数据库备份设备

备份设备不需要时可以将其删除。通过一个示例说明删除备份设备的操作过程。

【例 17.2】　删除为 LCB-PC 服务器创建的备份设备 Backup1。

解：其操作步骤如下：

（1）启动 SQL Server 管理控制器，在"对象资源管理器"中展开 LCB-PC 服务器。

（2）展开"服务器对象"节点，再展开"备份设备"节点，选中 Backup1，单击鼠标右键，在出现的快捷菜单中选择"删除"命令，在出现的"删除对象"对话框中单击"确定"按钮即可。

也可以使用系统存储过程 sp_dropdevice 删除备份设备，例如，以下命令删除备份设备 Backup2：

```
EXEC sp_dropdevice 'backup2'
```

说明：由于后面还需用到逻辑备份设备 Backup1，这里并不真的删除它。

17.1.4　选择数据库恢复类型

在创建好数据库后，就可以选择其数据库恢复类型。下面通过一个示例说明使用 SQL Server 管理控制器选择数据库恢复类型的操作过程。

【例 17.3】　为数据库 school 选择其数据库恢复类型为"完整"。

解：其操作步骤如下：

（1）启动 SQL Server 管理控制器，在"对象资源管理器"中展开 LCB-PC 服务器。

（2）展开"数据库"节点，选中 school，单击鼠标右键，在出现的快捷菜单中选择"属性"命令。

（3）出现"数据库属性-school"对话框，选择"选项"选项卡，如图 17.4 所示，在"恢复模式"组合框中会看到有"完整"、"大容量日志"和"简单"三个选项，分别对应数据库的三种恢复模式。这里选中"完整"选项，即将 school 数据库设置成完全恢复模式。单击"确定"按钮。

这样就为 school 数据库设置了"完整"数据库恢复类型，该类型的选择对后面进行数据库备份的操作是十分重要的。

也可以通过 ALTER DATABASE 命令中的 RECOVERY 子句指定数据库的恢复类

图 17.4 "选项"选项卡

型，例如，以下命令便是将 school 数据库设置为完整恢复类型：

```
ALTER DATABASE school SET RECOVERY FULL
```

其中，FULL、BULK_LOGGED 和 SIMPLE 分别表示完整、大容量日志和简单恢复类型。

17.1.5 数据库备份和恢复过程

前面介绍过数据库备份有三种基本类型，即完整数据库备份、差异数据库备份和事务日志备份，对应的也有完整数据库恢复、差异数据库恢复和事务日志恢复。实际上，SQL Server 还提供了灵活的备份和恢复类型的组合，如完整＋差异数据库备份与恢复、完整＋日志数据库备份与恢复、完整＋差异＋日志数据库备份与恢复等。

本小节以完整数据库备份和恢复为例介绍数据库备份和恢复过程，其他类型基本相似。

1. 完整数据库备份

通过一个示例说明使用 SQL Server 管理控制器进行完整数据库备份的操作过程。

【例 17.4】 对数据库 school 进行"完整"类型的数据库备份。

解：其操作步骤如下：

（1）启动 SQL Server 管理控制器，在"对象资源管理器"中展开 LCB-PC 服务器。

（2）展开"数据库"节点，选中 school，单击鼠标右键，在出现的快捷菜单中选择"任务"|

"备份"命令,如图 17.5 所示。

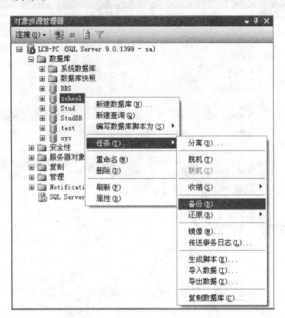

图 17.5 选择"任务"|"备份"命令

(3) 出现"备份数据库-school"对话框,首先出现如图 17.6 所示的"常规"选项卡(图中的"恢复模式"是在上例中选定的,这里不要更改),其中,各项功能说明如下:

- "数据库"文本框:用于选择备份的数据库名称。这里为 school。
- "备份类型"组合框:用于选择备份类型。这里选择"完整"。
- "备份组件"单选按钮:用于选择是备份数据库还是文件和文件组,这里选择"数据库"(默认选项)。
- "名称"文本框:可以设置备份集名称。这里取默认值。
- "说明"文本框:用于输入说明信息。
- "备份集过期时间"区域:用于设置指定在多少天后此备份集才会过期,从而可被覆盖。此值范围为 0～99999,0 表示备份集将永不过期。也可以指定备份集过期从而可被覆盖的具体日期。
- "目标"选项组:通过"目标"选项组可以为备份文件添加物理设备或逻辑设备。

(4) 在"目标"选项组中有一个默认值,通过单击"删除"按钮将它删除。单击"添加"按钮,出现如图 17.7 所示的"选择备份目标"对话框,选中"备份设备"单选按钮,从组合框中选中例 17.1 所创建的备份设备 Backup1,单击"确定"按钮返回。

(5) 单击"确定"按钮,数据库备份操作开始运行。这里是备份整个数据库,所以可能会需要较长时间。备份完成之后,出现图 17.8 所示的"备份成功"对话框,表示数据库 school 备份成功,再单击"确定"按钮,即可完成数据库 school 的备份操作。

也可以使用 BACKUP DATABASE 命令实现数据库备份,例如,以下命令将 school 数据库备份到 backup1 备份设备中:

```
BACKUP DATABASE school TO backup1
```

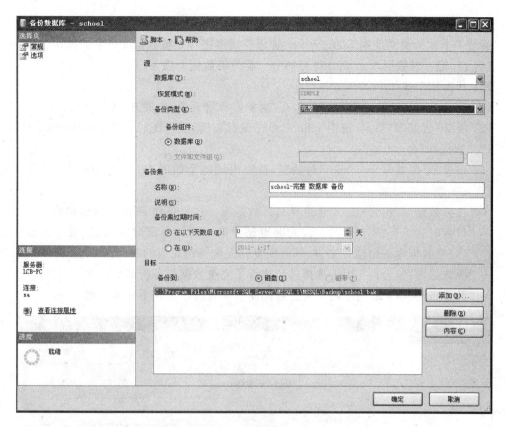

图 17.6　"常规"选项卡

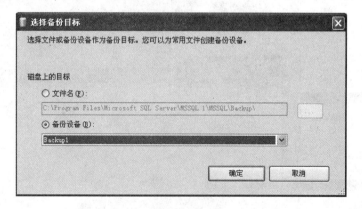

图 17.7　"选择备份目标"对话框

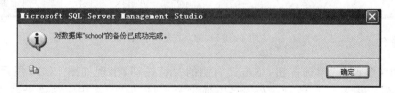

图 17.8　"备份成功"对话框

2. 完整数据库恢复

通过一个示例说明使用 SQL Server 管理控制器进行完整数据库恢复的操作过程。

【例 17.5】 对数据库 school 进行"完整"类型的数据库恢复。

解：其操作步骤如下：

(1) 启动 SQL Server 管理控制器，在"对象资源管理器"中展开 LCB-PC 服务器。

(2) 展开"数据库"节点，选中 school，单击鼠标右键，在出现的快捷菜单中选择"任务"|
"还原"|"数据库"命令。

(3) 出现"还原数据库-school"对话框，首先出现的是如图 17.9 所示的"常规"选项卡，
其中，各项的功能说明如下：

- "目标数据库"组合框：用于选择目标数据库。这里选择 school(默认值)。
- "目标时间点"文本框：用于设置时点还原的时间。这里取默认值"最近状态"。对
  于完全数据库备份恢复来讲，只能恢复到完全备份完成的时间点。
- "源数据库"组合框：用于选择已经执行了完全数据库备份的数据库。
- "源设备"文本框：用于选择备份数据库的源设备。这在下一步选取。

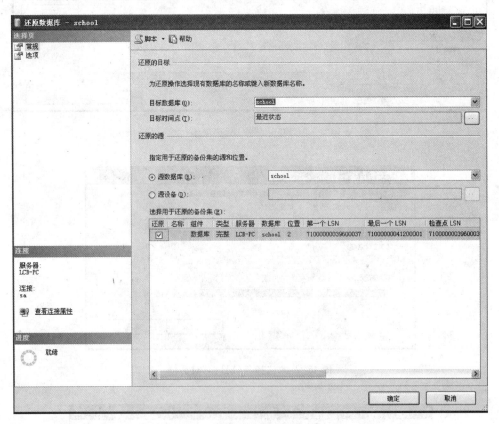

图 17.9 "常规"选项卡

(4) 选中"源设备"单选按钮，单击其右侧的"…"按钮，出现如图 17.10 所示的"指定备
份"对话框，在备份媒体中选中"备份设备"，通过单击"添加"按钮指定备份设备为 Backup1。
单击"确定"按钮返回到"还原数据库-school"对话框。

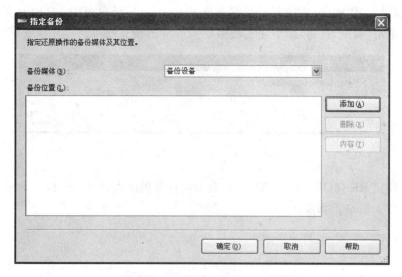

图 17.10　"指定备份"对话框

（5）选中"选择用于还原的备份集"列表中的第一项，选择"选项"选项卡，选中"覆盖现有数据库"复选框，其他保持默认项，如图 17.11 所示。

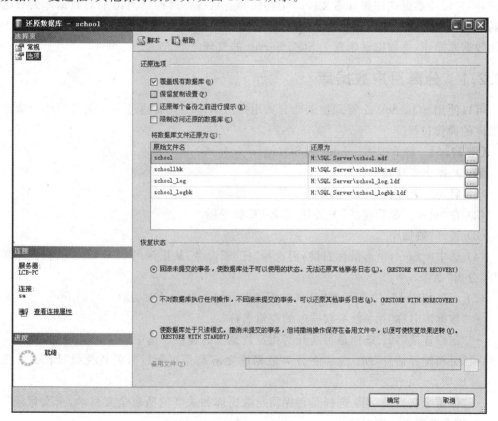

图 17.11　"选项"选项卡

(6) 单击"确定"按钮,系统开始数据库恢复工作,完毕后出现图 17.12 所示的"成功还原"对话框,单击"确定"按钮,即可完成数据库 school 的恢复操作。

图 17.12 "成功还原"对话框

也可以使用 RESTORE DATABASE 命令实现数据库恢复,例如,以下命令从 backup1 备份设备恢复 school 数据库:

RESTORE DATABASE school FROM backup1

17.2 分离和附加用户数据库

除了系统数据库外,其他用户数据库都可以从服务器的管理中分离出来,脱离服务器的管理,同时保持数据文件和日志文件的完整性和一致性。这样分离出来的数据库的日志文件和数据文件可以附加到其他 SQL Server 服务器上,构成完整的数据库。与分离对应的是附加数据库操作,将数据重新置于 SQL Server 的管理之下。

17.2.1 分离用户数据库

可以使用 SQL Server 管理控制器分离用户数据库。下面通过一个例子说明分离用户数据库的操作过程。

【例 17.6】 将数据库 school 从 SQL Server 分离。

解:其操作步骤如下:

(1) 启动 SQL Server 管理控制器。

(2) 在"对象资源管理器"中展开 LCB-PC 服务器。

(3) 展开"数据库"。

(4) 选中 school,单击鼠标右键,再选择"任务"命令,从出现的如图 17.5 的快捷菜单中选择"分离"命令。

(5) 出现如图 17.13 所示的"分离数据库"对话框,其中各项功能说明如下:

• "数据库名称"列:显示数据库的逻辑名称。

• "删除连接"列:选择是否断开与指定数据库的连接。选中该项。

• "更新统计信息"列:选择在分离数据库之前是否更新过时的优化统计信息。选中该项。

• "保留全文目录"列:选择是否保留与数据库相关联的所有全文目录,全文目录将用于全文索引。选中该项。

• "状态"列:显示的值为"就绪"或"未就绪"。

• "消息"列:当数据库进行了复制操作时,其"状态"列为"未就绪","消息"列将显示

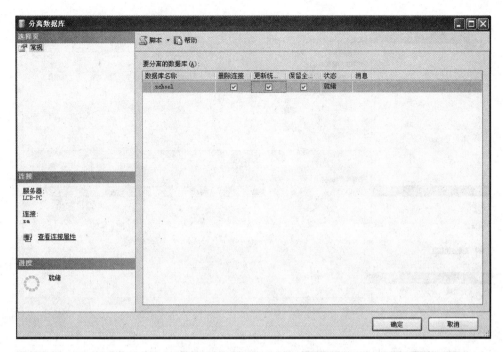

图 17.13　"分离数据库"对话框

"已复制数据库"。当数据库有一个或多个活动连接时,"状态"列为"未就绪","消息"列将显示"＜活动连接数＞活动连接"(例如"1 活动连接")。有活动连接的数据库将无法被分离,除非同时选择删除活动连接。

(6)单击"确定"按钮完成 school 数据库的分离,此时在"对资资源管理器"中"数据库"节点下看不到 school 数据库了,表明分离成功。

17.2.2　附加用户数据库

分离后的数据库的数据和事务日志文件,可以重新附加到同一或其他 SQL Server 2005 实例中。分离和附加数据库操作适合将数据库更改到同一计算机的不同 SQL Server 2005 实例或移动数据库。

【例 17.7】　将数据库 school 附加到 SQL Server 中。

解:其操作步骤如下:

(1)启动 SQL Server 管理控制器。

(2)在"对象资源管理器"中展开 LCB-PC 服务器。

(3)选中"数据库",单击鼠标右键,从出现的快捷菜单中选择"附加"命令,如图 17.14 所示。

(4)出现如图 17.15 所示的"附加数据库"对话框,单击"添加"按钮。

(5)出现如图 17.16 所示的"定位数据库文件-LCB-PC"对话框,选择 school.mdf 文件,单击"确

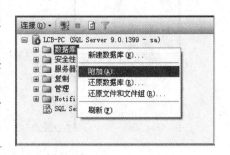

图 17.14　选择"附加"命令

数据库原理与应用——基于 SQL Server

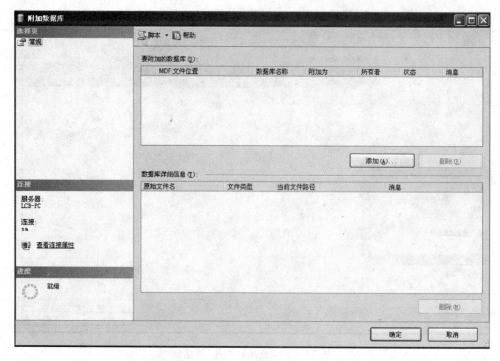

图 17.15 "附加数据库"对话框

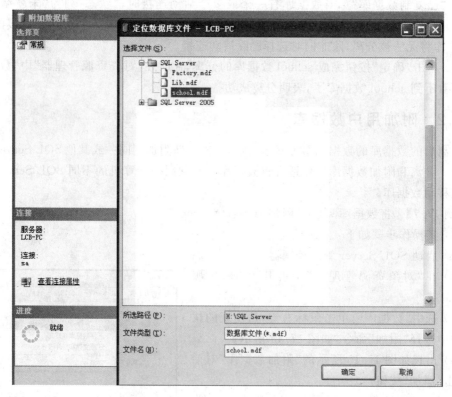

图 17.16 "定位数据库文件-LCB-PC"对话框

定"按钮返回。

（6）此时返回到"附加数据库"对话框，单击"确定"按钮，SQL Server 自动将数据库的主要数据文件添加进来。在"数据库"节点中又可以看到 school 数据库了，表明附加成功。

习题 17

　　1. 什么是备份？备份分为哪几种类型？

　　2. 何为差异数据库备份？

　　3. 何为备份媒体？

　　4. 确定备份计划应该考虑哪些因素？

　　5. 进行数据库还原应该注意哪两点？

上机实验题 12

　　使用 SQL Server 管理控制器对 factory 数据库执行完全备份（备份到 H:\DBF\backup1 文件中）和恢复操作。

VB.NET 数据库应用 系统开发

第 18 章　ADO.NET 数据访问技术
第 19 章　数据库系统开发实例——SCMIS 设计

ADO.NET 数据访问技术　　第18章

　　ActiveX Data Objects(ADO)是 Microsoft 开发的面向对象的数据访问库,目前已经得到了广泛的应用,而 ADO.NET 则是 ADO 的后续技术。但 ADO.NET 并不是 ADO 的简单升级,而是有非常大的改进。本章介绍采用 Visual Basic 语言利用 ADO.NET 访问 SQL Server 数据库的方法。

18.1　ADO.NET 模型

18.1.1　ADO.NET 简介

　　ADO.NET 是微软新一代.NET 数据库的访问模型,ADO 目前最新版本为 ADO.NET 2.0。ADO.NET 是目前数据库程序设计师用来开发数据库应用程序的主要接口。

　　ADO.NET 是在.NET Framework 上访问数据库的一组类库,它利用.NET Data Provider(数据提供程序)以进行数据库的连接与访问,通过 ADO.NET,数据库程序设计人员能够很轻易地使用各种对象,来访问符合自己需求的数据库内容。换句话说,ADO.NET 定义了一个数据库访问的标准接口,让提供数据库管理系统的各个厂商可以根据此标准,开发对应的.NET Data Provider,这样编写数据库应用程序的人员不必了解各类数据库底层运作的细节,只要学会 ADO.NET 所提供对象的模型,便可轻易地访问所有支持.NET Data Provider 的数据库。

　　ADO.NET 是应用程序和数据源之间沟通的桥梁。通过 ADO.NET 所提供的对象,再配合 SQL 语句就可以访问数据库内的数据,而且凡是能通过 ODBC 或 OLEDB 接口访问的数据库(如 dBase、FoxPro、Excel、Access、SQL Server 和 Oracle 等),也可通过 ADO.NET 来访问。

　　ADO.NET 可提高数据库的扩展性。ADO.NET 可以将数据库内的数据以 XML 格式传送到客户端(Client)的 DataSet 对象中,此时客户端可以和数据库服务器端离线,当客户端程序对数据进行新建、修改、删除等操作后,再和数据库服务器联机,将数据送回数据库服务器端完成更新的操作。如此一来,就可以避免客户端和数据库服务器联机时,虽然客户端不对数据库服务器作任何操作,却一直占用数据库服务器的资源。此种模型使得数据处理由相互连接的双层架构,向多层式架构发展,因而提高了数据库的扩展性。

使用 ADO.NET 处理的数据可以通过 HTTP 来传输。在 ADO.NET 模型中特别针对分布式数据访问提出了多项改进,为了适应互联网上的数据交换,ADO.NET 不论是内部运作或是与外部数据交换的格式都采用 XML 格式,因此能很轻易地直接通过 HTTP 来传输数据,而不必担心防火墙的问题,而且对于异质性(不同类型)数据库的集成,也提供最直接的支持。

18.1.2 ADO.NET 体系结构

ADO.NET 模型主要希望在处理数据的同时,不要一直和数据库联机,而发生一直占用系统资源的现象。为了解决此问题,ADO.NET 将访问数据和数据处理的部分分开,以达到离线访问数据的目的,使得数据库能够运行其他工作。

因此将 ADO.NET 模型分成.NET Data Provider 和 DataSet 数据集(数据处理的核心)两大主要部分,其中包含的主要组件及其关系如图 18.1 所示。

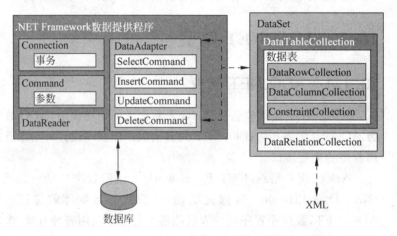

图 18.1　ADO.NET 组件结构模型

1. .NET Data Provider

.NET Data Provider 是指访问数据源的一组类库,主要是为了统一对于各类型数据源的访问方式而设计的一套高效能的类数据库。表 18.1 给出了.NET Data Provider 中包含的 4 个对象。

通过 Connection 对象可与指定的数据库进行连接;Command 对象用来运行相关的 SQL 命令(SELECT、INSERT、UPDATE 或 DELETE),以读取或修改数据库中的数据。通过 DataAdapter 对象内所提供的 4 个 Command 对象来进行离线式的数据访问,这 4 个 Command 对象分别为 SelectCommand、InsertCommand、UpdateCommand 和 DeleteCommand,其中 SelectCommand 用来将数据库中的数据读出并放到 DataSet 对象中,以便进行离线式的数据访问,至于其他 3 个命令对象(InsertCommand、UpdateCommand 和 DeleteCommand)则

表 18.1　.NET Data Provider 中包含的 4 个对象及其说明

对 象 名 称	功 能 说 明
Connection	提供和数据源的连接功能
Command	提供运行访问数据库命令,传送数据或修改数据的功能,例如运行 SQL 命令和存储过程等
DataAdapter	是 DataSet 对象和数据源间的桥梁。DataAdapter 使用 4 个 Command 对象来运行用于查询、新建、修改、删除的 SQL 命令,把数据加载到 DataSet,或者把 DataSet 内的数据送回数据源
DataReader	通过 Command 对象运行 SQL 查询命令取得数据流,以便进行高速、只读的数据浏览

是用来修改 DataSet 中的数据,并写回数据库中;通过 DataAdapter 对象的 Fill 方法可以将数据读到 DataSet 中;通过 Update 方法则可以将 DataSet 对象的数据更新到指定的数据库中。

在使用程序来访问数据库之前,要先确定使用哪个 Data Provider(数据提供程序)来访问数据库,Data Provider 是一组用来访问数据库的对象,在.NET Framework 中常用的有如下 4 组:

(1) SQL.NET Data Provider

支持 Microsoft SQL Server 7.0 及以上版本,由于它使用自己的通信协议并且做过最优化,所以可以直接访问 SQL Server 数据库,而不必使用 OLE DB 或 ODBC(开放式数据库连接层)接口,因此效果较佳。若程序中使用 SQL.NET Data Provider,则该 ADO.NET 对象名称之前都要加上 Sql,如 SqlConnection、SqlCommand 等。

(2) OLE DB.NET Data Provider

支持通过 OLE DB 接口来访问像 dBase、FoxPro、Excel、Access、Oracle 以及 SQL Server 等各类型的数据源。程序中若使用 OLE DB .NET Data Provider,则 ADO.NET 对象名称之前要加上 OleDb,如 OleDbConnection、OleDbCommand 等。

(3) ODBC.NET Data Provider

支持通过 ODBC 接口来访问像 dBase、FoxPro、Excel、Access、Oracle 以及 SQL Server 等各类型数据源。程序中若使用 ODBC.NET Data Provider,则 ADO.NET 对象名称之前要加上 Odbc,如 OdbcConnection、OdbcCommand 等。

(4) ORACLE .NET Data Provider

支持通过 ORACLE 接口来访问 ORACLE 数据源。程序中若使用 ORACLE .NET Data Provider,则 ADO.NET 对象名称之前要加上 Oracle,如 OracleConnection、OracleCommand 等。

从以上介绍可以看出,要访问 SQL Server 数据库,可以使用前三种数据提供程序。但使用不同的数据提供程序时,访问 SQL Server 数据库的方式有所不同,本章主要介绍使用 SQL.NET Data Provider 访问 SQL Server 数据库的方法。

2. DataSet

DataSet(数据集)是 ADO.NET 离线数据访问模型中的核心对象,主要的使用时机是在内存中暂存并处理各种从数据源中取回的数据。DataSet 其实就是一个存放在内存中的数据暂存区,这些数据必须通过 DataAdapter 对象与数据库做数据交换。在 DataSet 内部允许同时存放一个或多个不同的数据表(DataTable)对象。这些数据表是由数据列和数据域所组成的,并包含有主索引键、外部索引键、数据表间的关系(Relation)信息以及数据格式的条件限制(Constraint)。

DataSet 的作用像内存中的数据库管理系统,因此在离线时,DataSet 也能独自完成数据的新建、修改、删除、查询等操作,而不必一直局限在和数据库联机时才能做数据维护的工作。DataSet 可以用于访问多个不同的数据源、XML 数据或者作为应用程序暂存系统状态的暂存区。

数据库通过 Connection 对象连接后,便可以通过 Command 对象将 SQL 语法(如 INSERT、UPDATE、DELETE 或 SELECT)交由数据库引擎(例如 SQL Server)去运行,并通过 DataAdapter 对象将数据查询的结果存放到离线的 DataSet 对象中,进行离线数据修改,对降低数据库联机负担具有极大的帮助。至于数据查询部分,还通过 Command 对象设置 SELECT 查询语法和 Connection 对象设置数据库连接,运行数据查询后利用 DataReader 对象,以只读的方式进行逐笔往下的数据浏览。

18.1.3　ADO.NET 数据库的访问流程

ADO.NET 数据库访问的一般流程如下:

(1) 建立 Connection 对象,创建一个数据库连接。

(2) 在建立连接的基础上可以使用 Command 对象对数据库发送查询、新增、修改和删除等命令。

(3) 创建 DataAdapter 对象,从数据库中取得数据。

(4) 创建 DataSet 对象,将 DataAdapter 对象填充到 DataSet 对象(数据集)中。

(5) 如果需要,可以重复操作,一个 DataSet 对象可以容纳多个数据集合。

(6) 关闭数据库。

(7) 在 DataSet 上进行所需要的操作。数据集的数据要输出到 Windows 窗体或者网页上面,设定数据显示控件的数据源为数据集。

18.2　ADO.NET 的数据访问对象

ADO.NET 的数据访问对象有 Connection、Command、DataReader 和 DataAdapter 等。由于每种.NET Data Provider 都有自己的数据访问对象,它们使用方式相似,本节主要介绍 SQL.NET Data Provider 的各种数据访问对象的使用,SQL.NET Data Provider 对应的命名空间为 System.Data.SqlClient。

18.2.1　SqlConnection 对象

当与数据库交互时首先应该创建连接,该连接告诉其余的代码,它将与哪个数据库打交道。这种连接管理所有与特定数据库协议有关联的低级逻辑。SQL.NET Data Provider 数据提供程序使用 SqlConnection 类的对象来标识与一个数据库的物理连接。

1. SqlConnection 类属性和方法

SqlConnection 对象表示与 SQL Server 数据源的一个会话或连接。SqlConnection 类的常用属性如表 18.2 所示。

表 18.2　SqlConnection 类的常用属性及其说明

属　　　性	说　　　明
ConnectionString	获取或设置用于打开数据库的字符串
ConnectionTimeout	获取在尝试建立连接时终止尝试并生成错误之前所等待的时间
Database	获取当前数据库或连接打开后要使用的数据库的名称
DataSource	获取数据源的服务器名或文件名
State	获取连接的当前状态。其取值及其说明如表 18.3 所示

表 18.3　State 枚举成员值

成　员　名　称	说　　　明
Broken	与数据源的连接中断。只有在连接打开之后才可能发生这种情况。可以关闭处于这种状态的连接，然后重新打开（该值是为此产品的未来版本保留的）
Closed	连接处于关闭状态
Connecting	连接对象正在与数据源连接（该值是为此产品的未来版本保留的）
Executing	连接对象正在执行命令（该值是为此产品的未来版本保留的）
Fetching	连接对象正在检索数据（该值是为此产品的未来版本保留的）
Open	连接处于打开状态

SqlConnection 类的常用方法如表 18.4 所示。当 SqlConnection 对象超出范围时不会自动被关闭，因此在不再需要 SqlConnection 对象时必须调用 Close 方法显式关闭该连接。

表 18.4　SqlConnection 对象的方法

方　法　名　称	说　　　明
Open	使用 ConnectionString 所指定的属性设置打开数据库连接
Close	关闭与数据库的连接。这是关闭任何打开连接的首选方法
CreateCommand	创建并返回一个与 SqlConnection 关联的 SqlCommand 对象
ChangeDatabase	为打开的 SqlConnection 更改当前数据库

2. 建立连接字符串 ConnectionString

建立连接的核心是建立连接字符串 ConnectionString 属性。建立连接主要有两种方法。

（1）直接建立连接字符串

直接建立连接字符串的方式是：先创建一个 SqlConnection 对象，将其 ConnectionString 属性设置为如下值：

```
Data Source = LCB - PC;Initial Catalog = school;
    Persist Security Info = True;User ID = sa;Password = 123456
```

其中 Data Source 指出服务器名称；Initial Catalog 指出数据库名称；Persist Security Info

数据库原理与应用——基于 SQL Server

表示是否保存安全信息(可以简单地理解为 ADO.NET 在数据库连接成功后是否保存密码信息,True 表示保存,False 表示不保存,其默认为 False);User ID 指出登录名,Password 指出登录密码。

【例 18.1】 设计一个窗体,说明直接建立连接字符串的连接过程。

解: 使用 Visual Studio.NET 创建一个项目 Proj18,设计一个窗体 Form1,其中有一个命令按钮 Button1 和一个标签 Label1。在该窗体上设计如下代码:

```
Imports System.Data.SqlClient '引用 SqlClient 命名空间
Public Class Form1
    Private Sub Button1_Click(ByVal sender As System.Object, _
    ByVal e As System.EventArgs) Handles Button1.Click
        Dim mystr As String
        Dim myconn As New SqlConnection
        mystr = "Data Source = LCB - PC; Initial Catalog = school;" & _
            "Persist Security Info = True; User ID = sa; Password = 123456"
        myconn.ConnectionString = mystr
        myconn.Open()
        If myconn.State = ConnectionState.Open Then
            Label1.Text = "成功连接到 SQL Server 数据库"
        End If
    End Sub
End Class
```

说明: 本书的应用程序设计环境为 Visual Studio.NET 2005,由于该版本支持 Visual Basic、C#等编程语言,本书使用 Visual Basic 语言,因此在设计本章的程序时,应将其配置为 Visual Basic 语言开发环境。

运行本窗体,单击"连接 SQL 数据库"按钮,其结果如图 18.2 所示,说明连接成功。

(2) 通过属性窗口建立连接字符串

先要在窗体上放置一个 SqlConnection 控件(该控件位于工具箱的"数据"部分,若其中没有,可以通过在空白处右击,在出现的快捷菜单中选择"选择项"命令来添加)。

图 18.2　Form1 运行界面

在属性窗口中单击 SqlConnection 控件的 ConnectionString 属性右侧的 ▼ 按钮,选中"新建连接"项,如果"数据源"不是 SQL Server 类的选项,则通过单击"更改"按钮选中 Microsoft SQL Server 项;在"添加连接"对话框中,输入登录名为"LCB-PC",选中"使用 SQL Server 身份验证"单选按钮,并输入用户名为"sa",密码为"123456",选中"保存密码"复选框,"从选择或输入一个数据库名"组合框中选择"school"数据库,如图 18.3 所示。单击"测试连接"按钮确定连接是否成功。在测试成功后单击"确定"按钮。此时,SqlConnection 对象的 ConnectionString 属性值改为:

```
Data Source = LCB - PC; Initial Catalog = school;
    Persist Security Info = True; User ID = sa; Password = 123456
```

从中看到,这种和第一种方法建立的连接字符串是相同的,只不过这里是通过操作实现的。然后在窗体中就可以使用 SqlConnection 对象了。

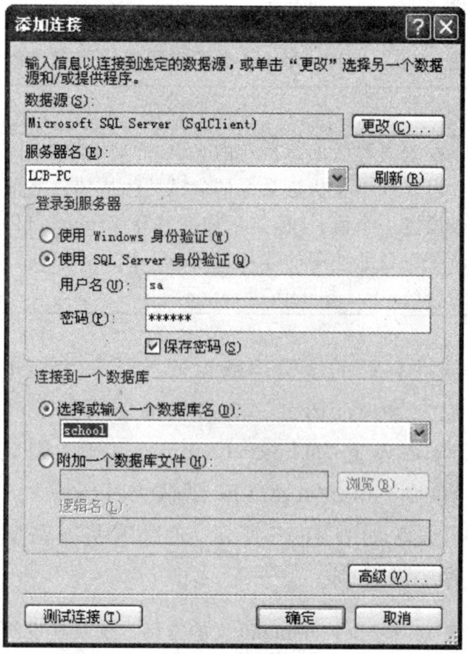

图 18.3　"添加连接"对话框

【例 18.2】　设计一个窗体,说明通过属性窗口建立连接字符串的连接过程。

　　解:在项目 Proj18 中设计一个窗体 Form2,其中有一个命令按钮 Button1、一个标签 Label1 和一个 SqlConnection 控件 SqlConnection1(采用前面介绍的过程建立连接字符串)。在该窗体上设计如下代码:

```
Imports System.Data.SqlClient  '引用 SqlClient 命名空间
Public Class Form2
  Private Sub Button1_Click(ByVal sender As System.Object, _
    ByVal e As System.EventArgs) Handles Button1.Click
    SqlConnection1.Open()
    If SqlConnection1.State = ConnectionState.Open Then
      Label1.Text = "成功连接到 SQL Server 数据库"
    End If
    SqlConnection1.Close()
  End Sub
End Class
```

18.2.2　SqlCommand 对象

　　建立了数据连接之后,就可以执行数据访问操作了。一般对数据库的操作被概括为 CRUD—Create、Read、Update 和 Delete。ADO.NET 中定义 SqlCommand 类去执行这些操作。

1. SqlCommand 类的属性和方法

　　OldbCommand 类有自己的属性,其属性包含对数据库执行命令所需要的全部信息。

数据库原理与应用——基于 SQL Server

SqlCommand 类的常用属性如表 18.5 所示。

表 18.5　SqlCommand 类的常用属性及其说明

属　　性	说　　明
CommandText	获取或设置要对数据源执行的 SQL 语句或存储过程
CommandTimeout	获取或设置在终止执行命令的尝试并生成错误之前的等待时间
CommandType	获取或设置一个值，该值指示如何解释 CommandText 属性
Connection	数据命令对象所使用的连接对象
Parameters	参数集合(SqlParameterCollection)

其中，CommandText 属性存储的字符串数据依赖于 CommandType 属性的类型。例如当 CommandType 属性设置为 StoredProcedure 时，表示 CommandText 属性的值为存储过程的名称，如果 CommandType 设置为 Text，CommandText 则应为 SQL 语句。如果不显式设置 CommandType 的值，则 CommandType 默认为 Text。

SqlCommand 类的常用方法如表 18.6 所示，通过这些方法实现数据库的访问操作，读者务必注意三个 Execute 方法的差别。

表 18.6　SqlCommand 类的常用方法及其说明

方　　法	说　　明
CreateParameter	创建 SqlParameter 对象的新实例
ExecuteNonQuery	针对 SqlConnection 执行 SQL 语句并返回受影响的行数
ExecuteReader	将 CommandText 发送到 SqlConnection 并生成一个 SqlDataReader
ExecuteScalar	执行查询，并返回查询所返回的结果集中第一行的第一列，而忽略其他列或行

2. 创建 SqlCommand 对象

SqlCommand 类的主要构造函数如下：

```
SqlCommand()
SqlCommand(cmdText)
SqlCommand(cmdText,connection)
```

其中，cmdText 参数指定查询的文本。connection 参数指定一个 SqlConnection 对象，它表示到 SQL Server 数据库的连接。例如，以下语句创建一个 SqlCommand 对象 mycmd：

```
Dim myconn As New SqlConnection
mystr = "Data Source = LCB - PC;Initial Catalog = school;" & _
    "Persist Security Info = True;User ID = sa;Password = 123456"
myconn.ConnectionString = mystr
myconn.Open()
Dim mycmd As New SqlCommand("SELECT * FROM student",myconn)
```

3. 通过 SqlCommand 对象返回单个值

在 SqlCommand 的方法中，ExecuteScalar 方法执行返回单个值的 SQL 命令，例如，如果想获取 Student 数据库中学生的总人数，则可以使用这个方法执行 SQL 查询 SELECT Count(*) FROM student。

【**例 18.3**】　设计一个窗体,通过 SqlCommand 对象求 score 表中选修 3-105 课程的学生平均分。

解:在项目 Proj18 中设计一个窗体 Form3,其设计界面如图 18.4 所示,有一个命令按钮 Button1 和一个标签 Label1。在该窗体上设计如下代码:

```
Imports System.Data.SqlClient    '引用 SqlClient 命名空间
Public Class Form3
    Private Sub Button1_Click(ByVal sender As System.Object, _
    ByVal e As System.EventArgs) Handles Button1.Click
        Dim mystr As String
        Dim mysql As String
        Dim myconn As New SqlConnection
        Dim mycmd As New SqlCommand
        mystr = "Data Source = LCB - PC;Initial Catalog = school;" & _
            "Persist Security Info = True;User ID = sa;Password = 123456"
        myconn.ConnectionString = mystr
        myconn.Open()
        mysql = "SELECT AVG(分数) FROM score WHERE 课程号 = '3 - 105'"
        mycmd.CommandText = mysql
        mycmd.Connection = myconn
        Label1.Text = mycmd.ExecuteScalar().ToString
        myconn.Close()
    End Sub
End Class
```

上述代码采用直接建立连接字符串的方法建立连接,并通过 ExecuteScalar 方法执行 SQL 命令,将返回结果输出到标签 Label1 中。运行本窗体,单击"计算 3-105 课程的平均分"按钮,其结果如图 18.5 所示。

图 18.4　Form3 设计界面　　　　　图 18.5　Form3 运行界面

4. 通过 SqlCommand 对象执行修改操作

在 SqlCommand 的方法中,ExecuteNonQuery 方法执行不返回结果的 SQL 命令。该方法主要用来更新数据,通常使用它来执行 UPDATE、INSERT 和 DELETE 语句。该方法不返回行,对于 UPDATE、INSERT 和 DELETE 语句,返回值为该命令所影响的行数,对于所有其他类型的语句,返回值为-1。

例如,以下代码用于将 score 表中所有不为空的分数均增加 5 分:

```
Dim mystr As String
Dim mysql As String
```

```
mystr = "Data Source = LCB - PC; Initial Catalog = school;" & _
    "Persist Security Info = True; User ID = sa; Password = 123456"
myconn. ConnectionString = mystr
myconn. Open()
mysql = "UPDATE score SET 分数 = 分数 + 5 WHERE 分数 IS NOT NULL"
mycmd. CommandText = mysql
mycmd. Connection = myconn
mycmd. ExecuteNonQuery()
myconn. Close()
```

5. 在数据命令中指定参数

SQL .NET Data Provider 支持执行命令中包含参数的情况,也就是说,可以使用包含参数的数据命令或存储过程执行数据筛选操作和数据更新等操作,其主要流程如下:

(1) 创建 Connection 对象,并设置相应的属性值。

(2) 打开 Connection 对象。

(3) 创建 Command 对象并设置相应的属性值,其中 SQL 语句含有参数。

(4) 创建参数对象,将建立好的参数对象添加到 Command 对象的 Parameters 集合中。

(5) 给参数对象赋值。

(6) 执行数据命令。

(7) 关闭相关对象。

当数据命令文本中包含参数时,这些参数都必须有一个@前缀,它们的值可以在运行时指定。

数据命令对象 SqlCommand 的 Parameters 属性能够取得与 SqlCommand 相关联的参数集合(也就是 SqlParameterCollection),从而通过调用其 Add 方法即可将 SQL 语句中的参数添加到参数集合中,每个参数是一个 Parameter 对象,其常用属性及说明如表 18.7 所示。

表 18.7 Parameter 的常用属性及其说明

属　　性	说　　明
ParameterName	用于指定参数的名称
SqlDbType	用于指定参数的数据类型,例如整型、字符型等
Value	设置输入参数的值
Size	设置数据的最大长度(以字节为单位)
Scale	设置小数位数
Direction	指定参数的方向,可以是下列值之一：ParameterDirection. Input,指明为输入参数；ParameterDirection. Output,指明为输出参数；ParameterDirection. InputOutput,指明为输入参数或者输出参数；ParameterDirection. ReturnValue,指明为返回值类型

【例 18.4】 设计一个窗体,通过 SqlCommand 对象求出指定学号学生的平均分。

解：在项目 Proj18 中设计一个窗体 Form4,其设计界面如图 18.6 所示,有一个文本框 TextBox1、两个标签(Label1 和 Label2)和一个命令按钮 Button1。在该窗体上设计如下代码:

```
Imports System. Data. SqlClient    '引用 SqlClient 命名空间
Public Class Form4
```

```
Private Sub Button1_Click(ByVal sender As System.Object, _
    ByVal e As System.EventArgs) Handles Button1.Click
    Dim mystr As String
    Dim mysql As String
    Dim myconn As New SqlConnection
    Dim mycmd As New SqlCommand
    mystr = "Data Source = LCB - PC;Initial Catalog = school;" & _
        "Persist Security Info = True;User ID = sa;Password = 123456"
    myconn.ConnectionString = mystr
    myconn.Open()
    mysql = "SELECT AVG(分数) FROM score WHERE 学号 = @xh"
    mycmd.CommandText = mysql
    mycmd.Connection = myconn
    mycmd.Parameters.Add("@xh", SqlDbType.VarChar, 5)
    mycmd.Parameters("@xh").Value = TextBox1.Text
    Label2.Text = "平均分为" + mycmd.ExecuteScalar().ToString
    myconn.Close()
End Sub
End Class
```

上述代码采用直接建立连接字符串的方法建立连接,并通过 ExecuteScalar 方法执行 SQL 命令,通过参数替换返回指定学号的平均分。运行本窗体,输入学号 105,单击"求平均分"按钮,运行界面如图 18.7 所示。

图 18.6 Form4 设计界面　　　　图 18.7 Form4 运行界面

6. 执行存储过程

可以通过数据命令对象 SqlCommand 执行 SQL Server 的存储过程。存储过程中参数设置的方法与在 SqlCommand 对象中参数设置方法相同。

存储过程可以拥有输入参数、输出参数和返回值。其输入参数用来接收传递给存储过程的数据值,输出参数用来将数据值返回给调用程序等。

对于执行存储过程的 SqlCommand 对象,需要将其 CommandType 属性设置为 StoredProcedure,其 CommandText 属性设置为要执行的存储过程名。

【例 18.5】 设计一个窗体,通过执行例 14.7 的存储过程 average 求出指定学号学生的姓名和平均分。

解:在项目 Proj18 中设计一个窗体 Form5,其设计界面如图 18.8 所示,有一个文本框 TextBox1、两个标签(Label1～Label2)和一个命令按钮 Button1。在该窗体上设计如下代码:

图 18.8 Form5 设计界面

数据库原理与应用——基于 SQL Server

```
Imports System.Data.SqlClient    '引用 SqlClient 命名空间
Public Class Form5
  Private Sub Button1_Click(ByVal sender As System.Object,
    ByVal e As System.EventArgs) Handles Button1.Click
    Dim mystr As String
    Dim myconn As New SqlConnection
    Dim mycmd As New SqlCommand
    mystr = "Data Source = LCB - PC;Initial Catalog = school;" & _
      "Persist Security Info = True;User ID = sa;Password = 123456"
    myconn.ConnectionString = mystr
    myconn.Open()
    mycmd.Connection = myconn
    mycmd.CommandType = CommandType.StoredProcedure
    mycmd.CommandText = "average"
    Dim myparm1 As New SqlParameter()
    myparm1.Direction = ParameterDirection.Input
    myparm1.ParameterName = "@st_no"
    myparm1.SqlDbType = SqlDbType.VarChar
    myparm1.Size = 5
    myparm1.Value = TextBox1.Text
    mycmd.Parameters.Add(myparm1)
    Dim myparm2 As New SqlParameter()
    myparm2.Direction = ParameterDirection.Output
    myparm2.ParameterName = "@st_name"
    myparm2.SqlDbType = SqlDbType.VarChar
    myparm2.Size = 10
    mycmd.Parameters.Add(myparm2)
    Dim myparm3 As New SqlParameter()
    myparm3.Direction = ParameterDirection.Output
    myparm3.ParameterName = "@st_avg"
    myparm3.SqlDbType = SqlDbType.Float
    myparm3.Size = 10
    mycmd.Parameters.Add(myparm3)
    mycmd.ExecuteScalar()
    Label2.Text = myparm2.Value.ToString().Trim() + _
      "的平均分为" + myparm3.Value.ToString()
    myconn.Close()
  End Sub
End Class
```

图 18.9　Form5 运行界面

上述代码中调用存储过程 average,有 3 个参数,第一个参数 @st_no 为输入参数,后两个 @st_name、@st_avg 为输出型参数。通过 ExecuteScalar()方法执行后,将后两个输出型参数的值输出到标签 Label2 中。运行本窗体,输入学号 105,单击"求平均分"按钮,运行界面如图 18.9 所示。

18.2.3　DataReader 对象

当执行返回结果集的命令时,需要一个方法从结果集中提取数据。处理结果集的方法有两个:第一,使用 DataReader 对象(数据阅读器);第二,同时使用 DataAdapter 对象(数据适配器)和 ADO.NET DataSet。本小节介绍 DataReader 对象。

不过,使用 DataReader 对象从数据库中得到只读的、只能向前的数据流。使用 DataReader 对象可以提高应用程序的性能,减少系统开销,因为同一时间只有一条行记录在内存中。

1. DataReader 类的属性和方法

DataReader 类的常用属性如表 18.8 所示,其常用方法如表 18.9 所示。

表 18.8　DataReader 类的常用属性及其说明

属　　性	说　　明
FieldCount	获取当前行中的列数
IsClosed	获取一个布尔值,指出 DataReader 对象是否关闭
RecordsAffected	获取执行 SQL 语句时修改的行数

表 18.9　DataReader 类的常用方法及其说明

方　　法	说　　明
Read	将 DataReader 对象前进到下一行并读取,返回布尔值指示是否有多行
Close	关闭 DataReader 对象
IsDBNull	返回布尔值,表示列是否包含 NULL 值
NextResult	将 DataReader 对象移到下一个结果集,返回布尔值指示该结果集是否有多行
GetBoolean	返回指定列的值,类型为布尔值
GetString	返回指定列的值,类型为字符串
GetByte	返回指定列的值,类型为字节
GetInt32	返回指定列的值,类型为整型值
GetDouble	返回指定列的值,类型为双精度值
GetDataTime	返回指定列的值,类型为日期时间值
GetOrdinal	返回指定列的序号或数字位置(从 0 开始编号)
GetBoolean	返回指定列的值,类型为对象

2. 创建 DataReader 对象

在 ADO.NET 中不能显式地使用 DataReader 对象的构造函数创建 DataReader 对象。事实上,DataReader 类没有提供公有的构造函数。通常调用 Command 类的 ExecuteReader 方法,这个方法将返回一个 DataReader 对象。例如,以下代码创建一个 SqlDataReader 对象 myreader:

```
Dim cmd As SqlCommand(CommandText, ConnectionObject)
Dim myreader As SqlDataReader = cmd.ExecuteReader()
```

注意:SqlDataReader 对象不能使用 New 来创建。

DataReader 对象最常见的用法就是检索 SQL 查询或存储过程返回的记录。另外 DataReader 是一个连接的、只向前的和只读的结果集。也就是说,当使用 DataReader 对象时,必须使连接处于打开状态。除此之外,可以从头到尾遍历记录集,而且也只能以这样的次序遍历。这就意味着,不能在某条记录处停下来向回移动。记录是只读的,因此

DataReader 类不提供任何修改数据库记录的方法。

注意：DataReader 对象使用底层的连接，连接是它专有的。当 DataReader 对象打开时，不能使用对应的连接对象执行其他任何任务，例如执行另外的命令等。当 DataReader 对象的记录或不再需要时，应该立刻关闭它。

3. 遍历 SqlDataReader 对象的记录

当 ExecuteReader 方法返回 DataReader 对象时，当前光标的位置是第一条记录的前面。必须调用 SqlDataReader 对象的 Read 方法把光标移动到第一条记录，然后，第一条记录将变成当前记录。如果 SqlDataReader 对象中包含的记录不止一条，Read 方法就返回一个 Boolean 值 True。想要移动到下一条记录，需要再次调用 Read 方法。重复上述过程，直到最后一条记录，那时 Read 方法将返回 False。经常使用 While 循环来遍历记录：

```
While myreader.Read()
     '读取数据
End While
```

只要 Read 方法返回的值为 True，就可以访问当前记录中包含的字段。

4. 访问字段中的值

ADO.NET 提供了两种方法访问记录中的字段。第一种是 Item 属性，此属性返回由字段索引或字段名指定的字段值。第二种方法是 Get 方法，此方法返回由字段索引指定的字段的值。

(1) Item 属性

每一个 DataReader 对象都定义了一个 Item 属性，此属性返回一个代码字段属性的对象。Item 属性是 DataReader 对象的索引。需要注意的是 Item 属性总是从 0 开始编号：

```
Dim FieldValue = myreader(FieldName)
Dim FieldValue = myreader(FieldIndex)
```

可以把包含字段名的字符串传入 Item 属性，也可以把指定字段索引的 32 位整数传递给 Item 属性。例如，如果 DataReader 对象 myreader 对应的 SQL 命令如下：

```
SELECT 学号,分数 FROM score
```

使用下面任意一种方法，都可以得到两个被返回字段的值：

```
Dim xh As Object = myreader("学号")
Dim fs As Object = myreader("分数")
```

或者：

```
Dim xh As Object = myreader(0)
Dim fs As Object = myreader(1)
```

(2) Get 方法

每一个 DataReader 对象都定义了一组 Get 方法，那些方法将返回适当类型的值。例如，GetString 方法返回的字段值作为一个字符串。每一个 Get 方法都接受字段的索引。例如在上面的例子中，使用以下的代码可以检索学号和分数字段的值：

```
Dim xh As String = myreader.GetString(0)
Dim xm As String = myreader.GetString(1)
```

【例 18.6】　设计一个窗体,通过 SqlDataReader 对象输出所有学生记录。

解:在项目 Proj18 中设计一个窗体 Form6,其设计界面如图 18.10 所示,有一个列表框 ListBox1 和一个命令按钮 Button1。在该窗体上设计如下代码:

```
Imports System.Data.SqlClient    '引用 SqlClient 命名空间
Public Class Form6
  Private Sub Button1_Click(ByVal sender As System.Object,
    ByVal e As System.EventArgs) Handles Button1.Click
    Dim mystr As String
    Dim mysql As String
    Dim dt As Date
    Dim myconn As New SqlConnection
    Dim mycmd As New SqlCommand
    mystr = "Data Source = LCB - PC;Initial Catalog = school;" & _
      "Persist Security Info = True;User ID = sa;Password = 123456"
    myconn.ConnectionString = mystr
    myconn.Open()
    mysql = "SELECT * FROM student"
    mycmd.CommandText = mysql
    mycmd.Connection = myconn
    Dim myreader As SqlDataReader = mycmd.ExecuteReader()
    ListBox1.Items.Clear()
    ListBox1.Items.Add("学号　姓名　性别　　出生日期　　　　班号")
    ListBox1.Items.Add(" ================================== ")
    While myreader.Read()            '循环读取信息
      dt = myreader(3)
      ListBox1.Items.Add(String.Format("{0}　{1}　{2}　{3}　{4}", _
      myreader(0).ToString().Trim(),myreader(1).ToString().Trim(), _
      myreader(2).ToString().Trim(), dt.ToString("yyyy 年 MM 月 dd 日"), _
      myreader(4).ToString()))
    End While
    myconn.Close()
    myreader.Close()
  End Sub
End Class
```

运行本窗体,单击"输出所有学生信息"按钮,运行界面如图 18.11 所示。

图 18.10　Form6 设计界面

图 18.11　Form6 运行界面

18.2.4　SqlDataAdapter 对象

SqlDataAdapter 对象(数据适配器)可以执行 SQL 命令以及调用存储过程、传递参数,最重要的是取得数据结果集,在数据库和 DataSet 对象之间来回传输数据。

1. SqlDataAdapter 类的属性和方法

SqlDataAdapter 类的常用属性如表 18.10 所示,其常用方法如表 18.11 所示。使用 SqlDataAdapter 对象的主要目的是取得 DataSet 对象。另外它还有一个功能,就是数据写回更新的自动化。因为 DataSet 对象为离线存取,因此,数据的添加、删除、修改都在 DataSet 中进行,当需要将数据批次写回数据库时,SqlDataAdapter 对象提供了一个 Update 方法,它会自动将 DataSet 中不同的内容取出,然后自动判断添加的数据并使用 InsertCommand 所指定的 INSERT 语句,修改的记录使用 UpdateCommand 所指定的 UPDATE 语句,以及删除的记录使用 DeleteCommand 指定的 DELETE 语句来更新数据库的内容。

表 18.10　SqlDataAdapter 类的常用属性及其说明

属　　性	说　　明
SelectCommand	获取或设置 SQL 语句或存储过程,用于选择数据源中的记录
InsertCommand	获取或设置 SQL 语句或存储过程,用于将新记录插入到数据源中
UpdateCommand	获取或设置 SQL 语句或存储过程,用于更新数据源中的记录
DeleteCommand	获取或设置 SQL 语句或存储过程,用于从数据集中删除记录
AcceptChangesDuringFill	获取或设置一个值,该值指示在任何 Fill 操作过程中,是否接受对行所做的修改
AcceptChangesDuringUpdate	获取或设置在 Update 期间是否调用 AcceptChanges
FillLoadOption	获取或设置 LoadOption,后者确定适配器如何从 SqlDataReader 中填充 DataTable
MissingMappingAction	确定传入数据没有匹配的表或列时需要执行的操作
MissingSchemaAction	确定现有 DataSet 架构与传入数据不匹配时需要执行的操作
TableMappings	获取一个集合,它提供源表和 DataTable 之间的主映射

表 18.11　SqlDataAdapter 类的常用方法及其说明

方　　法	说　　明
Fill	用来自动执行 SqlDataAdapter 对象的 SelectCommand 属性中相对应的 SQL 语句,以检索数据库中的数据,然后更新数据集中的 DataTable 对象,如果 DataTable 对象不存在,则创建它
FillSchema	将 DataTable 添加到 DataSet 中,并配置架构以匹配数据源中的架构
GetFillParameters	获取当执行 SQL SELECT 语句时由用户设置的参数
Update	用来自动执行 UpdateCommand、InsertCommand 或 DeleteCommand 属性相对应的 SQL 语句,以使数据集中的数据更新数据库

在写回数据来源时，DataTable 与实际数据的数据表及列的对应，则可以通过 TableMappings 定义对应关系。

2. 创建 SqlDataAdapter 对象

创建 SqlDataAdapter 对象有两种方式：一是用语句直接创建 SqlDataAdapter 对象，另一种是通过工具箱的 SqlDataAdapter 控件创建 SqlDataAdapter 对象。

（1）用程序代码创建 SqlDataAdapter 对象

SqlDataAdapter 类有以下构造函数：

```
SqlDataAdapter()
SqlDataAdapter(selectCommandText)
SqlDataAdapter(selectCommandText,selectConnection)
SqlDataAdapter((selectCommandText,selectConnectionString)
```

其中，selectCommandText 是一个字符串，包含一个 SELECT 语句或存储过程。selectConnection 是当前连接的 SqlConnection 对象。selectConnectionString 是连接字符串。

采用上述第 3 个构造函数创建 SqlDataAdapter 对象的过程是：先建立 SqlConnection 连接对象，接着建立 SqlDataAdapter 对象，建立该对象的同时可以传递两个参数：命令字符串（mysql）、连接对象（myconn）。例如：

```
Dim mystr As String
Dim mysql As String
Dim myconn As New SqlConnection
mystr = "Data Source = LCB - PC;Initial Catalog = school;" & _
    "Persist Security Info = True;User ID = sa;Password = 123456"
myconn.ConnectionString = mystr
myconn.Open()
mysql = "SELECT * FROM student"
Dim myadapter As New SqlDataAdapter(mysql, myconn)
myconn.Close()
```

以上代码仅创建了 SqlDataAdapter 对象，并没有使用它。在后面介绍 DataSet 对象时大量使用 SqlDataAdapter 对象。

（2）通过设计工具创建 SqlDataAdapter 对象

通过设计工具创建 SqlDataAdapter 对象的步骤如下：

① 从工具箱的"数据"选项卡中选取 SqlDataAdapter 拖放到窗体中，这时会出现"数据适配器配置向导"对话框，如图 18.12 所示，要求选择一个连接。假设要新建连接，单击"新建连接"按钮。

② 出现如图 18.13 所示的"添加连接"对话框，其中数据源为 SQL Server，若需要更改，则单击"更改"按钮。这里不需要修改数据源。

在"服务器"组合框中输入"LCB-PC"，选中"使用 SQL Server 身份验证"单选按钮，在"用户名"框中输入"sa"，在"密码"框中输入"123456"，从数据库组合框中选择 school，单击"下一步"按钮。

③ 出现如图 18.14 所示的"选择数据连接"界面，选中"是"，单击"下一步"按钮。

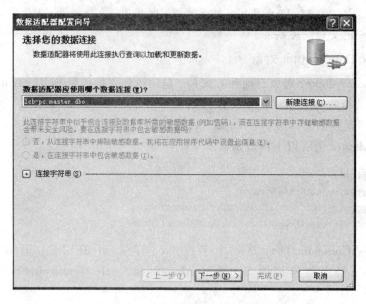

图 18.12 "数据适配器配置向导"对话框

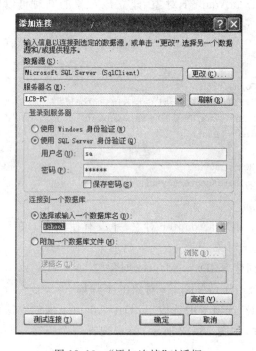

图 18.13 "添加连接"对话框

④ 出现如图 18.15 所示的"选择命令类型"界面,选择"使用 SQL 语句"项(默认),然后单击"下一步"按钮。

⑤ 进入生成 SQL 语句对话框。可以在该对话框的文本框中输入 SQL 的查询语句,也可以单击"查询生成器"按钮生成查询命令。这里直接输入"SELECT ＊ FROM student"语句,如图 18.16 所示,单击"下一步"按钮。

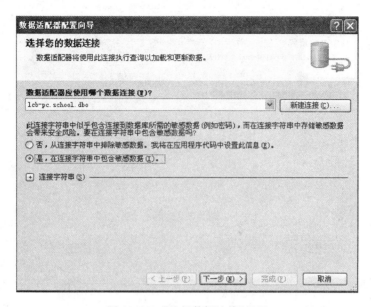

图 18.14　"选择数据连接"界面

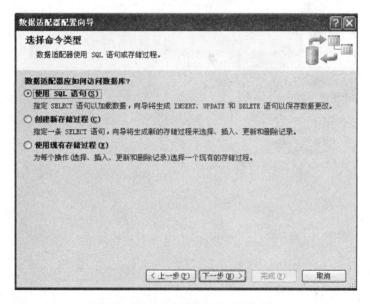

图 18.15　"选择命令类型"界面

⑥ 出现如图 18.17 所示的"向导结果"界面,单击"完成"按钮。

这样就创建了一个 SqlDataAdapter 对象,并同时在窗体中创建了一个 SqlConnection 对象。

3. 使用 Fill 方法

Fill 方法用于向 DataSet 对象填充从数据源中读取的数据。调用 Fill 方法的语法格式有多种,常见的格式如下:

```
SqlDataAdapter 对象名.Fill(DataSet 对象名,"数据表名")
```

数据库原理与应用——基于 SQL Server

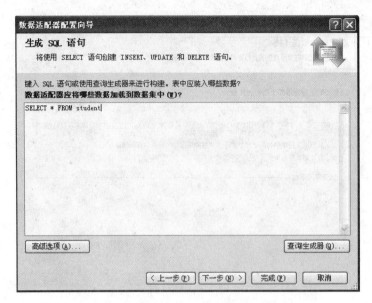

图 18.16 "生成 SQL 语句"界面

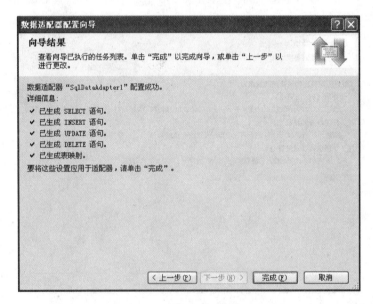

图 18.17 "向导结果"界面

其中第一个参数是数据集对象名,表示要填充的数据集对象;第二个参数是一个字符串,表示本地缓冲区中建立的临时表的名称。例如,以下语句用 student 表数据填充数据集 mydataset1:

```
SqlDataAdapter1.Fill(mydataset1,"student")
```

使用 Fill 方法要注意以下几点:

(1) 如果调用 Fill()之前连接已关闭,则先将其打开以检索数据,数据检索完成后再将连接关闭。如果调用 Fill()之前连接已打开,连接仍然会保持打开状态。

（2）如果数据适配器在填充 DataTable 时遇到重复列，它们将以 columnname1、columnname2、columnname3、…形式命名后面的列。

（3）如果传入的数据包含未命名的列，它们将以 column1、column2 的形式命名存入 DataTable。

（4）向 DataSet 添加多个结果集时，每个结果集都放在一个单独的表中。

（5）可以在同一个 DataTable 中多次使用 Fill()方法。如果存在主键，则传入的行会与已有的匹配行合并；如果不存在主键，则传入的行会追加到 DataTable 中。

4. 使用 Update 方法

Update 方法用于将数据集 DataSet 对象中的数据按 InsertCommand 属性、DeleteCommand 属性和 UpdateCommand 属性所指定的要求更新数据源，即调用 3 个属性中所定义的 SQL 语句更新数据源。Update 方法常见的调用格式如下：

```
SqlDataAdapter 名称.Update(DataSet 对象名,[数据表名])
```

其中第一个参数是数据集对象名称，表示要将哪个数据集对象中的数据更新到数据源；第二个参数是一个字符串，表示临时表的名称，它是可选项。

由于 SqlDataAdapter 对象介于 DataSet 对象和数据源之间，Update 方法只能将 DataSet 中的修改回存到数据源中，有关修改 DataSet 对象中数据的方法在 18.4 节介绍。当用户修改 DataSet 对象中的数据时，如何产生 SqlDataAdapter 对象的 InsertCommand、DeleteCommand 和 UpdateCommand 属性呢？

系统提供了 SqlCommandBuilder 类用于在用户对 DataSet 对象数据进行操作时自动产生相对应的 InsertCommand、DeleteCommand 和 UpdateCommand 属性。该类的构造函数如下：

```
SqlCommandBuilder(adapter)
```

其中，adapter 参数指出一个已生成的 SqlDataAdapter 对象。例如，以下语句创建一个 SqlCommandBuilder 对象 mycmdbuilder，用于产生 myadp 对象的 InsertCommand、DeleteCommand 和 UpdateCommand 属性，然后调用 Update 方法执行这些修改命令以更新数据源：

```
Dim mycmdbuilder = New SqlCommandBuilder(myadp)
myadp.Update(myds, "student")
```

18.3 DataSet 对象

DataSet 是核心的 ADO.NET 数据库访问组件，主要是用来支持 ADO.NET 的不连贯连接及分布数据处理。DataSet 是数据库在内存中的驻留形式，可以保证和数据源无关的一致的关系模型，实现同时对多个不同数据源的操作。

18.3.1 DataSet 对象概述

ADO.NET 包含多个组件，每个组件在访问数据库时具有自己的功能，如图 18.18 所示,首先通过 Connection 组件建立与实际数据库的连接,Command 组件发送数据库的操作命令。一种方式是使用 DataReader 组件(含有命令执行提取的数据库数据)与 VB.NET 窗体控件进行数据绑定,即在窗体中显示 DataReader 组件中的数据集,这在 18.4 节介绍过。另一种方式是通过 DataAdapter 组件将命令执行提取的数据库数据填充到 DataSet 组件中,再通过 DataSet 组件与 VB.NET 窗体控件进行数据绑定,这是本节要介绍的内容,这种方式功能更强。

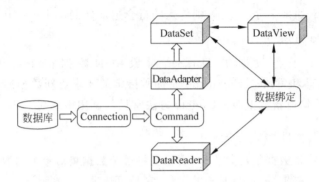

图 18.18　ADO.NET 组件访问数据库的方式

数据集 DataSet 对象可以分为类型化数据集和非类型化数据集。

类型化数据集继承自 DataSet 基类,包含结构描述信息,是结构描述文件所生成类的实例,VB.NET 对类型化数据集提供了较多的可视化工具支持,访问类型化数据集中的数据表和字段内容更加方便、快捷且不容易出错,类型化数据集提供了编译阶段的类型检查功能。

非类型化的 DataSet 没有对应的内建结构描述,本身所包括的表、字段等数据对象以集合的方式来呈现,对于动态建立的且不需要使用结构描述信息的对象则应该使用非类型化数据集,可以使用 DataSet 的 WriteXmlSchema 方法来将非类型化数据集的结构导出到结构描述文件。

创建 DataSet 对象有多种方法,既可以使用设计工具,也可以使用程序代码创建 DataSet 对象。使用程序代码创建 DataSet 对象的语法格式如下:

    Dim 对象名 As New DataSet

或

    Dim 对象名 As New DataSet(dataSetName)

其中,dataSetName 为一个字符串,指出 DataSet 的名称。

18.3.2　DataSet 对象的属性和方法

1. DataSet 对象的属性

DataSet 对象的常用属性如表 18.12 所示。一个 DataSet 对象包含一个 Tables 属性即表集合和一个 Relations 属性即表之间关系的集合。

DataSet 对象的 Tables 集合属性的基本架构如图 18.19 所示,理解这种复杂的架构关系对于使用 DataSet 对象是十分重要的。实际上,DataSet 对象如同内存中的数据库(由多个表构成),可以包含多个 DataTable 对象;一个 DataTable 对象如同数据库中的一个表,它可以包含多个列和多个行,一列对应一个 DataColumn 对象,一行对应一个 DataRow 对象,而每个对象都有自己的属性和方法。

表 18.12　DataSet 对象的常用属性及其说明

属　　性	说　　明
CaseSensitive	获取或设置一个值,该值指示 DataTable 对象中的字符串比较是否区分大小写
DataSetName	获取或设置当前 DataSet 的名称
Relations	获取用于将表链接起来并允许从父表浏览到子表的关系的集合
Tables	获取包含在 DataSet 中的表的集合

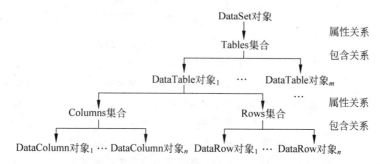

图 18.19　DataSet 对象的 Tables 集合属性

2. DataSet 对象的方法

DataSet 对象的常用方法如表 18.13 所示。

表 18.13　DataSet 对象的常用方法及其说明

AcceptChanges	提交自加载此 DataSet 或上次调用 AcceptChanges 以来对其进行的所有更改
Clear	通过移除所有表中的所有行来清除任何数据的 DataSet
CreateDataReader	为每个 DataTable 返回带有一个结果集的 DataTableReader,顺序与 Tables 集合中表的显示顺序相同
GetChanges	获取 DataSet 的副本,该副本包含自上次加载以来或自调用 AcceptChanges 以来对该数据集进行的所有更改
HasChanges	获取一个值,该值指示 DataSet 是否有更改,包括新增行、已删除的行或已修改的行
Merge	将指定的 DataSet、DataTable 或 DataRow 对象的数组合并到当前的 DataSet 或 DataTable 中
Reset	将 DataSet 重置为其初始状态

18.3.3　Tables 集合和 DataTable 对象

DataSet 对象的 Tables 属性由表组成,每个表是一个 DataTable 对象。实际上,每一个 DataTable 对象代表了数据库中的一个表,每个 DataTable 数据表都由相应的行和列组成。

可以通过索引引用 Tables 集合中的一个表,例如,Tables(i)表示第 i 个表,其索引值从 0 开始编号。

1．Tables 集合的属性和方法

作为 DataSet 对象的一个属性，Tables 是一个表集合，其常用属性如表 18.14 所示，常用方法如表 18.15 所示。

表 18.14　Tables 集合的常用属性及其说明

Tables 集合的属性	说　明
Count	Tables 集合中表个数
Item	检索 Tables 集合中指定索引处的表

表 18.15　Tables 集合的常用方法及其说明

Tables 集合的方法	说　明
Add	向 Tables 集合中添加一个表
AddRange	向 Tables 集合中添加一个表的数组
Clear	移除 Tables 集合中的所有表
Contains	确定指定表是否在 Tables 集合中
Equqls	判断是否等于当前对象
GetType	获取当前实例的 Type
Insert	将一个表插入到 Tables 集合中指定的索引处
IndexOf	检索指定的表在 Tables 集合中的索引
Remove	从 Tables 集合中移除指定的表
RemoveAt	移除 Tables 集合中指定索引处的表

2．DataTable 对象

DataSet 对象的属性 Tables 集合是由一个或多个 DataTable 对象组成的，DataTable 类的常用属性如表 18.16 所示。而一个 DataTable 对象包含一个 Columns 属性即列集合和一个 Rows 属性即行集合。DataTable 对象的常用方法如表 18.17 所示。

表 18.16　DataTable 对象的常用属性及其说明

属　性	说　明
CaseSensitive	指示表中的字符串比较是否区分大小写
ChildRelations	获取此 DataTable 的子关系的集合
Columns	获取属于该表的列的集合
Constraints	获取由该表维护的约束的集合
DataSet	获取此表所属的 DataSet
DefaultView	返回可用于排序、筛选和搜索 DataTable 的 DataView
ExtendedProperties	获取自定义用户信息的集合
ParentRelations	获取该 DataTable 的父关系的集合
PrimaryKey	获取或设置充当数据表主键的列的数组
Rows	获取属于该表的行的集合
TableName	获取或设置 DataTable 的名称

表 18.17 DataTable 对象的常用方法及其说明

方　　法	说　　明
AcceptChanges	提交自上次调用 AcceptChanges 以来对该表进行的所有更改
Clear	清除所有数据的 DataTable
Compute	计算用来传递筛选条件的当前行上的给定表达式
CreateDataReader	返回与此 DataTable 中的数据相对应的 DataTableReader
ImportRow	将 DataRow 复制到 DataTable 中,保留任何属性设置以及初始值和当前值
Merge	将指定的 DataTable 与当前的 DataTable 合并
NewRow	创建与该表具有相同架构的新 DataRow
Select	获取 DataRow 对象的数组

3. 建立包含在数据集中的表

建立包含在数据集中的表的方法主要有以下两种。

(1) 利用数据适配器的 Fill 方法自动建立 DataSet 中的 DataTable 对象

先通过 SqlDataAdapter 对象从数据源中提取记录数据,然后调用其 Fill 方法,将所提取的记录存入 DataSet 中对应的表内,如果 DataSet 中不存在对应的表,Fill 方法会先建立表再将记录填入其中。例如,以下语句向 DataSet 对象 myds 中添加一个表 worker 及其包含的数据记录:

```
Dim myds As New DataSet
Dim myda As New SqlDataAdapter("SELECT * FROm worker",myconn)
myda.Fill(myds,"worker")
```

(2) 将建立的 DataTable 对象添加到 DataSet 中

先建立 DataTable 对象,然后调用 DataSet 的表集合属性 Tables 的 Add 方法将 DataTable 对象添加到 DataSet 对象中。例如,以下语句向 DataSet 对象 myds 中添加一个表,并返回表的名称 student:

```
Dim myds As DataSet = New DataSet
Dim mydt As DataTable = New DataTable("student")
myds.Tables.Add(mydt)
TextBox1.Text = myds.Tables("student").TableName   '文本框中显示"student"
```

18.3.4 Columns 集合和 DataColumn 对象

DataTable 对象的 Columns 属性由是列组成的,每个列是一个 DataColumn 对象。DataColumn 对象描述数据表列的结构,要向数据表添加一个列,必须先建立一个 DataColumn 对象,设置其各项属性,然后将它添加到 DataTable 的列集合 DataColumns 中。

1. Columns 集合的属性和方法

Columns 集合的常用属性如表 18.18 所示,其常用方法如表 18.19 所示。

2. DataColumn 对象

DataColumn 对象的常用属性如表 18.20 所示,其方法很少使用。

表 18.18 Columns 集合的常用属性及其说明

Columns 集合的属性	说　明
Count	Columns 集合中列个数
Item	检索 Columns 集合中指定索引处的列

表 18.19 Columns 集合的常用方法及其说明

Columns 集合的方法	说　明
Add	向 Columns 集合中添加一个列
AddRange	向 Columns 集合中添加一个列的数组
Clear	移除 Columns 集合中的所有列
Contains	确定指定列是否在 Columns 集合中
Equqls	判断是否等于当前对象
GetType	获取当前实例的 Type
Insert	将一个列插入到 Columns 集合中指定的索引处
IndexOf	检索指定的列在 Columns 集合中的索引
Remove	从 Columns 集合中移除指定的列
RemoveAt	移除 Columns 集合中指定索引处的列

表 18.20 DataColumn 对象的常用属性及其说明

属　性	说　明
AllowDBNull	获取或设置一个值，该值指示对于属于该表的行，此列中是否允许空值
Caption	获取或设置列的标题
ColumnName	获取或设置 DataColumnCollection 中的列的名称
DataType	获取或设置存储在列中的数据的类型
DefaultValue	在创建新行时获取或设置列的默认值
Expression	获取或设置表达式，用于筛选行、计算列中的值或创建聚合列
MaxLength	获取或设置文本列的最大长度
Table	获取列所属的 DataTable 对象
Unique	获取或设置一个值，该值指示列的每一行中的值是否必须是唯一的

例如，以下语句建立一个 DataSet 对象 myds，向其中添加一个 DataTable 对象 mydt，向 mydt 中添加 3 个列，列名分别为 ID、cName 和 cBook，数据类型均为 String：

```
Dim mydt As DataTable = New DataTable()
Dim mycol1 As DataColumn = mydt.Columns.Add("ID", Type.GetType("System.String"))
mydt.Columns.Add("cName", Type.GetType("System.String"))
mydt.Columns.Add("cBook", Type.GetType("System.String"))
```

18.3.5 Rows 集合和 DataRow 对象

DataTable 对象的 Rows 属性是由行组成的，每个行是一个 DataRow 对象。DataRow 对象用来表示 DataTable 中单独的一条记录。每一条记录都包含多个字段，DataRow 对象用 Item 属性表示这些字段，Item 属性后加索引值或字段名可以表示一个字段的内容。

1．Rows 集合的属性和方法

Rows 集合的常用属性如表 18.21 所示，其常用方法如表 18.22 所示。

表 18.21　Rows 集合的常用属性及其说明

Rows 集合的属性	说　　明
Count	Rows 集合中行个数
Item	检索 Rows 集合中指定索引处的行

表 18.22　Rows 集合的常用方法及其说明

Rows 集合的属性	说　　明
Add	向 Rows 集合中添加一个行
AddRange	向 Rows 集合中添加一个行的数组
Clear	移除 Rows 集合中的所有行
Contains	确定指定行是否在 Rows 集合中
Equqls	判断是否等于当前对象
GetType	获取当前实例的 Type
Insert	将一个行插入到 Rows 集合中指定的索引处
IndexOf	检索指定的行在 Rows 集合中的索引
Remove	从 Rows 集合中移除指定的行
RemoveAt	移除 Rows 集合中指定索引处的行

2．DataRow 对象

DataRow 对象的常用属性如表 18.23 所示，其方法如表 18.24 所示。

表 18.23　DataRow 对象的常用属性及其说明

属　　性	说　　明
item	获取或设置存储在指定列中的数据
ItemArray	通过一个数组来获取或设置此行的所有值
Table	获取该行的 DataTable 对象

表 18.24　DataRow 对象的常用方法及其说明

方　　法	说　　明
AcceptChanges	提交自上次调用 AcceptChanges 以来对该行进行的所有更改
Delete	删除 DataRow 对象
EndEdit	终止发生在该行的编辑
IsNull	获取一个值，该值指示指定的列是否包含空值

【例 18.7】　设计一个窗体，向 student 表中插入一条学生记录。

解：在项目 Proj18 中设计一个窗体 Form7，其设计界面如图 18.20 所示，有一个分组框 GroupBox1 和一个命令按钮 Button1，分组框中有 5 个标签和 5 个文本框。在该窗体上设计如下代码：

```
Imports System.Data.SqlClient    '引用 SqlClient 命名空间
```

```
Public Class Form7
    Private Sub Button1_Click(ByVal sender As System.Object,
    ByVal e As System.EventArgs) Handles Button1.Click
        If TextBox1.Text = "" Or Not IsDate(TextBox4.Text) Then
            MsgBox("学生记录输入错误", MsgBoxStyle.OkOnly, "信息提示")
            Exit Sub
        End If
        Dim mystr As String
        Dim myds As New DataSet
        Dim myconn As New SqlConnection
        Dim mycmd As New SqlCommand
        mystr = "Data Source = LCB - PC;Initial Catalog = school;" & _
            "Persist Security Info = True;User ID = sa;Password = 123456"
        myconn.ConnectionString = mystr
        myconn.Open()
        Dim myadp As New SqlDataAdapter
        myadp = New SqlDataAdapter("SELECT * FROM student", myconn)
        myadp.Fill(myds, "student")
        Dim myrow As DataRow = myds.Tables("student").NewRow
        'myrow 为相同结构的新行
        myrow.Item(0) = TextBox1.Text            '学号
        myrow.Item(1) = TextBox2.Text            '姓名
        myrow.Item(2) = TextBox3.Text            '性别
        myrow.Item(3) = TextBox4.Text            '出生日期
        myrow.Item(4) = TextBox5.Text            '班号
        myds.Tables("student").Rows.Add(myrow)   '将 myrow 行添加到 student 表中
        Dim mycmdbuilder = New SqlCommandBuilder(myadp)
        myadp.Update(myds, "student")            '更新数据源
        myconn.Close()
    End Sub
End Class
```

运行本窗体,输入一个学生记录,单击"插入"按钮,则将该学生记录存储到 student 表中,其运行界面如图 18.21 所示。

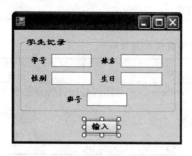

图 18.20　Form7 设计界面

图 18.21　Form7 运行界面

18.4　数据绑定

数据绑定就是把数据连接到窗体的过程。通过数据绑定可以通过窗体界面操作数据库中的数据。

18.4.1　数据绑定概述

VB.NET 的大部分控件都有数据绑定功能,例如 Label、TextBox、dataGridView 等控件。当控件进行数据绑定操作后,该控件即会显示所查询的数据记录。只有采用数据绑定,才能通过应用程序界面实施数据表中的数据操作。

18.4.2　数据绑定方法

窗体控件的数据绑定一般可以分为 3 种方式,即单一绑定、整体绑定和复合绑定。

1. 单一绑定

所谓单一绑定是指将单一的数据元素绑定到控件的某个属性。例如,将 TextBox 控件的 Text 属性与 student 数据表中的姓名列进行绑定。

单一绑定是利用控件的 DataBindings 集合属性实现的,其一般形式如下:

```
控件名称.DataBindings.Add("控件的属性名称",数据源,"数据成员")
```

其中,“控件的属性名称”参数为字符串形式,指定绑定到指定控件的哪一个属性,DataBindings 的集合属性允许让控件的多个属性与某个数据源进行绑定,经常使用的绑定属性如表 18.25 所示。“数据源”参数指定一个被绑定的数据源,可以是 DataSet、DataTable、DataView、BindingSource 等多种形式。“数据成员”参数为字符串形式,指定数据源的子集,如果数据源是 DataSet 对象,那么数据成员就是“DataTable.字段名称”;如果数据源是 DataTable,那么数据成员就是“字段名称”;如果数据源是 BindingSource,那么数据成员就是“字段名称”。

表 18.25　单一绑定经常使用的绑定属性

控件类型	经常使用的绑定属性
TextBox	Text、Tag
ComboBox	SelectedItem、SelectedValue、Text、Tag
ListBox	SelectedIndex、SelectedItem、SelectedValue、Tag
CheckBox	Checked、Text、Tag
RadioButton	Text、Tag
Label	Text、Tag
Button	Text、Tag

实际上,控件的属性名称、数据源和数据成员这 3 个参数构成了一个 Binding 对象。也可以先创建 Binding 对象,再使用 Add 方法将其添加到某个控件的 DataBindings 集合属性中。Binding 对象的构造函数如下:

```
Binding("控件的属性名称",数据源,"数据成员")
```

例如,以下语句建立一个 myds 数据集(其中含有 student 表对应的 DataTable 对象),并将 student.学号列与一个 TextBox1 控件的 Text 属性实现绑定。

```
Dim myds As New DataSet
…
Dim mybinding As New Binding("Text",myds,"student.学号")
```

```
TextBox1.DataBindings.Add(mybinding)
'或 TextBox1.DataBindings.Add("Text",myds,"student.学号")
```

【例 18.8】 设计一个窗体,用于显示 student 表中的第一个记录。

解:在项目 Proj18 中设计一个窗体 Form8,其设计界面如图 18.22 所示,有一个分组框 GroupBox1,其中有 5 个标签和 5 个文本框。在该窗体上设计如下代码:

```
Imports System.Data.SqlClient    '引用 SqlClient 命名空间
Public Class Form8
    Private Sub Form8_Load(ByVal sender As System.Object,
        ByVal e As System.EventArgs) Handles MyBase.Load
        Dim mystr As String
        Dim mysql As String
        Dim myconn As New SqlConnection
        Dim myds As New DataSet
        mystr = "Data Source = LCB - PC;Initial Catalog = school;" & _
            "Persist Security Info = True;User ID = sa;Password = 123456"
        myconn.ConnectionString = mystr
        myconn.Open()
        mysql = "SELECT * FROM student"
        Dim myda As New SqlDataAdapter(mysql, myconn)
        myda.Fill(myds, "student")
        Dim mybinding1 As New Binding("Text", myds, "Student.学号")
        TextBox1.DataBindings.Add(mybinding1)
        '或 TextBox1.DataBindings.Add("Text", myds, "Student.学号")
        Dim mybinding2 As New Binding("Text", myds, "Student.姓名")
        TextBox2.DataBindings.Add(mybinding2)
        '或 TextBox2.DataBindings.Add("Text", myds, "Student.姓名")
        Dim mybinding3 As New Binding("Text", myds, "Student.性别")
        TextBox3.DataBindings.Add(mybinding3)
        '或 TextBox3.DataBindings.Add("Text", myds, "Student.性别")
        Dim mybinding4 As New Binding("Text", myds, "Student.出生日期")
        TextBox4.DataBindings.Add(mybinding4)
        '或 TextBox4.DataBindings.Add("Text",myds, "Student.出生日期")
        Dim mybinding5 As New Binding("Text", myds, "Student.班号")
        TextBox5.DataBindings.Add(mybinding5)
        '或 TextBox5.DataBindings.Add("Text", myds, "Student.班号")
        myconn.Close()
    End Sub
End Class
```

上述代码中,创建了 5 个 Binging 对象,然后将它们分别添加到 5 个文本框的 DataBindings 集合属性中。运行本窗体,其运行界面如图 18.23 所示。

图 18.22　Form8 设计界面　　　　　　　　图 18.23　Form8 运行界面

2．整体绑定

在例 18.8 的这种绑定方式中，每个文本框与一个数据成员进行绑定，这种单一绑定方式不便于数据源的整体操作。为此 VB.NET 提供了 BindingSource 类，它用于封装窗体的数据源，实现对数据源的整体导航操作，即整体绑定。其常用的构造函数如下：

```
BindingSource()
BindingSource(dataSource,dataMember)
```

其中，dataSource 指出 BindingSource 的数据源。dataMember 指出要绑定到的数据源中的特定列或列表名称。

BindingSource 类的常用属性如表 18.26 所示，其常用方法如表 18.27 所示。通过一个 BindingSource 对象将一个窗体的数据源看成一个整体，可以对数据源进行记录定位（使用 Move 类方法），从而在窗体中显示不同的记录。

表 18.26　BindingSource 类的常用属性及其说明

属　　性	说　　明
AllowEdit	获取一个值，该值指示是否可以编辑基础列表中的项
AllowNew	获取或设置一个值，该值指示是否可以使用 AddNew 方法向列表中添加项
AllowRemove	获取一个值，它指示是否可从基础列表中移除项
Count	获取基础列表中的总项数
Current	获取列表中的当前项
DataMember	获取或设置连接器当前绑定到的数据源中的特定列表
DataSource	获取或设置连接器绑定到的数据源
Filter	获取或设置用于筛选查看哪些行的表达式
IsSorted	获取一个值，该值指示是否可以对基础列表中的项排序
Item	获取或设置指定索引处的列表元素
Position	获取或设置基础列表中当前项的索引
Sort	获取或设置用于排序的列名称以及用于查看数据源中的行的排序顺序

表 18.27　BindingSource 类的常用方法及其说明

方　　法	说　　明
Add	将现有项添加到内部列表中
AddNew	向基础列表添加新项
CancelEdit	取消当前编辑操作
Clear	从列表中移除所有元素
EndEdit	将挂起的更改应用于基础数据源
Find	在数据源中查找指定的项
IndexOf	搜索指定的对象，并返回整个列表中第一个匹配项的索引
Insert	将一项插入列表中指定的索引处
MoveFirst	移至列表中的第一项
MoveLast	移至列表中的最后一项
MoveNext	移至列表中的下一项
MovePrevious	移至列表中的上一项
Remove	从列表中移除指定的项
RemoveAt	移除此列表中指定索引处的项
RemoveCurrent	从列表中移除当前项

数据库原理与应用——基于 SQL Server

提示：单一绑定就是将各个控件的某属性与某个数据源的各属性分开绑定，各个控件单独绑定，所以不便于整体操作，如 TextBox1 中显示数据源的第 2 个记录的学号，而 TextBox2 中显示数据源的第 5 个记录的姓名。使用 BindingSource 对象实现整体绑定，先将某个数据源作为一个整体构成一个 BindingSource 对象，再将该 BindingSource 对象的各属性与各控件的某属性绑定，所有这些控件对数据源实施整体操作，如 TextBox1 和 TextBox2 中显示的只能是同一记录的学号和姓名。

【例 18.9】 设计一个窗体，采用 BindingSource 对象实现对 student 表中所有记录进行浏览操作。

解：在项目 Proj18 中设计一个窗体 Form9，其设计界面如图 18.24 所示，有一个分组框 GroupBox1，其中有 5 个标签和 5 个文本框，另外增加 4 个导航命令按钮（从左到右分别为 Button1～Button4）。在该窗体上设计如下代码：

```vb
Imports System.Data.SqlClient    '引用 SqlClient 命名空间
Public Class Form9
  Dim mybs As BindingSource
  Private Sub Form9_Load(ByVal sender As System.Object, _
    ByVal e As System.EventArgs) Handles MyBase.Load
    Dim mystr As String
    Dim mysql As String
    Dim myconn As New SqlConnection
    Dim myds As New DataSet
    mystr = "Data Source = LCB - PC;Initial Catalog = school;" & _
      "Persist Security Info = True;User ID = sa;Password = 123456"
    myconn.ConnectionString = mystr
    myconn.Open()
    mysql = "SELECT * FROM student"
    Dim myda As New SqlDataAdapter(mysql, myconn)
    myda.Fill(myds, "student")
    mybs = New BindingSource(myds, "student")
    Dim mybinding1 As New Binding("Text", mybs, "学号")
    TextBox1.DataBindings.Add(mybinding1)
    Dim mybinding2 As New Binding("Text", mybs, "姓名")
    TextBox2.DataBindings.Add(mybinding2)
    Dim mybinding3 As New Binding("Text", mybs, "性别")
    TextBox3.DataBindings.Add(mybinding3)
    Dim mybinding4 As New Binding("Text", mybs, "出生日期")
    TextBox4.DataBindings.Add(mybinding4)
    Dim mybinding5 As New Binding("Text", mybs, "班号")
    TextBox5.DataBindings.Add(mybinding5)
    myconn.Close()
  End Sub
  Private Sub Button1_Click(ByVal sender As System.Object, _
    ByVal e As System.EventArgs) Handles Button1.Click
    If mybs.Position <> 0 Then
      mybs.MoveFirst()
    End If
  End Sub
  Private Sub Button2_Click(ByVal sender As System.Object,
```

```
    ByVal e As System.EventArgs) Handles Button2.Click
        If mybs.Position <> 0 Then
            mybs.MovePrevious()
        End If
    End Sub
    Private Sub Button3_Click(ByVal sender As System.Object,
        ByVal e As System.EventArgs) Handles Button3.Click
        If mybs.Position <> mybs.Count - 1 Then
            mybs.MoveNext()
        End If
    End Sub
    Private Sub Button4_Click(ByVal sender As System.Object,
        ByVal e As System.EventArgs) Handles Button4.Click
     If mybs.Position <> mybs.Count - 1 Then
            mybs.MoveLast()
        End If
    End Sub
End Class
```

上述代码中,创建了一个 BingingSource 对象,其数据源为 student 表,再创建 5 个 Binging 对象,它们对应 BingingSource 对象中数据源的不同列,然后将它们分别添加到 5 个文本框的 DataBindings 集合属性中。运行本窗体,通过单击命令按钮进行记录导航,其运行界面如图 18.25 所示。

图 18.24　Form9 设计界面　　　　　　　图 18.25　Form9 运行界面

除了利用 BindingSource 类实现整体绑定外,也可以利用 BindingManagerBase 类管理绑定到相同数据源和数据成员的所有 Binding 对象。使用 BindingManagerBase 对象,可以对 Windows 窗体上绑定到相同数据源的数据绑定控件进行同步操作。例如,假定窗体包含两个绑定到相同数据源的不同列的 TextBox 控件,数据源可能是一个包含学生学号和姓名的 DataTable 对象,这两个控件必须同步以便一起显示同一学生的学号和姓名。

从 BindingManagerBase 类继承的 CurrencyManager 通过维护指向数据源中当前项的指针来完成此同步。TextBox 控件被绑定到当前项,因此它们显示同一行的信息。在当前项更改时,CurrencyManager 通知所有绑定控件,以便它们能够刷新它们的数据。此外,可以设置 Position 属性来指定控件所指向的 DataTable 对象中的行。

通常的做法是:在窗体中包含若干个控件,它们与某数据源采用单一绑定,再利用窗体的 BindingContext 属性获取该窗体中包含的所有数据绑定控件,并返回单个 BindingManagerBase 对象,该 BindingManagerBase 对象使绑定到同一数据源的所有控件保

数据库原理与应用——基于 SQL Server

持同步,然后通过 BindingManagerBase 对象的 Position 属性指定基础列表中所有数据绑定控件指向的项。

BindingManagerBase 类的常用属性如表 18.28 所示,其常用方法如表 18.29 所示。

表 18.28　BindingManagerBase 类的常用属性及其说明

属　　性	说　　明
Bindings	获取所管理绑定的集合
Count	当在派生类中被重写时,获取 BindingManagerBase 所管理的行数
Position	当在派生类中被重写时,获取或设置绑定到该数据源的控件所指向的基础列表中的位置

表 18.29　BindingManagerBase 类的常用方法及其说明

方　　法	说　　明
AddNew	当在派生类中被重写时,向基础列表添加一个新项
CancelCurrentEdit	取消当前编辑
EndCurrentEdit	结束当前编辑,将控件上的数据写回 DataSet
RemoveAt	从基础列表中删除指定索引处的行
ResumeBinding	恢复数据绑定

【例 18.10】　设计一个窗体,采用 BindingManagerBase 对象实现对 student 表中所有记录进行浏览操作。

解:在项目 Proj18 中设计一个窗体 Form10,其设计界面与例 18.9 的窗体完全相同。在该窗体上设计如下代码:

```
Imports System.Data.SqlClient    '引用 SqlClient 命名空间
Public Class Form10
    Dim mystr As String = "Data Source = LCB - PC;Initial Catalog = school;" & _
        "Persist Security Info = True;User ID = sa;Password = 123456"
    Dim myconn As New SqlConnection(mystr)
    Dim myda As New SqlDataAdapter("SELECT * FROM student", myconn)
    Dim myds As New DataSet
    Dim mybm As BindingManagerBase
    Private Sub Form10_Load(ByVal sender As System.Object, _
        ByVal e As System.EventArgs) Handles MyBase.Load
        myconn.Open()
        myda.Fill(myds, "student")
        Dim mybinding1 As New Binding("Text", myds, "student.学号")
        TextBox1.DataBindings.Add(mybinding1)
        Dim mybinding2 As New Binding("Text", myds, "student.姓名")
        TextBox2.DataBindings.Add(mybinding2)
        Dim mybinding3 As New Binding("Text", myds, "student.性别")
        TextBox3.DataBindings.Add(mybinding3)
        Dim mybinding4 As New Binding("Text", myds, "student.出生日期")
        TextBox4.DataBindings.Add(mybinding4)
        Dim mybinding5 As New Binding("Text", myds, "student.班号")
        TextBox5.DataBindings.Add(mybinding5)
        mybm = Me.BindingContext(myds, "student")
```

```
      myconn.Close()
    End Sub
    Private Sub Button1_Click(ByVal sender As System.Object,
      ByVal e As System.EventArgs) Handles Button1.Click        '首记录
      If mybm.Position <> 0 Then
        mybm.Position = 0
      End If
    End Sub
    Private Sub Button2_Click(ByVal sender As System.Object,
      ByVal e As System.EventArgs) Handles Button2.Click        '前一记录
      If mybm.Position <> 0 Then
        mybm.Position -= 1
      End If
    End Sub
    Private Sub Button3_Click(ByVal sender As System.Object,
      ByVal e As System.EventArgs) Handles Button3.Click        '下一记录
      If mybm.Position <> mybm.Count - 1 Then
        mybm.Position += 1
      End If
    End Sub
    Private Sub Button4_Click(ByVal sender As System.Object,
      ByVal e As System.EventArgs) Handles Button4.Click        '尾记录
      If mybm.Position <> mybm.Count - 1 Then
        mybm.Position = mybm.Count - 1
      End If
    End Sub
End Class
```

本窗体的功能与例 18.9 的窗体相同,只不过本例是通过 BindingSource 对象实现整体绑定的。

3. 复合绑定

所谓复合绑定是指控件和一个以上的数据元素进行绑定,通常是指把控件和数据集中的多条数据记录或者多个字段值、数组中的多个数组元素进行绑定。

ComboBox、ListBox 和 CheckedListBox 等控件都支持复合数据绑定。在实现复合绑定时,需要正确设置关键属性 DataSource 和 DataMember(或 DisplayMember)等,其基本语法格式如下:

```
控件对象名称.DataSource = 数据源
控件对象名称.DisplayMember = 数据成员
```

例如,在一个窗体 myform 中有一个组合框 ComboBox1,有以下事件过程:

```
Private Sub myform_Load(ByVal sender As System.Object,
    ByVal e As System.EventArgs) Handles MyBase.Load
  Dim mystr As String
  Dim mysql As String
  Dim myconn As New SqlConnection
  Dim myds As New DataSet
```

```
    mystr = "Data Source = LCB - PC;Initial Catalog = school;" & _
        "Persist Security Info = True;User ID = sa;Password = 123456"
    myconn.ConnectionString = mystr
    myconn.Open()
    mysql = "SELECT distinct 班号 FROM student"
    Dim myda As New SqlDataAdapter(mysql, myconn)
    myda.Fill(myds, "student")
    ComboBox1.DataSource = myds
    ComboBox1.DisplayMember = "student.班号"
    myconn.Close()
End Sub
```

上述代码中,通过复合绑定设置 ComboBox1 的数据源
(DataSource 属性设置为 myds,DisplayMember 属性设置
为"student.班号")其运行结果如图 18.26 所示。

图 18.26　组合框的运行结果

18.5　DataView 对象

DataView 对象能够创建 DataTable 中所存储数据的不同视图,用于对 DataSet 中的数据进行排序、过滤和查询等操作。

18.5.1　DataView 对象概述

DataView 对象类似于数据库中的视图功能,提供 DataTable 列(Column)排序、过滤记录(Row)及记录的搜索,它的一个常见用法是为控件提供数据绑定。

DataView 对象的构造函数如下:

```
DataView()
DataView(table)
DataView(table, RowFilter, Sort, RowState)
```

其中,table 参数指出要添加到 DataView 的 DataTable 对象。RowFilter 参数指出要应用于 DataView 的 RowFilter。Sort 参数指出要应用于 DataView 的 Sort。RowState 参数指出要应用于 DataView 的 DataViewRowState。

为给定的 DataTable 创建一个新的 DataView 对象,可以把 DataTable 的一个对象 mydt 传给 DataView 构造函数,例如:

```
Dim mydv As New DataView(mydt)
```

在第一次创建 DataView 对象时,DataView 默认为 mydt 中的所有行。用属性可以在 DataView 中得到数据行的一个子集合,也可以给这些数据排序。

DataTable 对象提供 DefaultView 属性返回默认的 DataView 对象。例如:

```
Dim mydv As New DataView()
mydv = myds.Tables("student").DefaultView
```

上述代码从 myds 数据集中取得 student 表的默认内容,再利用相关控件(如 DataGridView)显示内容,指定数据来源为 mydv。

DataView 对象的常用属性如表 18.30 所示,其常用的方法如表 18.31 所示。

表 18.30　DataView 的常用属性及其说明

属　　性	说　　明
AllowDelete	设置或获取一个值,该值指示是否允许删除
AllowEdit	获取或设置一个值,该值指示是否允许编辑
AllowNew	获取或设置一个值,该值指示是否可以使用 AddNew 方法添加新行
ApplyDefaultSort	获取或设置一个值,该值指示是否使用默认排序
Count	在应用 RowFilter 和 RowStateFilter 之后,获取 DataView 中记录的数量
Item	从指定的表获取一行数据
RowFilter	获取或设置用于筛选在 DataView 中查看哪些行的表达式
RowStateFilter	获取或设置用于 DataView 中的行状态筛选器
Sort	获取或设置 DataView 的一个或多个排序列以及排序顺序
Table	获取或设置源 DataTable

表 18.31　DataView 的常用方法及其说明

方　　法	说　　明
AddNew	将新行添加到 DataView 中
Delete	删除指定索引位置的行
Find	按指定的排序关键字值在 DataView 中查找行
FindRows	返回 DataRowView 对象的数组,这些对象的列与指定的排序关键字值匹配
ToTable	根据现有 DataView 中的行,创建并返回一个新的 DataTable

18.5.2　DataView 对象的列排序设置

DataView 取得一个表之后,利用 Sort 属性指定依据某些列(Column)排序,Sort 属性允许复合键的排序,列之间使用逗号隔开即可。排序的方式又分为升序(Asc)和降序(Desc),在列之后接 Asc 或 Desc 关键字即可。

例如,以下代码建立一个 DataView 对象 mydv,对应 school 数据库中的 score 表,并按学号升序、分数降序排序所有的记录。

```
Dim mystr As String
Dim mysql As String
Dim myconn As New SqlConnection
Dim myds As New DataSet
mystr = "Data Source = LCB - PC;Initial Catalog = school;" & _
    "Persist Security Info = True;User ID = sa;Password = 123456"
myconn.ConnectionString = mystr
myconn.Open()
mysql = "SELECT * FROM score"
Dim myda As New SqlDataAdapter(mysql, myconn)
myda.Fill(myds, "score")
myconn.Close()
Dim mydv As New DataView(myds.Tables("score"))
mydv.Sort = "学号 ASC,分数 DESC"
```

18.5.3 DataView 对象的过滤条件设置

获取数据的子集合可以用 DataView 类的 RowFilter 属性或 RowStateFilter 属性来实现。

RowFilter 属性用于提供过滤表达式。RowFilter 表达式可以非常复杂,也可以包含涉及多个列中的数据和常数的算术计算与比较。

RowFilter 属性的值是一个条件表达式。同查询语句的模糊查询一样,该属性也有 Like 子句及%字符。

对于 RowStateFilter 属性,它定义了从 DataTable 中提取特定数据子集合的值,表 18.32 是 RowStateFilter 属性的可取值。

表 18.32 RowStateFilter 属性的可取值及其说明

属　　　性	说　　　明
CurrentRows	显示当前行,包括未改变的行、新行和已修改的行,但不显示已终止的行
Deleted	显示已终止的行。注意如果使用了 DataTable 或 DataView 的方法终止了某一行,该行才被认为已终止。从 Rows 集合中终止行,不会把这些行标记为已终止
ModifiedCurrent	显示带有当前版本的数据的行,这些数据不同于该行中的源数据
ModifiedOrginal	显示已修改的行,但显示数据的原版本(即使数据行已被改变,其中已有另一个当前版本的数据在其中)。注意这些行中当前版本的数据可以用 ModifiedCurrent 设置来提取
Added	显示新行,这些行是用 DataView 的 AddNew()方法添加的
None	不显示任何行,在用户选择显示选项前,可以使用这个设置来初始化控件的 DataView
OriginalRows	显示所有带有源数据版本的行,包括未改变的行和已终止的行
Unchanged	显示未修改的行

例如,以下代码在上例基础上使 DataView 对象 mydv 中仅包含分数大于 80 的未修改的记录。

```
Dim mystr As String
Dim mysql As String
Dim myconn As New SqlConnection
Dim myds As New DataSet
mystr = "Data Source = LCB - PC; Initial Catalog = school;" & _
    "Persist Security Info = True; User ID = sa; Password = 123456"
myconn.ConnectionString = mystr
myconn.Open()
mysql = "SELECT * FROM score"
Dim myda As New SqlDataAdapter(mysql, myconn)
myda.Fill(myds, "score")
myconn.Close()
Dim mydv As New DataView(myds.Tables("score"))
mydv.Sort = "学号 ASC,分数 DESC"
mydv.RowFilter = "分数 > 80"
mydv.RowStateFilter = DataViewRowState.Unchanged
DataGridView1.DataSource = mydv
```

18.6　DataGridView 控件

DataGridView 控件是标准 DataGrid 控件的升级版,用于在窗体中显示表格数据。

18.6.1　创建 DataGridView 对象

通常使用设计工具创建 DataGridView 对象。其操作步骤如下:

(1) 从工具箱将 DataGridView 控件拖放到窗体上,此时在 DataGridView 控件右侧出现如图 18.27 所示的"DataGridView 任务"菜单。

注意: DataGridView 控件右上方的 ▶ 按钮可以启动或关闭"DataGridView 任务"菜单。

(2) 单击选择数据源组合框的 ☑ 按钮,出现选择数据源列表,若已经建立好数据源,可从中选择一个。这里没有任何数据源。

(3) 单击"添加项目数据源",出现"选择数据源类型"对话框,从中选中"数据库"项,单击"下一步"按钮。

(4) 出现"选择您的数据连接"界面,若组合框中没有适合的连接,单击"新建连接"按钮,这里已建有 lcb-pc school. dbo 数据库的连接,选中它,单击"下一步"按钮。

(5) 出现"连接到 SQL Server"界面,输入登录名和密码,选中"保存密码"项,单击"确定"按钮,在出现的提示对话框中单击"是"按钮,出现如图 18.28 所示的"将连接字符串保存到应用程序配置文件中"界面,表示连接名为 schoolConnectionString,单击"下一步"按钮。

图 18.27　"DataGridView 任务"菜单

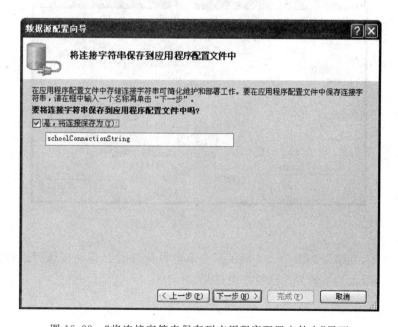

图 18.28　"将连接字符串保存到应用程序配置文件中"界面

（6）出现"选择数据库对象"对话框，选中 student 表，如图 18.29 所示，DataSet 名称默认为 schoolDataSet。单击"完成"按钮。此时在窗体上创建了 DataGrid View 控件 DataGrid View1。

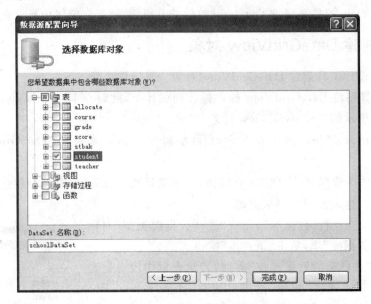

图 18.29　"选择数据库对象"界面

（7）选中 DataGrid View1 控件，单击鼠标右键，在出现的快捷菜单中选择"编辑列"命令，出现如图 18.30 所示的"编辑列"对话框，将每个列的 AutoSizeMode 属性设置为 AllCells，还可以改变每个列的样式如 Width 属性等。单击"确定"按钮返回。

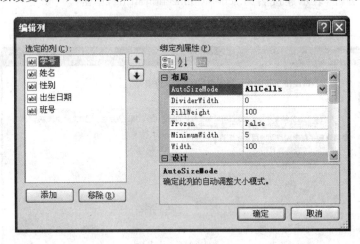

图 18.30　"编辑列"对话框

运行本窗体，其结果如图 18.31 所示。当单击各标题时会自动按该列进行递增和递减排序，图 18.32 所示为按班号递增排序的结果。

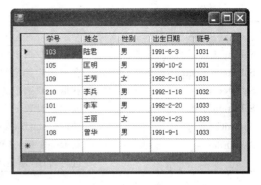

图 18.31　窗体运行结果(1)　　　　　　图 18.32　窗体运行结果(2)

18.6.2　DataGridView 的属性、方法和事件

DataGridView 对象的常用属性如表 18.33 所示,其中 Columns 属性是一个列集合,由 Column 列对象组成,每个 Column 列对象的常用属性如表 18.34 所示。

表 18.33　DataGridView 常用属性及其说明

属　性	说　明
AllowUserToAddRows	获取或设置一个值,该值指示是否向用户显示添加行的选项
AllowUserToDeleteRows	获取或设置一个值,该值指示是否允许用户从 DataGridView 中删除行
AlternatingRowsDefaultCellStyle	设置应用于奇数行的默认单元格样式
ColumnCount	获取或设置 DataGridView 中显示的列数
ColumnHeadersHeight	获取或设置列标题行的高度(以像素为单位)
Columns	获取一个包含控件中所有列的集合
ColumnHeadersDefaultCellStyle	获取或设置应用于 DataGridView 中列标题的字体等样式
DataBindings	为该控件获取数据绑定
DataMember	获取或设置数据源中 DataGridView 显示其数据的列表或表的名称
DataSource	获取或设置 DataGridView 所显示数据的数据源
DefaultCellStyle	获取或设置应用于 DataGridView 中的单元格的默认单元格字体等样式
FirstDisplayedScrollingColumn-Index	获取或设置某一列的索引,该列是显示在 DataGridView 上的第一列
GridColor	获取和设置网格线的颜色,网格线对 DataGridView 的单元格进行分隔
ReadOnly	获取一个值,该值指示用户是否可以编辑 DataGridView 控件的单元格
Rows	获取一个集合,该集合包含 DataGridView 控件中的所有行。例如,Row(2)表示第 2 行,Row(2).Cells(0)表示第 2 行的第 1 个列,Row(2).Cells(0).Vlaue 表示第 2 行的第 1 个列值
RowCount	获取或设置 DataGridView 中显示的行数
RowHeadersWidth	获取或设置包含行标题的列的宽度(以像素为单位)
ScrollBars	获取或设置要在 DataGridView 控件中显示的滚动条的类型

数据库原理与应用——基于 SQL Server

属　　性	说　　明
SelectedCells	获取用户选定的单元格的集合
SelectedColumns	获取用户选定的列的集合
SelectedRows	获取用户选定的行的集合
SelectionMode	获取或设置一个值,该值指示如何选择 DataGridView 的单元格
SortedColumn	获取 DataGridView 内容的当前排序所依据的列
SortOrder	获取一个值,该值指示是按升序或降序对 DataGridView 控件中的项进行排序,还是不排序

表 18.34　Column 对象的常用属性及其说明

属　　性	说　　明
HeaderText	获取或设置列标题文本
Width	获取或设置当前列宽度
DefaultCellStyle	获取或设置列的默认单元格样式
AutoSizeMode	获取或设置模式,通过该模式列可以自动调整其宽度

DataGridView 对象的常用方法如表 18.35 所示,其常用事件如表 18.36 所示。

表 18.35　DataGridView 常用方法及其说明

方　　法	说　　明
Sort	对 DataGridView 控件的内容进行排序
CommitEdit	将当前单元格中的更改提交到数据缓存,但不结束编辑模式

表 18.36　DataGridView 常用事件及其说明

事　　件	说　　明
Click	在单击控件时发生
DoubleClick	在双击控件时发生
CellContentClick	在单元格中的内容被单击时发生
CellClick	在单元格的任何部分被单击时发生
CellContentDoubleClick	在用户双击单元格的内容时发生
ColumnAdded	在向控件添加一列时发生
ColumnRemoved	在从控件中移除列时发生
RowsAdded	在向 DataGridView 中添加新行之后发生
Sorted	在 DataGridView 控件完成排序操作时发生
UserDeletedRow	在用户完成从 DataGridView 控件中删除行时发生

在前面使用设计工具创建 DataGridView 对象时,一并设计了 DataGridview1 对象的属性,也可以通过程序代码设置其属性等。

1. 基本数据绑定

例如,在一个窗体上拖放一个 DataGridview1 对象后,不设计其任何属性,可以使用以下程序代码实现基本数据绑定:

```
Dim mystr As String
Dim mysql As String
Dim myconn As New SqlConnection
Dim myds As New DataSet
mystr = "Data Source = LCB - PC;Initial Catalog = school;" & _
   "Persist Security Info = True;User ID = sa;Password = 123456"
myconn.ConnectionString = mystr
myconn.Open()
mysql = "SELECT * FROM student"
Dim myda As New SqlDataAdapter(mysql, myconn)
myda.Fill(myds, "student")
DataGridView1.DataSource = myds.Tables("student")
```

上述代码通过其 DataSource 属性设置将其绑定到 student 表。

2．设计显示样式

可以通过 GridColor 属性设置其网格线的颜色，例如，设置 GridColor 颜色为蓝色：

```
DataGridView1.GridColor = Color.Blue
```

通过 BorderStyle 属性设置其网格的边框样式，其枚举值为 FixedSingle、Fixed3D 和 none。通过 CellBorderStyle 属性设置其网格单元的边框样式等。

【例 18.11】　设计一个窗体，用一个 DataGridView 控件显示 student 表中所有记录，当用户单击某记录时显示其学号。

解：在项目 Proj18 中设计一个窗体 Form11，其设计界面如图 18.33 所示，有一个 DataGridView 控件 DataGridView1 和一个标签 Label1。在该窗体上设计如下代码：

```
Imports System.Data.SqlClient   '引用 SqlClient 命名空间
Public Class Form11
  Private Sub Form11_Load(ByVal sender As System.Object,
    ByVal e As System.EventArgs) Handles MyBase.Load
    Dim mystr As String
    Dim mysql As String
    Dim myconn As New SqlConnection
    Dim myds As New DataSet
    mystr = "Data Source = LCB - PC;Initial Catalog = school;" & _
        "Persist Security Info = True;User ID = sa;Password = 123456"
    myconn.ConnectionString = mystr
    myconn.Open()
    mysql = "SELECT * FROM student"
    Dim myda As New SqlDataAdapter(mysql, myconn)
    myda.Fill(myds, "student")
    DataGridView1.DataSource = myds.Tables("student")
    DataGridView1.AlternatingRowsDefaultCellStyle.ForeColor = Color.Red '奇数行置红
    DataGridView1.GridColor = Color.RoyalBlue          '设置分隔线颜色
    DataGridView1.ScrollBars = ScrollBars.Vertical
    DataGridView1.CellBorderStyle = DataGridViewCellBorderStyle.Single
    DataGridView1.Columns(0).AutoSizeMode = DataGridViewAutoSizeColumnMode.AllCells
    DataGridView1.Columns(1).AutoSizeMode = DataGridViewAutoSizeColumnMode.AllCells
    DataGridView1.Columns(2).AutoSizeMode = DataGridViewAutoSizeColumnMode.AllCells
```

```
      DataGridView1.Columns(3).AutoSizeMode = DataGridViewAutoSizeColumnMode.AllCells
      DataGridView1.Columns(4).AutoSizeMode = DataGridViewAutoSizeColumnMode.AllCells
      DataGridView1.Columns(0).HeaderText = "学号"
      DataGridView1.Columns(1).HeaderText = "姓名"
      DataGridView1.Columns(2).HeaderText = "性别"
      DataGridView1.Columns(3).HeaderText = "出生日期"
      DataGridView1.Columns(4).HeaderText = "班号"
      myconn.Close()
      Label1.Text = ""
    End Sub
    Private Sub DataGridView1_CellClick(ByVal sender As System.Object, _
      ByVal e As System.Windows.Forms.DataGridViewCellEventArgs) _
      Handles DataGridView1.CellClick
      Label1.Text = ""
      Try
        If e.RowIndex < DataGridView1.RowCount - 1 Then
          Label1.Text = "选择的学生学号为:" + _
          DataGridView1.Rows(e.RowIndex).Cells(0).Value
        End If
      Catch ex As Exception
          Label1.Text = "需选中一个学生记录"
      End Try
    End Sub
End Class
```

上述代码中,通过属性设置 DataGridView1 控件的基本绑定数据和各列标题的样式,并设计 CellClick 单元单击事件过程显示用户单击学生记录的学号。运行本窗体,在 DataGridView1 控件上单击某记录,在标签中显示相应的信息,其运行界面如图 18.34 所示。

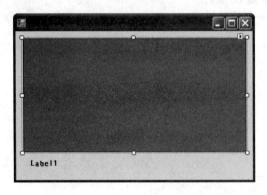
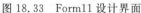

图 18.33 Form11 设计界面

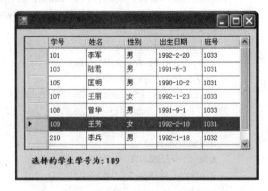

图 18.34 Form11 运行界面

18.6.3 DataGridView 与 DataView 对象结合

DataGridView 对象用于在窗体上显示记录数据,而 DataView 对象可以方便地对源数据记录进行排序等操作,两者结合可以设计复杂的应用程序。本小节通过一个例子说明两者的结合。

【例 18.12】 设计一个窗体,用于实现对 student 表中记录的通用查找和排序操作。

解：在项目 Proj18 中设计一个窗体 Form12,其设计界面如图 18.35 所示。在该窗体上设计如下代码：

图 18.35 Form12 设计界面

```
Imports System.Data.SqlClient    '引用 SqlClient 命名空间
Public Class Form12
    Dim mydv As New DataView()
    Private Sub Form12_Load(ByVal sender As System.Object, _
        ByVal e As System.EventArgs) Handles MyBase.Load
        Dim mystr As String
        Dim myconn As New SqlConnection
        Dim myds As New DataSet
        Dim myds1 As New DataSet
        mystr = "Data Source = LCB - PC;Initial Catalog = school;" & _
            "Persist Security Info = True;User ID = sa;Password = 123456"
        myconn.ConnectionString = mystr
        myconn.Open()
        Dim myda As New SqlDataAdapter("SELECT 学号," + _
            "姓名, 性别, 出生日期,班号 FROM student", myconn)
        myda.Fill(myds, "student")
        mydv = myds.Tables("student").DefaultView
        Dim myda1 As New SqlDataAdapter("SELECT distinct 班号 FROM student", myconn)
        myda1.Fill(myds1, "student")
        ComboBox1.DataSource = myds1.Tables("student")
        ComboBox1.DisplayMember = "班号"
        DataGridView1.DataSource = mydv
        DataGridView1.GridColor = Color.RoyalBlue
        DataGridView1.ScrollBars = ScrollBars.Vertical
        DataGridView1.CellBorderStyle = DataGridViewCellBorderStyle.Single
        DataGridView1.Columns(0).AutoSizeMode = DataGridViewAutoSizeColumnMode.AllCells
        DataGridView1.Columns(1).AutoSizeMode = DataGridViewAutoSizeColumnMode.AllCells
        DataGridView1.Columns(2).AutoSizeMode = DataGridViewAutoSizeColumnMode.AllCells
        DataGridView1.Columns(3).AutoSizeMode = DataGridViewAutoSizeColumnMode.AllCells
        DataGridView1.Columns(4).AutoSizeMode = DataGridViewAutoSizeColumnMode.AllCells
```

```
    DataGridView1.ReadOnly = True
    myconn.Close()
    ComboBox2.Items.Add("学号") : ComboBox2.Items.Add("姓名")
    ComboBox2.Items.Add("性别") : ComboBox2.Items.Add("出生日期")
    ComboBox2.Items.Add("班号")
    Radiosex1.Checked = False : Radiosex2.Checked = False
    TextBox1.Text = "" : TextBox2.Text = ""
    ComboBox1.Text = "" : ComboBox2.Text = ""
End Sub
Private Sub Button1_Click(ByVal sender As System.Object,
    ByVal e As System.EventArgs) Handles Button1.Click '查询确定
    Dim condstr As String = ""
    If TextBox1.Text <> "" Then
        condstr = "学号 Like '" & TextBox1.Text & "%'"
    End If
    If TextBox2.Text <> "" Then
        If condstr <> "" Then
            condstr = condstr & " AND 姓名 Like '" & TextBox2.Text & "%'"
        Else
            condstr = "姓名 Like '" & TextBox2.Text & "%'"
        End If
    End If
    If Radiosex1.Checked Then
        If condstr <> "" Then
            condstr = condstr & " AND 性别 = '男'"
        Else
            condstr = "性别 = '男'"
        End If
    ElseIf Radiosex2.Checked Then
        If condstr <> "" Then
            condstr = condstr & " AND 性别 = '女'"
        Else
            condstr = "性别 = '女'"
        End If
    End If
    If ComboBox1.Text <> "" Then
        If condstr <> "" Then
            condstr = condstr& " AND 班号 = '" & ComboBox1.Text.Trim()&"'"
        Else
            condstr = "班号 = '" & ComboBox1.Text.Trim() & "'"
        End If
    End If
    mydv.RowFilter = condstr
End Sub
Private Sub Button2_Click(ByVal sender As System.Object,
    ByVal e As System.EventArgs) Handles Button2.Click         '重置
    TextBox1.Text = "" : TextBox2.Text = ""
    Radiosex1.Checked = False : Radiosex2.Checked = False
    ComboBox1.Text = ""
End Sub
Private Sub Button3_Click(ByVal sender As System.Object,
```

```
          ByVal e As System.EventArgs) Handles Button3.Click        '排序确定
    Dim orderstr As String = ""
    If ComboBox2.Text <> "" Then
        If Radiosort1.Checked Then
            orderstr = ComboBox2.Text.Trim() & " ASC"
        ElseIf Radiosort2.Checked Then
            orderstr = ComboBox2.Text.Trim() & " DESC"
        End If
    End If
    mydv.Sort = orderstr
  End Sub
End Class
```

运行本窗体,在班号组合框中选择 1033,单击该分组框中的"确定"按钮,其运行界面如图 18.36 所示(在 DataGridView1 中只显示 1033 班学生记录),在排序组合框中选择"出生日期",并选中"升序",单击该分组框中的"确定"按钮,其运行界面如图 18.37 所示(在 DataGridView1 中对 1033 班学生记录按出生日期升序排序)。

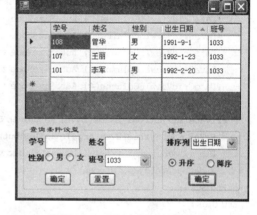

图 18.36　Form12 运行界面(1)　　　　图 18.37　Form12 运行界面(2)

提示:本例仅为充分利用 DataGridView 对象的方法,实际上没有必要设计排序功能,因为单击其中各标题就可以按对应的列进行排序。

18.6.4　通过 DataGridView 对象更新数据源

当运行时,可以修改 DataGridView 对象中的数据,但只是内存中的数据发生了更改,对应数据源数据并没有改动,为了更新数据源,需对相应的 SqlDataAdapter 对象执行 UPDATE 方法。本小节通过一个例子说明更新数据源的方法。

【例 18.13】 设计一个窗体,用于实现对 student 表中记录的修改操作。

解:在项目 Proj18 中设计一个窗体 Form13,其设计界面如图 18.38 所示,有一个 DataGridView 控件 DataGridView1 和一个命令按钮(Button1)。在该窗体上设计如下代码:

```
Imports System.Data.SqlClient   '引用 SqlClient 命名空间
Public Class Form13
```

```
    Dim myda As New SqlDataAdapter
    Dim myds As New DataSet
  Private Sub Form13_Load(ByVal sender As System.Object,
    ByVal e As System.EventArgs) Handles MyBase.Load
    Dim mystr As String
    Dim mysql As String
    Dim myconn As New SqlConnection
    mystr = "Data Source = LCB - PC;Initial Catalog = school;" & _
      "Persist Security Info = True;User ID = sa;Password = 123456"
    myconn.ConnectionString = mystr
    myconn.Open()
    mysql = "SELECT * FROM student"
    myda = New SqlDataAdapter(mysql, myconn)
    myda.Fill(myds, "student")
    DataGridView1.DataSource = myds.Tables("student")
    DataGridView1.AlternatingRowsDefaultCellStyle.ForeColor = Color.Red
    DataGridView1.GridColor = Color.RoyalBlue
    DataGridView1.ScrollBars = ScrollBars.Vertical
    DataGridView1.CellBorderStyle = DataGridViewCellBorderStyle.Single
    DataGridView1.Columns(0).AutoSizeMode = DataGridViewAutoSizeColumnMode.AllCells
    DataGridView1.Columns(1).AutoSizeMode = DataGridViewAutoSizeColumnMode.AllCells
    DataGridView1.Columns(2).AutoSizeMode = DataGridViewAutoSizeColumnMode.AllCells
    DataGridView1.Columns(3).AutoSizeMode = DataGridViewAutoSizeColumnMode.AllCells
    DataGridView1.Columns(4).AutoSizeMode = DataGridViewAutoSizeColumnMode.AllCells
  End Sub
  Private Sub Button1_Click(ByVal sender As System.Object,
    ByVal e As System.EventArgs) Handles Button1.Click
    Dim mycmdbuilder = New SqlCommandBuilder(myda)           '获取对应的修改命令
    myda.Update(myds,"student")                             '更新数据源
  End Sub
End Class
```

运行本窗体,将学号为 210 的学生记录的班号改为 1035,单击"更新确定"按钮,对应的 student 表记录也发生了更新,其运行界面如图 18.39 所示。

图 18.38 Form13 设计界面	图 18.39 Form13 运行界面

习题 18

1. 简述建立到 SQL Server 数据库连接的几种方法。
2. 简述 SqlCommand 对象的作用及其主要的属性。
3. 简述 DataReader 对象的特点和作用。
4. 简述 SqlDataAdapter 对象的特点和作用。
5. 简述 DataSet 对象的特点和作用。
6. 简述 DataSet 对象的 Tables 集合属性的用途。
7. 简述数据绑定的几种方法和特点。
8. 简述 DataView 对象的主要属性和方法。
9. 简述 DataGridView 控件的作用。

上机实验题 13

1. 创建一个项目 EProj18，设计一个窗体 Form1，在列表框中输出所有学生的学号、姓名、课程名和分数。

2. 在 EProj4 项目中设计一个窗体 Form2，采用 BindingSource 对象实现 score 表中所有记录的浏览功能。

3. 在 EProj4 项目中设计一个窗体 Form3，采用 BindingManagerBase 对象实现 score 表中所有记录的浏览功能。

4. 在 EProj4 项目中设计一个窗体 Form4，用于实现对 score 表中记录的通用查找和排序操作。

第 19 章　数据库系统开发实例
——SCMIS 设计

本章介绍一个基于 C/S 模式的学生成绩管理系统(简称为 SCMIS)的设计过程,其中数据库 school 已在第 7 章中创建,该数据库中的 5 个表在第 8 章中创建,为了实现用户管理,这里还增加一个用户表 oper,它含有用户名(char(10))、密码(char(10))和级别(char(10),取值为"一般操作员"和"系统管理员"之一)3 个列。通过本章学习,使读者掌握采用 VB. NET 2005+SQL Server 2005 开发环境设计中小型管理信息系统的一般方法。

19.1　SCMIS 系统概述

19.1.1　SCMIS 系统功能

SCMIS 系统功能如下:
- 实现学生基本数据的编辑和相关查询。
- 实现教师基本数据的编辑和相关查询。
- 实现课程基本数据的编辑和相关查询。
- 实现各课程任课教师安排和相关查询。
- 实现学生成绩数据的编辑和相关查询。
- 实现用户管理和控制功能。

19.1.2　SCMIS 设计技巧

SCMIS 系统设计中的一些技巧如下:
- 公共模块设计(参见 19.3.2 节的 CommModule. Bas 模块)。
- VB. NET 菜单设计方法(包括菜单项的有效性设计,对于"一般操作员"用户,使若干菜单项无效。参见 main 多文档窗体设计过程)。
- 统一的数据编辑设计方法。以 student 表为例进行说明:为了编辑其记录,设计了 editstudent 窗体,在其中的 DataGridView 数据网格控件中显示所有已输入的学生记录。用户可以先通过"设置条件"框架查找到满足指定条件的学生记录,然后单击"修改"或"删除"按钮进行学生记录的修改或删除,或者单击"添加"按钮输入新的学生记录。

- 面向对象编程技术。系统中设计了一个通用数据库操作类 Dbop,其中包含一个共享方法 Exesql 用于执行 SQL 语句,在需要数据库操作时可调用该方法来实现。
- 采用 VB.NET 事件程序设计方法,不仅简化了系统开发过程,而且提高了系统的可靠性。

注意：本系统虽然有很多窗体,但设计思想都是相同的,读者可先详细阅读 editstudent 和 editstudent1 两个窗体的代码(代码中提供了完整的注释),掌握其设计方法,再体会系统设计风格。

19.1.3　SCMIS 系统安装

本系统是一个可以在 VB.NET 2005 ＋ SQL Server 2005 环境中正常运行的原型系统,所有源程序可以从 www.tup.com.cn 免费下载,读者在 Windows XP 环境下安装好 VB.NET 2005 和 SQL Server 2005 后,按照系统所带 Readme.doc 文件的提示进行系统安装。安装完成后,读者可以在 VB.NET 2005 中打开系统文件进行查阅和学习。

19.2　SCMIS 系统结构

本系统对应的项目为 SCMIS.sln,共有 20 个窗体、一个公共类和一个公共模块。本项目的启动窗体为 pass,该窗体提示用户输入相应的用户名/密码,并判断是否为合法用户。如果是非法用户(用户名/密码输入错误),则提示用户再次输入用户名/密码,若用户非法输入 3 次,便自动退出系统运行。如果是合法用户,则调用 main 多文档窗体启动相应的菜单,用户通过该系统菜单执行相应的操作。SCMIS 系统结构如图 19.1 所示。

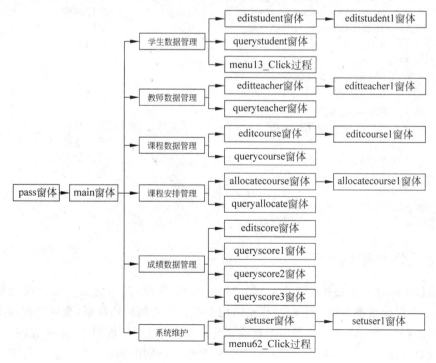

图 19.1　SCMIS 系统结构图

19.3 SCMIS 系统实现

本节介绍图 19.1 中各组成部分的实现方法，包括窗体的功能、设计界面、主要对象的属性设置和相关的事件过程。

19.3.1 公共类

公共类文件为 CommDbOp.vb，它包含通用数据库操作的类 Dbop，可以对 school 数据库中任何表执行 SELECT、INSERT、UPDATE 和 DELETE 操作，如果是 SELECT 操作，返回相应的 DataTable 对象，如果是 INSERT、UPDATE 或 DELETE 操作，对数据表执行更新，返回空（Nothing）。其代码如下：

```
Imports System.Data.SqlClient
Public Class Dbop
    Shared Function Exesql(ByVal mysql As String) As DataTable
        Dim mystr As String
        mystr = "Data Source = LCB - PC;Initial Catalog = School;" & _
            "Persist Security Info = True;User ID = sa;Password = 123456"
        Dim myconn As New SqlConnection(mystr)
        myconn.Open()
        Dim mycmd As New SqlCommand(mysql, myconn)
        mycmd.CommandType = CommandType.Text
        If Strings.InStr("INSERT,DELETE,UPDATE", _
                firststr(mysql).ToUpper) Then 'firststr 是公共模块中的公共函数
            mycmd.ExecuteNonQuery()                           '执行查询
            myconn.Close()                                    '关闭连接
            Return Nothing                                    '返回空
        Else
            Dim myds As New DataSet
            Dim myadp As New SqlDataAdapter
            myadp.SelectCommand = mycmd
            mycmd.ExecuteNonQuery()                           '执行查询
            myconn.Close()                                    '关闭连接
            myadp.Fill(myds)                                  '填充数据
            Return myds.Tables(0)                             '返回表
        End If
    End Function
End Class
```

19.3.2 公共模块

本项目中包含一个公共模块即 CommModule.vb 模块，其中包含一些全局变量和全局过程，其中全局变量被本项目中的一些窗体用于在窗体之间传递数据，全局过程被本项目中其他过程所调用，如 deldata 过程用于删除指定表中所有记录，而对于 oper 表，在删除所有用户记录后自动添加一个 1234/1234 的系统管理员，以便用该用户再次进入系统。该模块的代码如下：

```
Module CommModule
    '以下公共变量用来在两个或多个不同窗体间传递
    Public userlevel As String        '存放用户级别
    Public flag As Integer            '存放用户操作标志 1:新增 2:修改 3:删除
    Public no As String               '存放学生学号、教师编号或用户编号等
    Public cno As String              '用于安排任课教师时存放课程号
    Public Sub deldata(ByVal tn As String)
        '删除指定表中所有记录,对于 oper 表添加一个系统用户
        Dim mytable As DataTable
        Dim mysql As String
        mysql = "DELETE " & Trim $ (tn)
        mytable = Dbop.Exesql(mysql)
        If Trim(tn) = "oper" Then
            mysql = "INSERT oper VALUES('1234','1234','系统管理员')"
            mytable = Dbop.Exesql(mysql)
        End If
    End Sub
    Public Function firststr(ByVal mystr As String) As String
        '提取字符串中的第一个字符串
        Dim strarr() As String
        strarr = mystr.Split(" ")
        firststr = strarr(0)
    End Function
End Module
```

19.3.3　pass 窗体

　　本窗体用于接受用户的用户名/密码输入,判断是否为合法用户。如果是合法用户,释放该窗体并启动 main 窗体；否则释放该窗体不启动 main 窗体即退出系统运行。对于合法用户,用全局变量 userlevel 保存当前用户的级别。

　　该窗体的设计界面如图 19.2 所示。其中文本框 TextBox2 用于输入口令,其 PasswordChar 属性设为"＊"。该窗体中包含的主要对象及其属性如表 19.1 所示。

图 19.2　pass 窗体设计界面

表 19.1　pass 窗体中包含的主要对象及其属性

对　象	属　性	属 性 取 值
pass 窗体	Text	"学生成绩管理系统"
	StartUpPosition	CenterScreen
	ControlBox	False
Button1	Text	"登录"
Button2	Text	"取消"
GroupBox1	Text	"登录"
TextBox2	PasswordChar	"＊"

在本窗体上设计如下代码:

```
Public Class pass
```

```
    Dim n As Integer = 0    '字段,累计用户无效登录的次数
    Private Sub pass_Load(ByVal sender As System.Object, ByVal e As System.EventArgs) Handles
MyBase.Load
        TextBox1.Text = ""
        TextBox2.Text = ""
    End Sub
    Private Sub Button1_Click(ByVal sender As System.Object, ByVal e As System.EventArgs)
Handles Button1.Click
        Dim mytable As DataTable
        Dim mysql As String
        mysql = "SELECT * FROM oper WHERE 用户名 = '" & TextBox1.Text + _
            "'AND 密码 = '" & TextBox2.Text & "'"
        mytable = Dbop.Exesql(mysql)
        If mytable.Rows.Count = 0 Then        '未找到用户记录
            n += 1
            If n < 3 Then
                MsgBox("不存在该用户,继续登录", MsgBoxStyle.OkOnly + _
                    MsgBoxStyle.Exclamation, "信息提示")
                TextBox1.Text = "" : TextBox2.Text = ""
                TextBox1.Focus()
            Else
                MsgBox("已登录失败次,退出系统", MsgBoxStyle.OkOnly + _
                    MsgBoxStyle.Exclamation, "信息提示")
                Me.Close()
            End If
        Else
            userlevel = mytable.Rows(0)("级别")
            main.ShowDialog()                '调用 main 窗体
            Me.Close()
        End If
    End Sub
    Private Sub Button2_Click(ByVal sender As System.Object, ByVal e As System.EventArgs)
Handles Button2.Click
        Me.Close()
    End Sub
End Class
```

19.3.4 main 窗体

本窗体是一个多文档窗体,设计界面如图 19.3 所示,该窗体的属性设置如表 19.2 所示。其中菜单 MenuStrip1 对象的结构如下:

```
menu1(Text = "学生数据管理")
    ....menu11(Text = "学生数据编辑")
    ....spc11(Text = " - ")
    ....menu12(Text = "学生数据查询")
    ....spc12(.Text = " - ")
    ....menu13(Text = "退出", Shortcut = Ctrl + X)
menu2(Text = "教师数据管理")
```

....menu21(Text = "教师数据编辑")
....spc21(Text = " – ")
....menu22(Text = "教师数据查询")
menu3(Text = "课程数据管理")
....menu31(Text = "课程数据编辑")
....spc31(Text = " – ")
....menu32(Text = "课程数据查询")
menu4(Text = "课程安排管理")
....menu41(Text = "安排任课教师")
....spc41(Text = " – ")
....menu42(Text = "查询任课教师")
menu5(Text = "成绩数据管理")
....menu51(Text = "成绩数据编辑")
....spc51(Text = " – ")
....menu52(Text = "查询某课程成绩数据")
....spc52(Text = " – ")
....menu53(Text = "查询某学生成绩数据")
....spc53(Text = " – ")
....menu54(Text = "通用成绩数据查询")
menu6(Text = "系统维护")
....menu61(Text = "设置系统用户")
....spc61(Text = " – ")
....menu62(Text = "系统初始化")

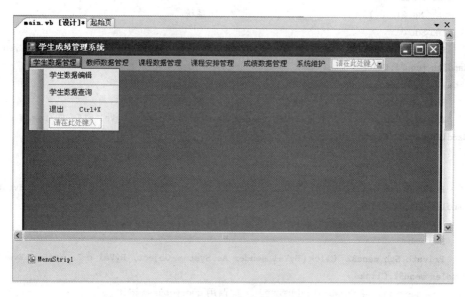

图 19.3　main 窗体设计界面

表 19.2　main 窗体的属性设置

对　　象	属　　性	属 性 取 值
main	Text	主菜单
	WindowState	Maximized
	ControlBox	False

在本窗体上设计如下代码：

```
Public Class main
    Private Sub main_Load(ByVal sender As System.Object, ByVal e As System.EventArgs) Handles
MyBase.Load
        If Not userlevel = "系统管理员" Then        '限制非管理员的权限
            menu11.Enabled = False : menu21.Enabled = False
            menu31.Enabled = False : menu41.Enabled = False
            menu51.Enabled = False : menu61.Enabled = False
            menu62.Enabled = False
        End If
    End Sub
    Private Sub menu11_Click(ByVal sender As System.Object, ByVal e As System.EventArgs)
Handles menu11.Click
        editstudent.ShowDialog()            '调用 editstudent 窗体
    End Sub
    Private Sub menu12_Click(ByVal sender As System.Object, ByVal e As System.EventArgs)
Handles menu12.Click
        querystudent.ShowDialog()           '调用 editstudent1 窗体
    End Sub
    Private Sub menu13_Click(ByVal sender As System.Object, ByVal e As System.EventArgs)
Handles menu13.Click
        Me.Close()                          '关闭系统
    End Sub
    Private Sub menu21_Click(ByVal sender As System.Object, ByVal e As System.EventArgs)
Handles menu21.Click
        editteacher.ShowDialog()            '调用 editteacher 窗体
    End Sub
    Private Sub menu22_Click(ByVal sender As System.Object, ByVal e As System.EventArgs)
Handles menu22.Click
        queryteacher.ShowDialog()           '调用 queryteacher 窗体
    End Sub
    Private Sub menu31_Click(ByVal sender As System.Object, ByVal e As System.EventArgs)
Handles menu31.Click
        editcourse.ShowDialog()             '调用 editcourse 窗体
    End Sub
    Private Sub menu32_Click(ByVal sender As System.Object, ByVal e As System.EventArgs)
Handles menu32.Click
        querycourse.ShowDialog()            '调用 querycourse 窗体
    End Sub
    Private Sub menu41_Click(ByVal sender As System.Object, ByVal e As System.EventArgs)
Handles menu41.Click
        allocateCourse.ShowDialog()         '调用 allocateCourse 窗体
    End Sub
    Private Sub menu42_Click(ByVal sender As System.Object, ByVal e As System.EventArgs)
Handles menu42.Click
        queryallocate.ShowDialog()          '调用 queryallocate 窗体
```

```
        End Sub
    Private Sub menu51_Click(ByVal sender As System.Object, ByVal e As System.EventArgs)
Handles menu51.Click
        editscore.ShowDialog()                '调用 editscore 窗体
    End Sub
    Private Sub menu52_Click(ByVal sender As System.Object, ByVal e As System.EventArgs)
Handles menu52.Click
        queryscore1.ShowDialog()              '调用 queryscore1 窗体
    End Sub
    Private Sub menu53_Click(ByVal sender As System.Object, ByVal e As System.EventArgs)
Handles menu53.Click
        queryscore2.ShowDialog()              '调用 queryscore2 窗体
    End Sub
    Private Sub menu54_Click(ByVal sender As System.Object, ByVal e As System.EventArgs)
Handles menu54.Click
        queryscore3.ShowDialog()              '调用 queryscore3 窗体
    End Sub
    Private Sub mmenu61_Click(ByVal sender As System.Object, ByVal e As System.EventArgs)
Handles menu61.Click
        setuser.ShowDialog()                  '调用 setuser 窗体
    End Sub
    Private Sub menu62_Click(ByVal sender As System.Object, ByVal e As System.EventArgs)
Handles menu62.Click
        If MsgBox("本功能要清除系统中所有数据,真的初始化吗?", MsgBoxStyle.YesNo, "确认初
始化操作") = vbYes Then
            Call deldata("student")           '清除 student 表中所有记录
            Call deldata("teacher")           '清除 teacher 表中所有记录
            Call deldata("course")            '清除 course 表中所有记录
            Call deldata("score")             '清除 score 表中所有记录
            Call deldata("allocate")          '清除 allocate 表中所有记录
            Call deldata("oper")              '清除 oper 表中所有记录并添加一个系统用户
            MsgBox("系统初始化完毕,下次只能以 1234/1234(用户名/口令)进入本系统",_
                MsgBoxStyle.OkOnly, "信息提示")
        End If
    End Sub
End Class
```

19.3.5　editstudent 窗体

该窗体用于编辑学生基本数据。学生基本数据包括学号、姓名、性别、出生日期和班号,操作功能有查询、添加、修改和删除学生记录。

用户可以通过在设置查询条件分组框中输入相应的条件后,单击“确定”按钮,在上方的 DataGridView1 控件中仅显示满足指定条件的学生记录。当 DataGridView1 控件中不存在任何学生记录时,右下方的“修改”和“删除”按钮不可用。

其设计界面如图 19.4 所示,包含的主要对象及其属性设置如表 19.3 所示。

数据库原理与应用——基于 SQL Server

图 19.4   editstudent 窗体设计界面

表 19.3   editstudent 窗体中包含的主要对象及其属性设置

对　　象	属　　性	属 性 取 值
editstudent	Text	"编辑学生数据"
	StartUpPosition	CenterParent
	ControlBox	False
AddButton	Text	"添加"
UpdateButton	Text	"修改"
DeleteButton	Text	"删除"
OkButton	Text	"确定"
ReSetButton	Text	"重置"
CloseButton	Text	"返回"

在本窗体上设计如下代码：

```
Imports System.Data.SqlClient
Public Class editstudent
    Public mydv As New DataView()
    Dim mytable As DataTable
    Dim mytable1 As DataTable
    Dim condstr As String = ""              '存放过滤条件
    Private Sub editstudent_Load(ByVal sender As System.Object, ByVal e As System.EventArgs)
Handles MyBase.Load
        mytable = Dbop.Exesql("SELECT * FROM student")
        mydv = mytable.DefaultView '获得 DataView 对象 mydv
        '以下设置 DataGridView1 的属性
        DataGridView1.ReadOnly = True        '只读
        DataGridView1.DataSource = mydv
        DataGridView1.GridColor = Color.RoyalBlue
```

```
DataGridView1.ScrollBars = ScrollBars.Vertical
DataGridView1.ColumnHeadersDefaultCellStyle.Font = New Font("隶书", 12)
DataGridView1.CellBorderStyle = DataGridViewCellBorderStyle.Single
DataGridView1.Columns(0).Width = 70
DataGridView1.Columns(1).Width = 80
DataGridView1.Columns(2).Width = 80
DataGridView1.Columns(3).Width = 100
DataGridView1.Columns(4).Width = 80
'以下设置 ComboBox1 的绑定数据
mytable1 = Dbop.Exesql("SELECT distinct 班号 FROM student")
ComboBox1.DataSource = mytable1
ComboBox1.DisplayMember = "班号"
'以下初始化界面
TextBox1.Text = "" : TextBox2.Text = ""
TextBox3.Text = "" : ComboBox1.Text = ""
Radiosex1.Checked = False : Radiosex2.Checked = False
Call enbutton()
End Sub
Private Sub OkButton_Click(ByVal sender As System.Object, ByVal e As System.EventArgs)
Handles OkButton.Click                    '确定
'以下根据用户输入求得条件表达式 condstr
condstr = ""                    '条件表达式初始时为空
If TextBox1.Text <> "" Then
    condstr = "学号 Like '" & TextBox1.Text & "%'"
End If
If TextBox2.Text <> "" Then
    If condstr <> "" Then
        condstr = condstr & " AND 姓名 Like '" & _
            TextBox2.Text & "%'"
    Else
        condstr = "姓名 Like '" & TextBox2.Text & "%'"
    End If
End If
If Radiosex1.Checked Then
    If condstr <> "" Then
        condstr = condstr + " AND 性别 = '男'"
    Else
        condstr = "性别 = '男'"
    End If
ElseIf Radiosex2.Checked Then
    If condstr <> "" Then
        condstr = condstr + " AND 性别 = '女'"
    Else
        condstr = "性别 = '女'"
    End If
End If
If TextBox3.Text <> "" Then
    If IsDate(TextBox3.Text) Then
        If condstr <> "" Then
            condstr = condstr & " AND 出生日期 = '" & TextBox3.Text & "'"
        Else
```

```
                    condstr = "出生日期 = '" & TextBox3.Text & "'"
                End If
            Else
                MsgBox("输入的出生期不正确", MsgBoxStyle.OkOnly, "信息提示")
                Exit Sub
            End If
        End If
        If ComboBox1.Text <> "" Then
            If condstr <> "" Then
                condstr = condstr & " AND 班号 = '" & ComboBox1.Text & "'"
            Else
                condstr = "班号 = '" & ComboBox1.Text & "'"
            End If
        End If
        mydv.RowFilter = condstr      '过滤 DataView 中的记录
        Call enbutton()
    End Sub
    Private Sub ReSetButton_Click(ByVal sender As System.Object, ByVal e As System.EventArgs)
Handles ReSetButton.Click                  '重置
        TextBox1.Text = "" : TextBox2.Text = ""
        TextBox3.Text = "" : ComboBox1.Text = ""
        Radiosex1.Checked = False : Radiosex2.Checked = False
    End Sub
    Private Sub AddButton_Click(ByVal sender As System.Object, ByVal e As System.EventArgs)
Handles AddButton.Click                   '添加
        flag = 1                           'flag 为全局变量,传递给 editstudent1 窗体
        editstudent1.ShowDialog()
        Call resetdata()
        Call enbutton()
    End Sub
    Private Sub UpdateButton_Click(ByVal sender As System.Object, ByVal e As System.EventArgs)
Handles UpdateButton.Click                 '修改
        flag = 2                           'flag 为全局变量,传递给 editstudent1 窗体
        If no <> "" Then
            editstudent1.ShowDialog()
            Call resetdata()
        Else
            MsgBox("先选择要修改的学生记录", MsgBoxStyle.OkOnly, "信息提示")
        End If
    End Sub
    Private Sub DeleteButton_Click(ByVal sender As System.Object, ByVal e As System.EventArgs)
Handles DeleteButton.Click                 '删除
        Dim mysql As String
        flag = 3
        If no <> "" Then
            If MsgBox("真的要删除学号为" & Trim(no) & "的学生记录吗?", _
                MsgBoxStyle.YesNo, "删除确认") = MsgBoxResult.Yes Then
                flag = 3
                mysql = "DELETE student WHERE 学号 = '" & no & "'"
                mytable1 = Dbop.Exesql(mysql)
                mytable = Dbop.Exesql("SELECT * FROM student")
```

```vb
            mydv = mytable.DefaultView '获得 DataView 对象 mydv
            DataGridView1.DataSource = mydv
            mytable1 = Dbop.Exesql("SELECT distinct 班号 " & "FROM student")
            ComboBox1.DataSource = mytable1
            ComboBox1.DisplayMember = "班号"
            ComboBox1.Text = ""
            mydv.RowFilter = condstr    '过滤 DataView 中的记录
            Call enbutton()
         End If
      Else
         MsgBox("先选择要删除的学生记录", MsgBoxStyle.OkOnly, "信息提示")
      End If
   End Sub
   Private Sub CloseButton_Click(ByVal sender As System.Object, ByVal e As System.EventArgs)
Handles CloseButton.Click
      Me.Close()
   End Sub
   Private Sub enbutton()                '自定义过程
      '功能:当记录个数为 0 时不能使用修改和删除按钮
      Label1.Text = "满足条件的学生记录个数: " + mydv.Count.ToString()
      If mydv.Count = 0 Then
         UpdateButton.Enabled = False
         DeleteButton.Enabled = False
         no = ""                          '将要修改记录的学号置空值
      Else
         UpdateButton.Enabled = True
         DeleteButton.Enabled = True
         no = mydv.Item(0)("学号")         '将要修改记录的学号置第一个学生学号
      End If
   End Sub
   Private Sub DataGridView1_CellClick(ByVal sender As System.Object, ByVal e As System.
Windows.Forms.DataGridViewCellEventArgs) Handles DataGridView1.CellClick
      If e.RowIndex >= 0 And e.RowIndex < DataGridView1.RowCount - 1 Then
         no = DataGridView1.Rows(e.RowIndex).Cells(0).Value
      Else
         no = ""
      End If
   End Sub
   Private Sub resetdata()                '自定义过程:重新初始化界面数据
      mytable = Dbop.Exesql("SELECT * FROM student")
      mydv = mytable.DefaultView          '获得 DataView 对象 mydv
      DataGridView1.DataSource = mydv
      mytable1 = Dbop.Exesql("SELECT distinct 班号 FROM student")
      ComboBox1.DataSource = mytable1
      ComboBox1.DisplayMember = "班号"
      ComboBox1.Text = ""
      mydv.RowFilter = condstr            '过滤 DataView 中的记录
   End Sub
End Class
```

数据库原理与应用——基于 SQL Server

19.3.6　editstudent1 窗体

该窗体被 editstudent 窗体所调用，以实现 student 表中记录基本数据的编辑。用户单击"确定"按钮时，记录编辑有效，即保存用户的修改；单击"取消"按钮时，记录编辑无效，即不保存用户的修改。

其设计界面如图 19.5 所示，其中包含的主要对象及其属性设置如表 19.4 所示。

图 19.5　editstudent1 窗体设计界面

表 19.4　editstudent1 窗体中包含的主要对象及其属性设置

对　　象	属　　性	属 性 取 值
editstudent1	Text	"编辑单个学生记录"
	StartUpPosition	CenterParent
	ControlBox	False
OkButton	Text	"确定"
CancelButton	Text	"取消"

在本窗体上设计如下代码：

```
Public Class editstudent1
    Private Sub editstudent1_Load(ByVal sender As System.Object, ByVal e As System.EventArgs)
Handles MyBase.Load
        If flag = 1 Then                      '新增学生记录
            TextBox1.Text = "" : TextBox2.Text = ""
            TextBox3.Text = "" : TextBox4.Text = ""
            Radiosex1.Checked = False : Radiosex2.Checked = False
            TextBox1.Enabled = True
            TextBox1.Focus()
        Else                                  '修改学生记录
            Dim mytable1 As New DataTable
            mytable1 = Dbop.Exesql("SELECT * FROM student WHERE 学号 = '" _
                & no & "'")
            TextBox1.Text = mytable1.Rows(0)("学号").ToString()
            TextBox2.Text = mytable1.Rows(0)("姓名").ToString()
            TextBox3.Text = mytable1.Rows(0)("出生日期").ToString()
            TextBox4.Text = mytable1.Rows(0)("班号").ToString()
            If mytable1.Rows(0)("性别").ToString() = "男" Then
                Radiosex1.Checked = True
            ElseIf mytable1.Rows(0)("性别").ToString() = "女" Then
                Radiosex2.Checked = True
            End If
            TextBox1.Enabled = False        '不允许修改学号
            TextBox2.Focus()
        End If
    End Sub
    Private Sub OkButton_Click(ByVal sender As System.Object, ByVal e As System.EventArgs)
```

```
Handles OkButton.Click
        Dim xb As String
        If Trim(TextBox1.Text) = "" Then
            MsgBox("必须输入学号", MsgBoxStyle.OkOnly, "信息提示")
            Exit Sub
        End If
        If Trim(TextBox2.Text) = "" Then
            MsgBox("必须输入姓名", MsgBoxStyle.OkOnly, "信息提示")
            Exit Sub
        End If
        If Trim(TextBox3.Text) <> "" And Not IsDate(TextBox3.Text) Then
            MsgBox("出生日期输入错误", MsgBoxStyle.OkOnly, "信息提示")
            Exit Sub
        End If
        If Trim(TextBox4.Text) = "" Then
            MsgBox("必须输入班号", MsgBoxStyle.OkOnly, "信息提示")
            Exit Sub
        End If
        Dim mysql As String
        Dim mytable1 As New DataTable
        If Radiosex1.Checked Then
            xb = "男"
        ElseIf Radiosex2.Checked Then
            xb = "女"
        Else
            xb = ""
        End If
        If flag = 1 Then                    '新增学生记录
            mytable1 = Dbop.Exesql("SELECT * FROM student WHERE 学号 = '" _
                & TextBox1.Text & "'")
            If mytable1.Rows.Count = 1 Then
                MsgBox("输入的学号重复,不能新增学生记录", MsgBoxStyle.OkOnly, _
                    "信息提示")
                TextBox1.Focus()
                Exit Sub
            Else                            '不重复时插入学生记录
                mysql = "INSERT INTO student VALUES( '" & _
                    TextBox1.Text.Trim & "','" & TextBox2.Text.Trim + "','" _
                    & xb & "','" & TextBox3.Text.Trim & "','" & _
                    TextBox4.Text.Trim & "')"
                mytable1 = Dbop.Exesql(mysql)
                Me.Close()
            End If
        Else                                '修改学生记录
            mysql = "UPDATE student SET 姓名 = '" & TextBox2.Text & _
                "',性别 = '" & xb & "',出生日期 = '" & TextBox3.Text & _
                "',班号 = '" & TextBox4.Text & "' WHERE 学号 = '" & TextBox1.Text & "'"
            mytable1 = Dbop.Exesql(mysql)
            Me.Close()
        End If
    End Sub
```

```
    Private Sub CancelButton_Click(ByVal sender As System.Object, ByVal e As System.EventArgs)
Handles CancelButton.Click
        Me.Close()
    End Sub
End Class
```

19.3.7   querystudent 窗体

该窗体实现学生记录的通用查询。在设置条件时可以直接从组合框中选择一个班号等。

用户可以通过在设置查询条件分组框中输入相应的条件后,单击"确定"按钮,在上方的 DataGridView1 控件中仅显示满足指定条件的学生记录。当选择某个学生记录后,双击鼠标会通过一个消息框显示该学生的详细信息。

其设计界面如图 19.6 所示,包含的主要对象及其属性设置如表 19.5 所示。

图 19.6   querystudent 窗体设计界面

表 19.5   qustudent 窗体中包含的主要对象及其属性设置

对　　象	属　　性	属 性 取 值
querystudent	Text	"查询学生记录"
	StartUpPosition	CenterParent
	ControlBox	False
OkButton	Text	"重置"
ReSetButton	Text	"确定"
CloseButton	Text	"返回"

在本窗体上设计如下代码:

```
Public Class querystudent
```

```vb
Public mydv As New DataView()
Dim mytable As DataTable
Dim mytable1 As DataTable
Dim condstr As String = ""                    '存放过滤条件
Private Sub querystudent_Load(ByVal sender As System.Object, ByVal e As System.EventArgs)
Handles MyBase.Load
        mytable = Dbop.Exesql("SELECT * FROM student")
        mydv = mytable.DefaultView '获得 DataView 对象 mydv
        '以下设置 DataGridView1 的属性
        DataGridView1.ReadOnly = True         '只读
        DataGridView1.DataSource = mydv
        DataGridView1.GridColor = Color.RoyalBlue
        DataGridView1.ScrollBars = ScrollBars.Vertical
        DataGridView1.ColumnHeadersDefaultCellStyle.Font = New Font("隶书", 12)
        DataGridView1.CellBorderStyle = DataGridViewCellBorderStyle.Single
        DataGridView1.Columns(0).Width = 70
        DataGridView1.Columns(1).Width = 70
        DataGridView1.Columns(2).Width = 70
        DataGridView1.Columns(3).Width = 100
        DataGridView1.Columns(4).Width = 70
        Label1.Text = "满足条件的学生记录个数：" + mydv.Count.ToString()
        '以下设置 ComboBox1 的绑定数据
        mytable1 = Dbop.Exesql("SELECT distinct 班号 FROM student")
        ComboBox1.DataSource = mytable1
        ComboBox1.DisplayMember = "班号"
        '以下初始化界面
        TextBox1.Text = "" : TextBox2.Text = ""
        TextBox3.Text = "" : ComboBox1.Text = ""
        Radiosex1.Checked = False : Radiosex2.Checked = False
End Sub
Private Sub OkButton_Click(ByVal sender As System.Object, ByVal e As System.EventArgs)
Handles OkButton.Click
        '以下根据用户输入求得条件表达式 condstr
        condstr = ""                          '条件表达式初始时为空
        If TextBox1.Text <> "" Then
            condstr = "学号 Like '" & TextBox1.Text & "%'"
        End If
        If TextBox2.Text <> "" Then
            If condstr <> "" Then
                condstr = condstr & " AND 姓名 Like '" & TextBox2.Text & "%'"
            Else
                condstr = "姓名 Like '" & TextBox2.Text & "%'"
            End If
        End If
        If Radiosex1.Checked Then
            If condstr <> "" Then
                condstr = condstr + " AND 性别 = '男'"
            Else
                condstr = "性别 = '男'"
            End If
        ElseIf Radiosex2.Checked Then
```

```
                If condstr <> "" Then
                    condstr = condstr + " AND 性别 = '女'"
                Else
                    condstr = "性别 = '女'"
                End If
            End If
        If TextBox3.Text <> "" Then
            If IsDate(TextBox3.Text) Then
                If condstr <> "" Then
                    condstr = condstr & " AND 出生日期 = '" & TextBox3.Text & "'"
                Else
                    condstr = "出生日期 = '" & TextBox3.Text & "'"
                End If
            Else
                MsgBox("输入的出生期不正确", MsgBoxStyle.OkOnly, "信息提示")
                Exit Sub
            End If
        End If
        If ComboBox1.Text <> "" Then
            If condstr <> "" Then
                condstr = condstr & " AND 班号 = '" & ComboBox1.Text & "'"
            Else
                condstr = "班号 = '" & ComboBox1.Text & "'"
            End If
        End If
        mydv.RowFilter = condstr                '过滤 DataView 中的记录
        Label1.Text = "满足条件的学生记录个数: " + mydv.Count.ToString()
    End Sub
    Private Sub ReSetButton_Click(ByVal sender As System.Object, ByVal e As System.EventArgs)
Handles ReSetButton.Click                        '重置
        TextBox1.Text = "" : TextBox2.Text = ""
        TextBox3.Text = "" : ComboBox1.Text = ""
        Radiosex1.Checked = False : Radiosex2.Checked = False
    End Sub
    Private Sub CloseButton_Click(ByVal sender As System.Object, ByVal e As System.EventArgs)
Handles CloseButton.Click
        Me.Close()
    End Sub
    Private Sub DataGridView1_CellDoubleClick(ByVal sender As System.Object, ByVal e As
System.Windows.Forms.DataGridViewCellEventArgs) Handles DataGridView1.CellDoubleClick
        Dim ststr As String
        Try
            If e.RowIndex < DataGridView1.RowCount - 1 Then
                ststr = "学号:" & DataGridView1.Rows(e.RowIndex).Cells(0).Value & _
                    Chr(13) & Chr(10) & "姓名: " _
                    & DataGridView1.Rows(e.RowIndex).Cells(1).Value & _
                    Chr(13) & Chr(10) & "性别: " _
                    & DataGridView1.Rows(e.RowIndex).Cells(2).Value & _
                    Chr(13) & Chr(10) & "出生日期: " _
                    & DataGridView1.Rows(e.RowIndex).Cells(3).Value & _
                    Chr(13) & Chr(10) & "班号: " _
```

```
                   & DataGridView1.Rows(e.RowIndex).Cells(4).Value
                 MsgBox(ststr, MsgBoxStyle.OkOnly, "信息提示")
             End If
         Catch ex As Exception
             MsgBox("需选中一个学生记录", MsgBoxStyle.OkOnly, "信息提示")
         End Try
      End Sub
    End Class
```

19.3.8　editteacher 窗体

该窗体用于编辑教师基本数据,教师基本数据包括编号、姓名、性别、出生日期、职称和部门。操作功能包括查询、添加、修改和删除教师记录。

用户可以通过在设置查询条件分组框中输入相应的条件后,单击"确定"按钮,在上方的 DataGridView1 控件中仅显示满足指定条件的教师记录。

当 DataGridView1 控件中不存在任何教师记录时,右下方的"修改"和"删除"按钮不可用。

说明:本窗体设计与 editstudent 窗体类似。

19.3.9　editteacher1 窗体

该窗体被 editteacher 窗体所调用,以实现 teacher 表中记录基本数据的编辑。用户单击"确定"按钮时,记录编辑有效,即保存用户的修改;单击"取消"按钮时,记录编辑无效,即不保存用户的修改。

说明:本窗体设计与 editstudent1 窗体类似。

19.3.10　queryteacher 窗体

该窗体用于教师记录的通用查询。用户可以通过在设置查询条件分组框中输入相应的条件后,单击"确定"按钮,在上方的 DataGridView1 控件中仅显示满足指定条件的教师记录。当选择其中一个教师记录后,双击鼠标通过一个消息框显示该教师的详细信息。

说明:本窗体设计与 querystudent 窗体类似。

19.3.11　editcourse 窗体

该窗体用于编辑课程基本数据,包括课程号、课程名和任课教师编号。用户可以单击右下方的"添加"、"修改"和"删除"按钮执行相应的功能。

用户可以通过在设置查询条件分组框中输入相应的条件后,单击"确定"按钮,在上方的 DataGridView1 控件中仅显示满足指定条件的课程记录。

当 DataGridView1 控件中不存在任何课程记录时,右下方的"修改"和"删除"按钮不可用。

说明:本窗体设计与 editstudent 窗体类似。

19.3.12　editcourse1 窗体

该窗体被 editcourse 窗体所调用,以实现 course 表中记录基本数据的编辑。用户单击

"确定"按钮时,记录编辑有效,即保存用户的修改;单击"取消"按钮时,记录编辑无效,即不保存用户的修改。

　　说明：本窗体设计与 editstudent1 窗体类似。

19.3.13　querycourse 窗体

　　该窗体实现学生记录的通用查询。用户可以通过在设置查询条件分组框中输入相应的条件后,单击"确定"按钮,在上方的 DataGridView1 控件中仅显示满足指定条件的课程记录。然后选择其中一个课程记录后,双击鼠标通过一个消息框显示该课程的详细信息。

　　说明：本窗体设计与 querystudent 窗体类似。

19.3.14　allocateCourse 窗体

　　该窗体用于安排某班某课程的任课教师。用户可以单击右下方的"安排新课程"、"修改任课教师"和"删除课程安排"按钮执行相应的功能。

　　用户可以通过在设置查询条件分组框中输入相应的条件后,单击"确定"按钮,在上方的 DataGridView1 控件中仅显示满足指定条件的课程安排记录。

　　当 DataGridView1 控件中不存在任何课程安排记录时,右下方的"修改任课教师"和"删除课程安排"按钮不可用。

　　说明：本窗体设计与 editstudent 窗体类似。

19.3.15　allocateCourse1 窗体

　　该窗体被 allocateCourse 窗体所调用,以实现某班某课程的任课教师编辑。若是安排新课程,需选择班号和课程号,然后指定对应的教师编号;若是修改任课教师,班号和课程号不能修改,只需选择相应的任课教师编号。用户单击"确定"按钮时,本次安排或修改任课教师记录有效,即保存所作的修改;单击"取消"按钮时,本次安排或修改任课教师记录无效,即不保存所作的修改。

　　说明：本窗体设计与 editstudent1 窗体类似。

19.3.16　queryallocate 窗体

　　该窗体实现课程安排记录的通用查询。用户可以通过在设置查询条件分组框中输入相应的条件后,单击"确定"按钮,在上方的 DataGridView1 控件中仅显示满足指定条件的课程安排记录。

　　说明：本窗体设计与 querystudent 窗体类似。

19.3.17　editscore 窗体

　　该窗体用于编辑学生成绩数据。用户通过在设置查询条件分组框中选择学号或课程号后,单击"确定"按钮,在上方的 DataGridView1 控件中仅显示满足指定条件的学生成绩记录,其中学号和课程号列是不可修改的,只可以编辑分数列。一次可以输入或修改多个学生的分数,单击"保存成绩"按钮将本次编辑保存到 score 表中,单击"取消"按钮不会保存本次编辑。

如果指定课程号的学生成绩记录不存在,可以单击"产生空白成绩表"按钮,先产生一个没有分数的成绩表,然后再输入学生分数。

其设计界面如图 19.7 所示,包含的主要对象及其属性设置如表 19.6 所示。

图 19.7　editscore 窗体设计界面

表 19.6　**editscore 窗体中包含的主要对象及其属性设置**

对　　　象	属　　性	属 性 取 值
editscore	Text	"编辑成绩数据"
	StartUpPosition	CenterParent
	ControlBox	False
OkButton	Text	"确定"
ReSetButton	Text	"重置"
SpcButton	Text	"产生空白成绩表"
SaveButton	Text	"保存成绩"
ReturnButton	Text	"取消"

在本窗体上设计如下代码:

```
Imports System.Data.SqlClient    '引用 SqlClient 命名空间
Public Class editscore
    Public mydv As New DataView()
    Dim condstr As String = ""              '存放过滤条件
    Dim myda As New SqlDataAdapter
    Dim myds As New DataSet
    Dim mystr As String = "Data Source = LCB - PC; Initial Catalog = school;" & _
        "Persist Security Info = True; User ID = sa; Password = 123456"
    Dim mysql As String
    Dim myconn As New SqlConnection
    Private Sub editscore_Load(ByVal sender As System.Object, ByVal e As System.EventArgs)
Handles MyBase.Load
```

```
        myconn.ConnectionString = mystr
        myconn.Open()
        mysql = "SELECT * FROM score"
        myda = New SqlDataAdapter(mysql, myconn)
        myda.Fill(myds, "score")
        mydv = myds.Tables("score").DefaultView
        DataGridView1.DataSource = mydv
        myconn.Close()
        DataGridView1.AlternatingRowsDefaultCellStyle.ForeColor = Color.Red
        DataGridView1.GridColor = Color.RoyalBlue
        DataGridView1.ScrollBars = ScrollBars.Vertical
        DataGridView1.ColumnHeadersDefaultCellStyle.Font = New Font("隶书", 12)
        DataGridView1.CellBorderStyle = DataGridViewCellBorderStyle.Single
        DataGridView1.Columns(0).Width = 100
        DataGridView1.Columns(1).Width = 100
        DataGridView1.Columns(2).Width = 100
        DataGridView1.AllowUserToAddRows = False
        DataGridView1.Columns(0).ReadOnly = True
        DataGridView1.Columns(1).ReadOnly = True
        DataGridView1.DefaultCellStyle.Alignment = _
            DataGridViewContentAlignment.TopCenter
        DataGridView1.Columns(0).DefaultCellStyle.BackColor = Color.LightGray
        DataGridView1.Columns(1).DefaultCellStyle.BackColor = Color.LightGray
        DataGridView1.Columns(2).DefaultCellStyle.BackColor = Color.LightYellow
        '以下设置 ComboBox1 的绑定数据
        Dim mytable1 As New DataTable
        Dim mytable2 As New DataTable
        mytable1 = Dbop.Exesql("SELECT distinct 学号 FROM student")
        ComboBox1.DataSource = mytable1
        ComboBox1.DisplayMember = "学号"
        '以下设置 ComboBox2 的绑定数据
        mytable2 = Dbop.Exesql("SELECT distinct 课程号 FROM allocate")
        ComboBox2.DataSource = mytable2
        ComboBox2.DisplayMember = "课程号"
        ComboBox1.Text = "" : ComboBox2.Text = ""
        Label1.Text = "满足条件的成绩记录个数: " + mydv.Count.ToString()
        If mydv.Count = 0 Then
            SpcButton.Enabled = True
        Else
            SpcButton.Enabled = False
        End If
    End Sub
    Private Sub OkButton_Click(ByVal sender As System.Object, ByVal e As System.EventArgs) Handles OkButton.Click
        '以下根据用户输入求得条件表达式 condstr
        condstr = ""                    '存放过滤条件
        If ComboBox1.Text <> "" Then
            condstr = "学号 Like '" & ComboBox1.Text.Trim & " % '"
        End If
        If ComboBox2.Text <> "" Then
            If condstr <> "" Then
```

```vb
            condstr = condstr & " AND 课程号 Like '" & ComboBox2.Text.Trim & "%'"
        Else
            condstr = "课程号 Like '" & ComboBox2.Text.Trim & "%'"
        End If
    End If
    mydv.RowFilter = condstr                '过滤 DataView 中的记录
    Label1.Text = "满足条件的成绩记录个数：" + mydv.Count.ToString()
    If mydv.Count = 0 Then
        SpcButton.Enabled = True
    Else
        SpcButton.Enabled = False
    End If
End Sub
Private Sub ReSetButton_Click(ByVal sender As System.Object, ByVal e As System.EventArgs) Handles ReSetButton.Click
    ComboBox1.Text = "" : ComboBox2.Text = ""
End Sub
Private Sub ReturnButton_Click(ByVal sender As System.Object, ByVal e As System.EventArgs) Handles ReturnButton.Click
    Me.Close()
End Sub
Private Sub SaveButton_Click(ByVal sender As System.Object, ByVal e As System.EventArgs) Handles SaveButton.Click
    Dim mycmdbuilder = New SqlCommandBuilder(myda)    '获取对应的修改命令
    myda.Update(myds, "score")             '更新数据源
    DataGridView1.Update()
    Me.Close()
End Sub
Private Sub SpcButton_Click(ByVal sender As System.Object, ByVal e As System.EventArgs) Handles SpcButton.Click
    Dim mytable1 As DataTable
    If ComboBox2.Text <> "" Then
        mysql = "INSERT INTO score(学号,课程号) " + _
          "SELECT student.学号,allocate.课程号 " + _
          "FROM student, allocate " + _
          "WHERE student.班号 = allocate.班号 AND " + _
          "allocate.课程号 = '" + ComboBox2.Text.Trim + "'"
        mytable1 = Dbop.Exesql(mysql)
        condstr = "课程号 Like '" & ComboBox2.Text.Trim & "%'"
        myconn.ConnectionString = mystr
        myconn.Open()
        mysql = "SELECT * FROM score WHERE " + condstr
        myda = New SqlDataAdapter(mysql, myconn)
        myda.Fill(myds, "score")
        mydv = myds.Tables("score").DefaultView
        DataGridView1.DataSource = mydv
        myconn.Close()
        Label1.Text = "满足条件的成绩记录个数：" + mydv.Count.ToString()
        If mydv.Count = 0 Then
            SpcButton.Enabled = True
        Else
            SpcButton.Enabled = False
```

```
                    End If
            Else
                    MsgBox("要产生空白的成绩表,必须选中某个课程号", MsgBoxStyle.OkOnly, "信息提示")
            End If
        End Sub
End Class
```

19.3.18　queryscore1 窗体

该窗体用于以课程号为单位查询学生成绩数据。用户可以通过在设置查询条件分组框中输入相应的条件后,单击"确定"按钮,在上方的 DataGridView1 控件中仅显示满足指定条件的学生成绩记录。

说明:本窗体设计与 querystudent 窗体类似。

19.3.19　queryscore2 窗体

该窗体用于以学号为单位查询学生成绩数据。用户可以通过在设置查询条件分组框中输入相应的条件后,单击"确定"按钮,在上方的 DataGridView1 控件中仅显示满足指定条件的学生成绩记录。

说明:本窗体设计与 querystudent 窗体类似。

19.3.20　queryscore3 窗体

该窗体用于实现学生成绩数据的通用查询。用户可以通过在设置查询条件分组框中输入相应的条件后,单击"确定"按钮,在上方的 DataGridView1 控件中仅显示满足指定条件的学生成绩记录。

说明:本窗体设计与 querystudent 窗体类似。

19.3.21　setuser 窗体

该窗体用于添加、删除和修改使用本系统的用户。在上方的 DataGridView1 控件中显示所有的用户。通过"添加"按钮增加新用户,通过"修改"按钮修改当前选择的用户,通过"删除"按钮删除当前选择的用户。

说明:本窗体设计与 editstudent 窗体类似。

19.3.22　setuser1 窗体

该窗体被 setuser 窗体调用以编辑用户记录。在操作中,用户单击"确定"按钮时,记录编辑有效;单击"取消"按钮时,记录编辑无效。

说明:本窗体设计与 editstudent1 窗体类似。

19.4　SCMIS 系统运行

启动 SCMIS 系统,出现如图 19.8 所示的登录界面,用户输入正确的用户名和密码后,单击"登录"按钮,进入 SCMIS 系统菜单操作界面。

单击"学生数据管理"|"学生数据编辑"菜单项,其操作界面如图 19.9 所示,可以增加、修改和删除学生记录。

图 19.8　用户登录界面

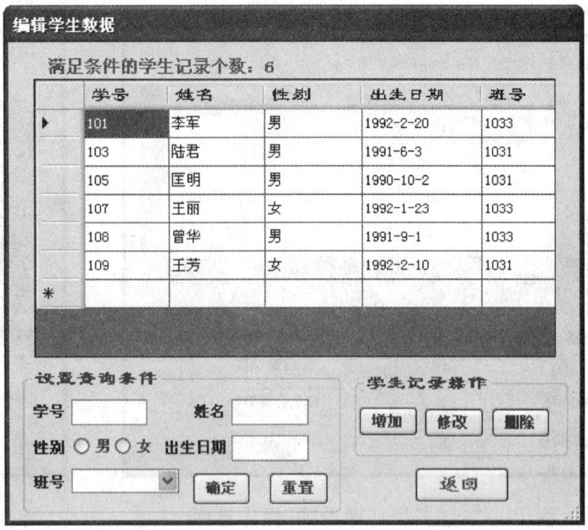

图 19.9　"编辑学生数据"操作界面

单击"教师数据管理"|"教师数据编辑"菜单项,其操作界面如图 19.10 所示,可以增加、修改和删除教师记录。

单击"课程数据管理"|"课程数据编辑"菜单项,其操作界面如图 19.11 所示,可以增加、修改和删除课程记录。

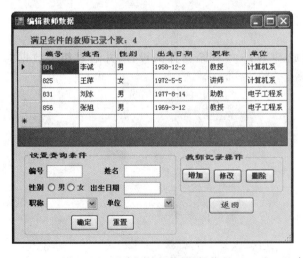

图 19.10　"编辑教师数据"操作界面

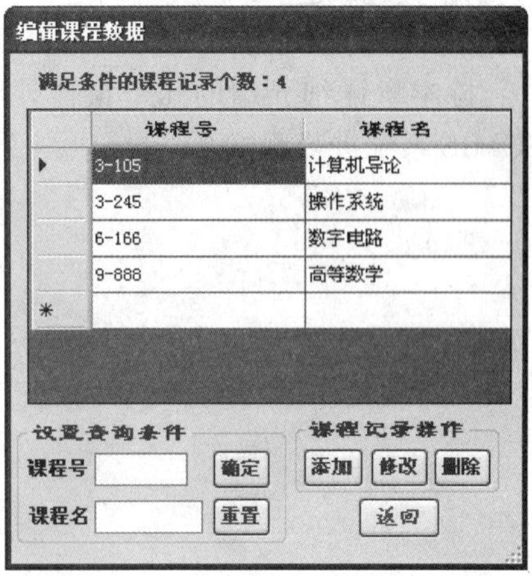

图 19.11　"编辑课程数据"操作界面

单击"课程安排管理"|"安排任课教师"菜单项,其操作界面如图 19.12 所示,可以增加、修改和删除任课教师安排记录。

单击"成绩数据管理"|"成绩数据编辑"菜单项,其操作界面如图 19.13 所示,这里不能直接增加成绩记录,只能通过 DataGridView1 控件中的分数列来输入学生某课程的成绩。

图 19.12　"安排任课教师"操作界面

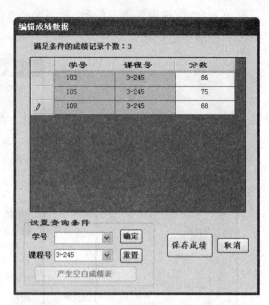

图 19.13　"编辑成绩数据"操作界面

习题 19

1. 在采用 VB.NET 2005＋SQL Server 开发数据库应用系统时,它们各有什么作用?
2. 在 VB.NET 开发数据库应用系统时,公共模块有什么作用?

上机实验题 14

除本章详细介绍的几个窗体外,完成 SCMIS 中其余窗体的设计,并通过相关数据对 SCMIS 系统进行测试。

参 考 文 献

［1］ 赵松涛.SQL Server 2005 系统管理实录. 北京：电子工业出版社,2006
［2］ 明日科技.SQL Server 2005 技术大全. 北京：电子工业出版社,2007
［3］ 宋晓峰.SQL Server 2005 基础培训教程.北京：人民邮电出版社,2007
［4］ 董福贵等.SQL Server 2005 数据库简明教程.北京：电子工业出版社,2006
［5］ 孙明丽等.SQL Server 2005 完全手册.北京：人民邮电出版社,2006
［6］ 李昭原.数据库原理与应用.北京：科学出版社,1999
［7］ 赵杰,杨丽丽,陈雷.数据库原理与应用.北京：人民邮电出版社,2002
［8］ 李春葆等.VB.NET 2005 程序设计教程.北京：清华大学出版社,2009
［9］ 李春葆等.数据库原理习题与解析.第 3 版.北京：清华大学出版社,2006
［10］ 李春葆等.SQL Server 2005 应用系统开发教程.北京：科学出版社,2009